青海省生态气象保障服务培训教材

主　编：王成国
副主编：刘青春　肖建设

内容简介

本书理论结合实际，系统阐述了生态气象理论知识，详细介绍了近几年来青海省气象局生态环境遥感监测预警、重点生态功能区评估、生态气候服务、生态修复型人工增雨等业务的现状和成就，收集和整理了青海省生态文明气象保障服务的典型案例。本书是青海省气象局推进生态文明气象保障服务示范省建设成果和经验的梳理与总结，它可作为各级气象部门生态气象业务人员岗位技能培训教材，也可作为各级气象部门生态气象业务工作的参考用书。

图书在版编目（CIP）数据

青海省生态气象保障服务培训教材 / 王成国主编；刘青春，肖建设副主编． -- 北京：气象出版社，2021.11
 ISBN 978-7-5029-7608-8

Ⅰ．①青… Ⅱ．①王… ②刘… ③肖… Ⅲ．①生态环境－气象服务－技术培训－青海－教材 Ⅳ．①P451

中国版本图书馆CIP数据核字（2021）第242358号

青海省生态气象保障服务培训教材
Qinghai Sheng Shengtai Qixiang Baozhang Fuwu Peixun Jiaocai

出版发行：	气象出版社		
地　　址：	北京市海淀区中关村南大街46号	邮政编码：	100081
电　　话：	010-68407112（总编室）　010-68408042（发行部）		
网　　址：	http://www.qxcbs.com	E-mail：	qxcbs@cma.gov.cn
责任编辑：	张　媛	终　审：	吴晓鹏
责任校对：	张硕杰	责任技编：	赵相宁
封面设计：	地大彩印设计中心		
印　　刷：	北京建宏印刷有限公司		
开　　本：	720 mm×960 mm　1/16	印　张：	19.75
字　　数：	398千字	彩　插：	4
版　　次：	2021年11月第1版	印　次：	2021年11月第1次印刷
定　　价：	140.00元		

本书如存在文字不清、漏印以及缺页、倒页、脱页等，请与本社发行部联系调换。

《青海省生态气象保障服务培训教材》编委会

主　　编：王成国

副 主 编：刘青春　肖建设

参编人员：袁　薇　韩佳芮　陈国茜　李　璠
　　　　　祝存兄　李海红　杨永寿　李晓东
　　　　　刘彩红　白文蓉　李红梅　许正旭
　　　　　虎文珺　周万福　乜　虹　朱玉洁
　　　　　李　博　郭晓宁　祁栋林　胡长元
　　　　　杨　华　李　甫　罗昌娟　石明明
　　　　　赵慧芳　史飞飞　曹晓云　乔　斌
　　　　　孙　伟　赵　彤

序

地处三江源头的青海是长江、黄河、澜沧江发源地,被称为"中华水塔",同时也是中国乃至亚洲重要的水源涵养生态功能区。青海境内祁连山区、青海湖流域更是中国西部重要生态安全屏障,是中国生物多样性保护优先区域。长期以来,青海省气象部门肩负着为生态文明建设提供优质、可靠的气象保障服务的重任,在生态环境遥感监测、重点生态功能区评估、生态气候服务、生态修复型人工增雨等方面开展了大量卓有成效的工作。建成了各类生态气象监测站 156 个、中国气象局高寒生态野外科学观测实验基地 1 个,对三江源、青海湖、祁连山、柴达木和青海省东部城市群五大生态功能区进行了动态生态环境监测,及时发布重点生态功能区气候影响评估和服务产品,为青海省生态文明建设提供了有力的保障服务。2018 年,根据党中央国务院和省委省政府及中国气象局对生态文明建设的决策部署和要求,青海省气象局积极全力推进生态气象保障服务示范省建设,建成"一个中心、三大平台、六大体系"的青海生态气象保障服务格局,使生态气象综合观测体系进一步优化;多部门共建共享共用的生态监测评估中心、生态环境数据中心和生态气象服务平台顺利建成;自然资源资产监测评估、重大生态工程效果评估、生态安全事件监测预警等新业务工作逐步开展;人工增雨作业能力全面提升,作业规模有序扩大,作业效益日益突出,高原生态气象科学研究及其成果应用工作不断强化。总之,气象服务在生态保护中的作用持续提升,气象部门充分发挥气象科研、技术、人才、信息化等方面的优势,为推动生态文明先行区建设奠定了保障基础。

《青海省生态气象保障服务培训教材》结合青海实际,围绕生态气象服务发展形势和生态气象服务业务基础性工作,系统地阐述了生态气象服务发展历程、发展理念、工作目标及任务,梳理了生态气象服务业务专业理论知识,以及生态气象监测、预警、评估、服务产品制作、系统平台功能应用等方面基本知识和技能。各级气象部门要进一步加强气象服务人才队伍建设,充分利用《青海省生态气象保障服务培训教材》,通过培训、自学等形式,努力提高基层台站气象服务人员思想认识,提升气象服务人员岗位能力,全面做好生态气象服务保障!

编写组成员在该书编著过程中付出了辛勤劳动,我谨向编写组成员致以衷心的感谢,并热烈祝贺本书的出版发行!

青海省气象局党组书记、局长:

2021 年 3 月

前　言

随着青海生态气象保障服务示范省建设推进,生态气象保障服务的内涵不断丰富,范围和内容不断扩大、深入,技术不断创新并呈现规范化、多样化,生态气象保障服务方面的科研及工程项目建设工作取得了显著成效。中国气象局以及青海省委、省政府与青海省气象局相继出台了一系列与生态文明建设、生态气象保障服务相关的政策措施及制度规范。本培训教材主要根据青海省生态气象保障服务培训工作的需要,及时分析生态气象业务发展形势,介绍了青海省生态气象业务发展形势,阐述了生态气象理论与技术方法,总结梳理了青海省生态气象监测、生态气象服务等应用技术,其目的是全面开展生态气象保障服务人员培训,提升生态气象保障服务人员业务水平和服务能力,进一步推进生态气象保障服务示范省建设提供人才支撑。

《青海省生态气象保障服务培训教材》共分9章。第1章绪论,介绍了生态文明气象保障服务的意义与作用,以及生态气象服务发展历程等。第2章青海省生态气象保障服务发展形势,介绍了青海省生态环境特点、生态建设与生态气象服务保障示范省建设目标、任务、措施,青海省生态气象业务工作任务及职责,以及青海省生态气象监测、预警、评估服务技术支撑和存在问题研究等。第3章青海省生态文明气象保障服务主要技术方法简介,介绍了卫星遥感生态监测原理与技术方法、典型生态气象监测评估原理与技术方法、生态气象条件评估原理与技术方法、气象灾害对生态影响预警原理与技术方法、植被生态气象质量评价原理与技术方法、生态气象气候区划等。第4章青海省生态气象监测,介绍了青海省生态气象监测网建设布局、青海省生态气象监测内容及技术方法、青海省生态气象数据处理应用等。第5章青海省生态气象监测评估预警服务,介绍了青海省生态气象监测服务知识技能、生态气象评估服务知识技能、生态气象风险评估预警知识技能,以及青海省生态气象监测评估预警业务系统建设目标、构架设计、功能结构等。第6章气候变化对高原生态系统影响预估服务,主要介绍了气候变化对高原草地植被系统、水资源和冰川冻土影响预估等。第7章生态修复型人工影响天气业务服务,主要介绍了生态修复人工影响天气服务原理及技术方法,青海省生态修复人工影响天气服务重点工作等。第8章大气环境气象预警,主要介绍了大气环境气象预警原理及技术方法,以及青海省大气环境气象服务业务发展思路、重点工作等。第9章青海省生态气象服务典型案例。

培训教材第1章由韩佳芮、袁薇、朱玉洁、李博编写;第2章由李海红、杨永寿、肖建设编写;第3章韩佳芮、袁薇、石明明、赵慧芳、史飞飞、祝存兄、陈国茜、曹晓云、乔斌、孙伟、赵彤编写;第4章由许正旭、虎文珺、胡长元、杨华、李甫编写;第5章由李璠、祝存兄、陈国茜、李晓东、肖建设编写;第6章由刘彩红、白文蓉、李红梅编写;第7章由周万福编写;第8章由祁栋林、郭晓宁编写;第9章由李海红、肖建设编写。全书由王成国、刘青春、肖建设经过多次审定编写提纲、完善和修改编写内容成册,乜虹、罗昌娟参加了审稿等工作。

本培训教材编写过程中得到了胡欣、周秉荣、伏洋、王文英、李林、颜亮东等的大力支持,感谢他们为本书提出十分有价值的意见和建议。

本培训教材内容兼顾生态气象理论技术与实际工作应用,具有较强的针对性和实用性,既可作为生态气象保障服务人员岗位培训教材,也可作为各级生态气象保障服务工作参考用书。

由于培训教材内容面广、资料量大、编写时间紧促,加之编者水平有限,可能有差错和遗漏,欢迎广大读者批评指正。

本书编写得到青海湖流域生态环境保护与综合治理规划人工增雨工程项目(发改农经〔2012〕4083号)支持。

编 者
2021年3月

目 录

序
前言

第1章 绪论 ··· 1
  1.1 生态文明气象保障服务意义与作用 ···························· 1
    1.1.1 生态文明建设对气象保障服务提出的要求 ············ 1
    1.1.2 气象保障在生态文明建设中的作用 ······················ 2
  1.2 生态文明气象保障服务发展历程与现状 ······················· 3
    1.2.1 生态文明建设气象保障服务的发展历程 ················ 3
    1.2.2 生态文明建设气象保障服务的现状 ······················ 4

第2章 青海省生态气象保障服务发展形势 ···················· 8
  2.1 生态环境特点及战略地位 ··· 8
    2.1.1 生态环境特点 ··· 8
    2.1.2 生态变化基本规律 ·· 14
    2.1.3 主要生态气象灾害 ·· 16
    2.1.4 生态文明建设的战略地位 ································· 27
  2.2 生态气象保障服务示范省建设 ···································· 29
    2.2.1 建设目标 ··· 29
    2.2.2 建设任务 ··· 29
    2.2.3 建设措施 ··· 34
  2.3 生态气象技术支撑 ·· 35
    2.3.1 生态气象面临主要问题 ···································· 35
    2.3.2 生态气象服务对策研究 ···································· 36
    2.3.3 生态气象服务能力拓展 ···································· 37

第3章 青海省生态文明气象保障服务主要技术方法简介 ···· 39
  3.1 生态气象遥感监测技术简介 ······································· 39
    3.1.1 典型生态气象要素遥感监测 ····························· 39

3.1.2　典型生态气象灾害遥感监测技术 ·· 54
　3.2　生态气象评估技术简介 ·· 62
　　　3.2.1　生态气象要素评估技术方法 ·· 62
　　　3.2.2　生态气象灾害评估技术方法 ·· 66
　　　3.2.3　生态质量气象评价 ·· 67
　　　3.2.4　生态系统服务价值评估 ·· 68
　　　3.2.5　农业气象灾害风险评估 ·· 71
　3.3　生态气象预测预警技术简介 ·· 72
　　　3.3.1　生态气象要素预测技术简介 ·· 72
　　　3.3.2　气象灾害预警技术 ·· 75
　3.4　生态气象气候区划 ·· 81
　　　3.4.1　生态农田系统气候区划 ·· 81
　　　3.4.2　生态森林气候区划 ·· 83

第4章　青海省生态气象监测 ·· 85

　4.1　生态气象观测站网建设 ·· 85
　　　4.1.1　生态气象观测站网布局依据、目标及原则 ························ 85
　　　4.1.2　生态气象观测站网布局 ·· 86
　4.2　生态气象观测内容和方法 ·· 89
　　　4.2.1　牧草观测 ·· 89
　　　4.2.2　土壤水分及土壤特性观测 ·· 94
　　　4.2.3　积雪观测 ·· 99
　　　4.2.4　荒漠化观测 ·· 104
　　　4.2.5　农业及设施农作物观测 ·· 106
　　　4.2.6　环境气象观测 ·· 115
　4.3　生态气象保障服务新型数据质量控制及应用 ·············· 129
　　　4.3.1　生态气象保障服务新型数据传输和质量控制 ············ 129
　　　4.3.2　生态气象数据处理应用 ·· 146

第5章　青海省生态气象监测评估预警服务 ·················· 153

　5.1　生态气象监测服务 ·· 153
　　　5.1.1　生态气象监测服务主要内容 ·· 153
　　　5.1.2　生态气象监测服务产品 ·· 154
　5.2　生态气象评估服务 ·· 165
　　　5.2.1　生态气象评估主要内容 ·· 165

  5.2.2 生态气象评估产品 ……………………………………………… 165
 5.3 生态气象风险评估预警 …………………………………………………… 170
  5.3.1 生态气象灾害定义 ……………………………………………… 170
  5.3.2 评估预警主要内容 ……………………………………………… 172
  5.3.3 评估预警技术方法 ……………………………………………… 173
  5.3.4 评估预警产品 …………………………………………………… 174
 5.4 生态气象监测评估预警业务系统 ………………………………………… 178
  5.4.1 建设目标 ………………………………………………………… 178
  5.4.2 总体设计方案 …………………………………………………… 178
  5.4.3 技术架构设计 …………………………………………………… 180
  5.4.4 运行模式设计 …………………………………………………… 181
  5.4.5 应用架构与功能组成设计 ……………………………………… 181
  5.4.6 系统功能 ………………………………………………………… 183

第6章 气候变化对高原生态系统影响预估服务 …………………………… 206

 6.1 气候变化对生态系统影响预估的内涵意义及技术方法 ………………… 206
  6.1.1 内涵意义 ………………………………………………………… 206
  6.1.2 主要预估内容及技术方法 ……………………………………… 206
 6.2 气候变化对生态系统的影响预估 ………………………………………… 215
  6.2.1 气候变化对草地植被系统影响预估 …………………………… 215
  6.2.2 气候变化对水资源影响预估 …………………………………… 221
  6.2.3 气候变化对冰川冻土影响预估 ………………………………… 234
  6.2.4 气候变化对生态系统影响预估 ………………………………… 244

第7章 生态修复型人工影响天气业务服务 ………………………………… 249

 7.1 服务意义、发展、特征 …………………………………………………… 249
 7.2 技术原理及方法 …………………………………………………………… 250
  7.2.1 云水资源评估 …………………………………………………… 250
  7.2.2 作业效果检验技术 ……………………………………………… 254
 7.3 服务重点工作 ……………………………………………………………… 257
  7.3.1 人工增雨 ………………………………………………………… 257
  7.3.2 人工防雹 ………………………………………………………… 258
  7.3.3 森林防火 ………………………………………………………… 259
  7.3.4 城市防霾 ………………………………………………………… 259

第8章 大气环境气象预警 ... 261

8.1 大气污染防治含义和空气质量指数计算 ... 261
8.1.1 含义发展 ... 261
8.1.2 技术原理和方法 ... 265
8.1.3 污染物种类特征 ... 266

8.2 大气环境气象预报 ... 267
8.2.1 主要内容 ... 267
8.2.2 技术方法 ... 267
8.2.3 预报预警 ... 268

第9章 青海省生态气象服务典型案例 ... 271

9.1 生态气象服务案例 ... 271
9.1.1 背景介绍 ... 271
9.1.2 任务目标 ... 272
9.1.3 技术思路 ... 273
9.1.4 服务产品 ... 276
9.1.5 服务效益 ... 276

9.2 生态环境遥感监测服务案例 ... 277
9.2.1 背景介绍 ... 277
9.2.2 任务目标 ... 278
9.2.3 技术思路 ... 278
9.2.4 服务产品 ... 280

参考文献 ... 299

第1章 绪　　论

1.1 生态文明气象保障服务意义与作用

1.1.1 生态文明建设对气象保障服务提出的要求

我国地处地球环境变化速率最大的季风气候区,幅员辽阔,天气、气候条件年际变化很大,气象灾害频发。特别是,近百年来全球正经历着以变暖为标志的全球气候变化,气候持续变暖及极端天气、气候事件的频发与无序人类活动的叠加,已经引起了一系列的生态安全问题。

我国是世界上土地沙漠化最严重的国家之一,沙漠及被沙漠化的土地约160万 km^2,占我国国土面积的15%以上。我国的农田、草场、铁路、城镇以及农村正被土地沙漠化威胁着,并且沙漠化正有扩大的趋势;森林砍伐严重,消耗量已经远远超过生长量,主要林区面积已经大幅减少,当代人早已开始消耗后代人的森林资源,有20%左右的植物物种濒临灭绝。每年有2000万亩[①]退化的草原,我国牧草产量持续降低,严重地影响了畜牧业的发展;由于多年来地下水的过度开采,我国北方地下水水位在逐年降低,新中国成立以来,我国的湖泊消失了500多个,湖泊蓄水量和淡水储量也大幅减少。将近一半的城市饮用水和80%的河流湖泊受到不同程度的威胁;大气污染物排放总量居高不下,远高于环境的自净能力,城市的空气质量问题突出。土地沙漠化、水土流失、森林草场锐减、地表水位下降及水质污染、大气污染等环境问题严重威胁到人类生存环境及社会经济的可持续发展,引起了政府、科学界及公众的强烈关注。

党的十七大报告首次提出了"生态文明"概念与理念,党的十八大报告将生态文明建设作为中国特色社会主义事业"五位一体"总体布局的重要组成部分,并首次提出"加强防灾减灾体系建设,提高气象、地质、地震灾害防御能力",强调"积极应对全球气候变化"。这充分表明党中央对气象防灾减灾工作的高度重视,充分体现气象

---

① 1亩=1/15 hm^2,下同。

事业在我国经济社会发展全局中的重要地位和光荣使命,更标志着气象事业正进入一个重要战略机遇期。

在党的十九大报告中,进一步将"坚持人与自然和谐共生"作为新时代坚持和发展中国特色社会主义的基本方略,从"推进绿色发展、着力解决突出环境问题、加大生态系统保护力度、改革生态环境监管体制"4个方面对加快生态文明体制改革、建设美丽中国做出了具体部署,明确提出了"绿水青山就是金山银山"的绿色发展理念,并提出建设"富强民主文明和谐美丽"的社会主义现代化强国的目标。

2015年,国务院《关于公布内蒙古毕拉河等21处新建国家级自然保护区名单的通知》明确提出了自然保护区是生态文明建设的重要载体,建立自然保护区是落实生态保护红线制度、维护国家生态安全的有效措施,是加快转变经济发展方式、实现可持续发展的积极手段。同年中共中央、国务院印发的《生态文明体制改革总体方案》对建立国家公园体制提出了具体要求,强调"加强对重要生态系统的保护和永续利用,改革各部门分头设置自然保护区、风景名胜区、文化自然遗产、地质公园、森林公园等的体制""保护自然生态和自然文化遗产原真性、完整性"。随着政策的落实,各级相关部门加大了对于自然保护区的建设力度,分别建立了自然保护区、自然保护小区、风景名胜区、水源涵养地、森林公园、湿地公园、草原公园、沙漠公园、海洋公园、地质公园、自然与人文遗产保护地等多种类型的自然保护地超过1万个,占国土面积的18%以上,自然保护区的建设工作已经有了显著成果。此外,康养基地也是时代的发展趋势之一,康养基地不仅能在林业提质增效和转型升级中发挥重要作用,还将成为国民共享的一种生态福利。

为贯彻落实党的十九大精神和党中央、国务院有关推进生态文明建设的战略部署,气象部门在工作重点上,着重加强气象综合观测、监测、服务和人工影响天气支撑重要生态功能区生态环境保护,做好气候资源开发利用助力绿色发展,推进气候可行性论证服务于国土空间开发保护和绿色城镇化发展,创新为农气象服务、支持乡村振兴战略,强化环境气象业务保障、突出环境问题治理,积极参与生态环境监管制度建设等方面的工作。

1.1.2 气象保障在生态文明建设中的作用

气象是自然生态系统的重要组成部分,是支撑所有生物存在和发展的基础性条件,是生态文明建设重要战略支点。气象工作在生态文明建设总体布局中处于基础性科技保障地位,在生态资源开发、生态风险防范、生态决策咨询、生态服务保障等方面发挥着不可替代的重要作用。

在生态资源开发中发挥作用。 气候资源是经济社会可持续发展的重要基础资源,科学合理开发利用气候资源,不仅可以有效缓减资源日趋紧张和生态系统退化的严峻局面,而且可以减少对石化能源的依赖,优化生态环境。气象部门在气候资源开发利用工作中发挥着重要作用。多年来,全国各级气象部门充分发挥独特的资源和技术优势,积极开展气候资源普查、详查、测量和评估等基础工作,为合理开发及保护气候资源提供了科学数据。

在生态风险防范中发挥作用。 避免和减轻气象灾害,预防生态风险是生态建设重要战略任务之一。为降低气象灾害风险,减轻气候变化对自然生态和经济社会的影响,基本建成了气象灾害防御体系。全国因气象灾害造成的人员死亡数明显降低,造成经济损失占国内生产总值(Gross Domestic Product,GDP)的比例明显降低,气象防灾减灾取得了显著的经济、社会和生态效益。同时,我国已经建立了较为科学的气象风险评估体系,建成了国家、省、市、县4级灾情上报系统和灾情信息共享平台,完成了以县为单位的全国历史气象灾情普查和气象灾害风险区划,开展了城市大气成分监测和污染气象条件预报,加强了气象与公共卫生预防。

在生态决策咨询中发挥作用。 生态文明建设决策涉及一系列重大战略问题,特别是应对气候变化、气象防灾减灾、大气环境治理、水环境治理和生态环境保护,以及国际应对气候变化政策制定和谈判等领域的重大战略决策,都需要气象科学技术的支持与参与。气象基础监测可全天时、全天候对近地观测,迅速准确地获取天气、气象灾害、自然环境和生态变化信息,及时掌握自然灾害和环境污染的发生、发展和演变,为生态安全决策提供科学依据。

在生态服务保障中发挥作用。 推进生态文明,建设美丽中国,不仅要创造经济社会发展与环境保护共同繁荣的良性循环,而且要建设形成天蓝、地绿、水净的宜居气候环境,实现人与自然和谐。因此,必须充分发挥气象服务在生态文明建设中的作用。

1.2 生态文明气象保障服务发展历程与现状

1.2.1 生态文明建设气象保障服务的发展历程

我国生态文明建设气象服务起步于20世纪80年代。首先开展了生态气象监测,1981年,开始酸雨观测,并于20世纪80年代和90年代初先后在北京上甸子、浙江临安和黑龙江龙凤山建成了3个大气区域本底污染观测站,开展降水化学、混浊度、飘尘等项目监测。1994年,中国大气本底基准观象台正式成立,揭开了我国开展全球大气本底观测业务的序幕。

依托生态气象监测系统,气象部门逐步开展了环境气象预报服务业务。1999年,中国气象局印发了《关于加快环境气象业务服务发展的意见》,明确了阶段性环境气象的发展目标与服务领域。2000年1月1日《中华人民共和国气象法》施行,明确了气象部门发布城市环境气象预报的职责和义务,同年中国气象局和国家环境保护总局(2008年为中华人民共和国环境保护部,2018年为中华人民共和国生态环境部)联合发文,启动环境保护重点城市空气质量预报工作,于2001年6月开始向社会公众发布47个重点城市空气质量预报,2002年开始承担国内外环境应急响应气象保障任务。2002年,中国气象局印发了《关于气象部门开展生态环境监测与信息服务的指导意见》。2004年,中国气象局组建了大气成分观测与服务中心,负责大气成分观测、分析、预报预测及相关科学研究。2005年以来,中国气象局针对社会公众日益关注的大气污染问题,进一步探索开展了大气污染预报服务,研发了全国陆地植被、草地、森林、重点区域湿地以及重大生态问题气象监测预测服务技术,初步建立了业务服务系统,制作发布季、年尺度全国监测预测服务产品;初步开展了气候变化对草原、森林、植被的影响评估。

面对日益严峻的大气污染问题和迫切的气象服务需求,2013年,中国气象局印发了《环境气象业务发展指导意见》,提出了到2015年环境气象业务发展目标,同年制定了《贯彻落实〈大气污染防治行动计划〉实施方案》,加强了环境气象业务顶层设计。基于此,气象部门搭建起了由国家、区域、省、地县的环境气象预报业务体系和以关键区域协作为重点的集约化环境气象工作体系,京津冀、长三角和珠三角环境气象预报预警中心相继组建,面向社会发布预报预警产品和开展环境气象服务。

针对经济社会发展需求,气象部门在生态文明服务方面,充分发挥气象科学技术优势,先后开展了风能、太阳能资源监测、评估,风能、太阳能预报,精细化农业气候区划、云水资源开发与利用等工作。许多地区通过开展人工增雨(雪)开发利用空中云水资源,有效缓解了当地的旱情和水资源短缺的问题,优化了生态环境;广泛开展气象灾害评估和调查,并围绕气候变化事实及影响、极端灾害应对、粮食和水资源安全、温室气体浓度变化等领域,及时为国家和有关决策部门提供生态文明建设等方面的决策咨询报告。

1.2.2 生态文明建设气象保障服务的现状

气象部门为服务国家生态文明建设,划定并严守生态保护红线,积极配合各地生态规划、生态保护与建设工程,开展退耕还林(草)、重点流域生态治理,开展了生态气象监测和评估,为各级政府开展生态文明建设提供了科学决策依据。

1.2.2.1 生态文明建设气象保障服务顶层设计不断完善

生态文明建设气象保障服务顶层设计不断加强完善,2017年,开展生态文明建设气象保障服务专项设计研究,印发了《"十三五"生态文明建设气象保障规划》《关于加强生态文明建设气象保障服务工作的意见》,为全国气象部门更好地履行维护国家生态安全和气候安全领域的职责进行规划设计。联合中央组织部、环境保护部、国家行政学院举办了省部级领导干部生态文明建设与低碳发展专题研讨班。牵头参与政府间气候变化专门委员会新一轮评估,为国家应对气候变化内政外交提供基础支撑。

1.2.2.2 生态系统保护气象服务能力逐步提升

1. 生态气象观测能力不断提升

到 2017 年,气象部门已经建成 376 个酸雨观测站、29 个沙尘暴观测站、28 个大气成分观测站、1 个全球大气本底站和 6 个区域大气本底站、259 个大气负离子观测站、300 个颗粒物质量浓度观测站(表 1.1),风云系列气象卫星可遥感监测雾霾天气的空间分布及其发生发展过程。

生态气象观测网络不断健全。2017 年,已形成由 2424 个地面气象观测站、653 个农业气象观测站、100 个国家级太阳辐射观测站,以及大量常规气象要素观测站构成的基本气象观测网。依托全国风能资源详查和评价工作建设了包含 300 余座测风塔的风能资源专业观测网,提高了生态气象灾害的监测能力。

生态气象观测序列初步形成。2017 年,已有 653 个农业气象观测站、2075 个自动土壤水分观测站、70 个农业气象试验站,部分承担了森林、草地、农田、湿地、荒漠、水体等典型生态系统的生态观测任务。已建立的 12 个全国生态气象试验站,以及省级生态气象观测站,为生态文明建设气象保障提供重要的数据支撑。

遥感数据在生态业务中积极应用。建立以卫星遥感为基础,地面监测为补充的生态环境监测网络,实现对全国陆地和海洋全方位、多层次、长序列的生态环境监测。2017 年 9 月,"风云四号"卫星正式交付使用,提升了对植被覆盖度、长势等的监测能力。

表 1.1 气象部门大气污染相关观测站点情况

年份	PM_{10} 观测站	$PM_{2.5}$ 观测站	$PM_{1.0}$ 观测站	酸雨观测站	主要大气污染物观测站	沙尘暴观测站	臭氧观测站	紫外线观测站	大气成分站	全球大气本底站	区域大气本底监测站
2002				123		61	3	86			
2003				220		85	10	100		1	3
2004				277		94	9	121		1	3
2005				299		85	14	178	21	1	5
2006				513		86	18	178	73	1	6
2007				327		4	174	29		1	6
2008				330		20	203	35		1	6
2009				337		17	150	35		1	6

续表

年份	PM$_{10}$观测站	PM$_{2.5}$观测站	PM$_{1.0}$观测站	酸雨观测站	主要大气污染物观测站	沙尘暴观测站	臭氧观测站	紫外线观测站	大气成分站	全球大气本底站	区域大气本底监测站
2010				342		29	22	164	28	1	6
2011				342		29			28	1	6
2012				365		29	36	157	28	1	6
2013				365		29	41	157	28	1	6
2014				365		29	48	168	28	1	6
2015	272	264	156	365	50	29	71	158	28	1	6
2016	45	264	156	376	50	29	53	164	28	1	6
2017	45	264	156	376	50	29	68	155	28	1	6

数据来源：《气象统计年鉴》。

2. 生态安全气象职责积极履行

气象部门积极履行维护国家生态安全的部门职责，组织落实国家发展和改革委员会相关工作要求，积极发挥生态气象监测评估在维护国家生态安全中的服务支撑作用。

气象部门开展了气候和气候变化对生态环境质量影响评价工作，确定了气候对植被生态质量的影响评价指标；开展了气象灾害对生态环境的影响评估，初步完成单站霾天气和区域霾过程对生态环境影响程度综合评价指标研发；开展干旱对生态影响监测预警评估，研发区域性干旱过程监测、评估技术，编制《区域性干旱过程监测业务规范》；研发干旱对农业影响定量评估模型和农作物生育期气候适宜性定量评估模型。

加强了生态服务型人工影响天气工作，组织开展了人工消减雨（雪）研究试验，人工影响天气保障生态环境建设的示范试验；组织在青海三江源、甘肃祁连山等重点生态区开展人工影响天气作业；针对内蒙古呼伦贝尔地区春季多场森林草原火灾，及时启动应急人工影响天气保障服务，制定科学周密的飞机、火箭立体交叉人工增雨雪扑火作业方案。

3. 生态环境保护大数据共享升级

2017年，我国首颗碳卫星完成在轨测试工作，实现全球二氧化碳监测与数据共享。组织建立了京津冀、珠三角、长三角三大城市群气象和大气成分观测共享数据库和资料同化系统。与环境保护部开展生态环境保护领域数据资源共享交换工作，将为重污染天气诊断分析、环境气象模式同化和评估、重污染天气科学研究等提供数据支撑。

1.2.2.3 大气环境治理气象预报服务逐渐强化

1. 环境气象预报预警体系逐步完善

我国自主研发建立了全国范围 15 km 分辨率 72 h 预报时效的中国雾—霾数值预报系统环境气象数值预报模式,京津冀、长三角和珠三角地区模式分辨率达 3～9 km。国家级、区域中心和各省(区、市)全面开展了 24 h 雾霾预报预警和 72 h 报空气污染气象条件预报。

2. 大气污染防治气象保障水平提高

气象部门不断提升环境气象预报水平,推进环境气象预报精细化发展,加强卫星雷达立体监测产品分析与应用,提高环境气象预报精细化水平。2017 年,组织优化和改进中国雾—霾数值预报系统,全国环境气象模式预报时效由 3 d 延长至 5 d,京津冀区域环境气象模式预报时效延长至 16 d。

1.2.2.4 绿色发展气象保障作用得到加强

1. 开展国家重点生态功能区气象保障服务

2017 年,开展生态功能区气象监测评价指标体系建设,研发生态功能区气象保障技术与模型,根据所在功能区的发展方向和服务需求,围绕生态服务功能增强和生态环境质量改善,开展有区域特色的气象保障服务。

2. 提高绿色城镇化气象监测评价能力

开展全国大中城市暴雨、雷电、大风等主要气象灾害风险普查和区划,建立灾害影响预报模型,提前 3 h 发布城市内涝、雷电等气象灾害风险预警信息,强化城市气候适应和影响评估。

第 2 章 青海省生态气象保障服务发展形势

2.1 生态环境特点及战略地位

2.1.1 生态环境特点

2.1.1.1 青海省高原生态时空特征

青海省是"世界屋脊"的一部分,境内地区性差异显著,自然环境独特,既有终年积雪的冰峰雪山,又有起伏不平的高原丘陵,也有广袤平坦的草原,还有茫茫无际的戈壁。境内群山绵延,冰峰林立,巍峨的昆仑山由西向东横贯全省,苍翠的祁连山似一道天然屏障屹立于北方,高耸的巴颜喀拉山雄踞青海南部高原。山地与盆地相间排列,湖泊众多,盐湖广泛分布,长江、黄河、澜沧江 3 大河流同源于此,3 条江河每年向下游供水 600 亿 m^3,成为"中华水塔"。

2.1.1.1.1 自然环境

(1)地形地势

青海境内 4/5 以上是高原,依次为山原、盆地、山地和峡谷,平均海拔高度(简称"海拔")超 3000 m,最高点昆仑山的布喀达坂峰为 6860 m,最低点在民和下川口村,海拔为 1650 m。青南高原超过 4000 m,面积占全省的一半以上,河湟谷地海拔较低,多在 2000 m。在总面积中,平地占 30.1%,丘陵占 18.7%,山地占 51.2%;海拔高度在 3000 m 以下的面积占 26.3%,3000~5000 m 的面积占 67%,5000 m 以上的面积占 5%,水域面积占 1.7%;海拔 5000 m 以上的山脉和谷地大都终年积雪,广布冰川。山脉之间,镶嵌着高原、盆地和谷地。其地形可分为祁连山地、柴达木盆地和青南高原 3 个自然区域。地势南高北低,中间有一相对低矮的地带(即柴达木—鄂拉山地—共和盆地—黄南山地);西部极为高峻,自西北向东南呈缓倾斜降低,东西向和南北向的两组山系构成了青海地貌的骨架,基本上为西北—东南走向的高大山系与巨大的山间盆地相间排列。

(2) 气候

青海省深居内陆,地处高原,气候寒冷,温差变化大,干旱多风,降水少,属典型的高原大陆性气候,其主要特点如下:

太阳辐射强,光照充足。 青海大部分地区海拔高,空气稀薄,空气密度仅约为东南沿海的 2/3,加之水汽和气溶胶含量少,空气透明度高,致使到达地面的太阳直接辐射能量大,直接辐射明显大于散射辐射,在总辐射中,直接辐射占有很大的比例,约占年总辐射量的 55%~78%。青海太阳辐射强度大,日照时间长,年总辐射量为 5800~7400 MJ/m^2,平均年总辐射量为 6553.6 MJ/m^2,直接辐射量占总辐射量的 60%以上,是全国太阳能资源最丰富的地区之一。资源分布西北多、东南少,柴达木盆地、唐古拉山南部年总辐射量大于 6800 MJ/m^2;海南、海北、果洛、玛多、玛沁、玉树及唐古拉山北部年总辐射量为 6200~6800 MJ/m^2;海北门源、黄南、果洛南部、西宁以及海东地区年总辐射量为 5800~6200 MJ/m^2。青海日照时数较同纬度的东部地区高出 1/3 左右,年平均气温比同纬度的黄土高原和华北平原低 8~12 ℃;日较差比东部沿海平原地区高出 1 倍以上。青海年日照时数在 2500 h 以上,它是中国日照时数多、总辐射量最大的省份。全年日照时数在 2250 h(久治)至 3602 h(冷湖)之间,自东南向西北递增。柴达木盆地日照最充足,大部分地区年日照在 3000 h 以上,比东部同纬度地区年日照高出 700 h。生长季节内 0 ℃以上的积温,民和为 3258 ℃·d,湟源为 1589 ℃·d,格尔木为 2172 ℃·d,囊谦为 1637 ℃·d。

平均气温低,各地差异大。 境内年平均气温在-5.7~8.5 ℃,全省各地最热月份平均气温在 5.3~20 ℃;最冷月份平均气温在-17~5 ℃。气温低而日较差大,气温随地区不同差异较大。随海拔增高,垂直变化明显。青南高原西部地区与祁连山木里地区为青海省的两个冷区。青南高原南侧,因有高山阻挡,冷空气难以侵入。尤其是囊谦,暖湿气流,气温较高,年平均气温达 3.7 ℃。东部湟水、黄河谷地属全省的暖区,年平均气温在 3~8.7 ℃,冬季较冷,夏季凉爽。柴达木盆地是全省的次暖区,年平均气温在 0.8~5.1 ℃,自盆地四周向盆地中心逐渐升高,相差 4 ℃以上。随着纬度的升高,气温有所下降,位于青藏高原东北一隅海拔在 2400 m 以下的黄河、湟水流域河谷是热量最为丰富的区域之一,成为发展农业的重要基地。地处黄河谷地的循化县(海拔为 1870 m),年平均气温为 8.7 ℃、极端最低气温为-19.9 ℃,极端最高气温为 33.5 ℃;地处湟水河谷最东部的民和县(海拔为 1813 m)、年平均气温为 7.9 ℃,极端最低气温为-21.7 ℃,极端最高气温为 34.7 ℃。地处湟水河谷中部的西宁市(海拔为 2261 m),年平均气温为 5.6 ℃,极端最低气温为-21.9 ℃,极端最高气温为 32.4 ℃;位于西部日月山脚下的湟源县(海拔为 2634 m),年平均气温为 3 ℃,极端最低气温为-28.5 ℃,极端最高气温为 28.4 ℃。祁连山山地、青南高原,由于海拔升高,气温随之降低,热量为青藏高原最低的地区,但由于南北横跨纬度 10°左右,所接收太阳直射差异较大,因此,在海拔高度基本相同的情况下,青海南部较北部平均气温要高。例如,地处祁连山中部的祁连县(海拔为 2728 m),年平均气温为 0.6 ℃,极端最低气温为-29.6 ℃,极端最高气温为 30 ℃;托勒(海拔为 3360 m)年平均气温为-3.2 ℃,极端最低气温为-35.4 ℃,极端最高气温为 28 ℃。地处青南高原西北部的曲麻莱县(海拔为 4262 m),年平均气温为-2.6 ℃,极端最低气温为-32.1 ℃,极端最高气温为 24.9 ℃;玛多县年平均气温为-4.2 ℃,极端最低气温为-41.8 ℃,极端最高气温为 22.9 ℃;青南高原最南端的囊谦县(海拔为 3643 m),年平均气温为 3.7 ℃,极端最低气温为-22.6 ℃,极端最高气温为 27.9 ℃。地处青南高原西部唐古拉山北麓的五道梁(海拔为 4645 m),年平均气温为-5.9 ℃,极端最低气温为-33.2 ℃,极端最高气温为 23.2 ℃。除纬度、海拔对气温变化影响外,地形条件对气温的影响也是很大的,例如,玛多县位于宽阔平坦的滩地中央,西面为鄂陵湖、扎陵湖以及星宿海,无山地为障,西风急流可长驱直入,加之辽阔的湖面和星宿海沼泽地的影响,所以,年平均气温较其他西部海拔高的曲麻莱县要低。

降水量少,蒸发量大。 青海省内的降水受青藏高压、西风急流、东南季风和西南季风等大气环流系统所控制以及地形的影响,降水量在我国是比较少的地区,境内绝大部分地区年平均降水量在 400 mm 以下。全省降水量由东南向西北递减,东南部是青海省降水较多的地区,年平均降水量为 638 mm(班玛)至 774 mm(久治);祁连山东段降水量次之,年平均降水量为 514.5 mm(门源)至 523 mm(湟中);柴达木盆地是全省降水量最少的地区,年平均降水量为 210 mm(茶卡)至 15 mm(冷湖)。青海省东北部的黄河、湟水流域及祁连山地区,虽东南季风影响较弱,但由于高耸的祁连山山脉的拦截,加之"极锋"活动频繁,降水略多,湟水谷地年平均降水量为 370.7 mm 左右。西北部的柴达木盆地由于远离海洋,暖湿气流难以到达该区域,空气水汽含量极少,因而产生降水的概率不高,降水稀少,年平均降水量不足 100 mm,西部的茫崖、冷湖、乌图美仁等地年平均降水量约为 25 mm。同时,地形对大气降水也有明显的作用,处于祁连山东段的门源年平均降水量为 514.5 mm,较民和与西宁等地多 130 mm 左右,引起这种差异的原因在于地形条件的影响,门源海拔较高,并处在高山环抱之中,东南季风沿大通河谷而上,动力爬坡抬升,水汽易达饱和状态,凝结后所产生的降水相当丰富;相反,民和与西宁等地,由于河谷的热效应,形成干热河谷,不宜冷空气下沉凝结降水。降水量随季节变化较大,降水集中在 6—9 月,占全年降水量的 70%~80%,12 月至次年 2 月占 1%~2%。雨热同期,青海属季风气候区,大部分地区 5 月中旬以后进入雨季,至 9 月中旬前后雨季结束,这期间正是月平均气温≥5 ℃的持续时期。大多数地区夜间降水量比白天多,夜间降水量约占 60%以上。因而晚间多夜雨,白天则阳光充足,有利于林木生长。青海省绝大部分地区年蒸发量大大高于年降水量,一般是年降水量多和海拔高的地区,年蒸发量小;年降水量少和海拔相对较低的地区,年蒸发量大。柴达木盆地年降水量为几十毫米至

200 mm,而年蒸发量则高达 2000 mm 以上；青南地区年降水量在 300～700 mm,而年蒸发量在 1000 mm 以上。

风速大,风能资源丰富。年平均风速总的地域分布趋势是西北部大,东南部小,即柴达木盆地中部、西部,青南高原西部及祁连山地中段、西段年平均风速均在 4 m/s 以上。其中,茫崖年平均风速达 5.1 m/s,是全省年平均风速最大的地方;青南高原东南部的河谷地带及东部河湟谷地,年平均风速大多在 2 m/s 以下。青南高原中部、西部,柴达木盆地及青海湖周围和海南州南部地区,全年风能可用时间在 5000 h 以上。其中,察尔汗风能可用时间达 6131 h,是全省风能可用时间最多的地区。

自然灾害多,危害较大。青海省自然灾害范围广、频率高,区域性、季节性明显,造成损失较严重的是旱灾、雪灾、地震、风沙等自然灾害。在地区分布上,东部以干旱、冰雹、洪涝、霜冻、农作物病虫害为主;青南以雪灾、大风、鼠害为主;北部和西部以干旱、风沙和沙尘暴为主。东部农业区春旱频率为 35%～60%,夏旱为 8%～45%,秋旱为 5%～25%;青南牧区雪灾发生频率为 45%。2000 年以来,全省发生 5 级以上地震 60 余次,其中 2011 年 11 月 14 日昆仑山口西 8.1 级地震是新中国成立以来我国大陆内部震级第二大地震。青海省 8 级以上大风日数是全国最多的地区之一,沙尘暴天气较多。青南高原的大风日数为 33(囊谦)～104 d(沱沱河),风向偏西。柴达木盆地的茫崖、茶卡位于峡谷风口,大风日数为 85～89 d,祁连山地的木里为 9 d,尖扎为 5 d,西宁为 45 d。沙暴日数曲麻莱地区为 19 d;诺木洪、乌图美仁为 13～18 d,贵南、共和的沙漠地区为 14～46 d。

(3)土壤

在地貌、气候和植被作用下,土壤类型比较复杂,无论是水平或垂直分布均有较大的差异。既有地带性土壤,也有非地带性土壤,大体上可分为高山土壤、黄土(栗钙土)土壤和荒漠土壤 3 个大的系列并多自成区。

高山土壤:主要分布于西倾山地、祁连山地和柴达木盆地周围山地,是在高寒气候条件下发育的土壤,主要有高山石质寒漠土、高山草甸土、高山草原土、高山灌丛草甸土等。前 3 种多处于山地上部,气候寒冷。高山灌丛草甸土分布广泛,构成了山地垂直带上的重要土壤类型,为高寒灌丛下土壤。在海拔为 2800～3500 m 的阴坡和半阴坡,常形成连续的草根结皮层,腐殖质积累过程明显,有机质含量高,多在 10% 以上。

黄土土壤:主要分布在东部黄土丘陵区,以栗钙土为主,山脚下还有灰钙土,上部有零星分布的黑钙土。根据颜色等性状,栗钙土还可分为淡栗钙土、栗钙土和暗栗钙土等亚类。黄土母质的质地多为轻黏和黏土,以黏化和弱腐殖质积累过程为主,肥力低,有机质含量多在 5% 以上,通体有碳酸盐反应,且水土流失严重。它是坡耕地的主要土壤类型。

荒漠土壤：分布于柴达木盆地和茶卡—共和盆地的边缘山地，成土作用受风的影响很大，土壤风蚀严重，母质多为风蚀、冲积和湖积。类型以灰棕漠土为主，有机质含量在0.2%以下，为垦区主要土壤，还有盐土、碱土、风沙土、盐渍沼泽土等。盆地东部有较大面积的棕钙土和小面积的栗钙土。棕钙土盐渍程度较低，土层较厚，有机质含量在1%左右。它是盆地主要农业土壤，有灌溉条件的均已被开垦。

(4) 水文

青海省地处青藏高原东北部，是长江、黄河、澜沧江、黑河等大江大河的发源地，黄河总径流量的49%、长江流量的2%、澜沧江国内流量的17%、黑河流量的41%都从青海省流出。全省水资源量按流域分：黄河流域208亿 m^3、长江流域179.4亿 m^3、澜沧江流域1089亿 m^3、内陆河流域1325亿 m^3。水资源总量居全国第15位，人均水资源量约为全国人均占有量的6倍，素有"中华水塔"之称。省内河流大体上以昆仑山、布青山、鄂拉山、日月山和大通山为界，东部和南部为外流河，西部和北部为内陆河。河流归属为4大流域：即黄河流域、长江流域、沧江流域和内陆河流域。内陆河流域又分为6大水系：柴达木盆地水系、青海湖水系、哈拉湖水系、茶卡—沙珠玉水系、祁连山地水系和可可西里水系。地表水径流年内分配不均，6—9月占全年径流量的70%以上，多年平均出境水量为596亿 m^3。

2.1.1.1.2 生态系统

(1) 植被类型

青海省植被类型比较丰富，有针叶林、阔叶林、灌木、灌丛、草原、草甸、戈壁、荒漠、草本沼泽以及水生植物等多种。林业用地面积112万 km^2，主要分布在长江、黄河上游及祁连山东段等地区，森林覆盖率为6.1%，草地面积为40万 km^2，占全省面积的55.8%，主要分布在青南高原和环湖地区；高原湿地面积为8.14万 km^2，占全省面积的11.3%，主要分布在江河源头；荒漠化面积为19.14万 km^2，占全省面积的26.07%，主要分布在柴达木盆地和共和盆地。

由于受地貌和气候的影响，青海省植被类型在水平分布和垂直分布上变化较大，地带性植被明显地分为温带草原和温带荒漠两个类型。高寒草甸作为垂直带谱上的优势类型也有较大面积分布。

温带草原类型主要分布于黄土丘陵和西倾山地的东南部，植物区系以青藏高原植被亚区的唐古特地区区系为主，西倾山部分地区为横断地区区系。植被以旱生为主，多为中国喜马拉雅成分，也有中亚和蒙古成分，并以北温带成分为主，组成成分比较复杂。从植被群落来看，主要是由长芒草、蒿类等组成的草原植被，分布面积较广。祁连山东部、西倾山和河湟两岸海拔在2100～2900 m或以上的山地，有桦树、山杨组成的阔叶林和青海云杉、祁连圆柏等组成的寒温性针叶林，河湟下游少数林区还有油松、华山松等组成的温性针叶林和针阔混交林。森林带以上是以山生柳和杜鹃属等木本植物为主组成的高寒灌木植被带,分布海拔最高可达 4000 m,再向上即为高山寒漠草原植被。

温带荒漠区以柴达木盆地为主体。植物区系以亚洲荒漠植物亚区的喀什亚地区区系为主,盆地西部可可西里地区为帕米尔、昆仑、西藏地区的羌塘亚地区区系。温带荒漠区是超旱生植被的集中分布地带,主要以中亚成分的旱生植物属种组成,如梭梭、盐爪爪、驼绒藜、猪毛菜、白刺、柽柳等。盆地东部山地有祁连圆柏和少量青海云杉呈不连续分布,由于气候干燥、多风,林分稀疏、树干低矮。盆地周围山地有零星或块状分布的山生柳、杜鹃等灌木林,其余地方大部分为高山草甸或高山草原植被。

(2)生物多样性

青海省地域辽阔,地形地貌多样,海拔高度垂直变化大,气候变化明显,高寒缺氧,孕育了丰富而具有独特地方和区域特征的生物物种,形成了丰富而独特的生物多样性类型,为世人所关注和向往。

① 植物物种多样性

青海省位于青藏高原的东北部,森林资源相对贫乏,蕨类植物种类较少。调查资料表明,青海蕨类植物仅有 40 种及 1 变种,隶属 19 属 14 科,其种类为我国蕨类植物种类的 1.6%,大部分种类集中分布于青海省的东部和南部地区。青海省共有裸子植物 30 种,隶属 3 科 7 属。裸子植物是组成青海高原原始针叶林的建群种,也是高原最重要和最有价值的森林树种,如青海云杉、祁连圆柏、大果圆柏、油松等,这些物种在高原森林生态系统中具有极其重要的作用和地位。青海省被子植物 2629 种(含变种),分属 606 属 97 科,分别占我国被子植物科属种的 10.5%、19.5%、32.3%。其中含 50 种以上的大科有 14 个。

② 动物物种多样性

青海高原野生动物隶属世界动物区系古北界青藏区,与蒙新区、西南区接壤,长期适应高原自然环境条件形成了许多青藏高原特有的动物种类,青海动物物种多样性具有高原地区的特点:一是动物种类相对比较贫乏,共有脊椎动物 467 种,以鸟类和兽类为主;二是兽类动物多为具有青藏高原特色的大型动物,如野牦牛、雪豹等;三是高原珍禽异兽较多,有国家一、二级保护动物近 60 种,如藏羚、普氏原羚、黑颈鹤等。

鱼类:青海高原地处长江、黄河和澜沧江源头地区,同时又有丰富的内陆水系,高原湖泊类型多、面积大,从而形成了种类独特的鱼类动物。调查资料表明,青海省有鱼类约 55 种,隶属 26 属 5 科 3 目,占青海脊椎动物种数的 11.8%。

两栖类:脊椎动物由水生到陆生的过渡类群,因其幼体适于水而成体适于陆栖而得名。青海省属我国典型高寒地区,其两栖类动物种类较为贫乏。有两栖类动物 9 种,仅为我国同类动物的 3.2%。主要物种有大鲵、西藏山溪鲵、中国林蛙等。

爬行类:青海省的爬行类动物很少,调查资料表明,爬行动物仅有 7 种,隶属 5 属

5科,分别占全省脊椎动物科、属、种的6.3%、2.3%、2.4%。典型物种有青海沙蜥、密点麻蜥、蝮蛇等。

鸟类:青海高原种类最为丰富的脊椎动物是鸟类,鸟类约293种,隶属113属42科,分别占全省脊椎动物科、属、种的52.5%、51.8%、62.7%。国家一、二级保护鸟类有黑颈鹳、玉带海雕、胡兀鹫、雉鹑、绿尾虹雉、大鸨等。

哺乳类:有哺乳类动物103种,隶属68属23科,占全省脊椎动物科、属、种的28.8%、31.2%、22.1%。许多动物为青藏高原特有物种或国家一、二级保护动物,如雪豹、云豹、金钱豹、藏羚羊、野牦牛、藏野驴、普氏原羚等。

在1988年12月10日公布的《国家重点保护野生动物名录》中,涉及青海省野生动物有哺乳类42种(Ⅰ级16种,Ⅲ级26种),鸟类55种(Ⅰ级13种,Ⅱ级42种),两栖类3种(皆Ⅱ级)。青海省人民政府于1995年也发布了《青海省重点保护野生动物名录》(青政〔1995〕71号),对鸢、苍鹭、灰雁、斑头雁、赤麻鸭、翘鼻麻鸭、斑嘴鸭、环颈雉、鱼鸥、棕头鸥、戴胜、啄木鸟科所有种、百灵科所有种、毛腿沙鸡14种鸟类及赤狐、沙狐、香鼬、黄鼬、艾虎、豹猫、狍鹿、麝鼠8种兽类进行保护,对青海省的野生动物保护起到了重要的指导和参考作用。

青藏高原特殊的生物基因资源是全人类的宝贵财富,具有很高的研究和开发价值。这里是全球高海拔地区生物多样性最独特的地区,有"高寒生物自然种质资源库和高原基因库"之称。在青海生物多样性最为丰富的三江源地区,植被类型主要有针叶林、阔叶林、针阔混交林、灌木林、草甸、草原、沼泽及水生植被、垫状植被和稀疏植被10个类型;野生动物区系可分为"寒温带动物"和"高原高寒动物"两个区系。据《三江源生物多样性:三江源自然保护区科学考察报告》,区内有维管束植物87科471属2308种,兽类8目20科85种,鸟类16目41科237种,两栖爬行类7目13科48种。

2.1.2 生态变化基本规律

青海高原的生态环境空间由东南向西北大体按高山→森林→草原→农业→绿洲→矿山→戈壁→沙漠的生态特征演替。其中冰川、戈壁、沙漠、风蚀残丘、石山、雪山等占30%,具有典型的高原型荒漠化生态特点,加之光、热、水、土资源匹配不好以及自然灾害频繁,其生态类型多样,环境变化复杂,是国际瞩目的气候和生态环境变化敏感区和脆弱带,现有自然资源均系地质历史时期的积累,经不起过度开发和干扰。

2.1.2.1 水土流失严重

青海省总面积约为72万km^2,水土流失面积为32.45万km^2,占全省面积的45.07%。其中,水力侵蚀面积为4.28万km^2,占水土流失面积的13.20%;风力侵蚀面积为12.58万km²,占水土流失面积的38.77%,冻融侵蚀面积为15.58万km²,占水土流失面积的48.02%。青海省的水土流失类型多以水蚀、风蚀、冻融交错形式出现,水土流失极其严重,防治难度很大。

2.1.2.2 土地沙化形势严峻

受气候暖干化、水土流失、植被退化、自然生态环境破坏等因素影响,全省土地沙化较为严重,沙漠化土地面积达12.27万km²,占全省总面积的17.04%,占全国沙漠化土地面积的7.18%,仅次于新疆和内蒙古,居全国第3位。其中,流动沙丘面积为1.83万km²,半固定沙丘和固定沙丘面积为2.19万km²,风蚀残丘面积为2.05万km²,戈壁面积为4.60万km²,盐碱及盐漠化面积为0.62万km²,潜在沙漠化土地面积0.98万km²。在全省的沙漠化土地面积中,黄河源区有0.35万km²,其他主要集中在柴达木盆地和共和盆地,特别是地处黄河上游共和盆地的龙羊峡周围。土地沙漠化对城镇、农田、交通和水利设施构成严重威胁。其中,柴达木盆地沙区占青海沙漠化土地面积的78.79%;共和盆地占2.88%;青海湖盆地占0.61%;黄河源区和长江源区分别占3.70%和14.02%。

2.1.2.3 草地退化面积大

青海省有天然草地40.72万hm²,居全国第4位,草场类型多样,草地资源较丰富,拥有青藏高原独特气候条件下生长发育,对高原生态环境特征具有较强代表性的维管束植物113科、564属、2100种左右。因自然因素和病、虫、鼠害及人为影响,全省90%以上的土地发生退化沙化,近11.30万km²的草地退化,具体表现在沼泽草甸化、草甸草原化和草原荒化以及毒杂草延、鼠害成灾,结果是单位面积产草量下降,草地载畜量降低。其中,中度以上退化草地面积有7.33万km²,严重退化草地面积有4.40万km²,沙化草地面积有1.93万km²,因草原鼠害等造成植被消失、土地裸露的"黑土滩"面积达3.33万km²,分别占天然草地总面积的20.1%、12.1%、5.3%、9.1%。退化草地中以干旱半干旱气候类型的冬春季节草场最为严重。

2.1.2.4 自然灾害频繁发生

由于生态环境不断恶化,自然灾害频繁发生,东部农业区春旱频率为35%~60%,夏旱频率为8%~45%,秋旱频率为5%~25%;青南牧区雪灾发生频率为45%。过去东部农业区长期存在的"三年一旱""五年二旱"逐步演变为"十年八旱",而且受灾面积增加,受灾程度加剧,造成农牧业生产水平低下,农牧区贫困面大。截至2014年,农牧民人均纯收入比全国平均水平低近2600元,制约了青海省经济社会的发展。生态环境因素已成为群众贫困的主要原因。

2.1.2.5 生物多样性受到威胁

青海作为青藏高原的组成部分,表现出明显的青藏高原自然地理和生态特征。特别是三江源区,原有的温带山地森林、温带草原、温带荒漠、高寒灌丛、高寒草原、高寒草甸、高寒荒漠、湿地植被、高寒垫状植物以及许多生物物种如藏羚羊、藏野驴、雪豹、华褐星、星叶草、藏荠等,均因全球气候变化、自然因素以及人类不合理的开发利用等致使生态环境破坏,物种生存条件急剧恶化。水土流失、土地沙化、植被退化、冰川退缩、水源干涸等因素是造成生态失衡、物种分布区缩小并破碎化、生物多样性遭到破坏的主要原因。

2.1.3 主要生态气象灾害

2.1.3.1 雪灾

雪灾是青海主要气象灾害之一,每年10月中下旬至次年5月上中旬,青海大部分地区极易出现局地或区域强降雪天气过程,加之气温较低,积雪难以融化,时常造成大雪封山、冻死和饿死牲畜、农作物受冻,使农牧区人民生命和财产遭受巨大损失。利用有效积雪量(≥2 cm 的积雪深度与持续时间的乘积)来表示雪灾发生的严重程度。统计分析 1961—2017 年青海有效积雪量(图 2.1)可以看出,57 年省内同德、泽库、同仁等地雪灾出现次数最多,在 40 次以上,海西州地区大部、环青海湖地区及东部农业区雪灾出现次数较少,在 10 次以内,其余大部分地区雪灾出现次数在 15~30 次。

2.1.3.2 干旱

干旱是影响青海省主要的气象灾害,以青海省东部农业区最为明显,有"十年九旱"之说。按出现季节划分有春旱、夏旱、秋旱,有时出现春夏连旱,甚至春夏秋三季连旱。其中春旱是指出现东部农业区农作物播种至分蘖期出现的干旱,对农作物影响较大,且出现频率及危害程度最大。近半个世纪资料统计显示,春季出现过 5 次明显的区域性大旱,平均每 8 年发生 1 次,历史上严重的大旱年分别是 1962 年、1980 年、1995 年、1999 年和 2000 年。东部农业区干旱发展经历了明显的两个转折期,第一阶段是 20 世纪 90 年代中期,随着气候继续变暖,气候向暖干化发展,东部农业区春季干旱发生的概率明显增多,其中,中旱、重旱年比较多,且发生重旱的间隔缩短,20 世纪末达到顶峰,由于干旱连年发生,导致河道断流、天然水域面积缩小、水资源匮乏、生态和环境恶化等一系列问题出现,对青海经济社会可持续发展造成严重影响。第二阶段是进入 21 世纪后,气候向暖湿化发展,发生重大干旱的年份减少,近十几年未发生重大干旱;随着干旱发生的概率逐年减少,无霜期、作物生长期

第 2 章 青海省生态气象保障服务发展形势

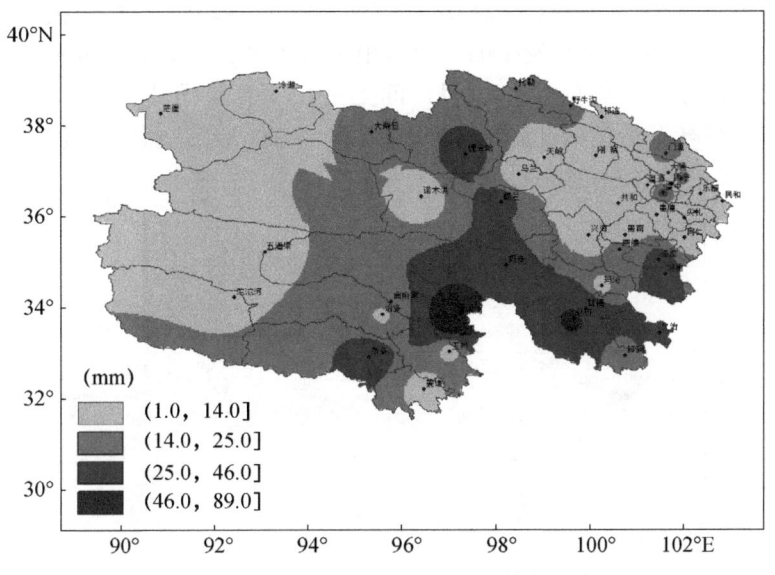

图 2.1 1961—2017 年青海省有效积雪量空间分布

延长,对发展东部农业区的特色农业较为有利。

以标准化降水指数(Standard Precipitation Index,SPI)作为划分干旱的标准,统计 1961—2017 年青海省干旱次数(图略)表明,东部农业区、祁连山西段的天峻、刚察、唐古拉地区及果洛的达日、玛多地区是青海省春旱出现最多的地区,年发生频次达到 32%~39%,而玉树、果洛南部不易出现春旱,年发生频次在 21%~25%,其中杂多发生次数最少。

2.1.3.3 洪灾和暴雨

洪灾是指由于大雨或暴雨引起山洪暴发或河水泛滥,冲毁农田、淹没作物的灾害。同时,暴雨易引发泥石流、山体滑坡等地质灾害,使道路、桥梁、建筑等设施损坏及人员伤亡。因此,洪灾是由降水量、降水强度和降水持续时间所决定的。

将≥25 mm 为强降水过程作为青海省暴雨统计标准。1961—2017 年青海省(50 站)累计出现暴雨 2090 次,年平均 37.3 次,其中≥50 mm 的出现 63 次,全省平均每年为 1.1 次。从青海省暴雨日数空间分布(图 2.2)来看,湟中、大通、久治暴雨日数都在 100 d 以上,暴雨大值区分布主要集中在西宁、互助、民和、化隆、乐都、尖扎、大通、湟中、湟源、贵德、同仁、平安、循化,即东部农业区 13 县(市),共出现 860 次,年平均 15.4 次;久治、班玛、河南、泽库、玛沁等青南地区 18 个气象台站共出现暴雨 739 次,年平均 13.2 次,是青海省暴雨出现的次多区;海晏、刚察、门源、野牛沟等环湖地区 10 个气象站点,共出现 393 次,年平均仅 7.0 次;而德令哈、格尔木等柴达木盆地9个气象站点仅出现过56次,年平均1次,是全省暴雨最少的地区。

分析1990年以来青海省发生的主要暴雨洪涝灾害及其暴雨引起的次生灾害,大值区主要出现在黄河流域和祁连山区。从时间变化上,暴雨洪涝及其暴雨引发的次生灾害发生次数从1997年开始呈显著上升趋势,在2006年、2007年达到最大值后逐步减少。

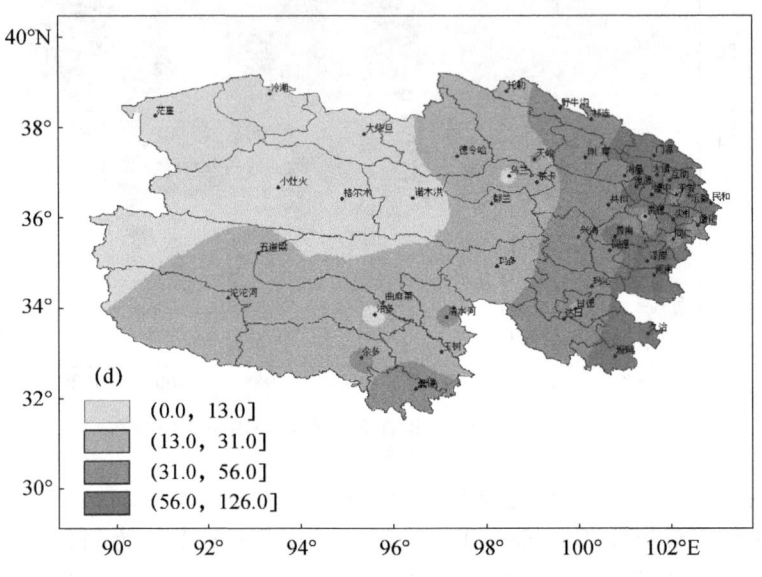

图 2.2 1961—2017 年青海省暴雨日数空间分布

2.1.3.4 冰雹

青海是全国冰雹的多发地区。冰雹一般是局地性的灾害天气现象,受灾面积往往不大,但来势猛,而且是发生在作物抽穗至黄熟阶段,所以危害极大,本省冰雹打死人畜的现象也时有发生。当然,冰雹不仅影响农牧业生产,同时对房屋建筑、工业和航空等也造成一定程度的危害。

1961—2017 年青海省平均冰雹日数为 6.8 d/站。冰雹日数的分布具有显著的区域性特点(图 2.3),青南高原冰雹日数最多,年冰雹日数大多在 11 d 以上,其中清水河、久治多达 17 d 以上。另外,青海湖周围的大阪山、拉脊山地的冰雹日数也较多,如刚察、门源、互助、化隆等地也在 7 d 以上。由于这些地区是本省的农区或农牧交错区,农作物较易受冰雹的危害。柴达木盆地由于极其干燥,为本省冰雹日数最少的地区(平均为 1~2 d),冷湖、小灶火、格尔木年平均日数不足 1 d。从各地年平均冰雹日数看,高原多于盆地:青南高原地区由于唐古拉山、昆仑山海拔高度均在 5000 m 以上,纬度偏南,热力对流和动力辐合作用强,长江、澜沧江、黄河水系利于低纬水汽输入,因此是全省降雹最多的地区。柴达木盆地由于一年四季动力下沉气流盛行,阿尔金山、祁连山、昆仑山封闭,阻止水汽进入,形成境内一个少雹区。山区多于河谷：祁连山区、马场山区，由于地形凸起，经常和局地辐合中心相联系，加之大通河、湟水、黄河河谷水汽顺谷而上，入流到本山区，故山区冰雹日数多于谷地，祁连山区冰雹日数为4～12 d，黄、湟谷地仅有1～6 d。阳坡多于阴坡：青海高原山系呈西北—东南走向，山南为阳坡，山北为阴坡，由于山的阳坡受太阳总辐射比山的阴坡大，易形成超绝热不稳定层结，积雨云发展较山的阴坡频繁而且旺盛，所以山的阳坡的冰雹日数多于山的阴坡。

青海省大部分地区冰雹出现在4—10月，大部分农区作物处于发育期，作物受其危害后难以恢复或不能恢复，这对农业生产十分不利。冰雹的日变化非常明显。降雹主要发生在12—20时，占降雹总次数的87%；尤其是集中在14—18时，占降雹总次数的52%。

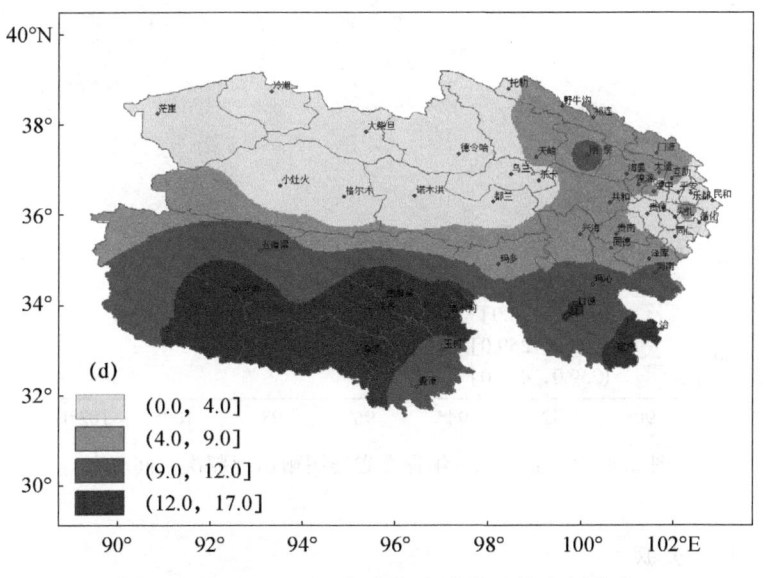

图 2.3 1961—2017年青海省冰雹日数空间分布

2.1.3.5 连阴雨

连阴雨是指青海省秋季连续阴雨≥5 d（期间日平均总云量≥8成），且过程总降水量≥10 mm、期间不能出现两个无雨日的天气过程。由于青海省海拔高，深居内陆，连阴雨会导致气温偏低，连续的阴雨天气可推迟秋季作物的发育或生殖生长，甚至导致穗发芽，影响农作物收获、打碾；也可造成牧区牧草提前枯黄，连阴雨过后突然放晴，受冷平流及辐射降温共同作用，往往容易形成早霜冻。

1961年以来，除冷湖未出现过连阴雨天气，省内其余各地均出现过，且连阴雨天气出现频次自西北向东南依次变大。柴达木盆地为连阴雨出现频次的低值区，出现频次均在1次/a以下。青南牧区为连阴雨出现频次高值区,尤其是青南牧区中部及全省东南部的河曲地区连阴雨出现频次最高,出现连阴雨4次/a以上,河南县连阴雨出现频次为全省最高,达7.4次/a。祁连山区为连阴雨出现次高区,出现连阴雨3/a次以上。由于所处地理位置的不同,东部农业区北部连阴雨出现频次少于农业区南部,农业区大部连阴雨出现频次在(1.5~3.5)次/a,农业区连阴雨出现频次最大的地方为尖扎,出现频次为5.0次/a,出现频次最小的地方为乐都,出现频次为0.4次/a(图2.4)。

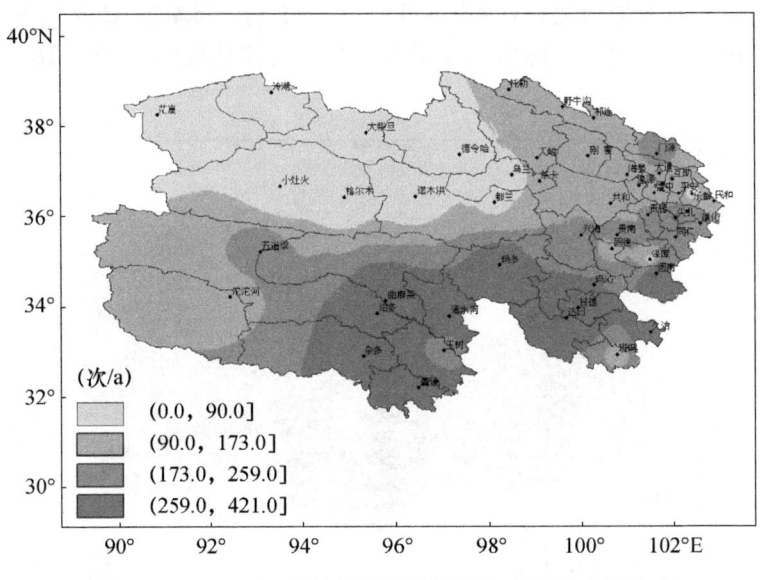

图2.4 1961—2017年青海省连阴雨出现频次空间分布

2.1.3.6 大风

青海是全国大风较多的地区之一。春季播种时大风吹走种子,影响农作物出苗;雷暴伴随大风,会增加农作物损失,强时会吹散羊群。大风的地理分布呈明显的地域性。一是高海拔地区的年大风日数明显高于低海拔地区。如青南地区平均海拔高度为4000 m,18个站点平均年大风日数为56.4 d。而东部农业区平均海拔高度为2000 m,13个站点平均年大风日数仅7.3 d,相差约7.7倍。海拔最高的五道梁年大风日数为128.1 d,次高的沱沱河年大风日数达161.8 d,为境内年大风日数之冠。低海拔的平安,年大风日数为2.5 d,而海拔最低的民和,年大风日数2.2 d,为全省最低。二是峡谷效应明显。如茫崖处于柴达木盆地西沿的阿尔金山山口,年大风日数达61.7 d,而同为柴达木盆地西沿的冷湖,年大风日数为67.9 d。茶卡为盆地的东出口,年大风日数52.6 d,而距茶卡西面不足百千米的乌兰,年大风日数仅为13.0 d。处于祁连山南沿峡谷中的托勒、野牛沟,年大风日数分别为68.2 d、55.4 d,同处于祁连山而为背风坡的祁连,只有23.2 d。三是盆地少于高原。柴达木盆地10个站点平均年大风日数为30.7 d,较青南高原的18个站点平均年大风日数57.6 d偏少47%。四是青海湖湖区年大风日数多。北岸的托勒、野牛沟、天峻、刚察年大风日数分别为68.2 d、55.4 d、49.9 d、47.7 d,南岸的共和年大风日数为36.4 d,均比湖区附近的其他地区的大风日数多(图2.5)。

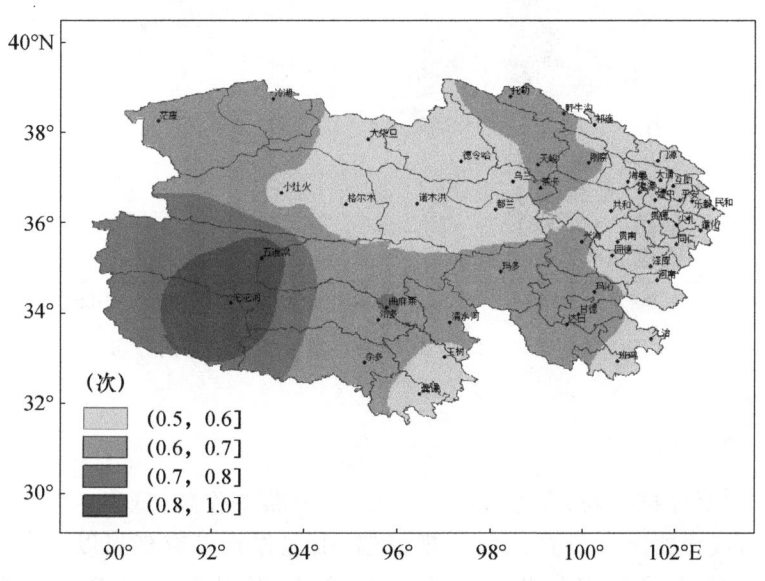

图2.5　1961—2017年青海省年平均大风发生次数空间分布

2.1.3.7　沙尘暴

沙尘暴是指大风将地面尘沙吹起,使空气很混浊,水平能见度<1 km的天气现象。沙尘暴可造成房屋坍塌、交通受阻、火灾、人畜伤亡等,污染自然环境,破坏作物生长,给国民经济建设和人民生命财产安全造成严重的损失。

1961—2017年全省(50站)年平均沙尘暴日数为2.8 d,从空间分布(图2.6)看出,沙尘暴天气出现次数高值区主要位于刚察、兴海、茫崖和五道梁,其中茫崖是全省沙尘暴天气出现次数最多的地区,年平均出现11.7 d。

柴达木盆地西部和青南高原的唐古拉山区是以本地区为源点,向东北方向呈梯形递减,而环青海湖高值区和海南州南部高值区分别以刚察和兴海为中心向周围地区扩散。因此,青海省沙尘暴次数发生的低值区则相应地出现在了南部、北部及东部的边缘地区,其中乐都、久治两地为全省沙尘暴天气出现次数最少的地区。

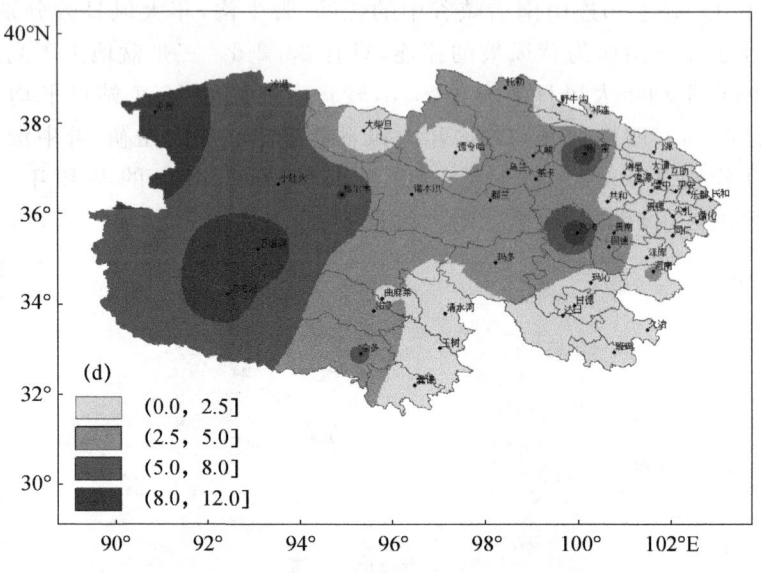

图 2.6 1961—2017 年青海省沙尘暴日数空间分布

2.1.3.8 低温冷害

青海省主要种植小麦、青稞、蚕豆、马铃薯、油菜等作物,低温冷害是由于作物生长季热量少,或作物某一发育阶段出现低温,引起作物发育延迟以致秋霜来临前不能完全成熟,或直接危害作物结实器官的形成,致使作物减产的一种灾害。以 1961—2017 年 4—10 月青海省春小麦种植区 23 个气象站点的逐日最低气温为原始资料,分析低温冷害空间分布特征(图 2.7)。

据统计,1961—2017 年,全省(19 站)低温冷害累积出现 9295 次,年平均 163.1 次。大值区主要集中在东部农业区的大通、湟中、湟源、互助、化隆等 13 县(市),共计出现 5090 次,年平均 89.3 次;德令哈、格尔木、诺木洪、都兰等柴达木盆地共计出现 2524 次,年平均 44.3 次,是青海省低温冷害出现的次多区;共和、贵南等环青海湖地区共出现 1681 次,年平均 29.5 次,为发生低温冷害最少区。

2.1.3.9 霜冻

霜冻是主要农业气象灾害之一,分为早霜冻和晚霜冻两种。霜冻发生范围比较广,涉及诸多粮食作物和经济作物,经常造成重大农业经济损失。霜冻灾害对作物的影响主要是霜冻发生时的低温对作物造成的生理损伤。以 1961—2017 年 4—10 月青海省春小麦种植区霜冻灾害资料、23 个气象站点的逐日最低气温资料为基础,分析霜冻空间分布特征。

第 2 章　青海省生态气象保障服务发展形势

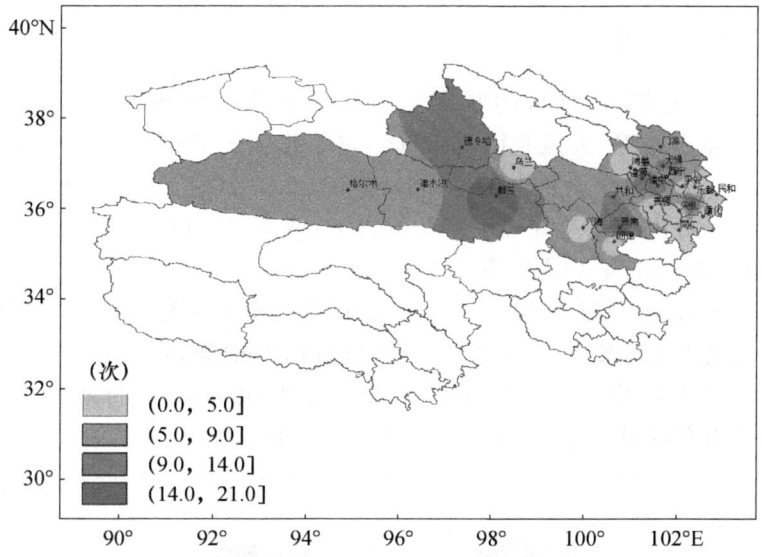

图 2.7　1961—2017 年青海省春小麦种植区年平均低温冷害次数空间分布

从青海省霜冻发生次数的空间变化(图 2.8)可以看出,兴海县、贵南县、同德县出现霜冻的次数较多,年平均霜冻次数为 85~116 次,都兰、海晏、乌兰及大通年平均霜冻次数在 68~85 次,为出现霜冻大值区;其次为格尔木市、德令哈、西宁、共和等地出现霜冻的次数为 49~68 次;而平安、贵德、同仁、尖扎、循化、乐都及民和出现霜冻的次数在 13~49 次,为霜冻灾害较少地区。

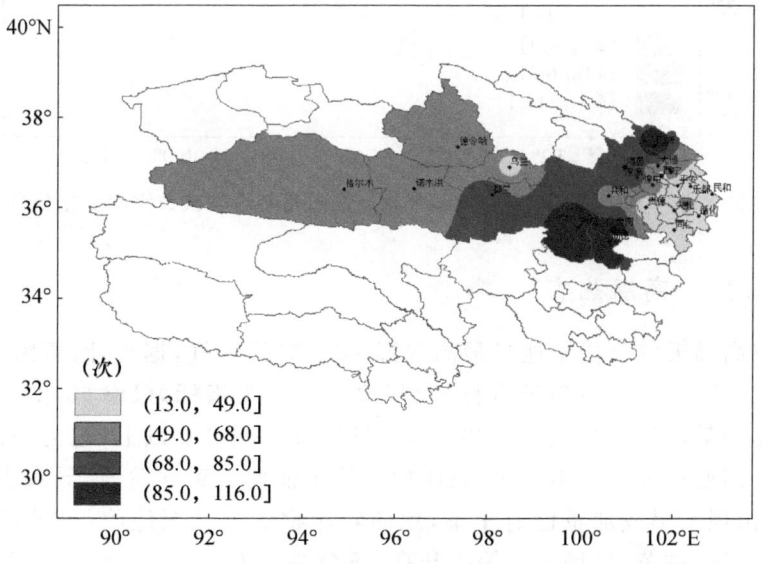

图 2.8　1961—2017 年青海省小麦种植区霜冻次数空间分布

2.1.3.10 寒潮

寒潮是指来自高纬度地区的寒冷空气,在特定天气形势下迅速加强南下,造成沿途大范围的剧烈降温、大风和雨雪天气。它是我国冬半年最主要的气象灾害。青海省地方标准《气象灾害分级指标》(DB 63/T 372—2018)中规定的寒潮气象指标为:冬春季节 24 h 内日平均气温下降 8 ℃以上;或 72 h 内日平均气温连续下降 8 ℃以上,且最低气温降至 4 ℃或以下。

从青海省单站寒潮过程年平均次数空间变化分布(图 2.9)可以看出,1961—2017 年,寒潮发生次数整体呈自西北向东南递减,其中柴达木盆地西北部、称多、海晏、甘德为相对大值中心,冷湖为全省寒潮发生次数最多的地区,年平均发生 11.1 次,同仁为寒潮最少地区,年平均仅发生 0.6 次。

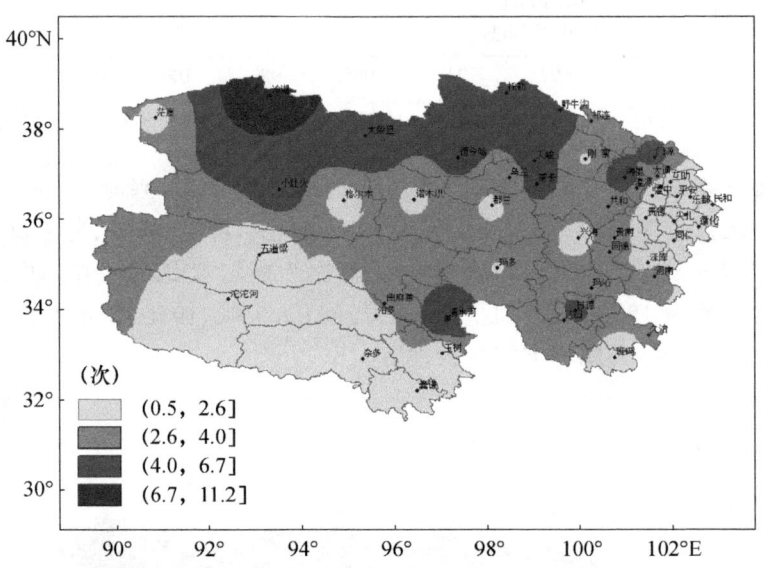

图 2.9　1961—2017 年青海省单站寒潮过程年平均次数空间变化分布

2.1.3.11 高温热害

青海省高温天气是指某地日最高气温≥30 ℃的天气,据统计,青海省高温天气出现在 4—9 月;按照青海省地方标准《气象灾害分级指标》(DB 63/T 372—2018):高温热害是指某地日最高气温≥30 ℃,并且持续时间 3 d 以上,记为一次高温热害天气过程。高温热害天气出现时,农作物正处于抽穗至黄熟阶段,导致土壤失墒,干土层加厚,出现干旱或加重已有旱情,致使农作物受灾甚至绝收;另外,高温晴热天气致使牧草提前枯黄、林场火险等级升高,还会造成人、畜饮水困难,甚至使高血压、心脏病患者病情加重。因此,高温热害对农业、牧业、林业及人民生活均造成不同程度的影响。

统计1961—2017年全省出现的高温热害天气过程,共有27站出现,主要分布在青海省北部地区,从全省空间分布(图2.10)来看,有两个大值区,一个位于东部农业区,其中最大值在民和,也是全省出现次数最多的地区,57年共出现105次,其次为尖扎和循化,分别为87次和84次;另一个大值区位于柴达木盆地,中心值出现在诺木洪,共有35次。另外,西宁共出现18次,平均每3年出现一次高温热害天气过程。全省日最高气温出现在尖扎,为40.3 ℃,出现日期是2000年7月24日;最长的高温热害天气过程也出现在尖扎,持续16 d,发生在2000年7月12—27日。

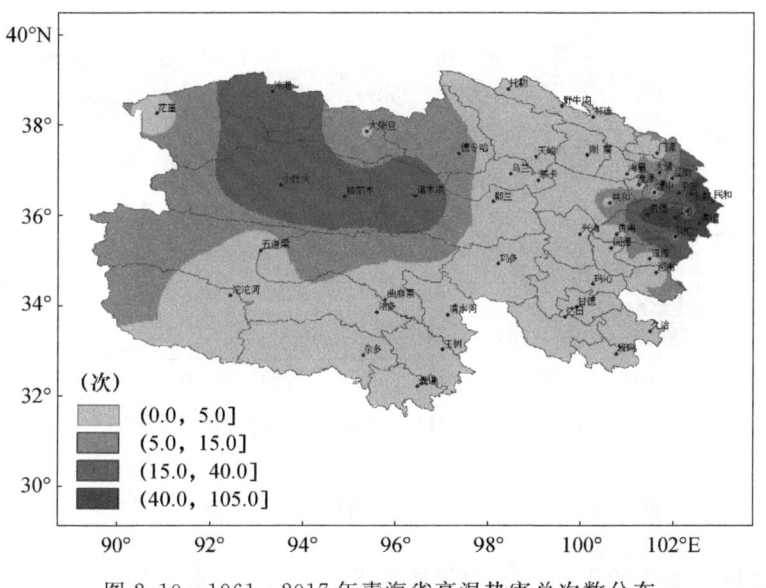

图2.10　1961—2017年青海省高温热害总次数分布

2.1.3.12　大雾

统计1961—2017年青海省大雾发生次数,得出青海省大雾天气出现日数有4个明显的高值区,即以河南、泽库为中心的黄河源区、以门源为中心的祁连山东部地区、以清水河为中心的长江源区和青南高原的唐古拉及可可西里地区,其中河南、清水河是全省大雾天气出现日数最多的两个中心,分别达28.0 d/a、18.7 d/a;全省50站年平均出现2.7 d。

从青海省大雾次数空间分布(图2.11)来看,全省大雾天气出现日数的分布,正是以这4个高值区为中心,向其余地区逐步递减,不同的是,由于所处地理位置的差异,使其递减速度及方向有所不同。以河南、泽库为中心的黄河源区和以清水河为中心的长江源区以本地区为源点,向西北方向快速递减,而以门源为中心的祁连山东部地区和青南高原西部的唐古拉和可可西里地区以本地区为源点,向东北方向呈梯形递减。因此,青海省大雾日数发生的低值区则相应地出现在了降水较少、距离河湖较远的柴达木盆地、东部农业区、南部的边缘地区,其中柴达木盆地、玉树、祁连等地几乎没有出现过大雾天气,是全省大雾天气出现日数最少的地区。

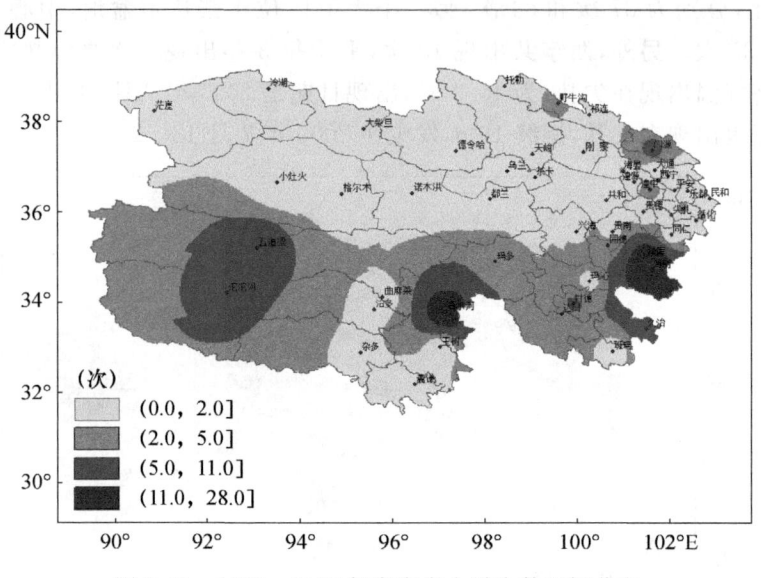

图 2.11 1961—2017 年青海省大雾次数空间分布

2.1.3.13 霾

霾是大量极细微的干尘粒等均匀地浮游在空中,使水平能见度<10 km 的空气普遍浑浊现象,霾使远处光亮物体微带黄、红色,而使黑暗物体微带蓝色。霾本是一种天气现象,但随着经济高速发展,城市化进程的推进,交通运输、工业能源消耗等迅速递增,霾的出现很大程度上是受到人类活动的影响。同时霾出现时,近地面空气中存在大量细颗粒物,若由人体吸收容易引起一系列呼吸道疾病;而霾也经常造成视程障碍,是交通事故发生的重要原因之一;霾还对工农业生产、气候和生态系统等造成较大危害。

统计 1961—2017 年青海省霾出现日数,得到年平均霾日数的空间分布(图略),可以看出,青海省出现霾最多的地区在东部农业区,其中以乐都、西宁最多;其次为环湖地区、黄南和果洛北部以及德令哈地区,年平均出现霾日数在 1~3 d。东部农业区人口密集,工业排放、汽车尾气、燃煤供暖排放等是造成霾较多的主要原因。此外,农业区大部城镇均在河谷、盆地地区,大气条件不利于污染物扩散,也是霾日数较多的原因。青南大部,柴达木盆地等地区,地广人稀,年平均霾日数不足1 d,空气质量极佳。

2.1.4 生态文明建设的战略地位

青海地处我国内陆腹地,接近欧亚大陆中心地带,是欧亚大陆上孕育大江大河最多的区域,黄河、长江、澜沧江和黑河发源于此,被誉为"中华水塔"。它哺育了中国一半的人口,支撑了江河流域的经济社会发展是我国重要的水源地。青海独特的地理环境和气候特征,造就了世界上最大面积的高寒湿地、高寒草甸、灌丛和森林,孕育了高原独特的生物源系,是珍贵的高寒生物自然种质资源和高原基因库。其独特的生态系统,不仅直接影响着我国天气、气候的形成和演变,而且对东亚甚至北半球的大气环流都有着极其重要的影响。所以,青海作为中国乃至亚洲部分地区的生命之源和重要的生态敏感区,被誉为"地球之肾""全球气候启动区"。

1. 青海对我国乃至全球气候系统的稳定有着深刻的影响

青藏高原是我国气候变化的启动区,也是全球气候变化的敏感区。近600年来,在我国出现的3次冷期和3次暖期都是青藏高原的变化最早,气温变化比全国提前5~6年,证明青藏高原主体是我国气候变化的"启动区"。青藏高原幅员辽阔、海拔高、地表干旱,长波辐射在地表辐射平衡中有重要作用,对"温室气体"作用的响应比其他地域灵敏。高原处于季风边缘区,对全球气候变化十分敏感,且对全球气候变化具有放大作用。

2. 青海在维护区域生态平衡方面起着举足轻重的作用

青海境内河流密集,湖泊沼泽众多,雪山冰川广布,有我国海拔最高的天然湿地区,是全球高海拔区生物多样性最集中、影响力最大的生态调节区,被誉为"中华水塔""亚洲水塔""地球之肾"。在维护区域生态平衡方面起着举足轻重的作用。三江源地区水源涵养对青藏高原、我国东南部地区、东南亚乃至全球都有至关重要的影响。

青海生态是中国生态的源头。从全国范围来看,如果没有对青海的生态保护,东南部地区的繁荣就失去了环境保障,青海生态环境状况直接影响到东南部地区的经济社会发展。具体而言,青海的生态环境演变方向直接或间接地影响黄河、长江和澜沧江中下游区域的生态环境变化和经济社会的持续发展。

3. 青海生态屏障作用显著

(1)改变和影响了气候

由于受副热带高压影响,在15°~30°N基本上是干旱荒漠带。而赤道地区形成的低纬环流受青藏高原的阻挡,在30°N附近分为南、北两支气流,北支气流经我国新疆,沿青藏高原北缘及河西走廊吹向华北、东北和华东等地区,形成了温带大陆性气候,并造就了青藏高原地区冬暖夏凉、光照充足、干湿分明、温差较大的独特高原气候,为高原特色农畜产品生产提供了得天独厚的条件。南支气流沿青藏高原南缘向东南与印度洋暖湿气流结合,并与副热带高压西南侧的偏东南气流交汇,转变为温度较高、湿度较大的西南气流,影响着我国长江以南的广大地区,形成了雨热同期,降水充沛的亚热带季风和热带季风气候,使我国与北半球荒漠带(15°～30°N)纬度相近的长江以南地区成为"鱼米之乡"。

(2)阻挡了西伯利亚寒流

由于青藏高原的隆起,阻挡了我国西部地区南北冷暖气流的交流。每年冬季,青藏高原阻挡了西伯利亚寒流的大举南下,使得位于高原东南和南部地区的气温比北半球同纬度地区的高,且全年温差较小。从这个角度看,青藏高原为我国西南地区、珠三角地区以及东南亚地区建立了天然御寒屏障,为这些地区的经济社会发展创造了有利条件。

(3)阻挡了沙尘暴和沙漠向东及东南部的扩展

我国沙尘暴主要来源于中亚、塔克拉玛干和蒙古国,其中由中亚地区引起并形成的沙尘暴约占4成,沙尘暴传播路径主要为偏西路径和西北路径。由于青藏高原的隆起,阻挡了由中亚地区以及我国新疆地区形成的沙尘向南方和东南地区的推进,转而沿青藏高原北缘吹向华北,客观上营造了我国秀美的江南地区。同时,青藏高原形成了一道天然屏障,阻挡和减缓了塔里木盆地和柴达木盆地的流动沙丘向东部和东南地区的移动,有效地保护了我国西北、中部和西南地区的生态环境。

作为我国重要的生态安全屏障,青海的生态稳定在维护国家生态安全中具有不可替代的特殊作用,加之原始的生态环境和多民族多元文化相融共存的特点,使青海的生态文明先行区建设事关国家生态文明建设大局。加强生态文明建设,不仅关系到青海自身的发展,还关系着全国的可持续发展和中华民族的长远发展,乃至全球的生态安全状况。保护环境资源建设生态家园,是青海对国家和中华民族的重要责任、重大贡献。

2.1.4.2 战略定位

青海是我国极为重要的水源涵养地和国家生态安全屏障,是青藏高原生态安全屏障的重要组成部分。青海省坚持立足省情,从生态立省战略到生态文明建设的探索,提出生态文明统领经济社会发展是青海未来发展的需要。青海生态文明先行区建设是国家和青海从全局高度提出的伟大战略,对青海省乃至全国生态文明建设都有重要的战略意义。

《青海省生态文明先行示范区建设实施方案》中明确提出,必须用新的理念指导当前与未来发展,进一步处理好全局与局部、保护与发展、保护与民生、当前与长远的关系,进一步从传统的思维和路径依赖中解放出来,切实把生态文明建设融入经济、政治、文化和社会建设的各方面和全过程,奋力开辟青海生态文明建设和各项事业发展的新境界。青海省根据省情特点,确立了3大战略定位,包括生态环境保护优先区、循环经济发展先行区、制度建设改革试点区。

(1)生态环境保护优先区

始终把生态建设与环境保护放在首要位置,正确处理好保护和发展的关系,切实推动绿色、循环、低碳发展,使发展建立在资源能支撑、环境得改善、生态受保护的基础上,实现生态良好、经济发展、社会进步、民族团结。

(2)循环经济发展先行区

始终把循环经济发展作为提高地区竞争力的强力抓手,努力构建大循环战略,对工业、农业、服务业及社会各层面、各环节的循环经济发展进行统筹规划,强化政策引领,开展试点示范,提高资源利用效率,提升发展质量和效益。

(3)制度建设改革试点区

始终把制度创新作为先行示范的着力点,积极探索主体功能区制度,包括生态补偿机制、资源有偿使用制度、国家公园体制、考核评估机制等,努力形成可复制、可推广的生态文明建设有效模式,发挥对全国的示范引领作用。

2.2 生态气象保障服务示范省建设

2.2.1 建设目标

通过不懈努力,全面构建"一个中心、三大平台、六大体系"的"136"青海生态气象保障服务格局(即组建生态气象中心;建设生态气象大数据管理、生态气象服务分析、生态气象产品发布三大平台;构建业务、服务、技术、科技支撑以及人工影响天气保障、制度标准六大气象服务保障体系),使气象服务在生态保护中的作用持续提升,生态气象监测预警和评估作用更加显著,生态气象综合观测体系进一步优化,生态修复型人工影响天气作业能力进一步增强,生态气象保障标准体系基本确立,总结形成可复制、可推广的模式和做法,为推动生态文明先行区建设奠定坚实的气象保障服务基础。

2.2.2 建设任务

2.2.2.1 组建省级生态气象中心

(1)推进机构组建

根据中国气象局人事司《关于省(区、市)气象局生态气象和遥感应用机构组建有关问题的通知》要求,在青海省气象科学研究所加挂"青海省生态气象中心"牌子,继续保留"青海省遥感中心""青海省生态监测与评估中心"两个地方机构,调整优化内部科室设置,相应增加10个事业单位人员编制。依托三江源和祁连山国家公园体制试点建设,在玉树州、海北州气象部门分别成立"三江源生态气象分中心"和"祁连山生态气象分中心"。

(2)理顺业务运行

按照"小实体+大网络"方式组建运行青海省生态气象中心,即以青海省气象科学研究所为"小实体",由青海省气象台、青海省气候中心等共同构架起生态气象业务服务"大网络"。三江源和祁连山生态气象分中心的业务归属省级生态气象中心管理指导,确保形成生态气象保障服务合力。

2.2.2.2 建设三大平台

(1)生态气象大数据管理平台

充分利用现有资源,综合应用分布式、虚拟化云计算技术,建立集约共享、弹性动态、高效可靠的生态气象基础设施云平台,协调联通公共云平台,逐步形成虚拟化资源池、分布式物理资源池、数据存储池的统一资源管理,为生态气象保障服务和科研提供平台支撑。加快推进气象与国土、环保、交通、水利、农牧、林业等部门的数据共享,汇聚气象数据、社会数据、行业数据、互联网物联网数据等资源,建立面向生态气象数据获取、管理、加工、共享的大数据平台,实现各类数据的实时感知获取、快速质量控制、解析入库与交换共享,切实建立统一的生态气象数据环境。

(2)生态气象服务分析平台

结合生态要素精细化卫星反演模型,实现卫星遥感主要生态要素动态监测,建立生态要素长序列卫星遥感监测数据集。结合智能网格预报、区域气候模式、陆面模型,研发生态气象要素监测评估预警、生态安全事件监测评估预警、生态气象灾害监测评估预警、生态气象影响评估与预评估、气象重污染天气监测预估预警、生态气象人工影响天气保障服务模块,实现对多源遥感数据自动和标准化处理、生态服务信息分析、产品加工的功能,逐步构建以核心突破为关键点的多尺度、精准化生态气象监测评估预警体系,提升生态气象服务自动化、标准化、信息化水平。

(3)生态气象产品发布平台

采用智能化、互动式服务模式,并实现与大数据平台、分析平台的无缝对接,充分利用网络地理信息系统技术,着力开发生态气象观测综合显示、生态气象监测评估预警产品可视化显示、产品管理、专家在线和系统管理等功能。依托建立的生态环境气象服务终端,实现基于位置、满足用户定制需求的生态环境气象信息即时查询、评价、推送,实现生态服务信息产品快速发布及时空一体化展示,满足服务主体、专家联盟和服务产品提供者在线交流、讨论和互馈。同时,根据市(州)、县两级的业务需求,通过用户权限方式实现市(州)、县产品下载功能,逐步形成省级制作,市(州)、县共享格局。

2.2.2.3 构建六大体系

2.2.2.3.1 构建生态气象业务体系

(1)优化生态气象观测体系

围绕构建天空地立体化生态观测系统的目标,优化完善积雪和土壤水分观测站网,升级改造现有高寒草地生态观测设备,新增冻土观测站,提升地面生态气象观测的智能化、自动化水平,形成生态环境全要素观测能力。建设高分辨率卫星资料传输通道,形成以气象卫星、资源卫星为主,高分辨率卫星、无人机为辅助的生态监测体系,提升草地等生态要素多尺度、多时相遥感监测能力;同步加强多源资料联合质量检验与评估,积累气候变化与生态系统相互影响长期可对比观测数据,为实现重点生态功能区、生态环境敏感和脆弱区高寒草甸等典型下垫面生态要素监测评估提供支撑。

(2)大力开展生态气象预警业务

加强对高原融雪性洪水、冰川崩塌等研究,尝试开展生态安全事件预警业务。建立以动力—统计相结合为支撑的智慧型生态气象预警业务,滚动发布干旱、雪灾等生态环境气象灾害精细化预警产品。积极开展生态功能区河流流量、牧草长势等生态关键期气候预测业务。

(3)大力开展生态评估业务

集约整合全省生态气象业务科研力量,开展分析评价草地、积雪等生态气象要素时空演变过程及其历史地位和异常情况,扎实推进气候变化对草地植被、水环境、冻土、冰川等生态系统影响评估、脆弱性评估及生态承载力综合评估、生态风险预评估。开展气候变化与生态变化相互作用研究,动态监测评估和预测工程实施效益。以气候系统模式和区域气候模式的模拟和预估试验结果为基础,开展最新未来不同温室气体排放情景下气温、降水精细化(格点)预估,开展各生态功能区近期、长期多时间尺度极端气候事件预估及风险研判,增强青海高原气候安全风险预估能力。

2.2.2.3.2 构建生态气象服务体系

(1)着力提升生态气象服务质量

规范生态气象服务业务流程,完善生态气象周年服务方案。强化三江源、祁连山生态气象分中心服务能力建设,提升生态气象监测评估工作的针对性和有效性,为三江源、祁连山国家公园体制试点建设提供以功能区为界、中高分辨率为主的分区域监测评估以及风险预警产品;为生态功能核心区域提供以县域为单元、高分辨率为主的生态服务产品,有力提升全省生态气象服务能力。依托生态要素长时间序列数据集建设,强化生态预估研究,改变以现有监测为主导的服务产品格局,逐步建立覆盖全省生态气象监测、评估、预警全过程的生态气象服务产品体系。

(2)强化气候服务供给能力

加强对五大生态功能区气候要素变率和极端气候事件精细化监测。完成生态功能区生态气象灾害风险评估及区划,细化灾害过程各项指标,分析不同气象灾害对生态环境的影响。开展生态系统、水资源等优先发展领域的综合影响评估模型关键技术和生态功能区适应气候变化措施研究,编制气候变化综合评估报告,将应对气候变化与生态环境保护工作相适应,提高气候变化决策咨询服务能力。开展起伏地形下风能、太阳能资源的精细化评估及互补利用潜力研究,发挥清洁能源绿色发展保障作用。开展柴达木盆地枸杞、藜麦等特色农产品的气候品质认证工作,打造青海省气候标志品牌。

(3)推进环境气象服务体系建设

加快开展西宁、海东城市重污染天气应对气象保障服务。研发沙尘暴、扬沙、浮尘、霾等预报预警产品,开展城市群重污染天气、雾、霾天气的气象条件预报,开展高原臭氧浓度预报。开展青海中短期时效污染潜势预报,利用智能网格技术建立青海省精细化空气质量预报系统。以重污染天气气象条件预报和空气质量实况为依据,发布城市环境空气质量预报信息和重污染天气预警信息,建立气象、环保部门联合发布重污染天气预警机制。

2.2.2.3.3 构建生态气象技术体系

(1)提升监测精准化水平

以多源卫星遥感为主,地面监测为辅,分类构建标准化生态气象监测模型,开展无缝隙生态气象监测业务。重点应用多源卫星,建立全生长季草地、不同含水率状态积雪以及干旱过程状态光谱特征数据库,从机理角度建立积雪、草地、干旱、火点、湖泊精细化定量遥感模型,实现主要生态要素全天候、精细化的遥感实时监测。开发高时间分辨率静止卫星火情监测算法,完善森林草原火情卫星遥感监测;利用高分辨率卫星探索开展湿地面积变化、固碳能力等生态价值监测。

(2)提升生态气象服务支撑能力

强化多元数据综合应用,加强与科研院所合作,联合开展像元尺度的融合试验和混合像元分解技术研究,优选高原山区最优亚像元计算方法。有效利用地面、遥感以及综合野外观测数据,结合陆面模型,开展数据同化技术研究,形成集空间时间尺度的动态监测、评估及预估的综合能力。

2.2.2.3.4 构建生态气象科技支撑体系

(1)强化生态野外科学试验

继续加强中国气象局青海高寒生态气象野外科学试验基地建设,强化青藏高原腹地、三江源、青海湖流域、祁连山以及可可西里等重点生态功能区的野外科学试验及观测，形成覆盖重点生态功能区及典型下垫面野外试验站网。加强生态气象实验室建设，系统开展典型生态系统的植被、土壤等环境因子的生理生化分析试验，为开展生态环境演变机理研究和陆面过程参数优化提供支撑。

(2) 强化科技成果中试转化

加强科技创新引领现代气象业务发展能力建设，强化科技成果的开放共享，推动气象科技成果转化应用。重点发展基于科学试验和卫星遥感的生态气象监测评估预警技术核心业务，构建生态气象科技成果中试基地体系，对关键业务技术成果进行系统化测试和配套化、工程化改进。加强开放基金支持力度，强化成果的众创众享，吸引科研院所和高校先进科研成果应用中试转化，有效提高生态文明气象保障的科技能力。

(3) 增强人才支撑保障

立足独特气象资源优势，建立科技协调创新机制，深化气象与国土、环保、水利、农牧、林业等部门之间合作与交流，建立长期性、机制性的生态文明建设合作机制。聚焦生态领域关键技术需求，加强国内外高校、科研院所开放合作，强化联合攻关和科技创新，提升高原特色生态气象科技核心竞争力。在人才培养、科研合作、科学考察、野外台站建设、信息共建共享等方面开展全面合作，实现部门间融合发展，大力推进协同创新。

2.2.2.3.5　构建生态修复型人工影响天气保障体系

(1) 建设新型人影服务管理模式

建立常态化人工增雨机制，积极开展多元化服务模式，从抗旱增雨、人工防雹为主的防灾减灾业务向生态增雨、水库蓄水、城市防雾霾、森林防火和重大活动消减雨应急保障等作业服务转变，建立生态修复型人工增雨示范模式。完善省、市（州）、县三级人影管理体制，加强与地方部门和空军的协调沟通运行机制，切实体现人影业务融入地方生态文明建设，强化人影管理示范作用。

(2) 提升人影监测作业能力

构建天空地一体化人影监测体系，全面提升人影服务监测能力。加快飞机作业基地建设，在现有的空中作业基础上，完成新型飞机购置，调配国内适合高原作业的飞机，形成作业机群，提升飞机作业规模化示范能力。调整地面作业格局，优化地面作业布局，加快完成地面作业设备的更新和自动化、信息化建设，在人影地面作业信息化方面起到示范作用。

(3) 完善人影综合业务系统

突破人影数值预报模式释用、作业效果综合评估方法等关键技术，综合信息采集、共享发布系统、空域申报系统和物联网系统，融入人影决策指挥系统中，发挥决策指挥科学化、业务平台集约化示范引领作用。

2.2.2.3.6 构建生态气象制度标准体系

（1）推动生态气象业务高效运转

为加快青海省生态气象中心组建，推进青海省生态气象中心业务运行，确保生态气象服务保障工作高效运转，围绕生态气象中心组建和运行、生态气象周年服务和业务流程、生态气象数据和资料共享等生态气象服务保障工作，建立规范化、科学化的规章制度。

（2）构建生态气象标准体系

联合省质量技术监督局印发《青海省气象标准体系建设规划（2018—2025年）》，加快完善生态气象标准体系。以生态气象监测、预测预警、预报服务、生态评估、气象灾害防御、生态气候资源开发利用等为重要领域构建生态气象保障标准体系，更好履行公共气象服务和社会管理职能，有效推动气象生态文明建设保障工作。

2.2.3 建设措施

（1）切实加强组织领导

各级政府要高度重视生态气象保障服务示范省建设工作，切实强化领导，统筹安排，压实责任，抓好落实，建立气象、财政、国土、环保、水利、农牧、林业等部门共同参与的生态气象工作机制，及时研究解决工作中的突出问题。气象部门切实发挥主体作用，统筹推进生态文明建设气象保障服务能力建设和业务发展，确保各项任务落到实处。各级政府及有关部门根据任务分工，互相配合，履职尽责，强化生态文明建设和生态环境保护工作的合作与交流，建立生态环境气象数据共建共享机制，提高气象保障服务的针对性，切实营造齐抓共管新格局。

（2）加大资金支持力度

气象部门在切实用好用活用足中央和地方投资的基础上，继续加大争取国家支持力度。各级政府将生态气象建设纳入地方生态文明建设总体布局，加大资金项目支持力度，将生态文明建设气象保障服务等公共气象服务纳入各级政府购买公共服务的指导性目录，建立政府购买公共气象服务机制和清单。省直相关部门要统筹整合生态文明建设资金，捆绑使用，共同发力，扎实推进生态文明建设气象保障服务各项工作。

（3）凝聚推动工作合力

要切实凝聚生态气象保障服务示范省建设力量，省气象局牵头会同省科技厅、省国土资源厅、省环境保护厅、省水利厅、省农牧厅、省林业厅、省测绘地理信息局、三江源国家公园管理局，建立生态气象服务协调会议制度，定期召开协调会议，通报工作，解决问题，推动落实。要加大生态气象保障服务示范省建设工作宣传力度，切实营造良好社会舆论氛围，争取得到全社会广泛参与和支持。

2.3　生态气象技术支撑

2.3.1　生态气象面临主要问题

1. 观测布局优化不够、全要素探测能力不足

地面气象站网在青海省生态环境脆弱区布局密度不足，生态环境观测要素种类较少，具备植被、荒漠及土壤等全要素观测的站点稀少。地面遥感获取气象要素和关键大气成分垂直廓线的能力较弱，在超大城市群等重点污染地区也尚未形成针对关键生态气象变量的立体监测。卫星遥感产品的精度和定量应用水平等相对落后，静止卫星大气环境相关探测和产品缺失。

2. 共享机制尚未建立、数据应用能力薄弱

应对气候变化、生态环境评估业务对生态、环境、社会经济等基础数据需求旺盛，但不同行业、不同部门之间尚未建立有效的数据共享机制，且海量的生态、环境、气象相关观测的内容、格式、标准等不统一，数据的质量控制与评估体系尚未建立，无法确保观测数据的质量，应用难度大。此外，气象部门新的生态监测资料也急需质量控制，长序列监测数据集尚未建成，卫星资料在空气质量预报模式和碳源汇模式中的同化应用也非常有限。

3. 关键机理认识欠缺、产品科技含量不高

对气候系统、生态环境关键变量的变化规律、影响因素等还缺乏全面的了解，对各因子间的相互作用、形成—转化—传输的机制与机理等缺少深入的认识和理解，对如何将各种关键的生态变量同化到数值模式中缺乏深入研究。基础科技支撑的不足，导致预报预警产品内容简单、科技含量不高，准确率和时效提高缓慢，有关气象灾害、气候变化对生态保护建设的影响评估和决策产品严重不足。

4. 业务技术体系不完善、统筹协调推进不够

不同层级、不同业务单位间的业务布局、分工协作关系尚未完全理顺；技术标准、规范、规程不完善；各业务支撑平台建设分散、能力不足，基础数据库整合不足、未纳入全国综合气象信息共享平台（China integrated meteorological information service system，CIMISS）业务流程；支撑业务开展的生态气象评估模型简单、环境气象数值模式的模拟能力不足、适用于区域尺度的有效气候变化评估模式尚未形成。生态气象、环境气象和应对气候变化业务发展协调不足、交叉创新不够，应对气候变化保障生态文明的合力尚未形成，整体业务的统筹推进亟待加强。

5. 保障服务领域有限,部门职能发挥不够

随着生态文明建设日益受到各级政府部门的重视,受限于相对薄弱的业务体系和相对不足的资金投入,气象部门在生态环境气象和气候业务方面多年积累的数据优势、技术优势、人员优势难以充分发挥。在典型生态系统气象监测评估、大气污染气象条件评估、气候变化影响评估、主体功能区战略实施保障、气候资源开发利用等方面服务深度不够,在光化学烟雾预报预警、人体健康气象风险评估、应对极端气候事件的灾害风险管理、生态文明体制改革决策服务等方面的业务服务尚未全面展开,气象部门应对气候变化、保障生态文明建设的保障服务不能完全满足政府和社会的需求。

2.3.2 生态气象服务对策研究

坚持以科技创新驱动气象现代化为导向,提升科技支撑能力,坚持以高寒生态气象为特色优势专业领域,坚持以气象科学观测试验为基础,聚焦关键技术研发,重点发展基于科学试验和卫星遥感的生态气象监测评估预警技术,加强高寒生态与气候变化相互作用的机理和效应研究,加强干旱雪灾等生态气象灾害过程机理研究,提升青海省高寒生态气象领域创新能力。加强高寒农业气象指标研发与适用技术示范,开发适应青海省现代农牧业气象需求的精细化服务产品,建立与天气预报、气候业务部门的双向交流机制,强化融入程度,通过对天气气候、陆面过程以及环境气象一体化数值模式高原释用等技术研究,提升对核心业务的支撑能力。

1. 强化生态气象观测体系建设

强化卫星监测和多源卫星资料应用能力,围绕构建天空地立体化生态观测系统的目标,优化完善积雪和土壤水分观测站网,升级改造高寒草地生态观测设备,新增冻土观测站,提升地面生态气象观测的智能化、自动化水平,形成生态环境全要素观测能力。建设高分辨率卫星资料传输通道,形成以气象卫星、资源卫星为主,高分辨率卫星、无人机为辅的生态监测体系,提升草地等生态要素多尺度、多时相遥感监测能力;同步加强多源资料联合质量检验与评估,积累气候变化与生态系统相互影响长期可对比观测数据,为实现重点生态功能区、生态环境敏感和脆弱区高寒草甸等典型下垫面生态要素监测评估提供支撑。

2. 深化多部门融合发展

强化领导,抓好青海省生态气象保障服务示范省建设工作落实。加强与环保、林业、农牧、水利、国土等部门生态文明建设和生态环境保护工作的合作与交流,促进信息共享,提高气象保障服务的针对性。强化与高校、科研院所的技术合作,进一步扩大合作的范围和领域,在共建监测设施、共享数据交流、共用管理平台、共研交叉学科等方面开展合作,形成生态服务合力。

3. 强化生态关键技术研究与技术攻关

以多源卫星遥感为主,以地面监测为辅,分类构建标准化生态气象监测模型,开展无缝隙生态气象监测业务。重点应用多源卫星,从机理角度建立积雪、草地、干旱、火点、水体精细化反演模型,突破多元数据融合算法及同化技术,实现主要生态要素全天候、精细化的遥感实时监测,同时优化基于过程的干旱动态监测;开发高时间分辨率静止卫星火情监测算法,完善森林草原火情遥感监测;利用高分辨率卫星探索开展湿地面积变化、固碳能力等生态价值气象监测。

扎实推进气候变化对草地植被、水环境、冻土、冰川等生态系统影响评估、脆弱性评估及生态承载力综合评估、生态风险预评估,开展好气候变化与生态变化相互作用研究,动态监测评估和预测工程实施效益。以气候系统模式和区域气候模式的模拟和预估试验结果为基础,开展最新未来不同温室气体排放情景下气温、降水精细化(格点)预估,开展各生态功能区近期、长期多时间尺度极端气候事件预估及风险研判,增强青海高原气候安全风险预估能力。

4. 稳步推进高寒生态标准体系建设

面向生态文明建设气象保障服务"四大体系"的建设需求,遵循"立足地方、依托行业、面向国家"的原则,针对高寒生态气象业务服务需求重点,进一步强化气象标准与青海生态文明建设的有机衔接,加强高寒生态气象标准体系框架研究,建立高寒生态气象领域系列标准项目计划库,分类制定高寒生态气象业务服务规范、监测指标体系、评估预警方法、风险管理、临界阈值的确定等技术标准。整合生态气象标准信息资源,面向青海生态文明建设开展气象标准信息服务。加强气象灾害防御高寒生态气象标准的应用执行和实施反馈,大力促进气象标准在高寒生态气象业务服务工作中发挥更好作用和效益,不断提升标准质量和适用性。

2.3.3 生态气象服务能力拓展

1. 强化生态气象科学试验,提升生态机理认识能力

继续加强中国气象局青海高寒生态气象野外科学试验基地建设,强化青藏高原腹地、三江源、青海湖流域、祁连山以及可可西里等重点生态功能区的野外科学试验及观测,形成覆盖重点生态功能区及典型下垫面野外试验站网。加强生态气象实验室建设,系统开展典型生态系统的植被、土壤等环境因子的生理生化分析试验,为开展生态环境演变机理研究和陆面过程参数优化提供支撑。强化科技成果中试转化。加强科技创新引领现代气象业务发展能力建设,强化科技成果的开放共享,推动气象科技成果转化应用。重点发展基于科学试验和卫星遥感的生态气象监测评估预警技术核心业务,构建生态气象科技成果中试基地体系,对关键业务技术成果进行系统化测试和配套化、工程化改进。加强开放基金支持力度,强化成果的众创众

享,吸引科研院所和高校先进科研成果应用中试,有效提高生态文明气象保障的科技能力。

2. 深化高寒生态系统动态变化监测评估技术研究

完善利用多源卫星数据开展基于生物圈、水圈、大气圈及冰冻圈等各要素的生态环境监测评估技术方法体系;结合地面生态要素观测数据,研发空地互补校验的综合生态监测技术系统。围绕高寒草地生态系统,基于实时动态数据,进行高寒草地牧草生育期、地上地下生物量、草地群落结构、土地覆盖及利用转化特征等的监测评估;基于生态系统多要素变化特征及其关联关系,进行高寒生态系统动态演化过程的评估技术研究。开展生态气象灾害机理与发生发展过程研究,进行灾害发生与发展预测、灾损评估、预警系统开发等研究。

3. 加强气候变化对高寒生态系统影响评估研究

开展重点生态功能区气候变化现状研究,引进区域与中尺度气候模式进行高原地区降尺度气候情景模拟研究;针对重点生态功能区,研发基于地面和卫星遥感生态环境要素长时间序列数据,结合短期试验及微观观测数据,开展气候变化与草地演化过程相互作用、湿地变化与湖泊水体及其水文过程、积雪与冰川演变特征等各圈层要素动态变化评估研究;基于区域与局地气候变化过程,结合植被动态过程模型、分布式水文模型、陆面过程模型与气候模式的耦合和相关数理统计方法,开展气候变化对高寒生态环境影响与评估研究。

4. 不断提升生态气象灾害监测预警能力

加强对生态气象灾害的应急观测能力,提升生态气象灾害预测、预警、防御,以及应急减灾、救灾的技术能力与水平,不断建立多学科、多领域的综合指标体系。加强生态—气象系统耦合的研究,强化生态环境气象预测、预报、预警,发展生态气象、环境气象精细化网格预报业务,提高预报的时空分辨率,针对不同生态类型和城市重污染天气,研发预警模型和预警指标,增强预警的时效。开展气象灾害风险评估与预警服务,重点关注与极端天气气候事件和灾害相关的农业和水资源风险、生态安全风险、健康安全风险,开发气象灾害风险保险产品,减少灾害损失,提高气候安全保障水平。在弥补灾害系统性研究不足的同时,可以在生态气象灾害多因子综合权重判别、环境因子胁迫关系、成灾交互综合指标等方面提出实用程度更高、指示意义更明确的技术指标,提高灾害预测、预警、评估的时效性和准确性。

第3章 青海省生态文明气象保障服务主要技术方法简介

3.1 生态气象遥感监测技术简介

3.1.1 典型生态气象要素遥感监测

3.1.1.1 高寒草地

青藏高原气候类型复杂,孕育了多样生态系统类型,其中高寒草地分布最广,面积约占青藏高原总面积的60%,是我国最重要的天然牧场之一。青藏高原高寒草地生态系统脆弱、抗干扰能力差,气候变化和人类活动进一步加剧了其脆弱性,主要变化为草地退化、沙化面积增加、水土流失强度加大等。合理利用草地、减少生态风险、避免环境问题,是青藏高原高寒草地区面临的紧迫问题。

开展草地资源遥感监测,可以及时掌握各地草地资源情况,合理利用草地资源。青海省地域辽阔,利用卫星遥感手段监测草地盖度、长势、生产力、载畜量和生态质量等具有独特优势。

青海省生态气象业务对高寒草地遥感监测的内容主要有:草地物候期(返青期/黄枯期)监测、牧草长势监测和载畜量监测。

1. 草地物候期监测

物候期是植物在一年的生长过程中,出现规律性变化现象的时期。例如,返青期、开花期、成熟期、黄枯期。其中,植物生长季起止日(返青期和黄枯期)和生长期的改变不仅影响着地表生物物理过程(如碳和水循环),也影响着植物光合产物的积累和资源的利用效率,如生长期的延长可以提高植物的叶面积指数和干物质的固定过程。在草地生态系统中,这些改变直接关系到草地生产力的变化。影响植物物候期的决定性因素主要是气温、降雨和土壤水分等。如何准确地监测草地植被的物候期是国内外备受关注的重要问题,是生态学研究的热点。植物物候期监测包括地面监测和遥感模型监测,地面监测的方法简单,但监测范围小,遥感模型监测方法具有监测尺度广和连续性强等优点。发展植被物候期遥感模型是植被物候监测不可或缺的方法。

常用的植被物候期遥感监测方法主要有：阈值法(固定阈值法、动态阈值法)；滑动平均法(滑动平均法、延迟滑动平均法)；曲率法(斜率最大值法、曲率最大值法)；其他(主成分分析法、谐波分析法)等(钱拴 等，2008)。其中，阈值法由于其操作简单易用，经过阈值调整，其监测精度基本满足业务需求，因而它成为草地物候期遥感监测业务的主要方法。下面详细介绍固定阈值法和动态阈值法。

(1)固定阈值法

表示为返青后与返青前的差值或黄枯前与黄枯后的归一化植被指数(Normalized Difference Vegetation Index，NDVI)差值大于某一个阈值。

返青期 在牧草返青前，牧草生物量处于一年中的最低值。当牧草开始返青生长时，牧草生物量则迅速增加。定义牧草生长率为：

$$\Delta NDVI = MNDVI2 - MNDVI1 \qquad (3.1)$$

式中，MNDVI2 为牧草返青后 NDVI 的最大值，MNDVI1 为牧草返青前 NDVI 的最大值。$\Delta NDVI \geqslant Th$ 为牧草返青期。Th 一般取 0.03，但需要根据各地实际情况进行调整。(3.1)式可以反映牧草返青状况。

黄枯期 当牧草进入黄枯期时，NDVI 也随之下降。此时，MNDVI2 为牧草黄枯后 NDVI 的最大值，MNDVI1 为牧草黄枯前 NDVI 的最大值，NDVI 的前后两次的差值为：

$$\Delta NDVI = MNDVI1 - MNDVI2 \qquad (3.2)$$

$\Delta NDVI \geqslant Th$ 为牧草黄枯期。Th 一般取 0.03，但需要根据各地实际情况进行调整。(3.2)式可以反映牧草黄枯状况。

(2)动态阈值法

返青期 将某一旬 NDVI 最大值合成数据(NDVImax(旬))与返青前 NDVI 背景值(NDVI 背景(返青))比较，若 NDVImax(旬)增量达到 NDVI 背景(返青)的一定比例(P)以上，则认为普遍返青。公式为：

$$NDVImax(旬) - NDVI 背景(返青) \geqslant NDVI 背景(返青) \times P$$

式中，P 需要在不同区域经过反复测试得到。

黄枯期 将某一旬 NDVI 最大值合成数据(NDVImax(旬))与黄枯前 NDVI 背景值(NDVI 背景(黄枯))比较，若 NDVImax(旬)减幅达到 NDVI 背景(黄枯)的一定比例(P)以上，则认为普遍黄枯。公式为：

$$NDVI 背景(黄枯) - NDVImax(旬) \geqslant NDVI 背景(黄枯) \times P$$

式中，P 需要在不同区域经过反复测试得到。

2. 牧草长势监测

草原产草量是维护草原生态系统的物质基础，是反映草原状况最直接的指标,对草原植被生物量动态研究一直是陆地生态学的热点问题。及时、准确地了解草原产草量的时空分布状况,掌握草原年际间变化动态规律,对于草原可持续利用和管理具有重要意义。牧草产量估算方法主要有传统地面测算、遥感估算和植被/生态模型估算等。传统的牧草产量估算,如"割重法"和"双重采样法"等,多用于小范围或单点产量估测。利用模拟模型估算牧草产量,如 Century Model、Hurley Pasture Model 等,在区域尺度上不易获取模型参数,所以大尺度应用还比较困难。而遥感估算方法由于具有独特的优势,主要表现在范围广、速度快、时效性强、数据获取受条件限制少、数据获取的手段多、信息量大等,已被广泛应用于估测牧草产量,或通过草地净初级生产力的估算,或建立卫星遥感植被指数与牧草单产之间的关系模式,均取得了良好的效果。

业务中主要采用卫星遥感植被指数与地面牧草观测产量之间的关系模式以大面积监测草地的产量。其中,卫星遥感植被指数是指采用美国国家航空航天局(National Aeronautics and Space Administration,NASA)网站 MOD13Q1 陆地专题产品数据,通过数据质量控制过程、月最大值合成过程得到高质量的每年生长季(6—9月)NDVI 数据集;地面牧草观测产量来自青海省 20 个生态监测站点的牧草产量观测数据。青海省高寒草甸、高寒草原和温性草原 3 大草地类型的月/年产草量遥感估算模型形式如下:

$$y = b \times \exp(ax)$$

式中,y 为牧草产量,单位"kg/亩";x 为 NDVI;a,b 为拟合系数。

3. 载畜量监测

草地载畜量是草地科学核心概念之一,《草原法》定义"草原载畜量是指在一定放牧时期内,一定草原面积上,在不影响草原生产力及保证家畜正常生长发育的同时所能容纳放牧家畜的数量"。草地载畜量既是衡量草场生产能力的一项指标,也是影响草地家畜生产能力的一项临界指标(钱拴 等,2007a)。载畜量过低会造成牧草浪费,降低牧草利用率;载畜量过高则导致牧草利用过度、草地环境恶化、家畜营养匮乏。草地载畜量从草场承载能力角度可分为合理载畜量(理论载畜量)和实际载畜量。合理载畜量(理论载畜量)是指一定的草地面积,在某一利用时段内,在适度放牧(或割草)利用并维持草地可持续生产的前提下,满足家畜正常生长、繁殖、生产的需要所能承载的最多家畜数量。实际载畜量是指一定面积的草地,在一定的利用时间段内,实际承养的家畜数量。

草地载畜量的估算方法主要有经验法、放牧试验法和营养估算法。经验法是放牧经验丰富的牧民通过对草原的初步观测,凭借放牧经验来估测单位面积的载畜量。该方法过于粗放,容易造成过度放牧。放牧试验法是在一定草原面积上进行放牧试验,根据放牧日期、家畜头数、家畜体重、畜产品生产的数量来测定草地载畜量。该方法需要经过多次测定以确定各种草地型单位面积的载畜量,较为繁琐。营养估算法是根据牧草可利用营养物质和家畜的需要来估测载畜量,即先计算草地放牧期间单位面积草地可消化蛋白质(digestible crude protein,DCP)和可消化营养物质总量(total digestible nutrients,TDN),再根据家畜的饲养标准,计算放牧季节内家畜对 DCP 和 TDN 的需要量,根据两者比值来计算草地载畜量。该方法将草地和家畜在更深层次上结合,更准确地反映家畜需求和草地供给的有机联系,在国际上广泛应用。

青海省业务上常使用牧草产量、牧草可利用营养物质和放牧试验三者相结合的方法,根据农业行业标准《天然草地合理载畜量的计算》来计算全年的草地载畜量。具体如下:

根据区域年平均牧草产量来计算区域年载畜量。该方法用于粗略估算区域上最大的年载畜量。

$$载畜量 = (牧草产量 \times 草地放牧利用率)/(家畜日食量 \times 放牧天数)$$

式中,载畜量单位为"万只羊单位";"牧草产量"使用遥感监测得到的鲜草总量,单位为"kg/亩";"草地放牧利用率"采用各草地利用类型放牧利用率的平均值,为 0.46;"家畜日食量"使用家畜日食鲜草量,羊单位日食量确定为可食鲜草,为 4.0 kg。

3.1.1.2 冰雪监测

1. 积雪监测

积雪指覆盖在陆地和海洋表层的雪层,是冰冻圈中分布最为广泛、年际和季节变化最为显著的组成部分,全球每年积雪覆盖约占地球表面积的 23%,并且有 2/3 覆盖在陆地。我国积雪资源丰富,其中永久性积雪覆盖区主要分布在我国西部高山和冰川覆盖区域,稳定性积雪区主要分布在青藏高原、东北和新疆等地。青藏高原作为世界第三极,海拔高且气候寒冷是我国积雪最主要分布区之一。积雪是青藏高原地区重要的淡水来源,对土壤的保温蓄水起到重要作用,同时对于高原气候具有重要反馈作用,在全球气候变暖背景下,青藏高原作为气候变化的启动区,该区域内积雪分布与消融正悄然发生变化,如异常降雪量增大、春季积雪快速消融等事件往往会对牧民生命财产安全带来巨大威胁,积雪分布和变化历来是气候研究、农牧业生产和水资源管理等不可缺少的重要信息。因而实现对该区域积雪覆盖、雪深和雪水当量的监测,尤其是利用新兴的多源遥感技术开展大范围、实时和准确积雪监测对于青藏高原地区生态安全和防灾减灾具有重大意义(曹梅盛 等,2006)。

积雪卫星遥感监测主要是利用星载遥感仪器获取的光学和微波等多波段光谱信息,通过计算机或人工解译数字图像处理获取定量或定性积雪参数的技术和方法。用于积雪监测的遥感仪器主要有 FY-3 号多通道扫描辐射计(VIRR)、中分辨率光谱成像仪(MERSI)和微波成像仪(MWRI),FY-2 号多通道扫描辐射计(S-VISSR)、FY-4 号成像仪(AGri)、EOS 卫星中分辨率光谱成像仪(MODIS)、先进微波扫描辐射计(AMSR-E),NOAA 和 Metop 卫星甚高分辨率扫描辐射计(AVHRR)等。而用于积雪判识的方法主要有多通道阈值法、指数法和图像分类方法,实际应用中以前两种方法适用性更广。其中,光学遥感积雪监测原理主要依据积雪在可见光、近红外、短波红外和热红外的光谱特征。以雪/冰、云、裸地、森林和植被等不同下垫面在不同光谱波段所具有的地物光谱特征为依据,建立判识模式,获取积雪像元信息,实现积雪制图。在到达雪面的太阳辐射通常被雪冰粒子和粒子间的液态水吸收或反射,但不同粒子半径的雪,在不同波段具有不同的吸收或反射特性(图3.1)。这一光谱特征可用于区分云和雪。此外,云在多波段结合应用中与雪相比存在差异,也是区分云和积雪的依据。当前有当量适用于光学积雪遥感监测的卫星载荷,如 AVHRR、MODIS 和我国风云系列的 VIRR 和 MERSI 等,在积雪覆盖监测中具有较高的精度,但往往易受云影响难以实现全天候。微波在积雪遥感中不可或缺,它不仅能够全天候的观测积雪,也能够穿透大部分积雪层,从而探测到雪深和雪水当量的信息。较早的用于雪深反演的微波数据是 SMMR 的 37 GHz 和 18 GHz 水平极化亮温。微波积雪监测的原理是:积雪具有较强的体散射效应,使得低频的亮温大于高频的亮温。被动微波数据之所以被用于反演雪深是因为土壤的向上微波辐射被覆盖其上的积雪散射。一般积雪越深,其散射越强,而到达传感器的辐射强度越弱,这个强度即表示为亮度温度。雪深的增加导致亮度温度的降低,这种反相关关系就是发展用被动微波亮温数据反演雪深算法的基础。在积雪参数反演研究中,国际上已有的星载被动微波传感器包括 Nimbus-7 上的 SMMR,DMSP 系列卫星上的 SSM/I 和 SSMIS,Aqua 卫星搭载的 AMSR-E 传感器,GCOM-W1 卫星上的 AMSR2 传感器,以及 FY-3 系列卫星上的 MWRI 传感器。

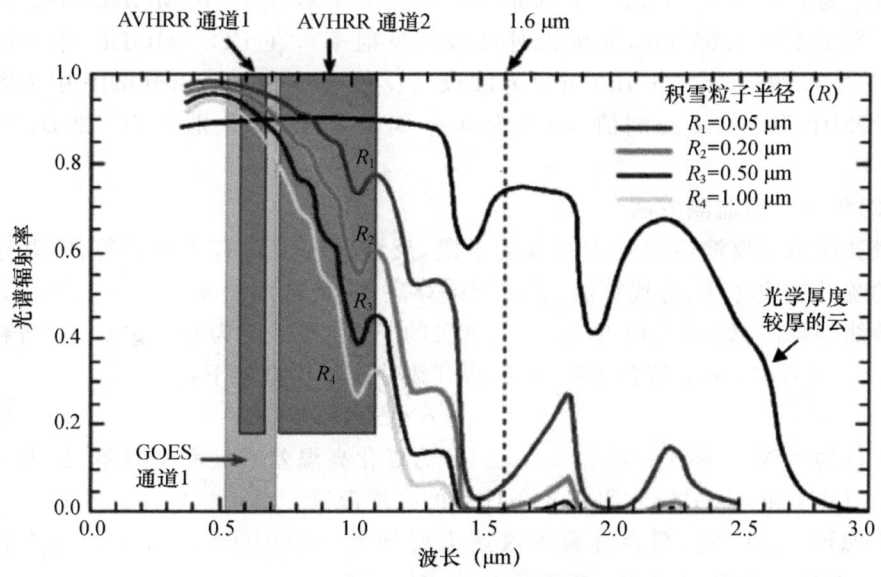

图 3.1　不同粒子半径的雪和云的反射率随波长的变化曲线

积雪的遥感监测有其特殊的复杂性,但也存在较多困难。一是虽然在可见光和近红外波段积雪有其明显的光谱特征,但还受到如积雪深度、积雪中液态水含量和积雪的层结状态以及观测时的太阳入射角度等因素影响。二是下垫面的不同给积雪遥感判识带来不确定性。三是光学遥感往往受云影响十分严重,尤其是低云与积雪光谱特性较为接近,极易发生混淆。四是微波遥感用于积雪监测存在图像空间分辨率低的问题。

(1)积雪覆盖遥感监测方法

积雪覆盖监测包括图像监测和积雪制图。前者利用光学仪器可见光近红外波段观测资料,经红绿蓝三通道合成及图像增强技术,突出积雪区,弱化干扰积雪识别的云区,加入地理信息系统(Geographic Information System,GIS)信息,可直观、定性地展示积雪覆盖区域。后者利用雪与其他地物的电磁波谱特性差异,建立积雪判识算法模型,从光学或微波综合观测信息中,识别出积雪覆盖区域。积雪覆盖的判识方法主要为归一化差分积雪指数(normalized difference snow index,NDSI),同时结合多通道辅助判识的方法。

具体方法:利用 EOS/MODIS、FY-3 中 MERSI/VIRR 等可见光红外波段进行积雪覆盖范围遥感监测具有较高的精度,利用上述数据的通用算法如下:

$$\text{NDSI} = \frac{B_4 - B_6}{B_4 + B_6} \geqslant \text{NDSIth}$$

$$B_2(0.841 \sim 0.876 \ \mu m) \geqslant B_2 \text{th}$$

$$B_4(0.545 \sim 0.565 \ \mu m) \geqslant B_4 \text{th}$$

式中,B_4 为 0.55~0.57 μm(可见光波段的反射率),在 EOS/MODIS 中为第 4 通道;B_6 为 1.62~1.65 μm(短波红外波段的反射率),在 EOS/MODIS 中为第 6 通道。B_2 为 0.841~0.876 μm(可见光波段的反射率),在 EOS/MODIS 中为第 2 通道。NDSIth 为 NDSI 的阈值,一般为 0.4,B_2th 和 B_4th 分别为 B_2 和 B_4 波段的阈值。

(2)雪深遥感监测方法

微波遥感是反演雪深较为有效的手段,反演算法主要有半经验算法、基于物理模型的统计反演算法、迭代算法、神经网络算法等,最常用的是基于一定假定条件的半经验线性算法,如假设积雪为均一、单层的干雪,雪密度为 0.3 g/cm^3,雪粒径为 0.3 mm,雪深<1 m,结合实测数据,得到线性统计模型如下:

$$SD = a + b \times \Delta TB$$

式中,SD 为雪深,a 和 b 为经验参数,ΔTB 为极化亮温差或频率亮温差,ΔTB 一般分别为 18 GHz 和 37 GHz 水平极化条件下的亮度温度。

考虑到森林影响,在森林覆盖区还需要加上一个因子$(1-f)$,f 为森林覆盖率,没有森林的地方,f 为 0。雪深反演算式修正为:

$$SD = (a + b \times \Delta TB)/(1-f)$$

同时为提高雪深反演精度,以中国区域和风云三号微波成像仪数据为例,当 $SD \geq 5$ cm 时,将地表分成不同类型,如将地表分为农田、草地、裸地和林地,可按不同地表类型分区域进行雪深反演(孙知文 等,2015)。

在青藏高原地区积雪覆盖相对较浅,实际观测中在浅雪区 NDSI 的大小和雪深具有较高的线性关系,因而对于可见光卫星数据可利用如下公式计算雪深:

$$SD = a + b \times NDSI$$

式中,SD 为雪深,a 和 b 为经验参数,NDSI 为归一化差分积雪指数。

(3)雪水当量遥感监测方法

在气候、水文和气象等方面均需要雪水当量信息,雪水当量的计算主要有转换方法、统计模型方法和辐射传输模型计算方法。前两种使用较为广泛。

积雪深度和雪水当量之间可相互转换,其转换方法一般采用如下公式:

$$SWE = SD \times \rho_{snow}$$

式中,ρ_{snow} 为积雪密度,SD 为积雪深度,SWE 为雪水当量。积雪密度的取值通常有两种方式,一种是使用固定值,即采用一个固定的积雪密度值用于积雪深度和雪水当量的关系转换,另一种采用动态积雪密度进行积雪深度和雪水当量之间的转化,即积雪密度值非固定值。

基于统计模型的雪水当量估算方法,公式如下:

$$SWE = a + b \times \Delta TB$$

式中,SWE 为雪水当量,a 和 b 为经验参数,ΔTB 为极化亮温差或频率亮温差,一般分别选取 37 GHz 或 85 GHz 高散射通道和 18 GHz 或 19 GHz 低散射通道。

(4)积雪日数遥感监测方法

积雪覆盖日数是指覆盖在陆地和海冰表面的雪层未发生融化存在积雪的日数,单位为 d。在青藏高原地区因积雪普遍偏浅,因而采用积雪覆盖日数对积雪覆盖状况进行评估具有重要意义。MOD10A 数据产品具有较长的时间序列,利用该数据进行积雪覆盖日数计算,首先,完成数据下载(https://search.earthdata.nasa.gov/),利用 MRT 工具进行预处理,主要包括拼接和投影转换;其次,利用积雪判识方法进行积雪覆盖范围提取,以旬/月/季/年为时间尺度对积雪覆盖日数进行合成;最后,利用地面站点获取的积雪覆盖日数对影像中的积雪覆盖日数进行检验和订正。

2. 冰川监测

冰川是地球上最大的淡水资源,也是地球上继海洋以后最大的天然水库,对全球水循环、区域水资源和全球气候变化都具有重要影响和意义。青藏高原是世界上中低纬度地区最大的现代冰川分布区,而这里的冰川又是众多河流,特别是我国母亲河长江和黄河的摇篮,因此,青藏高原的冰川研究在科学和经济方面都有重大的意义。

随着卫星遥感技术的发展,星载传感器被广泛应用于冰川监测中,充分满足了全球冰川监测的迫切需要。研究多源遥感影像在冰川提取方面的应用,不仅能够综合利用已有的遥感影像数据,满足日益紧迫的全球气候变化对冰川地区萎缩影响调查研究,同时也能够在全球气候变化、区域水量平衡等方面发挥重要作用,其研究结果可以为淡水资源管理、防灾减灾等应用提供合理的科学依据,具有极高的价值。

冰川大多积雪覆盖厚度较大,因此,利用冰雪在可见光波段的高反射率和短波红外波段的高吸收率提取冰川信息。

(1)冰川面积遥感监测方法

① 波段比值法。冰川在可见光波段的高反射率可以直接用于提取。

$$Bgreen < a$$

式中,Bgreen 为可见光绿波段反射率,a 为区分冰川和其他地物的阈值。

② 冰雪指数法。

$$NDSI = (Bgreen - Bswir)/(Bgreen - Bswir) > b$$
$$Bnir > c$$
$$Bgreen > d$$

式中,Bgreen 为绿光波段反射率,Bswir 为短波红外反射率,Bnir 为近红外反射率,b,c,d 为阈值,以经验法 b 取 0.15,c 取 0.11,d 取 0.1。

③ 谱间关系法。冰川提取中冰雪与其他地物信息分离度较高,而冰舌的提取相对较难,提取完整的冰川,冰舌提取是关键。可根据地物光谱曲线上显示的短波红外和近红外波段之间冰川和其他地物之间的谱间关系,提取出冰川信息。

$$(Bswri - Bnir)/(Bswri - Bnir) < e$$

式中,Bswri 为短波红外反射率,Bnir 为近红外反射率,e 为区分冰川和地物的阈值。

④ 监督分类法。分类是对遥感影像进行提取地物类别的基本方法,监督分类是使用者对遥感影像部分位置的地物类别明确的情况下,用户根据经验建立训练样本,通过学习获得以分类判别函数为理论基础的分类方式。

(2)冰储量计算方法

常用的冰储量计算主要是经验方法,有 Radic 等(2010)、Grinsted(2013)、刘时银等(2002)的冰储量计算公式作为冰川体积计算参考(表 3.1)。

表 3.1 冰储量计算经验公式

公式来源	计算公式
Radic 等(2010)	$V = 0.0365 A^{1.375}$
Grinsted(2013)	$V = 0.0433 A^{1.29}$
刘时银等(2002)	$V = 0.0336 A^{1.43}$

注:V 为冰川冰储量(单位:km³);A 为冰川面积(单位:km²)。

3.1.1.3 水环境遥感监测

水环境包括地球表面上的各种水体,如海洋、河流、湖泊、水库以及埋在土壤岩石空隙中的地下水。其中,湖泊是水资源的主要组成部分,具有调节河川径流、发展灌溉、提供工业和饮用水源、繁衍水生生物和改善区域生态环境等多种功能。青海省是多湖泊的省份之一,中国湖泊水质、水量与生物资源调查结果显示,青海省>1 km^2 的湖泊有 272 个,总面积为 13214.9 km^2,占全国湖泊数量的 8.24% 和总面积的 16.23%。青海省绝大多数湖泊受人类活动干扰较少,主要受气候变化导致的冰川融化和蒸发的影响,通过对湖泊监测和调查,研究湖泊面积变化和物候期对生态环境建设、水资源综合利用,对区域乃至全球气候、环境变化的研究具有深远的意义。

青海省地广人稀,地形复杂,有大面积的无人区,气象台站稀疏,生态保护和环境建设内容多,通过实地考察在人力物力耗费巨大,也无法做到全面观测,常规手段已不适应新的需求,利用卫星遥感监测湖泊水体面积信息和物候期是最可行的办法。

1. 水体面积监测

卫星遥感图像记载了地物对电磁波的反射及自身的热辐射信息,由于不同的地物其结构、组成及物理、化学性质的差异导致了其波谱特征各不相同。由于水体的透光性和水面的反射性,卫星传感器接收到的水体遥感信号包含来自大气、水面、水体以及水底各个不同层次的光谱信号,是一个经过了叠加的综合信号。在可见光近红外波段(0.40~2.5 μm)范围内,水体反射率总体比较低,一般为 1%~4%,平均反射率为 2%,并随着波长的增大逐渐降低,水体的反射主要集中在蓝绿光波段(0.45~0.52 μm,0.52~0.60 μm),其他波段反射率均较低,特别是近红外波段,水体对该波段几乎完全吸收。而土壤和植被在近红外和中红外波段的电磁波被强烈的反射,所以水体在近红外波段上与土壤和植被有明显的区别。

水体面积提取有阈值法、比值法、水体指数法、监督分类法等多种方法(董超华等,1999),业务常用的方法为单波段阈值法和比值法,其中需要的阈值应根据实际水体状况进行反复调整和试验得到。

(1)单波段阈值法

利用水体在近红外波段上反射率较低,易与其他地物区分的特点,选取单一的近红外波段,结合目视解译,反复试验,确定一个可以区分水体和其他地物的阈值即可。

$$Bnir < a$$

式中,Bnir 为近红外波段的反射率,a 为区分水体和裸地、植被的阈值。

(2)多波段谱间阈值法——多波段组合

生成多光谱彩色图像,以便对图像中水体、植被、云系等目标进行人工判识,通常利用红外和近红外 RGB 三通道合成显示,蓝色(或黑色或紫红色)、绿色、白色及暗红色分别反映水体、植被（包括农作物）、云系及城市等信息。根据不同地物的不同表现形式，可以人工目视解译。

（3）多波段谱间阈值法——差值法

利用水体在红外和近红外的光谱特征，以及三通道合成目视解译结果，确定阈值，从而将水体提取出来。

$$Bnir-Bred<b$$

式中，Bnir 和 Bred 分别为近红外和红外波段的反射率，b 为区分水体和裸地、植被的阈值。

（4）多波段谱间阈值法——比值法

同样利用水体在红外和近红外的光谱特征，以及三通道合成目视解译结果确定阈值，从而将水体提取出来。

$$Bnir/Bred<1$$

式中，Bnir 为近红外波段的反射率，Bred 为红外波段的反射率。

（5）归一化水体指数法

归一化水体指数法利用绿光波段和近红外波段，将水体信息进行放大，并且放大与其他地物的区分度，尤其与植被的区分度。该方法在区分土壤和建筑物与水体时容易误判。

$$NDWI=(Bgreen-Bnir)/(Bgreen+Bnir)$$

式中，Bgreen 为可见光绿波段的反射率，Bnir 为近红外波段的反射率。

（6）改进的归一化水体指数法

该方法在归一化水体指数法的基础上做了改进，水体信息得到明显增强，植被、土壤、人工地物和阴影得到一定压制。

$$MNDWI=(Bgreen-Bmir)/(Bgreen+Bmir)$$

式中，Bgreen 为可见光绿波段的反射率，Bmir 为中红外波段的反射率。

2. 湖冰物候期监测

湖冰物候期主要包括湖冰的 4 个时间点：开始冻结时间（FO），即湖泊表面湖冰开始出现的时间点；完全冻结时间（FU），即湖泊表面首次出现全部冻结的时间点；开始融化时间（BO），即完全封冻的湖泊，湖冰开始融化的第一天；完全融化时间（BU），即湖冰完全融化，湖泊表面不再有湖冰出现的第一天；湖冰冰期（ID），即开始冻结时间和完全融化时间中间的时间；湖冰完全封冻期（CID），即完全冻结时间和开始融化时间中间的时期。

水和冰在近红外波段反射率表现出明显的差异，冰在可见光波段的反射率一般为 30%～60%，水的反射率要比冰的反射率低得多，因此，利用近红外波段反射率，通过直方图阈值分割的方法，可以分辨出水和冰，假设 a 为近红外波段区分冰和水的阈值，即当近红外波段反射率$>a$ 时，判断此类地物为湖冰。而水和冰在红外的反射率均大于水和冰在近红外波段的反射率,因而也利用近红外和红外两个波段的差值监测湖冰。同时,利用归一化积雪指数法能够有效地减少植被、阴影等对湖冰监测的影响。业务中采用的湖水面积提取方法见第1.3.1节,湖冰面积提取算法具体如下:

(1)单波段阈值法

$$Bnir > a$$

式中,Bnir为近红外波段的反射率,a为区分水体和湖冰的阈值。

(2)波段差值阈值法

$$Bnir - Bred > b$$

式中,Bnir为近红外波段反射率,Bred为红外波段反射率,b为根据目视解译或者直方图方法获得的湖冰监测的阈值,即差值$>b$的像元为湖冰。

(3)归一化雪冰指数法

$$NDSI = (Bgreen - Bswir)/(Bgreen - Bswir) > c$$
$$Bnir > d, Bgreen > e$$

式中,Bgreen为绿光波段反射率,Bswir为短波红外反射率,Bnir为近红外反射率,c,d,e为阈值,该阈值根据不同的传感器和时段进行调整。

对于湖冰物候期的确定,采用较为权威、使用较为广泛的湖冰物候定义:假设时间为t时水的面积占湖泊总面积的比例为$K(t)$,当$K(t)$最小值为90%且开始减小时,定义t为湖冰的开始冻结时间(FO);当$K(t)$最小值为10%且开始增大时,定义t为湖冰的完全冻结时间(FU);当$K(t)$最大值为10%且开始增大时,定义t为湖冰的开始融化时间(BO);当$K(t)$最大值为90%时且开始增加时,定义t为湖冰的完全融化时间(BU);湖冰完全封冻时间定义为CID=BO-FU;湖冰存在时间定义为ID=BU-FO。详见表3.2。

表3.2 湖冰物候期判识标准

湖冰物候期	判识标准	时间段
开始冻结(开始封冻)	$K(t)$最小值为90%且开始减小时	每年10—12月
完全冻结(完全封冻)	$K(t)$最小值为10%且开始增大时	每年11月至次年1月
开始融化(开始解冻)	当$K(t)$最大值为10%且开始增大时	每年2—5月
完全融化(完全解冻)	当$K(t)$最大值为90%时且开始增加时	每年3—6月
湖冰冰期(即湖冰存在时间)	开始冻结时间和完全融化时间中间的时间	每年10月至次年6月
湖冰完全封冻期	完全冻结时间和开始融化时间中间的时期	每年11月至次年2月

注:$K(t)$为时间t时水的面积占湖泊总面积的比例。

3.1.1.4 土壤水分监测

土壤水分是全球水循环中最为活跃的变量,影响着地表和大气之间的物质和能量交换,在全球水循环、碳循环、气候变化研究中扮演着重要角色。在生态、农业应用中,土壤水分是植物摄取水分的主要来源,参与植物光合作用和蒸腾作用,贯穿植物生长的各个环节,是植物生长发育的基本条件。此外,土壤水分是研究植物水分胁迫、旱情监测、长势监测和作物产量估算的重要因子。因而,开展地表土壤水分的监测,对于水资源的利用、干旱预警、产量估算等方面具有重要的实际应用价值(杨军,2012)。

土壤水分遥感观测技术从探测波长来看,主要分为光学遥感和微波遥感。光学遥感观测土壤水分技术主要基于土壤水分与土壤光谱反射特性、土壤表面温度以及反射率的关系。光学遥感数据具有较高的空间分辨率,其提供的高分辨率土壤水分辅助信息已成为获取高分辨率土壤水分产品的重要数据源之一。但由于基于光学遥感数据所构建的各种遥感干旱指数的区域适用性和时间适用性差异很大,如何针对各地特点选用合适的遥感干旱指数仍是当前研究重点,如陕西省使用基于MODIS数据的热惯量和植被供水指数两种模型进行区域性遥感干旱监测,内蒙古、新疆、甘肃使用LST-NDVI特征空间原理构建温度植被旱情指数法(TVDI模型)等;针对青海高寒特点,不少学者尝试使用温度植被干旱指数、表观热惯量法、垂直干旱指数和植被状况指数监测青海全省或区域干旱状况。

青海生态业务上使用分区分时间段监测方法,具体分区监测技术如下。

1. 分区方法及分区结果

由于不同遥感干旱指数(如NDWI、VCI等)甚至同一种遥感干旱指数,在不同时间段、不同地区与0~20 cm土壤重量含水率的相关关系差异较大,因而以多年年平均气温和年降水量作为一级分区依据、多年平均归一化植被指数作为二级分区依据、土壤含沙量作为三级分区依据,采用非监督分类方法中的重复自组织数据分析技术(iterative self-orgnizing data analyszie technique,ISODAT)进行分区得到的气候条件、自然植被和土壤条件较为一致的区域(表3.3、图3.2)。

表 3.3 地理分区结果

分区号	代表区域	代表站点	空间范围
1	柴达木盆地区	/	赛什腾山—宗务隆山以南、昆仑山脉以北、青海南山—鄂拉山以西的地区
2	共和盆地区	兴海	青海南山以南、鄂拉山及其东延余脉以北之间的盆地区
3	可可西里地区	沱沱河	昆仑山脉以南、唐古拉山以北、青藏公路以西的地区

续表

分区号	代表区域	代表站点	空间范围
4	环青海湖地区	海晏、刚察和天峻	大通山以南、青海南山以北之间的环湖地区
5	祁连山西部地区	/	托来南山和赛什腾山—宗务隆山之间的地区
6	青南中部地区	曲麻莱	布尔汗布达山—鄂拉山以南、唐古拉山—巴颜喀拉山以北、青藏公路以东、阿尼玛卿山以西的地区
7	东部农区	互助、民和和湟源等	达坂山以南、夏琼山以北、日月山以东的河湟谷地地区
8	祁连山东部地区	祁连、野牛沟	托来南山以东、大通山—达坂山以北的地区
9	青南东南部地区	甘德	夏琼山以南的黄南地区、阿尼玛卿山以南的果洛地区、巴颜喀拉山以南的玉树地区

注：分区号按各区常年干旱状况降序排序。代表站点指青海省气象局生态环境监测系统的地面站点。

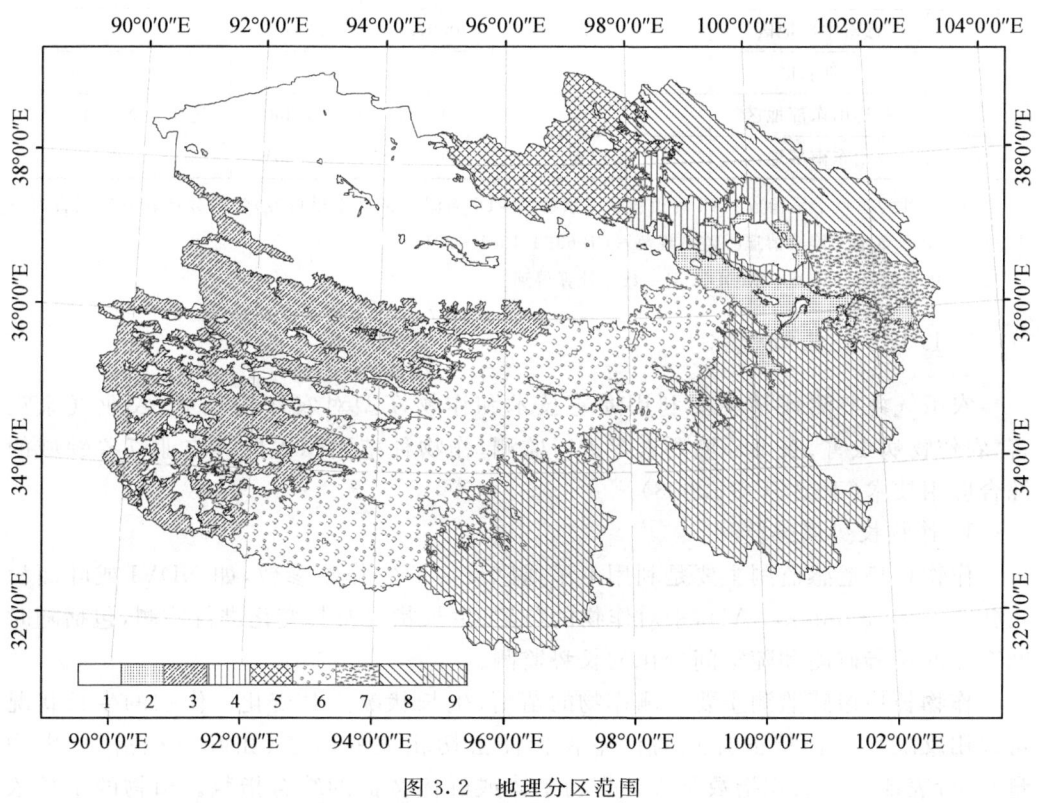

图3.2 地理分区范围

2. 分区土壤水分监测模型

用不同遥感干旱指数与各地理分区 0~20 cm 土壤重量含水率的线性关系模型

计算各分区的土壤重量含水率,按如下公式执行:
$$y = a \times x + b$$
式中,y 为 0~20 cm 土壤重量含水率,单位为百分率(%);x 为各地理分区的遥感干旱指数;a,b 为模型常数,其取值见表 3.4。

表 3.4 各地理分区土壤重量含水率反演的遥感干旱指数及常数 a,b 取值

分区号	区域名称	遥感干旱指数	a	b	备注
1	柴达木盆地区	/	/	/	/
2	共和盆地区	PDI	−44.089	32.958	/
3	可可西里地区	PDI	−36.071	23.430	/
4	环青海湖地区	PDI	−63.639	34.759	适用于 NDVI<0.3
4	环青海湖地区	VCI	0.0912	14.292	适用于 NDVI≥0.3
5	祁连山西部地区	PDI	−36.071	23.430	
6	青南中部地区	VCI	0.0797	14.595	
7	东部农区	/	/	/	
8	祁连山东部地区	TVDI	−18.172	40.660	适用于 NDVI≥0.2
9	青南东南部地区	TVDI	−10.762	27.431	

注:1. PDI 为垂直干旱指数、VCI 为植被状况指数、TVDI 为温度植被干旱指数,各指数计算方法见青海省地方标准《高寒草地土壤墒情遥感监测规范》(DB 63/T 1681—2018)。

2. 表中参数基于 EOST/MODIS 卫星数据计算得到。

3.1.1.5 农田气象

农田气象监测评估主要利用遥感技术和作物模型对农作物长势、农业气象灾害、农作物病虫害、农田环境要素等进行监测,作物种植面积提取等农业气象领域的综合应用技术(王纪华 等,2008)。

1. 作物长势遥感监测

作物长势遥感监测主要是利用卫星遥感反演的农作物参数,如 NDVI 或叶面积指数(leaf area index,LAI),来对作物的苗情、生长状况及其变化进行监测,包括随时间变化的长势监测和随空间变化的长势监测。

作物长势遥感监测主要监测作物的苗情、生长状况及其变化。作物的生长状况可以用反映其生长特征并且与该生长特征密切相关的因子(如叶面积指数、生物量)进行表征。叶面积指数是表征作物个体或群体特征的综合指数。植物的生长依靠叶片光合作用,在一定的范围内,随叶面积指数的增加,作物群体光合作用速率增强,产量提高。因此,叶面积指数是监测作物长势的基础。

作物长势遥感监测主要包括实时监测和过程监测。实时监测主要是将当年的

NDVI与往年遥感影像提取的NDVI进行对比,综合地面农情、气象等辅助数据分析确定作物长势等级,以了解作物长势状况空间分布变化情况。生长过程监测分析主要是用NDVI时间序列生成作物生长过程曲线,通过比较当年与常年或上年曲线间的差异,给出当年作物长势的定性或定量评价。

冬小麦、玉米、水稻等大宗作物长势遥感监测在我国气象、农业部门已经实现业务化运行,即在农作物生长季每旬或每月进行动态监测,及时、准确地获取作物长势信息,为农业政策的制订和粮食贸易提供有力的决策依据。

2. 作物产量遥感估算

作物产量遥感估算主要是利用遥感获取作物生长发育和产量形成过程中的影响因素或关键参数,如NDVI或LAI,根据一定的原理和方法构建不同条件下的产量预报模型,建立农作物产量估算模型,如产量—遥感指数统计模型、产量构成三要素模型、潜在—胁迫产量模型和作物干物质量—收获系数模型,从而在作物收获前预测作物产量。

遥感反演的归一化植被指数或叶面积指数与作物群体密度、亩穗数及单产均有密切的关系。运用遥感手段,根据生物学原理,在分析农作物光谱特征的基础上,通过卫星传感器探测到不同波段的地球表面信息以识别作物种类和生长状况,建立不同条件下的产量预报模型,从而在作物收获前预测作物产量。作物产量遥感估算主要包括作物面积遥感估算和作物单产遥感估算。

3. 作物面积遥感估算

农作物面积遥感估算主要是利用遥感信息,基于作物不同发育阶段的光谱特征,通过数理统计分析方法构建农作物识别模型,计算农作物像元面积,从而实现大范围农作物面积估算的技术。提取农作物种植面积是做好农作物长势监测、产量预测的基础。

农作物的识别主要是基于绿色植物独特的波谱特征,将农作物与其他地物区分开。农作物面积遥感监测方法可以分3类:一是基于光谱特征的农作物识别方法;二是基于作物物候特征的农作物识别方法;三是基于多信息源数据的农作物识别方法。

农作物面积遥感估算已经成为农业遥感的一个重要技术领域,广泛应用于农作物产量预测、农情监测、土地利用覆盖与变化监测等领域,可以及时、准确、客观地获取大范围内不同作物的空间分布信息。

4. 农业气象灾害遥感监测

农业气象灾害监测主要是利用先进的科学技术手段和分布合理的气象观测站网,在农业气象灾害指标基础上,对农业气象灾害的孕育、发生、发展,对农业生产可能造成的损失,以及灾害后进行观察、测定和信息搜集。监测得到的灾情信息,可为农业气象灾害预警预测、进行减灾决策、研究灾害规律提供依据。

农业气象灾害监测主要包括以下 4 个方面的内容：

(1)应用农业气象灾害指标和地面观测资料进行灾害监测

依据既定的农业气象灾害指标，基于实时地面观测数据进行农业气象灾害监测。除少数直接观测到的天气现象(冰雹、大风等)、植被表现(农作物受害、土壤干涸等)和仪器观测结果(土壤水分含量、干土层厚度)可用于农业气象灾害监测外，大多数农业气象灾害监测是根据既定的农业气象灾害指标，结合观测到的实时气象数据来判断灾害是否出现，强度如何。

(2)应用"3S"等高新技术进行灾害监测

以遥感(Remote Sensing，RS)、地理信息系统(geographic information system，GIS)和全球定位系统(Global Positioning System，GPS)(简称"3S")等高新技术为基础，结合地面气象、农业气象等观测资料的农业气象灾害监测。

(3)应用综合集成、"3S"技术进行灾害监测

对基于农业气象灾害指标和地面观测资料、"3S"等高新技术的灾害监测结果综合加权集成，进行农业气象灾害监测。综合集成监测可以发挥以上两种监测方法的各自技术优势，既弥补了由于地面观测站点数量不足导致的灾害监测结果覆盖面不全问题，又弥补了基于"3S"技术的灾害监测结果精度不足问题。

(4)灾害监测服务系统的建立

建立具有农业气象灾害监测信息采集、加工、分析和分发等功能的业务服务平台。系统通过对实时气象观测、农业气象观测、遥感监测信息数据等的采集，结合地理信息数据等，进行灾害监测信息的加工、分析，综合不同灾害监测方法的监测结果，开展对灾害发生发展及其强度、范围的实时动态监测应用服务。

3.1.2 典型生态气象灾害遥感监测技术

气象卫星可用于大范围的地表覆盖分类、荒漠化监测、干旱监测、沙尘监测、火情监测和洪涝监测等。常用的气象卫星遥感仪器主要有我国风云三号卫星上的多通道扫描辐射计(VIRR)和中分辨率光谱成像仪(MERSI)、美国 EOS 卫星上的中分辨率光谱成像仪(MODIS)和 NOAA 卫星上的改进型甚高分辨率扫描辐射计(AVHRR)等。

3.1.2.1 雪灾

青海省牧区在冬季容易发生雪灾，其中牧区雪灾是指因大范围积雪掩埋草地植被，且持续时间较长，对放牧饲养家畜正常行走和采食造成影响，导致放牧家畜大量掉膘和死亡的一种气象灾害。

牧区雪灾监测主要是利用地面站点同时结合遥感数据手段，对降雪期间牧区的

积雪深度、积雪覆盖范围、积雪持续日数、积雪覆盖日数等进行监测,对牧区雪灾进行评估主要是综合利用积雪持续日数、积雪掩埋牧草程度和积雪面积比 3 个指标,并将雪灾划分为轻灾、中灾、重灾和特大灾 4 个等级(表 3.5)。评价指标如下:

① 积雪维持日数:指地面积雪稳定维持的连续日数,可通过遥感每日监测积雪覆盖结果对一段时间范围内的维持日数进行求取,也可利用地面站点调查和统计汇总方法获取。

② 积雪掩埋牧草程度:指积雪深度与草群平均高度之比,草群平均高度可根据野外调查获取。

③ 积雪面积比:指某地草地积雪面积与实际草地面积之比,主要通过遥感监测获取。

表 3.5 牧区雪灾等级划分

雪灾等级	积雪状态		
	积雪掩埋牧草程度	积雪持续日数(d)	积雪面积比(%)
轻灾	$0.3 \leqslant r < 0.5$	$\geqslant 10$	$S \geqslant 20$
	$0.5 \leqslant r < 0.7$	$\geqslant 7$	
	$r \geqslant 0.7$	$\geqslant 5$	
中灾	$0.5 \leqslant r < 0.7$	$\geqslant 10$	$S \geqslant 40$
	$0.7 \leqslant r < 0.9$	$\geqslant 7$	
	$r \geqslant 0.9$	$\geqslant 5$	
重灾	$0.5 \leqslant r < 0.7$	$\geqslant 10$	$S \geqslant 60$
	$0.7 \leqslant r < 0.9$	$\geqslant 7$	
	$r \geqslant 0.9$	$\geqslant 5$	
特大灾	$0.7 \leqslant r < 0.9$	$\geqslant 10$	$S \geqslant 80$
	$r \geqslant 0.9$	$\geqslant 7$	

3.1.2.2 干旱监测

干旱是一种频繁发生的自然灾害,直接和间接地影响人类生存、社会稳定、农业生产、资源与环境可持续发展。尤其,青海省地处青藏高原东北部,气候严寒干燥,干旱是其最主要的气象灾害之一。遥感技术能够客观地反映地表水分、热量和植被等综合信息,因此,被广泛应用于区域尺度的旱情监测。遥感干旱监测理论可大致分为 4 类:一是基于植被生长状况的遥感干旱监测;二是基于地表能量平衡理论建立的遥感干旱监测;三是基于多维光谱/地表参数特征空间的遥感干旱监测;四是微波遥感干旱监测。以上 4 类遥感干旱监测方法在具体应用中,有其各自的优点。

在青海省遥感干旱监测业务中，主要使用基于可见光近红外数据的遥感干旱指数与地面土壤水分数据构建统计关系，计算区域上的土壤水分（详细技术见第3.1.1.4节）；在此基础上，采用百分位法评价各地理分区的土壤干旱状况，分别以2%、5%、15%和30%作为特旱、重旱、中旱、轻旱和无旱5个土壤干旱等级出现的概率阈值，见表3.6。据此，可推算出各分区各土壤干旱等级的0～20 cm土壤重量含水率阈值，见表3.7。

表3.6 土壤墒情等级的概率阈值

百分位(%)	等级
$P \leqslant 2$	特旱
$2 < P \leqslant 5$	重旱
$5 < P \leqslant 15$	中旱
$15 < P \leqslant 30$	轻旱
$P > 30$	无旱

表3.7 各地理分区的土壤墒情等级划分阈值

分区号	特旱	重旱	中旱	轻旱	无旱
1	/	/	/	/	/
2	$W \leqslant 12$	$12 < W \leqslant 13$	$13 < W \leqslant 14$	$14 < W \leqslant 17$	$W > 17$
3	$W \leqslant 5$	$5 < W \leqslant 6$	$6 < W \leqslant 8$	$8 < W \leqslant 10$	$W > 10$
4(NDVI<0.3)	$W \leqslant 9$	$9 < W \leqslant 10$	$10 < W \leqslant 11$	$11 > W \leqslant 13$	$W > 13$
4(NDVI≥0.3)	$W \leqslant 10$	$10 < W \leqslant 11$	$11 < W \leqslant 14$	$14 < W \leqslant 17$	$W > 17$
5	$W \leqslant 5$	$5 < W \leqslant 6$	$6 < W \leqslant 8$	$8 < W \leqslant 10$	$W > 10$
6	$W \leqslant 8$	$8 < W \leqslant 13$	$13 < W \leqslant 15$	$15 < W \leqslant 18$	$W > 18$
7	$W \leqslant 6$	$6 < W \leqslant 7$	$7 < W \leqslant 10$	$10 < W \leqslant 12$	$W > 12$
8	$W \leqslant 18$	$18 < W \leqslant 19$	$19 < W \leqslant 20$	$20 < W \leqslant 23$	$W > 23$
9	$W \leqslant 14$	$14 < W \leqslant 16$	$16 < W \leqslant 19$	$19 < W \leqslant 20$	$W > 20$

注：分区号见第3.1.1.4节表3.3。

3.1.2.3 森林、草原火情监测

青海省森林和草原面积分布较广，火情监测一直是森林草原防火工作的重要组成部分。因气象卫星具有视野宽广和观测频次较密的特点，可以迅速获取辽阔国土上森林草原火情信息，气象卫星火情监测已成为森林、草原防火工作的重要组成部分。森林、草原火情遥感监测主要是利用卫星观测的可见光、短波红外、中红外和远红外等多波段信息，识别提取森林、草原火场位置、范围，估算明火区面积及过火区面积等火情信息的技术和方法（刘诚 等，2004）。

森林草原火场温度为 600~1200 K,地表温度一般在 300 K 左右,根据维恩定律,黑体辐射峰值波长随温度升高向短波方向靠近。森林草原火场辐射峰值波长靠近气象卫星中红外通道(3.5~4.0 μm),一般地表温度辐射峰值波长靠近远红外通道(11 μm)。利用普朗克黑体辐射率公式计算,将火场和地表看作近似黑体,森林草原火场在中红外通道(3.7 μm)的辐射率高于常温地表辐射率数百倍至数千倍,因此,很小的火点也会引起含有火点像元在中红外通道辐射率和亮温的明显升高,造成与周边非火点像元的明显差异。

业务中,白天使用由中红外、远红外和可见光通道组成的多光谱彩色合成图进行人机交互判识,对 3.7 μm、0.86 μm、0.65 μm 通道分别赋予红、绿、蓝色,在彩色合成图上,鲜红色表示正在燃烧的明火区,暗红色表示过火区,绿色表示植被(未燃烧区,如林区、草原等),深蓝色为水体,灰色为烟雾或云;夜间人机交互判识中,中红外通道单波段显示中火点呈现白亮色。

采用以下方法进行火点自动判识:

$$T_{中} - T_{中bg} > T_{中th} \text{ 和 } T_{中远} - T_{中远bg} > T_{中远th}$$

式中,$T_{中}$、$T_{中bg}$、$T_{中th}$ 分别为被判识像元中红外通道亮温、中红外通道背景亮温、中红外通道火点判识阈值,$T_{中远}$、$T_{中远bg}$、$T_{中远th}$ 分别为被判识像元中红外亮温与远红外亮温差异、中红外与远红外亮温差异与背景亮温差异、中红外与远红外亮温差异火点判识阈值。

同时,利用单通道混合像元表达式估算亚像元火点面积:

$$P = N_i(T_{imix}) - N_i(T_{bg}) - N_i(T_{hi}) - N_i(T_{bg})$$

式中,P 为亚像元火点①面积占像元面积的百分比,$N_i(T_{imix})$、$N_i(T_{bg})$ 和 $N_i(T_{hi})$ 分别为中红外通道混合像元、背景和明火区的辐亮度。其中,明火区温度 T_{hi} 采用设定值,为 750 K。当中红外通道饱和时,利用远红外通道估算。

采用高分辨率陆地资源卫星数据,提取过火区范围。

3.1.2.4 水患监测

青海省湖泊和河流众多,水体范围随季节及降水的影响变化较大,某一时期水体范围相对增大是正常状态,但发生水患时会出现异常增大的水体,对周边环境和设施安全产生隐患,因此,水患遥感监测十分必要且迫切。

业务中,水患遥感监测主要利用水体面积遥感监测技术(详见第 1.3 节)提取异常增大或异常退缩前后水体面积和范围,从而确定异常增大或缩小的水体面积、范围、方向、异常增大或缩小历时等信息。结合土地利用分类、气候变化预测等信息,可评估水患影响。

---

① 亚像元火点指燃烧区域占像元部分的面积。

3.1.2.5 荒漠化监测

荒漠化是指包括气候变化和人类活动在内的各种因素造成的干旱、半干旱和干燥的亚湿润地区的土地退化,普遍表现为土壤粗化、养分和水分含量趋于下降,植被盖度、生产力明显降低,生物量的减少是荒漠化最明显的结果。青海省是我国受荒漠化危害最严重的地区之一,荒漠面积约为 1200 万 hm^2,占全省面积的 17%,集中分布在柴达木盆地、共和盆地和青海湖盆地等,在全球变暖背景下,荒漠化仍有可能再度扩展,这会直接影响社会经济的健康发展,严重威胁人类的生存安全。为了系统全面地了解荒漠化的发展趋势及动态变化规律,及时、准确掌握荒漠化土地的消长变化信息,荒漠化监测具有重要的意义,其中,卫星遥感监测技术以其多光谱、高空间分辨率的特点,在中尺度、大尺度荒漠化监测和评价中起到了不可替代的作用。

随着卫星遥感技术的发展,许多研究基于多光谱影像,依据各土地类型的光谱特征进行不同时期的土地覆盖分类,进而通过分类后比较法、景观格局变化等揭示荒漠化动态。此外,多采用基于一种或多种植被指数的单一监测指标,如植被覆盖度(fractional vegetation cover,FVC)、陆地表面温度(land surface temperature,LST)、温度植被旱情指数(temperature vegetation dryness index,TVDI)、改进型土壤调整植被指数(the modified soil adjustment vegetation index,MSAVI)、净初级生产力(net primary productivity,NPP)等。但以 NDVI 动态指示监测荒漠化过程的研究最广泛。也有研究者将植被盖度、土壤调整植被指数、地表反照率、陆面温度和植被旱情指数 5 种指数进行组合分类或构建综合指数来判断荒漠化的程度(王圆圆 等,2004)。

由于荒漠化的轻重程度与植被覆盖率有直接关系,荒漠化程度愈高,NDVI 植被覆盖率愈低。因而在土地荒漠化的监测业务服务中,通常使用年最大 NDVI 数据,根据不同地区土地荒漠化程度与 NDVI 或植被盖度的关系,或构建荒漠化指数(表 3.8),监测各区土地荒漠化程度。在此基础上,分析土地荒漠化面积、荒漠化程度及空间分布的当年状况、多年平均状况以及年际变化;结合自然和社会经济因素评估全省各区土地荒漠化影响,评价治理效果,提出土地荒漠化治理策略。

表 3.8 柴达木盆地植被 NDVI 及地理景观特征

分级	荒漠化程度	NDVI	地理景观特征
I	轻度	(0.13,0.3]	沙丘迎风坡出现风蚀坑,背风坡有流沙堆积,流沙呈斑点状分布,草地生态功能退化
II	中度	(0.08,0.13]	沙丘呈现明显的风蚀坡和落沙坡的分异;灌丛有叶期仍不能覆盖整个沙堆,灌丛沙堆迎风坡出现流沙
III	重度	≤0.08	荒漠化地区整个呈现流动、半流动状态;砾质化地区呈现为戈壁

荒漠化指数(desertification index,DI)是表征荒漠化程度的量化指标,数学表达为:

$$DI = 1 - VCI$$

式中,DI 为荒漠化指数,VCI 为植被覆盖率。参考中国北方荒漠化分布图类型分级指标及其他荒漠化分级方面的相关文献,将荒漠化程度划分为 4 个级别,即重度荒漠化、中度荒漠化、轻度荒漠化和非荒漠化(表 3.9)。

表 3.9 北疆荒漠化指数分级标准

编码	类型名称	DI	地表特征
Ⅰ	重度荒漠化	>0.9	VCI<10%,主要为裸地、盐碱光板地
Ⅱ	中度荒漠化	[0.8,0.9)	VCI 为 10%~20%,主要为生长少量植被的重度盐碱化区和沙生植被区
Ⅲ	轻度荒漠化	[0.5,0.8)	VCI 为 20%~50%,主要为生长草原植被的地区和盐碱化耕地区
Ⅳ	非荒漠化	<0.5	VCI>50%,主要为耕地和高覆盖草地

3.1.2.6 沙尘监测

沙尘天气是指风将大量沙尘卷入大气中导致水平能见度<1 km 的灾害性天气现象。对气候系统有许多影响,如辐射效应减少、地表曝晒及其与云微物理的相互作用,从而抑制降水。同时,作为环境污染物,对人类健康危害很大,而且对社会经济发展、生态安全以及水循环等一系列活动有着直接或间接的影响。由于裸露土地较多缺少植被覆盖,加之春季气象条件活跃,我国北方地区春季经常受到沙尘天气影响。

对沙尘天气,常规的地面气象观测与污染监测费时费力,而且覆盖范围有限,监测、预报和研究很受局限。而卫星遥感监测范围广、波段多的优势可以弥补这些不足,成为实时监测沙尘天气过程的重要手段。遥感沙尘监测主要是利用悬浮的沙尘粒子与大气中其他物质对不同通道散射和吸收特性上的差异这一特征,从卫星影像上判实沙尘发生位置及其移动轨迹,并定量反演沙尘的光学厚度、沙尘粒子有效半径、大气当中的载沙量、沙尘顶高度等信息的技术和方法(杨军,2012)。业务中常采用基于卫星波段特征和基于卫星云图目视解译相结合的方法监测沙尘天气的发生、发展情况。具体技术如下:

3.1.2.6.1 基于卫星波段特征的监测方法

沙尘粒子在可见光波段和近红外波段(0.63 μm、0.86 μm)具有较高的反射率。在短波红外波段(1.3~1.9 μm),沙尘粒子的反射率高于可见光波段和近红外波段,且比中高云的反射率高。在中红外波段(3.5~3.9 μm),沙尘粒子的散射辐射低于可见光、近红外和短波红外波段,但高于热红外波段。在热红外通道(10.3~12.5 μm),沙尘粒子的吸收较强,其亮温比水体、地表植被、裸土和沙漠的亮温低。

沙尘粒子在 10 μm 波长处的吸收略强于 12 μm 处,且有特定的红外分裂窗亮温差。基于沙尘粒子的上述特殊波段特征,采用阈值法便可对沙尘区域进行识别。

(1)沙尘指数 NDSI 与 DSI

$$NDSI=(B_7-B_3)/(B_7+B_3)$$

$$DSI=(B_{20}-B_{29})$$

式中,B_7 和 B_3 分别表示 MODIS 通道 3 和 7 的反射率,B_{20} 和 B_{29} 分别表示 MODIS 通道 20 和 29 的亮温。

分别取 $NDSI>a$ 和 $DSI>b$ 为判别阈值,进行沙尘定量判别,并根据 DSI 大小对沙尘强度进行划分,参考阈值为:$a=0,b=33$,根据实际情况可调。

(2)沙尘指数 DDI

$$DDI=I_{nr}\times I_{ir}\times 10$$

$$I_{nr}=e^{R_{1.6}}$$

$$I_{ir}=e^{(T_{12}-1.0)/(T_{11}-1.0)}$$

式中,T_{11} 为 11.0 μm 通道亮度温度;T_{12} 为 12.0 μm 通道亮度温度;$I_{ir}>1$ 可作为沙尘识别的判据;$R_{1.6}$ 为经过太阳高度角订正的 1.6 μm 通道反照率。

DDI 的计算结果是一个 1~100 的无量纲数值,值越大表示沙尘强度越强。同时,建立的 DDI 与沙尘强度类型相对应,见表 3.10,这样在获取遥感数据、完成沙尘识别和 DDI 计算后,可以立即得到沙尘区具体强度的分布。

表 3.10 DDI 与沙尘强度类型对应

DDI	沙尘强度
1~10	弱浮尘
11~30	浮沉
31~50	扬沙
51~70	沙尘暴
71~85	强沙尘暴
>85	特强沙尘暴

3.1.2.6.2 基于卫星云图目视解译的监测方法

在气象卫星图像中,利用颜色、色调、纹理和形状等特征能够识别沙尘暴区域。目视解译监测方法的优势在于简便、快捷,其监测结果直观、实用。该方法采用的图像包括黑白图像和彩色图像。其中,黑白图像通常为静止气象卫星的可见光通道图像,主要是由于该图像的空间分辨率较高;有时也会使用红外通道图像。在可见光通道云图((彩)图 3.3)中,水体呈黑色;有植被覆盖的地区为深灰色或灰色;荒漠、沙漠地区呈灰色或淡灰色;云系和积雪为浅灰色或白色;由浮尘、扬沙、沙尘暴形成的

"沙尘羽"和低云呈灰色或灰白色。另外,"沙尘羽"往往与地形走向一致,沙尘暴区顶部结构均匀,且有顺着风向的纹理。

图 3.3　可见光通道沙尘监测

与黑白图像相比,彩色图像能够更直观、更清晰地显示沙尘区,包括真彩色和假彩色图像。在(彩)图 3.4 中,沙尘区为沙黄色且有顺风向的纹理,地面裸沙也为沙黄色但没有顺风向的纹理,白色为云。彩色图像的通道组合选择对沙尘暴敏感的可见光、近红外和中红外(或远红外)3 个光谱波段,并给其赋予红色、绿色和蓝色。通过利用加色法合成,得到可突出沙尘暴信息的彩色图像。若光谱通道足够多,则可选择可见光波段的 3 个通道,并将其组合成红色、绿色、蓝色的真彩色图像。

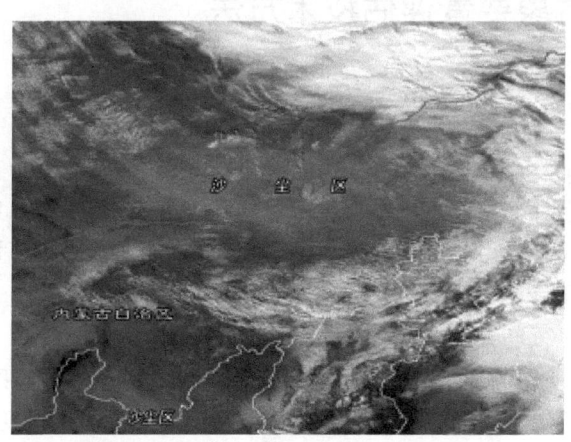

图 3.4　真彩色沙尘监测

3.2 生态气象评估技术简介

青海省生态气象评估技术方法主要有数学统计分析和数值模式模拟两种方法。数学统计分析评估方法,即从一定时长的主要气象因子与各生态气象要素状况的遥感监测信息中寻找其数学统计关系,并将此关系外延至当前气象条件与各生态气象要素的关系中,从而评价当前气象条件对各生态气象要素的影响。这是青海省生态气象评估业务中常用的方法。数值模式模拟评估方法主要通过数值模式(如国家气象中心所使用的 AVM 模式)模拟当前气象条件下各生态气象要素应该出现的状况,并与遥感监测实况进行对比,从而分离出气象因子、人为因素等各自贡献率,这是今后青海省生态气象评估业务的重要发展方向。

数学统计分析评估方法简单易行。但由于各生态气象要素的变化过程受多种因子的综合影响,不同时段的主导因子不尽相同,加之当前技术水平条件下没有完全掌握其变化机理,使得该方法缺乏严密的生理生态机理为依据。在缺乏严密的生理生态机理情况下,当前生态气象评估服务只评定当前状况在历史序列中的位置,对未来演变趋势涉及甚少。

数值模式模拟评估方法具有明确的生理生态机理。但当前技术条件下,人们对于各种过程运行机制的认识是有限的,且由于模式比较复杂,不利于业务应用推广。

3.2.1 生态气象要素评估技术方法

3.2.1.1 高寒草地评估

1. 草地物候期评估

植物物候信息能够敏感地指示气候变化。植物物候信息不仅是气候变化的指示器,还反作用于气候变化。业务上主要从空间和时间尺度上,评价地理环境和气候变化对草地物候的影响。具体技术如下:

(1)草地物候的空间差异

利用多年的草地返青期、黄枯期、生长季长度数据,进行多年平均,得到草地牧草返青期、黄枯期和生长季长度的空间分布图,对其进行空间尺度上的分析。

$$BGS_{avg} = BGS_1 + BGS_2 + BGS_3 + \cdots + BGS_n$$

$$EGS_{avg} = EGS_1 + EGS_2 + EGS_3 + \cdots + EGS_n$$

$$LGS_{avg} = LGS_1 + LGS_2 + LGS_3 + \cdots + LGS_n$$

式中，BGS_{avg} 为多年平均返青期；BGS_n 为某一年的返青期；EGS_{avg} 为多年平均黄枯期；EGS_n 为某一年的黄枯期；LGS_{avg} 为多年平均生长季长度；LGS_n 为某一年的生长季长度。

（2）草地物候的年际间变化

根据遥感监测的当年牧草返青期（黄枯期）与上年、近 5 年和近 10 年平均返青（黄枯）相比计算距平天数，将牧草返青期（黄枯期）评估为特早、偏早、略偏早、正常、略偏晚、偏晚、特晚；青海省牧草返青期（黄枯期）早晚评估指标见表 3.11。采用线性拟合计算植被物候期的变化趋势，制作草地牧草返青期、黄枯期、生长季长度年际变化图。

表 3.11　青海省牧草返青期（黄枯期）早晚评估指标　　　　　　　　单位：d

牧草返青期（黄枯期）早晚	与上年、近 5 年和近 10 年平均返青期（黄枯期）距平
特早	<-8
偏早	(-8, -6]
略偏早	[-5, -3]
正常	[-2, 2]
略偏晚	[3, 5]
偏晚	[6, 8]
特晚	>8

2. 牧草长势评价

此包含 6—9 月月牧草长势评价和牧草长势年景评价两部分评价内容。

（1）月牧草长势评价

在牧草月产草量遥感监测技术（详见第 1.1.2 节）基础上，根据青海省草地资源分级标准，草地产草量分为 8 个等级，单位为 kg/亩；各级每亩青草产量标准分别为：>800（一级）、(600,800]（二级）、(400,600]（三级）、(300,400]（四级）、(200,300]（五级）、(100,200]（六级）、(50,100]（七级）、≤50 以下（八级），单位：kg。依此等级标准评定各地牧草长势情况。

（2）牧草长势年景评价

业务中主要使用基于区域平均产草量的年景评估方法，具体技术方法如下。

基于遥感产量监测技术（详见第 3.1.1.1 节），计算待评价区域的平均年产草量、近 5 年或近 10 年平均产草量；根据当年草地产草量与近 5 年或近 10 年平均产草量的距平百分率，依据表 3.12 对评价区域牧草长势年景进行评价。

表3.12 牧草长势年景评价指标

序号	与近5年和近10年平均产草量的距平百分率(%)	牧草长势评价	牧草产量年景
1	<-10	偏差	歉年
2	-10～10	持平	平年
3	>10	偏好	丰年

注:参考青海省地方标准《高寒草地遥感监测评估方法》(DB 63/T 1564—2017)。

3. 草畜平衡评估

草畜平衡是指为保持草原生态系统良性循环,在一定区域和时间内,使草原和其他途径提供的饲草总量与饲养牲畜所需的饲草总量保持动态平衡。草畜平衡问题是维护草原生态、保护草原资源的关键性因素,同时也是草原畜牧业发展的核心问题和主要矛盾。进行草畜平衡评估,合理确定草场载畜量,不仅能科学地确定放牧强度,避免超载过牧,还可以保持草地生态系统的可持续发展(钱拴 等,2007b)。

业务中使用超载率来评估草畜平衡状况,计算公式如下:

$$超载率=(实际载畜量-合理载畜量)/合理载畜量 \times 100\%$$

式中,超载率,亦称"草畜平衡指数",单位为百分比(%);暖季实际载畜量为当年6月30日草地家畜存栏数,冷季实际载畜量为当年12月31日草地家畜存栏数,全年实际载畜量为冷暖季实际载畜量与其放牧时间占全年时间的比例相加,以只羊为单位。实际载畜量数据可以从当地统计部门获取,合理载畜量计算方法见第3.1.1.3节。

通过超载率划分为5个等级以评价草场草畜平衡状况,见表3.13。

表3.13 草场草畜平衡等级划分(徐斌 等,2012)

草畜平衡等级	超载率(%)
极度超载	>150
严重超载	(80,150]
超载	(20,80]
载畜平衡	[-20,20]
载畜不足	<-20

3.2.1.2 冰雪评估

1. 积雪评估

基于长时间序列的积雪覆盖数据集进行积雪评估,主要从积雪覆盖面积的评估和积雪覆盖日数的评估两个方面进行。积雪覆盖面积的评估以当年10月至次年5月为一个完整积雪季,以月为尺度对每日监测的积雪覆盖日数进行最大值合成,从而得到当月的最大积雪覆盖面积,以月和年为时间尺度对当年的积雪覆盖面积进行求取,并分别以上年、5年和10年为参考计算其距平百分率,从而对其积雪覆盖面积状况进行评估。积雪覆盖日数的评估是利用长时间序列的积雪覆盖数据集,以年为尺度求取积雪季每个像元内的积雪覆盖日数,并以上年、5年和10年为参考计算距平百分率,从而对其累计积雪覆盖日数状况进行评估。

2. 冰川评估

在对冰川评估时,结合第二次冰川编目以及后期提取信息进行评估,主要评估冰川面积的变化以及冰储量的变化。对于冰川的评估周期建议设为3年或者5年,评估历史同期冰川最小面积的大小变化以及冰储量变化。

3.2.1.3 水体评估

在水体面积变化监测评估服务中,主要根据水体在红光波段和近红外波段的高吸收低反射特征,采用简单阈值法和归一化水体指数法(normalized difference water index,NDWI)提取各水体边界,构建历史序列数据集。在此基础上,定量评价各水体面积年内变化、年际变化或大降水过程前后变化等,结合气候变化或气候趋势预测信息,评价气象条件对水体面积变化影响等。具体可以分为以下几个方面:

单个水体面积年内面积变化评估,较上月(旬、日)面积变化量(率),根据变化率的大小评估水体面积的变化。

单个水体面积较历史同期变化评估,分别从较上年同期、近5年同期和近10年同期面积变化量(率)进行评估。

特定区域内(省/州/县三级分区、生态功能区分区或流域分区)水体总体面积变化评估,较上月(旬、日)面积变化量(率),根据变化率的大小评估水体面积的变化。

特定区域内(省/州/县三级分区、生态功能区分区或流域分区)水体总体面积较历史同期变化评估,分别从较上年同期、近5年同期和近10年同期面积变化量(率)进行评估。

对特定区域内(省/州/县三级分区、生态功能区分区或流域分区)水体面积进行面积大小统计,按面积大小进行数量统计,分别给出区域内不同面积大小区间水体数量以及数量在不同时间周期内的变化。

3.2.1.4 土壤水分评估

土壤水分评估一方面可以厘清当前土壤水分情况,另一方面可以评判当前土壤水分状况在历史时期内所处的位置,以判断是否满足农牧业生产、生态系统健康发展需求等。在业务中,常用距平和变化率来评估土壤水分的时空变化,具体技术方法如下。

从距平角度来看,通过当前土壤水分与历年(或任意时段)同期平均的距平值的分段评估技术，评定各地土壤水分在历史时段中的位置。

从变化率角度来看，可以评估年内土壤水分变化和多年同期土壤水分变化。年内土壤水分变化评估，即以5—9月为横坐标、5—9月土壤水分为纵坐标，拟合得到年内各地土壤水分变化率，得到同一年内不同月份土壤水分变化率的空间分布状况，以评价年内各地土壤水分的变化情况；多年同期土壤水分变化评估，即年份为横坐标、各年同期土壤水分为纵坐标，拟合得到多年同期各地土壤水分变化率，得到某区域多年同期土壤水分变化率的空间分布状况，以评估多年各地土壤水分的变化情况，以及气候变化对土壤水分的影响。

3.2.2 生态气象灾害评估技术方法

生态气象灾害评估技术主要是基于长时序的生态气象灾害遥感监测数据集，从各灾害发生范围、发生时间和空间、发生频次、灾害等级的时空变化角度来评估各生态气象灾害与气候变化的关系。

1. 雪灾评估

雪灾评估可以从雪灾发生时间、范围、持续时间、雪灾等级变化、发生频次，及对农牧业生产影响程度等方面开展，评估当前雪灾的影响程度及雪灾的变化趋势；结合各地补饲能力和气候趋势信息，给出合理的抗灾救灾建议。也可以结合天气气候形势，深入分析气候变化的影响，以提高雪灾预测预警能力。

2. 旱灾评估

旱灾评估可以从旱灾发生时间、范围、持续时间、干旱等级变化、发生频次，及对农牧业生产影响程度等方面开展，评估当前旱灾的影响程度及旱灾的变化趋势；结合各地抗旱防汛能力和气候趋势信息，给出合理的抗灾救灾建议。也可以结合天气气候形势，深入分析气候变化的影响，以提高旱灾预测预警能力。

3. 火灾评估

火灾评估主要从发生频次、强度、地点、时间、过火范围，及对农牧业生产影响程度等方面开展，评估当前火灾的影响程度及火灾的变化趋势；结合各地防灾减灾能力和气候趋势信息，给出合理的抗灾救灾建议。

4. 水患评估

水患评估可以从水患发生时间、淹没范围、频次、持续时间，及对农牧业生产影响程度等方面开展，评估当前水患的影响程度，分析某区域水患变化特征；结合各地抗旱防汛能力和气候趋势信息，给出合理的抗灾救灾建议。也可以结合天气气候形势，深入分析气候变化的影响，以提高水患预测预警能力。

5. 荒漠化评估

荒漠化评估可以从荒漠化的范围、等级变化等方面开展，结合自然和社会经济因素评估当前荒漠化的影响程度及荒漠化变化趋势。也可以评价治理效果,提出土地荒漠化治理策略。

3.2.3 生态质量气象评价

随着国家生态文明建设的大力推进,部分地区尤其是环境脆弱区的生态受到了高度重视,生态质量综合评价成为国家关注的热点问题。2012年,党的十八大报告首次将生态文明建设制定为国家重大战略方针。2015年,增强生态文明建设被写入国家五年规划。生态文明建设越来越受到国家的重视。因此,建立生态方面的评价模型及量化表达方式,并在此基础上提出生态综合评价的技术标准和规范就显得尤为重要。国家生态环境部颁发的《生态环境状况技术规划》,推出基于遥感的生态环境指数(ecological index,EI),在生态评价领域应用广泛。EI数据包括:植被覆盖指数、水网密度指数、生物丰度指数、土地退化指数和污染负荷指数,这些评价方法多适用于东部沿海地区或中部人类活动较频繁的区域。在生态系统中,植被作为重要组成部分,承担着调节气候、涵养水源、为动物和微生物提供生境等多种作用,特别对于高寒地区,植被对气候的影响更为显著和重要。因此,建立高寒地区植被生态质量评价模型具有重要意义。

青海省植被生态质量评价业务中采用植被净初级生产力(net primary productivity,NPP)、植被生态质量、固碳释氧等植被生态质量评价指数,分别代表植被生产力、植被质量、固碳释氧功能。主要从各植被生态质量评价指数的变化率来分析评价各地生态质量变化趋势。各植被生态质量评价指数具体介绍如下。

3.2.3.1 植被净初级生产力

植被净初级生产力表示为单位面积草地植被在某一时间内(通常以日、月、季、年、某一时段)通过光合作用固定的有机物质减去自养呼吸消耗后剩余的有机物质总量(周广胜 等,1995)。

草地植被NPP估算采用基于遥感数据的光能利用率模型:

$$NPP = \varepsilon \times \sigma \times FPAR \times PAR \times (1-R_g) \times (1-R_m)$$

式中,NPP为草地植被净初级生产力,单位为克碳每平方米(gC/m^2);ε为植被所吸收的光合有效辐射转化为有机物的转化率,即光能转化率,单位为克碳每兆焦(gC/MJ);σ为影响光能转化率的因子,反映温度、水分等因子对光合作用的影响,无量纲;FPAR为植被吸收光合有效辐射的比例,无量纲;PAR为植被所利用的光合有效辐射,单位为兆焦每平方米(MJ/m^2);R_g为植被生长呼吸消耗系数,无量纲;R_m为植被维持呼吸消耗系数,无量纲。

3.2.3.2 植被生态质量

表示为基于草地植被净初级生产力和覆盖度的、能够反映草地生态系统功能和结构状况的指数。

草地植被生态质量指数计算方法见下式：

$$Q_i = 100\left(f_1 \times \text{LVC}_i + f_2 \times \frac{\text{NPP}_i}{\text{NPP}_m}\right)$$

式中，Q_i 为第 i 年草地植被生态质量指数；f_1 为草地植被覆盖度的权重系数，取 0.5；LVC_i 为第 i 年草地植被覆盖度；f_2 为植被净初级生产力的权重系数，取 0.5；NPP_i 为第 i 年草地植被净初级生产力；NPP_m 为过去第 1 年至第 n 年中草地植被净初级生产力中的最大值，即当地最好气象条件下的草地植被净初级生产力。进行植被生态质量的空间对比时，NPP_m 为该空间区域范围内最好气象条件下的草地植被净初级生产力（朱文泉 等，2007）。

3.2.3.3 固碳释氧

表示为单位面积草地植被在某一时间内（通常以日、月、季、年、某一时段）固定的二氧化碳和释放的氧气。

草地固定二氧化碳量计算方法为：固定的二氧化碳的量 = $3.67 \times \text{NPP}$

草地释放氧气量计算方法为：释放氧气的量 = $2.67 \times \text{NPP}$

式中，NPP 为植被净初级生产力。

3.2.4 生态系统服务价值评估

开展定量化的生态系统服务价值评估，评价土地利用/覆被变化对生态环境的影响，不仅可以掌握生态系统功能状况，为人类提供福祉，为区域可持续发展的政策制定提供科学依据，更是考核生态文明建设成效的重要措施。因此，基于遥感监测手段，借助土地利用/覆被变化数据，评价青海省典型生态功能区、重点流域的生态家底是政府职能部分"绿色 GDP"考核的重要命题。

基于土地利用/覆被的生态系统服务价值评估中，土地利用动态度模型、土地利用转移矩阵、基于货币量的生态系统服务价值（ecosytem service value，ESV）、生态资产指数是生态系统价值评估业务中常用的评价指标和维度。

3.2.4.1 土地利用动态度模型

土地利用动态度模型是探究土地利用变化的经典范式，其表征的是研究区域内特定时间段不同土地利用类型的变化幅度和速度，反馈的是研究区土地利用变化特征,包括单一土地利用动态度和综合土地利用动态度。

单一土地利用动态度(K)反映研究区某一土地利用类型在单位时间的面积变化情况,表示某种土地利用类型的年变化率。模型表达式为:

$$K = \frac{S_i - S_j}{S_j} \times \frac{1}{T} \times 100\%$$

式中,i 为第 i 类土地利用类型;S_i 和 S_j 分别为研究末期和初期某一土地利用类型的面积,单位为 km^2;T 为研究时段长度,单位为年。

综合土地利用动态度(LC)反映某一时段研究区内所有土地资源的整体变化速度,表示研究区综合土地利用变化的年变化率。模型表达式为:

$$LC = \left[\frac{\sum_{i=1}^{n} \Delta dS_{i-j}}{2 \sum_{i=1}^{n} dS_i} \right] \times \frac{1}{T} \times 100\%$$

式中,dS_i 为研究初期第 i 类土地利用类型面积;ΔdS_{i-j} 表示研究时段第 i 土地利用类型转为非 i 土地利用类型面积的绝对值,单位为 km^2;n 为土地利用类型的总数;T 为研究时段长度,单位为年。

3.2.4.2 土地利用转移矩阵

土地利用转移矩阵是研究土地利用类型之间转移方向和数量变化的经典方法,揭示的是土地利用类型格局的演化过程。土地利用变化可以通过土地利用转移矩阵表达,表3.14为土地利用类型转移矩阵的具体表达形式。其中,A_i 表示第 i 种土地利用类型,行元素之和表示该类土地转移前面积,列元素之和表示该类土地转移后面积,i 和 j 代表转移前和转移后的土地类型,S_{ij} 表示由 i 类用地转为 j 类用地的土地面积。

表3.14 土地利用转移矩阵

S_{ij}		A_1	A_2	...	A_i
	A_1	S_{11}	S_{12}	...	S_{1i}
	A_2	S_{12}	S_{22}	...	S_{2i}
	...	...	...	...	...
	A_i	S_{i1}	S_{i2}	...	S_{ii}

3.2.4.3 生态系统服务价值

基于货币量的价值量评价法,构建基于土地利用的生态系统服务价值(ESV)基准权重当量,单位当量的经济价值量等于当年全国平均粮食价格的1/7。生态系服务价值计算引用 Costanza 等(1997)的生态系统服务价值系数法，公式表达为：

$$ESV = \sum (A_k \times VC_k)$$

式中，ESV 为生态系统服务总价值，单位为 10^8 元；A_k 为第 k 种土地利用类型面积，单位为 hm^2；VC_k 为第 k 种土地利用类型的生态价值系数。

采用生态系统服务变化指数对生态系统服务的变化进行刻画，以表征各项生态系统服务的相对增益或减损。其计算公式为：

$$ESCI_x = \frac{ES_{CUR_x} - ES_{HIS_s}}{ES_{HIS_s}}$$

式中，$ESCI_x$ 代表不同土地资源单项生态系统服务变化指数；ES_{CUR_x} 代表不同土地资源最后状态下的生态系统服务；ES_{HIS_s} 代表不同土地资源初始状态下的生态系统服务。ESCI 为 0 时表示不同土地资源生态系统服务没有变化；当为负值时表示有减损；为正值时表示有增益。

3.2.4.4 生态资产指数

生态系统面积和质量评价指标反映生态系统的格局和过程，影响生态系统的功能，所以评估生态资产面积和质量的变化是生态资产核算的主要内容（表3.15）。

表 3.15 生态资产质量评价指标和分级标准

生态资产质量等级	优	良	中	差	劣
相对生物量密度(%)	≥85	[70,85)	[50,70)	[25,50)	<25
植被覆盖度(%)	≥85	[70,85)	[50,70)	[25,50)	<25
水质	I类	II类	III类	IV类	V类和劣V类

生态资产指数(ecological assets index，EAI)是反映不同生态系统（草地、湿地、灌丛）生态资产面积和质量的综合指标。将生态资产面积和质量评价指标相结合，能够综合比较各类生态资产的时空变化。公式表达式为：

$$EAI = \frac{\sum_{i=1}^{n}\sum_{j=\beta}^{j=\gamma}(EA_{ij} \times j)}{(\sum_{i=1}^{n} EA_i \times \gamma)} \times \frac{\sum_{i=1}^{n} EA_i}{9600000} \times 10^4$$

式中，EAI 为生态资产综合指数；i 为第 i 类生态资产；n 为核算的生态资产类型总数；j 为第 j 等级生态资产质量系数；β 为最低等级生态资产质量系数；γ 为最高等级生态资产质量系数；EA_{ij} 为第 i 类生态资产第 j 等级的面积；EA_i 为第 i 类生态资产的面积。

生态系统服务价值评估通过货币度量方式衡量生态资源的价值，是"绿色GDP"

核算的重要依据。在"3S"技术支持下,基于土地利用数据、气象数据、野外观测数据等,结合生态系统服务价值评估模型算法,核算三江源、祁连山、青海湖流域等重点生态功能区生态资产时空演化趋势,建立标准化生态资产评估指标体系,探索编制自然资源资产负债表,为"山水林田湖草"统一管理提供保障。通过生态价值(ecological asset,EV)遥感技术研发及产品推广,有效促进经济社会协调发展,实现经济效益、生态效益、社会效益相统一,为生态补偿机制的"顶层设计"提供决策参考。

3.2.5 农业气象灾害风险评估

农业气象灾害风险评估是在风险分析的基础上,评估农业气象灾害事件发生的可能性及其后果。农业气象灾害风险是指潜在的灾害或者是未来灾害损失的可能性。农业气象灾害风险评估是评价农业气象灾害事件发生的可能性及其导致农业产量损失、品质降低以及最终的经济损失的可能性大小的工作。农业气象灾害风险评估主要包括以下 5 个方面。

3.2.5.1 致灾因子危险性评估

危险性是指致灾因子的自然变异程度,主要是由灾变活动规模(强度)和活动频次(概率)决定的。一般灾变强度越大,频次越高,灾害所造成的破坏损失就越严重,灾害的风险也越大。致灾因子危险性一般用致灾因子强度等级及其发生概率进行表征,因此,致灾因子危险性评估也称致灾因子风险评估。评估内容主要包括不同孕灾环境中的致灾因子引发的灾害种类,致灾因子时空分布、强度、频率、作用周期、持续时间,致灾因子等级及其出现概率等。

3.2.5.2 承灾体脆弱性或易损性评估

脆弱性是指给定危险地区的承灾体面对某一强度的致灾因子危险性可能遭受的伤害或损失程度,也称易损性。评价致灾因子影响范围内承灾体价值的空间分布特征也称暴露性评估,评价承灾体自身易于遭受致灾因子破坏可能性也称敏感性评估。主要评估内容包括:风险区确定,即划分一定强度灾害发生时的受灾范围。风险区特性评价,对风险区内承灾体的数量、分布,以及农业生产水平等进行分析和评价。防灾减灾能力分析,对风险区内承灾体抗御致灾因子危害能力进行分析,包括通过工程和非工程措施,从灾害的监测预报体系、防御体系和灾后恢复重建体系出发,保护承灾体的价值免受致灾因子破坏的能力。一般承灾体的脆弱性或易损性越大,抗灾能力越弱,灾害损失越大,灾害风险也越大,反之亦然。

3.2.5.3 灾情损失评估

评价风险区内一定时段可能发生的一系列不同强度的农业气象灾害给承灾体

造成的可能后果称为灾情损失评估。灾情损失评价指标可采用绝对、相对和综合指标表示。绝对指标包括成灾面积、绝收面积、产量损失数量、直接或间接经济损失等；相对指标包括成灾面积、绝收面积百分率，减产率等；综合指标包括灾损度或灾害等级等。一般可采用历史灾情反演的方法，分析灾害事件强度及其风险概率与灾情损失之间相互关系，建立灾损函数或曲线，预估未来可能的灾情损失。

3.2.5.4 基于减灾措施的减灾能力评估

针对采取的农业气象灾害减灾措施，评估其减灾能力大小的方法。以灌溉降低的北方冬小麦干旱风险能力评估为例，可根据不同地区的灌溉情况，将不同灌溉次数的累计灌溉量叠加到冬小麦供水量序列中，生成基于不同灌溉量的冬小麦供水量序列，评估当地自然降水对冬小麦的满足情况，以及当地在不同灌溉条件下降低干旱风险概率的能力。

3.2.5.5 评估方法

基于指标的评估方法。以致灾因子危险性、承灾体脆弱性或易损性、灾情损失以及防灾减灾能力等为评价对象，相应的构成要素为评价因子，分别构建研究区域的灾害风险评价指标体系，利用数学模型计算指标的权重后结合指标值计算研究区域的风险等级。基于指标的评估方法主要侧重于灾害风险指标的选取、优化以及权重的计算，典型的分析方法包括层次分析法、模糊综合评判法、主成分分析法、专家打分法、历史比对法和德尔菲法等。

基于数据的评估方法。以研究区域的历史灾害和灾损样本数据为基础，利用数学模型对样本数据进行统计分析获得灾害危险性与损失的统计规律，进而进行灾害的风险评估。典型的分析方法包括回归模型、时序模型、聚类分析、概率密度函数参数估计法或非参数估计法、信息扩散理论法等。

基于情景模拟的动态风险建模与评估方法。通过与 RS/GIS 和数值模式等复杂系统仿真建模手段相结合，模拟人类活动干扰下未来可能发生的灾害过程，形成对灾害风险的可视化表达，实现灾害风险的动态评估。是当前自然灾害风险评估研究的主流方向。

3.3 生态气象预测预警技术简介

3.3.1 生态气象要素预测技术简介

随着人类对自然资源的不断开采，工业化进程的不断深入，全球气候变化成为当前人类所面临的最严峻的挑战之一。陆地生态系统通过水、碳、氮等物质的循环,以及一系列相应的生物物理化学过程与大气进行物质和能量的交换,进而对全球气候变化起到稳定和调节的作用,因此,开展陆地生态系统水、碳循环的研究,有助于提高人们对未来气候变化趋势的预测和评估能力。传统对水、碳循环进行定位监测的方法存在观测站点较少、费时费力、不确定性较大等问题,且缺乏对陆地生态系统碳通量的精确估测,是造成科学上"碳失汇"问题的主要原因之一,模型模拟可以克服传统方法的不足,并为生态系统水、碳通量的量化,提供一条有效的途径(钱拴 等,2008)。

青藏高原是对全球气候变化最敏感的地区之一,而且青藏高原具有多种植物区系,即森林、灌木、草甸和沙漠。利用 Biome-BGC 等生态模型可模拟青藏高原的净初级生产力,分析净初级生产力与降水间的关系,可对历史中不同生态系统净初级生产力对年平均降水和降水年际和年内变率及气候变暖的响应进行了解研究,模拟生态系统碳、水储量以及通量库,能体现长时间序列的碳储存、通量、水资源量、蒸散量等生态系统的主要指标变化,为生态系统服务价值评估提供更加详实、准确的评估基础;在青藏高原暖湿化变化趋势下,也可设定未来情景,将气候变化对将来生态系统的碳储存、通量、水资源量、蒸散量等影响进行情景模拟预测。

Biome-BGC 模型是以日为步长,能够模拟不同尺度陆地生态系统碳、氮、水循环通量,可以对 7 种不同植被类型进行模拟,包括常绿针叶林(ENF)、落叶阔叶林(DBF)、落叶针叶林(DNF)、常绿阔叶林(EBF)、灌丛(Shrub)、C3 草地以及 C4 草地。Biome-BGC 模型的模拟需要 3 个文件:初始化文件(ini)、气象数据文件(met-data)和生理生态参数文件(epc)。

初始化文件:主要包括经纬度、海拔、土壤质地、土壤有效深度、生物量分配参数、光合作用参数、气孔导度和气孔控制参数、光及降水截留参数、植物碳氮比,纤维素和木质素含量等样地信息和其他状态变量的设定,样地信息根据实际调查获取。

气象数据文件:由中国气象数据共享平台获取,根据日最高气温、日最低气温、日降水量等气象因子,利用小型气候模型(MTCLIM 4.3)得到每日最高气温、每日最低气温、日光平均气温、每日总降水量、日光平均水蒸气分压、日光平均短波辐射通量密度和日长。

生理生态参数文件:Biome-BGC 使用 43 个生理生态参数,这些参数定义了主要植被类型的一般生态生理特征,必须在每个模型模拟之前进行修改设定,这些参数可以在现场测量,也可从文献中获得或从其他测量得到,参数包括转化期占生长季的比例、凋落期占生长季的比例、年度整株植物的死亡率、年度植物因火灾的死亡率、细根碳与叶碳分配比、落叶碳氮比、落叶层各部分的比例、冠层水分截获系数、冠层消光系数、最大气孔导度、边界层导度、潜在叶水势限制传导下限以及潜在叶水势限制传导上限等。

模型的运行以 Linux 系统为构架,其模拟和预测结果输出形式可分别以每年、每月、每日为单位,输出内容包括土壤含水量、自养呼吸(R_a)、年平均总初级生产力(GPP)、净初级生产力(NPP)、土壤碳氮比(CIN)、生态系统呼吸(R_e)、净生态系统交换(NEE)、异养呼吸(R_h)、净生态系统生产力(NEP)、冠层蒸腾(T_r)、土壤蒸发(E_s)等生态过程相关信息。运行模型包括两个阶段:spin-up 模式和 normal-run 模式。spin-up 模式是使 BIOME-BGC 模型的状态变量达到稳定,其过程为:根据设定的生理生态参数,运用固定的气象资料反复进行长期模拟,此模式采用工业革命前 CO_2 的浓度(294.842 ppm[①]),氮沉积值为 0.0001 kg N/(m²·a),通常需要模拟数百到数千年,当生态系统达到稳定状态后,模型达到平衡态,运行 normal-run 模式进入模拟状态。

Biome-BGC 模型可以设定敏感性实验,通过设定未来气候变化情景,研究气候变化对本地植被 NPP 以及 GPP 等的影响,从而实现气候变化对 NPP 及 GPP 的初步预测,生态气象预测业务尚处于起步阶段,正尝试引进、验证 Biome-BGC 等生态模型。在青藏高原暖湿化过程中,气温逐渐升高,降水逐渐增多,基于青藏高原本地化 Biome-BGC 模型以五道梁地区为例,模拟了五道梁地区 62 年(1957—2018 年为历史情况模拟,2019—2020 年为未来变化预测)预计叶面积指数的年最大值、年总蒸发蒸腾量、年总流出量、年总净初级生产量、年总净生物群落产量、年总降水量、年平均气温。青藏高原处于暖湿化发展,为了解暖湿化发展趋势对 NPP 等指标的影响,以及 NPP 等指标对气象环境变化的敏感性,在 Biome-BGC 模型中对 2019 年和 2020 年进行升温和增加降水的情景设定,然后对 2019 年和 2020 年进行情景模拟,以下为设定情景的指标:

在 Biome-BGC 模型以 2018 年气象数据为基准,设定 2019 年最高气温和最低气温在 2018 年基础上增加 5 ℃,2019 年总降水量在 2018 年基础上增加 30%;在 Biome-BGC 模型以 2018 年气象数据为基准,设定 2020 年最高气温和最低气温在 2018 年基础上增加 10 ℃,2020 年总降水量在 2018 年基础上增加 60%。

预测模拟结果表明:2019 年和 2020 年在气温和降水升高情景下,以每年为单位的模拟结果中,叶面积指数年最大值轻微增加,年平均气温、年总蒸发蒸腾量、年总流出量、年总净初级生产量和总年净生物群落产量激增,未来持续暖湿化发展对本地生态指标有明显影响(图 3.5)。

[①] 1 ppm=1×10⁻⁶,下同。

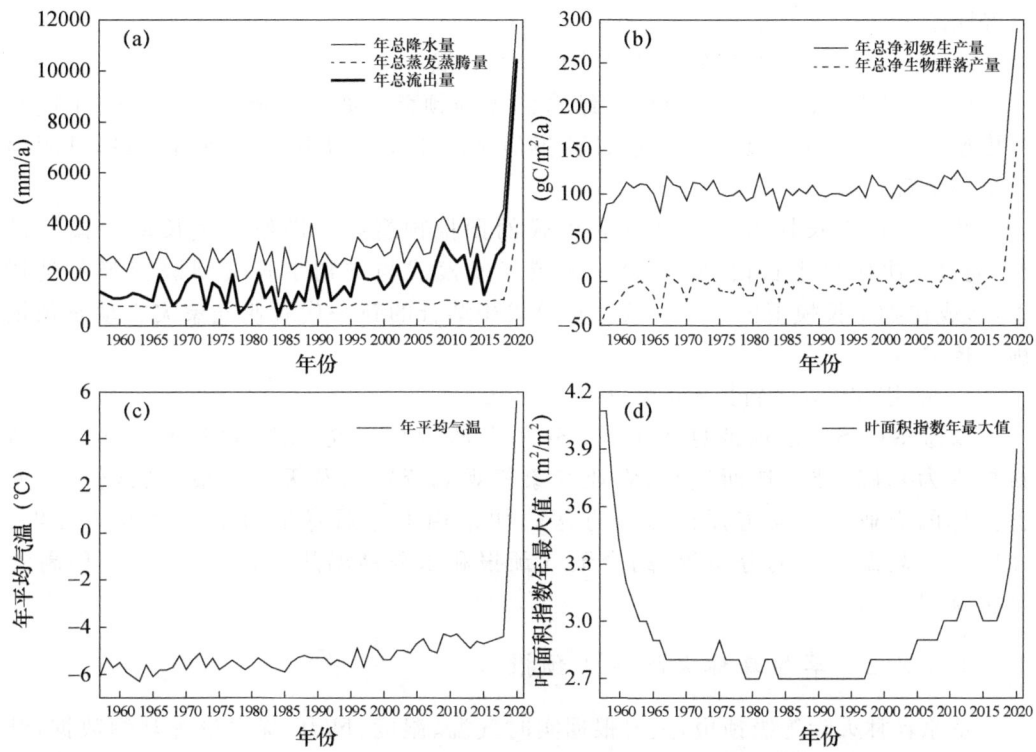

图 3.5 五道梁区域 1957—2018 年 Biome-BGC 模型模拟及 2019—2020 年情景预测的年总蒸发蒸腾量、年总流出量、年总降水量、年总净初级生产量、年总净生物群落产量、年平均气温和预计叶面积指数年最大值结果

3.3.2 气象灾害预警技术

3.3.2.1 农业气象灾害预报预警

在综合未来天气气候条件和农业生物生长发育状况等的基础上,参照农业气象灾害指标,预测农业气象灾害的发生时间、发生区域、危害程度、发展演变进程,以及可以采取的防御措施。农业气象灾害预报预警是农业气象预报的重要组成部分。农业气象灾害预报预警的主要内容包括以下 3 个方面(王石立 等,2005):

1. 基于数理统计的预报

在灾害指标基础上,运用概率论和数理统计方法分析农业气象灾害自身演变的统计规律以及农业气象灾害和预报因子之间的数量关系,建立统计模型来预测未来可能的变化,是农业气象灾害预报预警中常用的方法。应用较多的方法有回归分析、时间序列分析、动态系统模型等数理统计方法。近年出现的人工智能分支——

神经网络方法也属于此类。

2. 农业气象模式与气候模式结合的预报预警

区域气候模式与农业气象模式结合的预报预警。如将区域气候模式与土壤水分模型相连接,根据气象要素的逐日预报值预测 1 m 深土层的土壤含水量,进而预报干旱出现日期和灌溉量。

基于作物生长模型与区域气候模式的预报预警。引进作物生长动力模拟模型,通过解决作物生长模型区域化、区域气候模式与作物生长模型嵌套等关键技术,形成作物生长模拟模型与区域气候模式相结合的新一代农业气象灾害动态预报预警技术。

3. 应用"3S"等高新技术的预报预警方法

以遥感(RS)、地理信息系统(GIS)和全球定位系统(GPS)(简称"3S")等高新技术为基础,结合地面气象、农业气象等观测资料以及天气预报和农业气象灾害指标的农业气象灾害预报预警方法。如采用卫星遥感反演稻区高温的发生、强度以及高温热害的分布等,结合天气预报和水稻高温热害指标,进行水稻高温热害预报预警。

3.3.2.2 草原森林火险等级预报

草原森林火险等级预报,主要根据实时气温、湿度、风力、降水量等观测数据,结合未来天气预报、季节分布以及下垫面状况以及草原和森林中与气象条件密切相关的可燃物潜在危险程度进行综合评判,测算草原森林火险气象等级,对未来时期内火险等级的预先估计和预警。

1. 森林火险气象指数与森林火险气象条件等级[①]

森林火险气象指数(FFDI)是指根据森林火险与气象条件之间的关系,通过经验或数学拟合得出,用以反映森林火险程度的量化指标。在实际服务中,草原火险等级预报主要参照森林火险等级预报技术开展。除了火险气象等级的因子外,气象科技工作者还结合了火源种类、可燃物的种类、数量、含水率以及植被长势等特点,开展精细化森林火险等级预报服务工作。

在业务中,主要选取 20—20 时 24 h 降水量、14 时气温、日最低气温、14 时相对湿度、14 时平均风速、20 时前 24 h 降水量、20 时前 3 d 降水量合计值、前 3 d 14 时相对湿度平均值、前 3 d 14 时气温合计值、20 时以前降水量≤5 mm 的连续日数、20 时以前日降水量≤3 mm 的连续日数、20 时前日降水量≤0.5 mm 的连续日数等气象因子作为森林火险气象条件等级(FFDR)的影响因子。

森林火险气象指数主要根据气象资料中各因子的极大值和极小值进行处理,并

---

① 参见《森林火险气象等级》(GB/T 36743—2018)。

给予模糊数学模型确定林火概率图中火险发生的临界值,并根据各因子的预报值,计算出12个单因子火险贡献度,通过多因子综合指标法的归纳方法计算FFDI。根据森林火险与气象条件之间的关系,将森林火险气象指数划分成能简单明了地反映森林火险程度的等级,即并将FFDI的范围与对应森林火险气象条件等级进行对照(表3.16和表3.17)。业务中,各地可根据当地的林种、气候特点等,对各级火险的指数范围进行适当调整。

表3.16 森林火险气象指数(FFDI)与森林火险气象条件等级(FFDR)对照

FFDI	(0,20)	(21,40)	(41,60)	(61,80)	(81,100)
FFDR	1	2	3	4	5

表3.17 森林火险气象条件等级描述

级别	名称	危险程度	易燃程度	蔓延扩散程度	表征颜色
一级	低火险	低	难	难	绿
二级	较低火险	较低	较难	较难	蓝
三级	较高火险	较高	较易	较易	黄
四级	高火险	高	容易	容易	橙
五级	极高火险	极高	极易	极易	红

2. 森林火险气象预警

对预报时效内森林火险气象条件等级的预先估计和警示,森林火险气象预警等级由弱到强划分为3个等级,依次为黄色预警、橙色预警、红色预警。若同时达到两种或以上预警等级时,以最强的预警等级为准。

黄色预警为某地森林火险气象条件等级已持续8 d达3级以上或持续5 d达4级以上,且起报日当天森林火险气象条件等级达4级以上;并预计未来24 h内,该地森林火险气象条件等级仍将持续4级时发布黄色预警。

橙色预警为某地森林火险气象条件等级已持续5 d达4级以上,且起报日当天森林火险气象条件等级达5级;并预计未来24 h内,该地森林火险气象条件等级仍将持续5级时发布橙色预警。

红色预警为某地森林火险气象条件等级已持续3 d达5级,并预计未来24 h内,该地森林火险气象条件等级仍将持续5级时发布红色预警。

3.3.2.3 干旱

干旱是一种因长期无降水、少降水或降水异常偏少,而造成空气干燥、土壤缺水的气候现象。干旱问题十分复杂,涉及的面也很广,一般可分为气象干旱、农业干旱、水文干旱以及经济社会干旱等,气象干旱是其他类型干旱的起因和监测评估的基础。

1. 气象干旱等级指标

用于描述气象干旱等级指标有很多,诸如降水量距平百分率、相对湿润度指数、标准化降水蒸散指数、帕默尔干旱指数、气象干旱综合指数等。

(1)降水量距平百分率

降水量距平百分率(PA)是用于表征某时段降水量较常年值偏多或偏少的指标之一,能直观反映降水异常引起的干旱,一般适用于半湿润、半干旱地区平均气温高于 10 ℃ 的时间段干旱事件的监测和评估。降水量距平百分率是某时段的降水量与同期气候平均降水量之差除以同期气候平均降水量的百分比。单位用百分率(%)表示。

(2)相对湿润度指数

相对湿润度指数(MI)是用于表征某时段降水量与蒸散量之间平衡状况的指标之一,指某时段的降水量与同期潜在蒸散量之差除以同期潜在蒸散量的值,反映作物生长季节大气中的水分平衡特征,适用于作物生长季节旬以上尺度的干旱监测和评估。

(3)标准化降水蒸散指数

标准化降水蒸散指数(SPEI)是用于表征某时段降水量与蒸散量之差出现概率多少的指标,该指标适合于半干旱、半湿润地区月以上时间尺度干旱的监测与评估。

(4)帕默尔干旱指数

帕默尔干旱指数(PDSI)依据土壤水分平衡原理建立,用于表征某时间段某地区土壤实际水分供应相对于当地气候适宜水分供应的亏缺程度。针对不同的地区,需要对计算公式中用到的各种参数进行修订。该指标适合月以上尺度的干旱监测和评估。依据帕默尔干旱指数划分的干旱等级见表 3.18。

(5)气象干旱综合指数

干旱是由于降水长期亏缺和近期亏缺综合效应累加的结果,气象干旱综合指数(MCI)考虑了 60 d 内的有效降水(权重平均降水)、30 d 内蒸散(相对湿润度)以及季度尺度(90 d)降水和近半年尺度(150 d)降水的综合影响。该指数考虑了业务服务的需求,增加了季节调节系数。该指数适合半干旱、半湿润地区作物生长季逐日气象干旱的监测和评估。MCI 的计算如下:

$$MCI = a \times SPIW_{60} + b \times MI_{30} + c \times SPI_{90} + d \times SPI_{150}$$

式中,$SPIW_{60} = SPI(WAP)$,SPIW 是对某时段内逐日降水量进行加权累积,再对权重累积的降水量(WAP)进行标准化处理而得到的指数。WAP 为权重累积降水量,单位为 mm。$SPIW = SPI(WAP)$ 是指对权重累积降水量进行标准化处理。$WAP = \sum_{n=0}^{60} 0.95^n P_n$。$SPIW_{60}$ 为近 60 d 标准化权重降水指数,标准化处理计算方法参考国家标准《气象干旱等级》,P_n 为距离当天前第 n 天降水量。MI_{30} 为近 30 d 湿润度指数;SPI_{90} 和 SPI_{150} 分别为 90 d 和 150 d 标准化降水指数;a 为标准化权重降水权重系数,取 0.45;b 为相对湿润度权重系数,取 0.2;c 为 90 d 标准化降水权重系数,取

0.15;d 为 150 d 标准化降水权重系数,取 0.25;其中系数 a,b,c,d 可根据当地气候状况和季节变化进行调整;依据气象干旱综合指数划分的气象干旱等级见表 3.19。

表 3.18 帕默尔干旱指数干旱等级划分

等级	类型	PDSI
1	无旱	$-1.0 <$ PDSI
2	轻旱	$-2.0 <$ PDSI $\leqslant -1.0$
3	中旱	$-3.0 <$ PDSI $\leqslant -2.0$
4	重旱	$-4.0 <$ PDSI $\leqslant -3.0$
5	特旱	PDSI $\leqslant -4.0$

表 3.19 气象干旱综合指数等级划分

等级	类型	MCI	干旱影响程度
1	无旱	$-0.5 <$ MCI	地表湿润,作物水分供应充足;地表水资源充足,能满足人们生产、生活需要
2	轻旱	$-1.0 <$ MCI $\leqslant -0.5$	地表空气干燥,土壤出现水分轻度不足,作物轻微缺水,叶色不正;水资源出现短缺,但对生产、生活影响不大
3	中旱	$-1.5 <$ MCI $\leqslant -1.0$	土壤表面干燥,土壤出现水分不足,作物叶片出现萎蔫现象;水资源短缺,对生产、生活造成影响
4	重旱	$-2.0 <$ MCI $\leqslant -1.5$	土壤水分持续严重不足,出现干土层(1~10 cm),作物出现枯死现象;河流出现断流,水资源严重不足,对生产、生活造成较重影响
5	特旱	MCI $\leqslant -2.0$	土壤水分持续严重不足,出现较厚干土层(>10 cm),作物出现大面积枯死;多条河流出现断流,水资源严重不足,对生产、生活造成严重影响

2. 干旱气象灾害风险评估

干旱气象灾害风险评估的内容包括干旱气象灾害危险性、承灾体暴露性、承灾体脆弱性以及综合风险分析,风险等级划分及其风险应对措施等。

(1)干旱气象灾害危险性

Q_H 是干旱气象灾害危险性因子,采用标准化处理后的气象干旱综合监测指数 MCI,MCI 的计算详见第 3.3.2.3 节中的 MCI 部分。

(2)干旱气象灾害承灾体暴露性

干旱气象灾害承灾体暴露性如下式所示:

$$Q_E = W_{E1} Q_{E1} + W_{E1} Q_{E2} + W_{E3} Q_{E3}$$

式中，Q_E 为干旱气象灾害承灾体暴露性指数；Q_{E1} 为经过标准化处理的地形。Q_{E2} 为经过标准化处理的人口密度。Q_{E3} 为经过标准化处理的耕地面积占土地面积比重。W_{E1} 为地形对应的权重系数、W_{E2} 为人口密度对应的权重系数、W_{E3} 为耕地面积占土地面积比重的权重系数，且 $W_{E1}+W_{E2}+W_{E3}=1$。

(3) 干旱气象灾害承灾体脆弱性

干旱气象灾害承灾体脆弱性如下式所示：

$$Q_V=W_{V1}Q_{V1}+W_{V2}Q_{V2}+W_{V3}Q_{V3}$$

式中，Q_V 为干旱气象灾害承灾体脆弱性指数；Q_{V1} 为经过标准化处理的地均 GDP[①]。Q_{V2} 为经过标准化处理的水系；Q_{V3} 为经过标准化处理的植被覆盖度；W_{V1} 为地均 GDP 对应的权重系数、W_{V2} 为水系对应的权重系数、W_{V3} 为植被覆盖度对应的权重系数，且 $W_{V1}+W_{V2}+W_{V3}=1$。

(4) 干旱气象灾害综合风险

干旱气象灾害综合风险评估指数如下式所示：

$$FDRI=W_H Q_H+W_E Q_E+W_V Q_V$$

式中，FDRI 为干旱气象灾害风险指数；Q_H 为致灾因子危险性因子；Q_E 为承灾体暴露性因子；Q_V 为承灾体脆弱性因子；W_H 为致灾因子危险性权重系数；W_E 为承灾体暴露性权重系数；W_V 为承灾体脆弱性权重系数，且 $W_H+W_E+W_V=1$。

3. 干旱气象灾害影响评估

干旱是全球气象灾害最常见的类型之一，其影响极为广泛和深远，主要包括对经济、人类社会及自然环境3个方面的影响。干旱对经济的影响包括对农业、林业、牧业、渔业和水产养殖、工业、交通、能源8个方面，在干旱对经济的影响中，以对农业影响最大。对自然环境影响包括对土地资源、水资源、环境质量、灾害影响4个方面。干旱灾害的影响评估是全面反映灾情、确定减灾目的、优化防御措施、评价减灾效益、进行减灾决策的重要依据，也是制定国土规划和社会经济发展计划的重要依据。针对不同的研究角度和评估目的，干旱影响评估概括为历史干旱评估、实时干旱评估和展望性干旱影响评估。干旱灾害影响评估指标包括干旱灾害风险评估、损失评估、生态环境评估和防灾工程的减灾效益评估等指标。

由于干旱评估涉及的内容广泛和资料的限制，干旱影响评估途径主要通过实地调查和监测获得资料。干旱影响评价方法主要有个例分析、历史相似法、比较法和模式法。干旱影响评估系统主要包括数据库、统计分析软件包、影响评估指数、模式程序库、绘图软件包、灾情检索系统以及干旱影响评估专家系统等。资料是影响评

---

① 地均 GDP 是每平方千米土地创造的 GDP，反映土地的使用效率（可以部分反应此地的工业与商业密集程度），它是一个反映产值密度及经济发达水平的极好指标，它比人均 GDP 更能反映一个区域的发展程度和经济集中程度。

估系统的基础,在评估系统中,包括情报网的建立、传输、加工处理直至获得评价结果,都需要收集、传递、整理和使用各类资料,其中包括气象资料、自然地理资料、水文资料、卫星遥感资料以及社会经济资料等;同时还应制订各类评估指数或模式,这是至关重要的。

3.4 生态气象气候区划

3.4.1 生态农田系统气候区划

3.4.1.1 农业气候区划

农业气候区划主要是从农业生产的需要出发,在农业气候分析的基础上,以农业气候指标为依据,遵循农业气候相似原理和地域分异规则,将特定地区划分为若干农业气候区域或气候类型。农业气候区划阐明农业生产与气候之间的空间关系,为合理利用农业气候资源、有效防御气象灾害、科学开展农业布局提供依据。

1. 基本原理

农业气候区划不同于一般的气候区划。气候区划主要结合气候形成来划分;而农业气候区划重点考虑对当地农业生产有重要意义的农业气候因子,指标选择以农业生产和农作物生长发育对气候条件的定量要求来确定。

根据区划对象的不同,农业气候区划可以分为综合农业气候区划和单项农业气候区划两类。综合农业气候区划着眼于农、林、牧业综合考虑,为农业发展战略和农业生产配置提供气候上的科学依据。单项农业气候区划则专门针对某一作物、某一农业气候资源或某一农业气象灾害等编制。从区划方法上可以划分为类型区划和区域区划。类型区划是根据不同的农业气候指标在地域上的差异逐级划分单元,区域区划则是根据对农业地域分布有决定意义的多种农业气候因子及其组合差异,将一个地区划分为若干个农业气候区。二者的区别与构建的农业气候指标体系有关。

农业气候区划的基本原则是适应农业生产发展规划的需要;区划指标有明确的农业意义;遵循农业气候相似性和差异性,按照指标系统划分;区划结果有利于充分合理利用农业气候资源。此外,还要考虑到气候的特殊性、主导因素的原则、气候相似与分异原则。

2. 基本方法

农业气候区划的关键与核心工作是确定农业气候区划指标及指标体系。指标要反映气候特征,更要密切结合农业的要求。指标通常包括热量指标、光照指标、水分指标,以及农业气象灾害和综合指标。选择指标气象要素时要考虑农业意义、临界值以及一定的气候保证率。农业气候区划一般由若干等级构成,每一级区划都有相应的区划指标。所有指标构成农业气候区划指标体系。

农业气候区划的分区方法取决于区划类型、区划任务、地区的自然条件、资料获取情况及选择的统计方法。传统的逐级分区法根据与农业地域分异规律有重要意义的气候因子,依次确定不同等级的主导因子和辅助因子,逐级进行划分。具体做的时候可以采用主导因子法、主导因子与辅助因子结合法、综合因子指标法等。

除了传统的基于农业气候要素指标的逐级分区法以外,还有物候学方法、遥感区划方法和数学方法。随着计算机技术和多元统计学的发展,常采用理论上比较完善的各种数学方法,如专家打分法、权重法、决策树法、模糊聚类分析法、因子分析法、线性规划法等。

3.4.1.2 农业气象灾害风险区划

农业气象灾害风险区划主要是将较大地区划分成若干农业气象灾害风险程度相似的区域,即对灾害发生及其后果的可能性或不确定性(风险)大小进行定量评价、分区与制图。

农业气象灾害风险区划系统主要包括灾害风险评价、灾害风险分区、灾害风险制图3个部分。灾害风险评价是灾害风险分区的基础,一般包括致灾因子危险性评估、承灾体脆弱性或易损性评估、灾情损失评估以及防灾减灾能力评估等。灾害风险分区是在灾害风险评价基础上进行的,其基本方法是以灾害风险程度的区域分布为主要依据,结合区域农业自然条件和社会经济条件,对灾害风险水平相近,且灾害形成条件类似的区域进行划分。灾害风险制图是以不同风险等级标示的风险程度分区图。农业气象灾害风险区划给出的是一定地区未来一定时间内灾害可能达到的风险程度,如灾害等级及其出现的概率等。一般可分为单项农业气象灾害风险区划和综合农业气象灾害风险区划。地理信息系统作为空间数据管理与分析的重要技术方法,对农业气象灾害风险区划有着极大的支持与辅助作用。

农业气象灾害风险区划的种类从致灾因子分,有干旱、洪涝、霜冻、冰雹等单项灾害风险区划和多灾种的综合灾害风险区划;从灾害风险形成的要素分,有致灾因子危险性、承灾体易损性、灾情损失和防灾减灾能力等的区划。单灾种和综合灾种的农业气象灾害风险区划所包括的内容分别介绍如下。

1. 单项灾害风险区划

致灾因子危险性区划。划分致灾因子等级,计算不同致灾因子等级出现的概率,采用不同致灾因子等级及其出现的概率乘积之和构建危险度指数,基于危险度指数进行致灾因子危险性区划。

承灾体易损性区划。承灾体种类与农业气象灾害种类的时空组合不同,承灾体对农业气象灾害具有不同的易损性特征和表征函数。一般采用承灾体种类、数量、分布等与致灾因子危险性关联分析的方法,构建易损度指数或模型,进行承灾体易损性区划。

灾情损失区划。基于历史灾情资料,划分灾情损失等级,计算不同灾损等级出现的概率,采用不同灾损等级及其出现的概率乘积之和构建灾损度指数,基于灾损度指数进行灾情损失区划。

防灾减灾能力区划。防灾减灾能力主要受当地社会经济发展、农业生产水平等的影响,包括工程和非工程措施。一般从灾害的监测预报体系、防御体系和灾后恢复重建体系出发,构建防灾减灾能力指数,进行防灾减灾能力区划。

2. 综合灾害风险区划

综合考虑农业气象灾害致灾因子危险度指数、承灾体易损度指数、灾损度指数、防灾减灾能力指数,构建灾害的综合风险指数模型,根据模型估算的结果,进行农业气象灾害综合风险区划。

单项风险区划、综合风险区划方法中,一个需要解决的重要问题是区划构成因子影响权重的确定,主要包括单项风险区划中不同因子或等级影响权重、综合风险区划中不同指数影响权重的确定方法。一般采用专家打分法、层次分析法、模糊综合评判法、加权综合评价法等进行因子权重的确定。

3.4.2 生态森林气候区划

林业区划主要是根据林业特点,在研究有关自然、经济和技术条件的基础上,分析、评价林业生产的特性与潜力,按照地域分异的规律进行分区划片。进而研究其区域的特点、生产条件以及优势和存在的问题,提出其发展方向、生产布局和实施的主要措施与途径。针对影响林业发展的各种林业生产条件,选择代表性强、灵敏度高、获取容易的因子。

3.4.2.1 林业区划衡量指标

1. 反映影响森林生长的自然因子

主要包括年日照时数、年平均气温、年平均降水量、主要土壤类型、平均海拔高度、主要植被类型等。

2. 反映影响林业产业发展的社会经济因子

主要包括土地总面积、耕地面积、总人口、乡村人口、乡村劳动力、农民人均纯收入等,另外,包括乡村人口比例、人均耕地面积、人均国民生产总值等。

3. 反映林业资源现状的森林资源因子

主要包括林地面积及构成、林地权属分类、人工林面积、森林面积占土地总面积比例(森林覆盖率)、森林单位面积蓄积、单位面积的林业增加值、人工林成林率等。

3.4.2.2 林业区划方法

1. 多元统计方法

主要包括谱系图聚类分析法、星座图聚类分析法、主分量分析法、正交函数排列法等数学方法。

2. 模糊区划法

把模糊数学的原理引入聚类分析,使分类更加切合实际。

3. 灰色区划法

林业生产和经营系统是一个典型的灰色系统,应用灰色区划理论解决林业区划的主要方法有灰色聚类分析法和灰色局势决策法。

4. 自然区划法

利用全国级、省级或县级的分区之间的区划线进行分区。确定区划线的方法主要有4种:主导因子法、图像叠置法、综合分析法和经验区划法。

第4章 青海省生态气象监测

4.1 生态气象观测站网建设

4.1.1 生态气象观测站网布局依据、目标及原则

4.1.1.1 站网布局依据

依据党的十九大精神和党中央、国务院关于推进生态文明建设的重大战略部署,加强对气象部门生态系统气象观测站网布局的指导,推动生态系统气象观测站网建设,提升生态文明建设气象保障服务能力,其站网优化的主要依据是:《中国气象局关于加强生态文明建设气象保障服务工作的意见》《卫星遥感综合应用体系建设指导意见》《综合气象观测业务发展规划(2016—2020年)》《"十三五"生态文明建设气象保障规划》;中国气象局关于印发《生态系统气象观测站网布局指南》的通知(中气函〔2018〕335号)。

4.1.1.2 站网布局优化目标

生态气象观测是生态系统监测的重要组成部分,是从影响生态系统的环境因子出发,侧重生态系统环境因素及其生态系统的相互作用、相互影响的监测。监测内容主要包括大气、水、土壤、气候及其相关的生物状况,获取天气气候要素对生态系统的综合影响及其影响的结果,为开展气候变化对生态环境质量的影响评价、生态气象服务等业务提供支持。

通过对现有生态气象观测任务及站网的优化、调整与完善,满足青海5大生态功能区生态气象监测能力,优化现有生态气象观测站点格局和观测任务,形成较为完善的现代生态气象观测体系;使生态气象观测站网布局更加科学,观测任务合理、明确,基本能够满足青海省生态经济发展、生态安全及生态气象业务和服务工作的需求,最终实现全省生态气象观测全要素自动化。

4.1.1.3 站网布局优化原则

需求牵引原则。充分考虑国家战略需求和青海省生态主体功能区规划、地方生

态气象服务需求。加强生态保护和修复支撑能力建设,将现有国家级酸雨观测站网、环境气象观测站网、干旱监测站网等纳入全省生态气象观测站网序列。

稳定发展原则。稳定现有站网,重点调整观测任务,发挥野外试验站的功能。按照生态功能特征遴选具有代表性的站点布设多要素生态观测设备,提升自动观测能力,适度调整现有观测站网规模,建立以遥感观测为主、地面观测为辅的观测体系。在考虑需求的前提下,适当调整观测站点,重点调整观测任务和观测手段,提升生态观测的自动化水平,不断丰富生态气象观测的内涵。

国省需求原则。重点考虑国家战略发展需求,统筹兼顾地方需求。主要加强卫星遥感观测与地面站点观测资料的融合,依托生态气象观测站网进行真实性校验,形成覆盖全省的生态气象遥感动态监测产品评估业务。提升牧草、风蚀、风积、积雪、大气颗粒物、碳通量等生态气象要素的自动化观测水平。

管理顺畅原则。明确职责、分类管理。面向国家战略发展和生态安全需求,发挥野外观测站的作用,加强重点生态观测要素的观测能力提升,建立全省生态气象观测站网序列,规范生态气象观测规范、观测流程、观测资料传输、归档、应用。服务全省需求生态重点观测项目由青海省气象局统一管理;对于服务地方需求的作物观测、特色及设施生态气象观测等项目由各市、州气象局管理。

稳步推进原则。按照"近期有布局、中期有行动、远期有成效"的整体思路。统筹青海省生态文明先行区、山洪和重大项目工程,明确年度实施任务,结合实际,分步实施。

4.1.2 生态气象观测站网布局

青海省气象部门初步建成了基于空天地一体化综合观测体系,但生态气象观测网规划不足,观测站点未完全覆盖国家、省级自然保护区范围,站网布局不合理问题依然存在,特别在重大生态工程实施区、生态脆弱区、自然保护区、水源涵养区、水土保持区等生态功能区布设的站点偏少,特别是东部干旱山区土壤墒情监测能力明显不足,服务于国家战略、科学实验以及气象服务的能力明显不足,很难适应国家和省级生态战略格局建设与发展需要。

4.1.2.1 优化生态观测站网布局

站网架构:青海省生态气象观测站分为生态气象观测骨干站、生态气象观测辅助站和卫星遥感产品校验站 3 类。骨干站由中国气象局确定的 4 个野外科学试验站,生态功能区遴选代表性好的 4 个站作为青海省生态气象观测骨干站。辅助站围绕骨干站观测任务从国家级台站、区域站以及 2003 年建设的生态观测站中遴选 33 个站作为青海省生态气象观测辅助站。卫星遥感产品校验站重点围绕草地、积雪、土壤水分等主要生态要素,新建 6 个遥感验证场,建立多尺度(3 km、9 km、36 km)生态要素观测网,开展针对卫星产品的验证和升降尺度研究(图 4-1)。

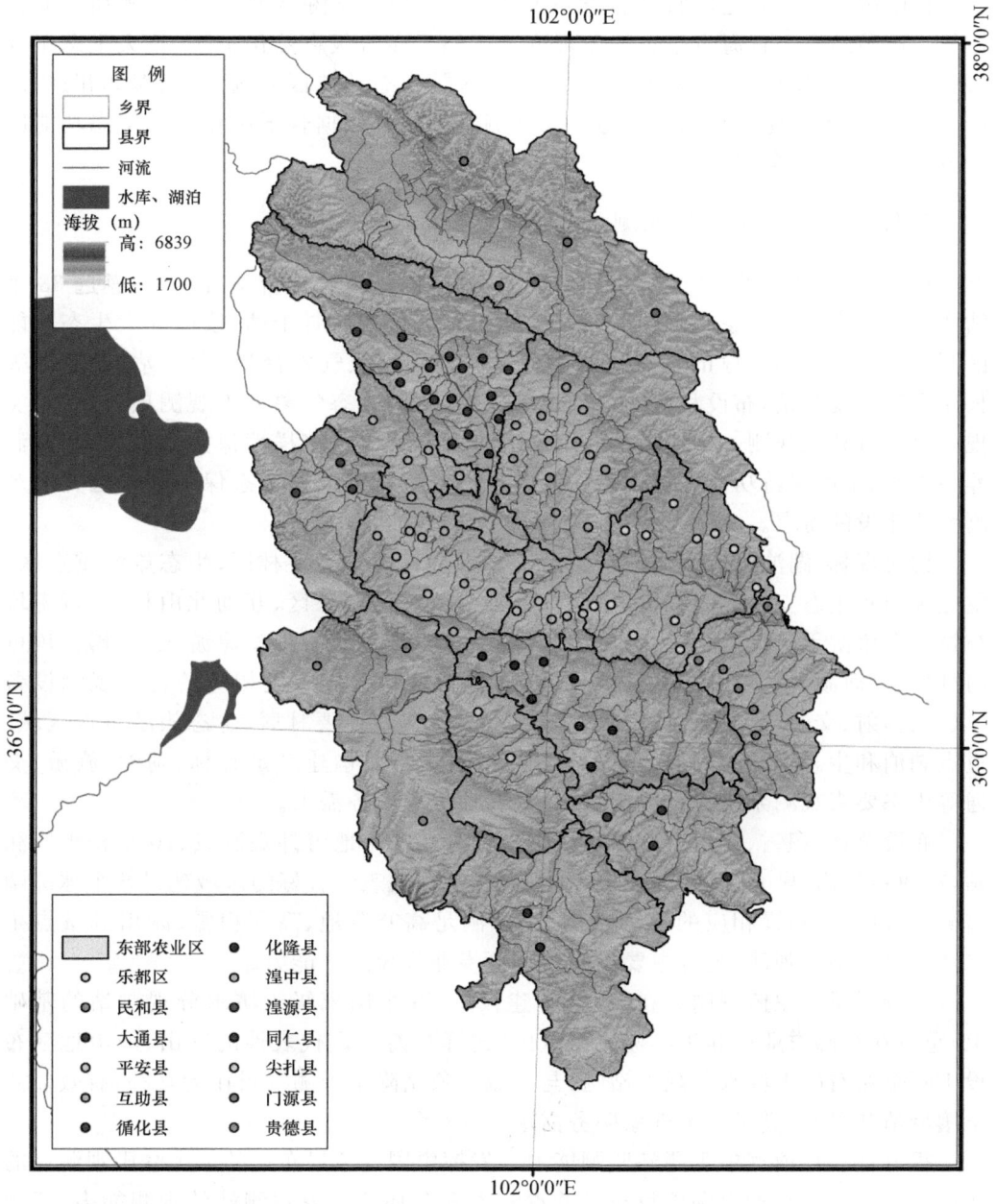

图 4-1　青海省东部干旱气象观测站点布局

4.1.2.2 生态气象观测骨干站布局

将中国气象局确定的野外科学试验站的瓦里关、玉树隆宝、果洛甘德和海北牧业气象试验站作为青海省生态气象观测骨干站。在省级自然保护区、重大生态工程实施区、生态脆弱区、水源涵养区、水土保持区等生态功能区遴选互助、海北祁连、海西乌兰、格尔木沱沱河4站为生态气象观测骨干站。依据骨干站在不同生态功能区定位,开展生态气象观测。

4.1.2.3 生态气象观测辅助站

从2003年建设的47个生态气象观测站中,依托国家级台站、区域站遴选33个站作为青海省生态气象观测辅助站。依托生态气象观测骨干站,按照5大生态功能区开展相互补充和支撑的生态观测业务。围绕国家级气象台站、天气站、区域站等长序列气候观测站,布设相应的自动观测仪器,取消生态气象人工观测项目,逐步实现全要素自动化观测。构建满足涵盖高原生态系统生物多样性保护功能区、水源涵养功能区、土壤保持功能区等生态功能区、生态脆弱区,以及生态保护红线区开展观测系统建设的需求。

构建森林、湖泊、旅游、交通观测系统。围绕青海省主要林区、生态旅游重点区、重点湖泊和生态安全时间频发区,在贵德县清清黄河旅游区、互助北山林场、黄南坎布拉生态旅游示范区、孟达生态旅游区、囊谦尕尔寺大峡谷生态旅游区、班玛县玛可河林场、青海湖、玛多扎陵湖、海西哈拉湖、可可西里盐湖布设相应的自动观测设备(风塔、辐射、交通、负氧离子、实景观测等),逐步实现主要林区、生态旅游重点区域、重点湖泊和生态安全时间频发区全要素自动化观测,构建满足森林、湖泊、旅游、交通等生态要素观测系统建设的需求,满足专业气象服务需求。

布设草地、积雪、冰川观测系统。遴选部分高寒草地野外观测点、10个积雪监测站,在唐古拉山、昆仑山、祁连山等冰川地带,选择代表性较好的区域建设5个冰冻圈监测综合站,并布设相应的自动观测设备,满足高寒草地、高寒积雪、冰川等重点生态功能区自动化观测,提升主要生态功能区专业气象服务能力。

完善干旱气象监测网。在2012年建设的76个国家级土壤水分观测站的基础上,重点在东部农业区和干旱监测重点区,选择具有一定代表性的脑山、浅山地区布设100个左右的土壤水分观测站网,与区域气象站降水观测资料作为互补,有效监测土壤墒情和降水,满足春季气象服务需求。

提升现有环境气象观测站监测能力。发挥中国气象局布设的7个酸雨观测站的作用,提升三江源、青海湖项目建设的青海省8个环境气象观测站的观测能力,新增7个站的PM_{10}大气总悬浮颗粒物的监测,西宁新建1部气溶胶激光雷达。

提升现有国家级气象台站自动化监测能力。在52个国家基准站、基本站、一般站和180个天气站现有气象要素观测自动化基础上,补充和完善雪深、冻土、日照等自动观测设备,建设遥感应用真实性检验地面自动观测网,扩大生态综合监测试点,提升重点区域生态监测能力。推进与环保、林业、农业、水利等部门和单位生态气象监测网络的共建、共享、共用。

4.1.2.4 卫星遥感产品校验站

建设生态气象观测卫星产品试验站是验证和评估各类卫星生态气象产品的重要参照,而多尺度嵌套观测是生态气象反演信息升/降尺度研究的重要依据。校验场重点围绕草地、积雪、土壤水分等主要生态要素,考虑到不同的地理气候条件,有必要在青海地区建立多尺度(3 km、9 km、36 km)生态要素观测网,开展针对卫星产品的验证和升降尺度的研究,为生态文明建设气象保障提供支撑。

4.2 生态气象观测内容和方法

4.2.1 牧草观测

各种类型草场和植物群落的兴衰、荣枯都受天气、气候条件的制约,牧草生长与天气、气候条件的关系尤为密切。"三江源"地区是我国面积最大的生态环境自然保护区,是我国生物物种形成、演化的中心之一,也是国际科技界瞩目的研究气候和生态环境变化的敏感区,组建草地生态观测网,开展牧草长势动态观测,将进一步提高对该地区生态环境的观测能力,有利于采取积极有效的措施保护草地生态系统,同时也为全面准确地分析研究"三江源"地区草地生态的变化奠定基础。

4.2.1.1 人工观测方法

1. 牧草观测环境要求
(1)牧草观测地段(场)选择要遵循的原则和要求

地段必须具有代表性。地段所处地形、地势、土壤及牧草种类和生产水平等应能代表该地区草场类型。在广泛征求当地草原管理单位和牧民意见的基础上,请有关专家商榷选定。

地段应有利于观测、管理和维护,但要避开道路、水体和居民点。

有关台站在所在县的区域内选择有代表性的10 km×10 km的草场作为牧草观测地段,周围打桩(草场的使用权限和保护方式不变)。在10 km×10 km的牧草观测地段内选择地势平缓、植物分布均匀的50 m×50 m的围栏草场作为牧草观测场,开展牧草长势动态观测。

牧草观测场在牧草生长期内禁止采食。但为了保持牧草观测场的代表性,在秋季各项牧草观测结束后,要将围栏内的牧草按当地打草留茬高度进行刈割或放牧采食,但不能啃食过度。

(2)牧草观测地段(场)的划分方法

在牧草观测场内进行牧草发育期、高度、覆盖度和产量的观测,将牧草观测场划分为2个观测区域作为2个重复。在牧草观测场外的牧草观测地段内进行牧草高度、覆盖度和产量的观测,将牧草观测地段也划分为2个观测区域作为2个重复。

在每个重复内再根据地势、牧草分布及生长状况等按条状分成发育期、高度、覆盖度、产量等观测小区。小区划定后,分别用"T形"木牌建立标界,用油漆写明小区号码和观测项目名称,当观测小区失去代表性时,可就近更换。

(3)牧草观测地段(场)说明

牧草观测地段所在的地点、所属单位或个人。

牧草观测地段的4个界桩所在的经纬度和海拔高度。

牧草观测场的几何中心点所在的经纬度和海拔高度。

地形(平原、山地、丘陵、滩地)、地势(平地、坡地等)、观测地段面积、观测场面积。如为坡地应注明坡度、坡向等。

草场类型:天然草场、割草场、人工草场。

主要共生牧草种类、名称:需经有关部门鉴定,并写出中文名。

2. 牧草发育期观测

定义:牧草发育期是根据牧草外部形态变化,记载牧草从返青(出苗)期到黄枯期的整个生育过程中出现的日期。目的是了解发育速度和进程,分析各时期牧草发育与气象条件的关系,评述天气气候条件对牧草生长发育的影响。

观测设备:直尺。

观测地点:在牧草观测场内的发育期观测小区里进行。

观测内容:牧草返青期、开花期、黄枯期出现的日期。

观测时间:在牧草生长季内每旬末进行。

观测方法及其标准:在牧草观测场内的发育期观测小区里,以整个发育期观测小区的牧草为对象,目测判断50%的牧草进入发育期的日期。返青期:春季目测发育期观测小区内50%的牧草由黄转青,且牧草地上部分的高度约为1 cm。开花期:目测发育期观测小区内50%的牧草开花。黄枯期:秋季目测发育期观测小区内50%的牧草地上部分约有2/3枯萎变色。

观测数据记录:在牧草发育期观测记录栏中,若没有进入规定观测的发育期时,填写观测日期并注明"未";若已进入规定观测的发育期时,则填写观测日期并记录所出现的发育期名称。

3. 牧草高度观测

定义：牧草高度指牧草观测场或牧草观测地段的自然状态草层高度。

观测设备：米尺。

观测地点：分别在牧草观测场和牧草观测地段内的高度观测小区里进行。

观测内容：分别测定牧草观测场和牧草观测地段的自然状态草层高度。

观测时间：从牧草观测场或牧草观测地段的牧草返青期开始到黄枯期为止，月末进行。

观测方法及其标准：①牧草观测场草层高度：在牧草观测场高度观测小区的2个重复内，分别选取1个有代表性的测点，将米尺垂直于地面，平视草层的自然状态草层高度，对突出的少量叶和枝条不予考虑。②牧草观测地段草层高度：在牧草观测地段高度观测小区的2个重复内，分别选取1个有代表性的测点，将米尺垂直于地面，平视草层的自然状态草层高度，对突出的少量叶和枝条不予考虑。

观测数据记录：牧草草层高度以 cm 为单位，取整数记载。

牧草观测场草层高度：求出牧草观测场2个重复的草层高度的平均值，即为牧草观测场草层高度。

牧草观测地段草层高度：求出牧草观测地段2个重复的草层高度的平均值，即为牧草观测地段草层高度。

4. 牧草产量观测

定义：牧草产量指牧草观测场或牧草观测地段的单位面积混合草产量（鲜重）。

观测设备：方框内面积为 1 m^2；剪刀；布袋；天平感量为 0.1 g。

观测地点：分别在牧草观测场和牧草观测地段内的产量观测小区里进行。

观测内容：分别测定牧草观测场和牧草观测地段的单位面积混合草产量。

观测时间：从牧草观测场或牧草观测地段的牧草返青期开始到黄枯期为止，月末进行。

观测方法及其标准：①牧草观测场混合草产量：在牧草观测场产量观测小区的2个重复内，分别选取 1 m^2 有代表性的样本，将方框平整、垂直地放在测点上，将框内全部牧草沿地表剪取，立刻装入布袋，带回站内及时称重，称重应在剪取后半小时内完成。②牧草观测地段混合草产量：在牧草观测地段产量观测小区的2个重复内，分别选取 1 m^2 有代表性的样本，将方框平整、垂直地放在测点上，将框内全部牧草沿地表剪取，立刻装入布袋，带回站内及时称重，称重应在剪取后半小时内完成。

观测数据记录：牧草样本称重时以 g 为单位，取1位小数记载；牧草混合草产量以 g/m^2 为单位，取1位小数记载。

牧草观测场混合草产量：求出牧草观测场2个重复的混合草产量的平均值，即为牧草观测场混合草产量。

牧草观测地段混合草产量：求出牧草观测地段2个重复的混合草产量的平均值，即为牧草观测地段混合草产量。

5. 牧草覆盖度观测

定义：牧草覆盖度指在一定面积（长度）内，牧草对地面的投影面积（长度）占总面积（长度）的百分比。

观测设备：方框或米尺。

观测地点：分别在牧草观测场和牧草观测地段内的覆盖度观测小区里进行。

观测内容：分别测定牧草观测场和牧草观测地段的覆盖度。

观测时间：从牧草观测场或牧草观测地段的牧草返青期开始到黄枯期为止，月末进行。

观测方法及其标准：①牧草观测场覆盖度：在牧草观测场覆盖度观测小区的2个重复内，分别选取1个有代表性的测点，采用目测法，从牧草的上方与地面垂直目测估计混合牧草的覆盖度，按10等份估计，如1 m^2 范围内的牧草覆盖度达8成时，覆盖度记为80%。②牧草观测地段覆盖度：在牧草观测地段覆盖度观测小区的2个重复内，分别选取1个有代表性的测点，采用目测法，从牧草的上方与地面垂直目测估计混合牧草的覆盖度，按10等份估计，如1 m^2 范围内的牧草覆盖度达8成时，覆盖度记为80%。

观测数据记录：牧草覆盖度取整数记载。

牧草观测场覆盖度：求出牧草观测场2个重复的覆盖度的平均值，即为牧草观测场覆盖度。

牧草观测地段覆盖度：求出牧草观测地段2个重复的覆盖度的平均值，即为牧草观测地段覆盖度。

6. 牧草生长状况评定标准

牧草生长状况采用等级评定法，评定优、良、中、差、很差，表4.1给出了具体的评定标准。在评价整个牧草生长状态时要考虑不同时期的下列性状：牧草发育、草层高度、覆盖度和产量等，以及与历年的比较，高度、密度、覆盖度资料采用月末的观测记录，其余项目由观测员借助工作经验目测确定；有时草层外观很好，但混入了有毒和有害的草类，等级评价应降低；当草层遭受气象灾害或病虫等的危害时，状态的等级评价依牧草的受害程度而定。

表4.1 牧草生长状况标准

生长状况	标准
优	春季返青快，发育繁茂，枝叶生长良好，无干枯征兆，草层性状处最佳状态；产量较高，夏秋季覆盖度＞80%

续表

生长状况	标准
良	春季返青良好,各类家畜均适宜放牧,夏秋季牧草发育良好,草层呈绿色,仅个别地方有黄斑状,产量较好,覆盖度达61%~80%
中	春季草层发育较正常,小家畜尚可放牧,大家畜放牧困难;夏季草层高度中等,不够均匀,产量中等,夏秋季覆盖度达41%~60%;秋季植株变黄较早,有时草层受到天气灾害和病虫的危害
差	春季返青生长不良,草层稀疏,不适宜放牧;夏季牧草发育受到抑制,发育期缩短,植株矮小、稀疏;没有新枝,牧草产量很低,无增长量,秋季大多数植株过早黄枯,新枝少、发育不良,最大覆盖度在21%~40%;有时草层受天气灾害和病虫危害严重
很差	植株极少,覆盖度<20%,有时根本就不返青,草场不能利用

4.2.1.2 卫星遥感观测

1. 观测目的和意义

青海省是畜牧业大省,及时掌握不同生长时段牧草产草量、牧草返青期和枯黄期,在畜牧业生产中有重要价值。利用极轨卫星实时接收资料,可以迅速地分析大范围牧草的生长状况。同时,还可利用历史资料进行牧草产草量多年动态观测分析,对指导安排畜牧业生产有重要作用。

2. 观测内容

牧草长势遥感观测包括全省范围的牧草返青期、产草量和黄枯期的观测。

3. 观测原理

极轨卫星多波段图像提取植被信息是基于植被对可见光和近红外辐射的吸收与反射的两种不同的反应。叶绿素在 $0.5\sim0.7~\mu m$ 光谱段,其反射率一般小于20%,但在 $0.7\sim1.3~\mu m$ 光谱段,则其反射率可达60%。极轨卫星的CH1通道是植被吸收段,CH2通道是植被强反射段。因此,植被观测中一般用归一化植被指数(NDVI)和比值植被指数(RVI)来表征植被的生长状况。但极轨卫星一般难以区分牧草与其他植被,在青海省牧草观测实际应用中,由于牧业区植被覆盖基本为草地,因而,牧业区植被状况就可作为牧草产草量。

4. 观测方法

(1) 青海省草地资源分级

青海省草地资源分级主要反映草地植被的产量,根据草地地上部分单位面积产草量的高低,将草地分为以下8级:

一级草地:亩产鲜草≥800;二级草地:亩产鲜草(600,800];三级草地:亩产鲜草(400,600];四级草地:亩产鲜草(300,400];五级草地:亩产鲜草(200,300];六级草地:亩产鲜草(100,200];七级草地:亩产鲜草(50,100];八级草地:亩产鲜草≤50,单位:kg。

(2)牧草产草量观测

各级草地资源分级指标与卫星遥感植被指数间有对应关系,从而建立各级草地NDVI或RVI分级指标值。将实时观测资料运算得来的NDVI或RVI的值对应于相应的草地级别中,就可实现观测区域内草地长势观测图。

(3)牧草返青期与黄枯期观测

牧草返青前,草地生物量处于一年中的最低值,开始返青时,植被指数明显增加。所以,通过一旬时间间隔的植被指数的差值变化来判断返青期。当NDVI$\geq$0.08且两旬NDVI的差值$\geq$0.02时,为牧草返青,当NDVI的差值≤-0.02时,牧草开始黄枯,当NDVI的差值接近0时,牧草完全黄枯。

4.2.2 土壤水分及土壤特性观测

4.2.2.1 土壤水分观测

1. 定义

土壤水分状况是指水分在土壤中的移动、各层中数量的变化以及土壤和其他自然体(大气、生物、岩石等)间的水分交换现象的总称。土壤水分是土壤成分之一,对土壤中气体的含量及运动、固体结构和物理性质有一定的影响;制约着土壤中养分的溶解、转移和吸收及土壤微生物的活动,对土壤生产力有着多方面的重大影响。土壤水分又是水分平衡组成项目,是植物耗水的主要直接来源,对植物的生理活动有重大影响。进行土壤水分状况的测定,掌握土壤水分变化规律,对生态环境治理和保护提供实时服务以及理论研究具有重要意义。

2. 观测设备

自动土壤水分观测仪是一种利用频域反射法原理来测定土壤体积含水量的自动化测量仪器,从传感器安装方法上区分为插管和探针两种。自动土壤水分观测仪可以方便、快速地在同一地点进行不同层次土壤水分观测,获取具有代表性、准确性和可比较性的土壤水分连续观测资料,可减轻人工观测劳动量、提高观测数据的时空密度,为干旱观测、农业气象预报和服务提供高质量的土壤水分观测资料。

3. 观测场地

(1)观测地段

土壤湿度测定地段划分为以下3类。

作物观测地段:为了研究作物需水量、观测土壤水分变化对作物生长发育及产量形成的影响,而在当地主要旱地作物、牧草和果树等生育期观测地段上所设置的土壤湿度观测地段。仪器安装场地与所在作物地段做相同的田间管理。

固定观测地段:为了研究土壤水分平衡及其时空变化规律,所设置的长期固定的、反映当地自然下垫面、无灌溉状态下的土壤湿度观测地段。地段对所在地区的自然土壤水分状况应具有代表性。

辅助观测地段：为了满足墒情服务的需要，进行临时性或季节性墒情观测所设置的地段。这类地段数量一般较多，应代表当地的土壤类型和土壤水分状况。为便于历年土壤水分状况比较也应相对固定。辅助地段的设置、测定时间、测定深度等由上级业务主管部门和台站自行确定。辅助地段采用便携式土壤水分仪进行观测，便携式土壤水分仪另行规定。

(2) 选址

观测地段的选择应充分考虑仪器安装地点对于当地土壤类型、地貌、地质条件的代表性。应遵从以下 4 个条件。

所选地段土壤应能够代表本地区的主要土壤类型，须尽量选择在地势平坦、能代表本地区自然环境下土壤水分变化特征的地块，山丘地区应避免选取沟底、山顶、斜坡和积水洼地等地块。

所选安装地段距离建筑物、道路（公路和铁路）、水塘等须在 20 m 以上，远离河流、水库等大型水体。

作物观测地段种植面积一般 $\geqslant 0.1$ hm^2。

固定观测地段面积一般 $\geqslant 10$ m $\times 10$ m；仪器安装位置必须为自然下垫面，有较厚的自然土壤，而非回填土。观测地段一经确定，不得随意改变，以保持土壤水分观测资料的一致性和连续性。

(3) 场地建设

在仪器安装位置周围建设观测场，仪器位于观测地段中央，且同沟槽和供水渠道垂直距离须 $\geqslant 10$ m，避免沟渠侧渗对土壤含水量观测代表性造成的影响。

观测场四周应设置 3 m（东西向）$\times 4$ m（南北向）稀疏围栏，高度不低于 1.2 m，围栏不宜采用反光太强的材料。

如果场内仪器安装需要敷设线缆，应在远离传感器安装地点的一侧修建电缆沟（管）。电缆沟（管）应做到防水、防鼠，并便于维护。

观测场防雷应符合气象行业规定的防雷技术标准的要求。

(4) 仪器布设

仪器布设应与场地内其他仪器互不影响，便于操作。具体要求如下：

数据采集箱安置在北边，土壤水分传感器安置在南边；土壤水分传感器埋设位置距离数据采集箱 $\geqslant 1$ m。

根据需要确定传感器安装深度和层次。在农业气象观测中一般为：0~10 cm、11~20 cm、21~30 cm、31~40 cm、41~50 cm、51~60 cm、61~70 cm、71~80 cm、81~90 cm、91~100 cm，可根据观测需求进行调整。地下水位深度 <1 m 的地区，测到土壤饱和持水状态为止；因土层较薄，测定深度无法达到规定要求的地

区,测至土壤母质层为止。

仪器距观测场边缘护栏≥1 m。

(5)地段描述与记载

观测地段一经选定,应对地段位置及代表区域的自然地理、水文气象、地质地貌、农田水利工程及农业种植等情况在值班日志中进行勘查记载,其主要内容有:

观测地段所属行政区划,经纬度(精确到秒)和海拔高度(精确到0.1 m)。

观测地段地形及地势、地貌。

观测地段类型、种植作物名称。

土壤质地、酸碱度。

灌溉条件、水源、地下水位深度。

土壤水文、物理特性测定值。

自动土壤水分观测站示意图。

(6)土壤水文、物理特性的测定

在选定观测地段后,应按《农业气象观测规范》(GB/T 34808—2017)要求,在观测地段附近分层测定土壤容重、田间持水量和凋萎湿度等土壤水文、物理常数,并在土壤水分自动站值班日志中填写。

4. 时制、日界和对时

土壤水分自动观测采用北京时,以北京时20时为日界。

以自动土壤水分观测仪采集器的内部时钟为观测时钟;采集器与计算机应每小时自动对时一次,以保持两者时钟同步。值班员应每日09时正点检查屏幕显示的采集器时钟,当与电台报时的北京时相差≥15 s时,在正点后按操作手册规定的操作方法调整采集器的内部时钟,保证误差在15 s之内。

5. 计算项目

仪器自动测量结果为土壤体积含水量,根据土壤水文、物理常数和相关公式可计算出土壤重量含水率(单位:%)、土壤相对湿度(单位:%)、土壤水分总贮存量(单位:mm)和土壤有效水分贮存量(单位:mm)。

6. 仪器性能要求

(1)总体要求

应具有国务院气象主管机构颁发的使用许可证,或经国务院气象主管机构审批同意用于观测业务;准确度满足表4.2的要求;可靠性高,保证获取的观测数据可信;同一厂家的同类采集器和传感器应能互换;操作和维护方便,具有详细的技术及操作手册。

(2)传感器性能要求

自动土壤水分观测仪传感器的测量性能应遵循表4.2的要求。

表 4.2　自动土壤水分观测仪传感器测量性能要求

测量要素	工作范围	分辨力	采样频率	计算平均时间	重复性误差	最大绝对误差
土壤体积含水量	0%～50%	0.1%	1次/min	10 min	<0.5%	2.5%（实验室），5%（田间）

注：重复性误差：在全测量范围内和同一工作条件下，同一传感器对相同被测标准介质进行多次连续测量时，测量结果之间的随机误差。

最大绝对误差：在全测量范围内，所能允许的传感器测量值和参考标准之间的绝对差值的极限，在经过实验室特殊标定后，传感器最大绝对误差在实验室内可达到 2.5%，在野外环境下可达到 5%。

4.2.2.2　土壤特性观测

1. 表层土壤成分变化情况观测

表层土壤成分指地表层 0～10 cm 的土壤中所含沙粒、有机质等成分。使用天平、铝盒、布袋、纱布等设备，每年的 4，6，8，10 月下旬进行土壤沙粒含量和土壤有机质含量观测。具体方法：分别在 4 个重复内挖一个垂直剖面，清除地上部分的植物体，将表层 0～10 cm 的土壤按长宽 10 cm×10 cm 垂直挖取，放入有编号的布袋内带回工作室。将 4 个重复的土样分别拌匀后各取 50 g 左右，用带编号的大号铝盒盛装放入烘箱烘烤，烘干后称量各样品干重（记为 W_1）；然后把样品装入纱布，扎好口放到水龙头下或盛水容器中充分冲（淘）洗，直至水不再混浊为止，将经过冲（淘）洗的样品烘干称量（记为 W_2），再将样品放入坩埚加热并倒入酒精进行充分焚烧后，将样品装入纱布冲（淘）洗干净，把冲（淘）洗后剩余的部分再次烘干称量（记为 W_3）。根据下面式子计算沙粒和有机质含量的百分率：

$$P_1 = W_3/W_1 \times 100\%$$
$$P_2 = (W_2 - W_3)/W_1 \times 100\%$$

式中，P_1 为沙粒含量百分率，单位：%；P_2 为有机质含量百分率，单位：%；以上各重量以 g 为单位，取 1 位小数；百分率取 1 位小数。

2. 土壤风蚀度和风沙流结构观测

利用多路风蚀沙尘采集仪和定标刻度尺定期测量由于风蚀而引起表层厚度变化的情况。每年 9 月至次年 5 月每旬末观测一次，6—8 月每月末观测一次。在观测区域 50 m×50 m 地段内，风的来向处和风的去向处分别安装多路风蚀沙尘采集仪。通过该仪器上的 50 路集沙孔，将沙尘量分别存入存沙盒内。48 h 内，将沙尘量倒出称重，便可计算出沙通量的大小。同时，在观测区域内安插 10 个 1.3 m 高的定标刻度尺。分两排，排间距为 1 m。每一排 5 个插钎，间距为 2 m。首次观测时，将插钎插入地下 30 cm，使插钎与地表垂直并与插钎上的零定标刻度平行，用定标刻度尺定期测量由于风蚀而引起表层风积和风蚀厚度的变化。风积厚度等于 1 m 减去风积最高点到 1 m 刻度的距离。风蚀厚度等于零定标刻度到风蚀最低点的距离。

风蚀程度等级标准:无、轻度、中度、严重、极重 5 个等级,标准如下:

无:土表完整,无风蚀痕迹。

轻度:仅见片状风蚀。

中度:有明显片状风蚀和风积。

严重:表层细土吹失,出现腐蚀沟。

极重:形成沙丘和大量风蚀沟、风蚀墩。

土壤风蚀度的观测应当以较大地表面积作为判别的目标,不能以点带面,使风蚀程度被夸大或使风蚀的事实被掩盖。

3. 土壤容重观测

土壤容重是在没有遭到破坏的自然土壤结构条件下,采取体积一定的土样称重,取样烘干,计算单位体积内的干土重。土壤容重是计算土壤水分总贮存量及土壤有效水分贮存量的换算常数。每 5 年观测一次,在 8 月进行。

4. 土壤田间持水量观测

田间持水量是在地下水位较低(毛管水不与地下水相连接)情况下,土壤所能保持的毛管悬着水的最大量,是植物有效水的上限。田间持水量是衡量土壤保水性能的重要指标。每 5 年观测一次,在 8 月进行,田间持水量的测定多采用田间小区灌水法,当土壤排除重力水后,测定的土壤湿度即为田间持水量。

5. 土壤凋萎湿度观测

生长正常的植株仅由于土壤水分不足,致使植株失去膨压,开始稳定凋萎时的土壤湿度即为凋萎湿度,也称凋萎系数。凋萎湿度是植物有效水分的下限和计算田间有效水分贮存量的必须项。每 5 年观测一次。凋萎湿度的测定是采用栽培法,把指示作物栽种到土表封闭的玻璃容器中,当指示作物的所有叶片出现凋萎且空气湿度接近饱和,蒸腾最小的情况下仍不能恢复时,测定容器中的土壤湿度。

应选择对土壤湿度不足反应最敏感,凋萎特征明显容易鉴别的植物作为指示作物,如大麦、燕麦等基本具备这些条件,是常用的指示作物。

6. 土壤质地观测

土壤质地就是指地球表面能够生长植物的土层的结构性质。进行土壤质地观测能够了解和掌握土壤结构的特征及其演变情况。每年 6 月观测一次。在观测地段内选取有代表性的 4 个点,作为 4 个重复,并做好标记,每年度的观测在标记四周 10 m 之内进行。采用土钻钻取土样,每 10 cm 为一个层次,即 0~10 cm、10~20 cm、…、40~50 cm,观测记载每个层次的土壤质地。

黏土:质地极细,搓成条后可弯成小环不断裂。泥球压成饼,边缘无裂缝。

重壤土:湿时搓成条,可弯成环,泥球压饼,边缘有小裂纹。

中壤土:湿时可搓条,但不能弯环,泥球压饼,边缘有裂缝。

轻壤土:手摸感觉有沙粒,不能搓成条,湿时能捏成球,但不能压饼。
沙壤土:大部分为细沙,不能搓成条,湿时也不能压饼。
沙土:多为沙粒,有刺手感觉,不能搓成条,湿时也不能捏成球。

7. 土壤pH测定

土壤pH表明土壤的酸碱程度,进行土壤pH测定能够为草场的合理施肥提供科学依据,也能对土壤盐碱化进行监控。每年的4月、7月和10月进行,分别代表春、夏、秋3季的状况。在观测地段的4个重复内用土钻钻取0~20 cm的土样,放入有编号的布袋内带回工作室,分别拌匀后取约30 g土样放入50 mL烧杯加入蒸馏水,用玻璃棒充分搅拌,待土粒完全沉淀后用pH试纸比色。

颜色: 红　橙　黄　绿　青　蓝　紫
pH:　 4　 5　 6　 7　 8　 9　 10

8. 土壤紧实度观测

土壤紧实度即土壤表层的松紧程度,表明草场植被群落生长发育的土壤环境和更新演替的难易程度。每年的4月、7月和10月进行,分别代表春、夏、秋3季的状况。土壤紧实度按5个等级进行观测并记载,分别为极紧实、紧实、较紧实、较疏松、疏松。测定标准如下:

极紧实:小刀不可入土,只有在锤击的情况下,才能把刀插到土壤中几厘米。
紧实:用大力小刀可入土1~2 cm。
较紧实:小刀稍用力入土2~3 cm。
较疏松:小刀用力不大可深入土中,工具、土钻稍加压力即可入土。
疏松:轻压土壤即可散开,不黏结。

9. 土壤粒度观测

单位面积上不同深度层次的土壤的含沙重量。每年的1月、4月、7月和10月进行。取一个长宽高为20 cm×20 cm×20 cm的垂直剖面,清除地上部分植物体,从表层0~5 cm、5~10 cm、10~15 cm、15~20 cm的4个层次挖取土壤,放入有编号的盛土盒内带回工作室。用带编号的大号铝盒盛装放入烘箱烘烤,烘干后称重,用G_1、G_2、G_3、G_4表示,然后将烘干后的土壤碾压,用10个不同目数的筛子筛选后,放入10个有编号的中号铝盒并分别称重,用W_1,W_2,W_3,…,W_{10}表示。

4.2.3 积雪观测

青海省作为我国的5大牧区之一,畜牧业在全省经济生活中占据重要地位。但在本省畜牧业生产中,积雪、雪灾有着重要影响,特别是雪灾作为本省畜牧业生产的主要灾害之一,观测积雪的分布、时间、空间的动态变化等,对畜牧业生产的抗灾、防灾、救灾及安排生产活动有着重要意义。气象部门对积雪深度以人工观测为主,存在时效性差、时空密度不足等诸多弊端,不能全面、连续反映积雪的变化过程。为此,需要能够自动观测积雪深度变化的仪器与卫星观测相互补充,它既可以作为单独的传感器挂接在自动气象站上,又可以作为观测仪器独立使用,使观测结果客观化、观测资料连续化,减少台站观测人员的工作量,进一步提高观测质量和观测效率,为公众提供更多有价值的气象信息和观测产品。

4.2.3.1 积雪自动观测

自动雪深观测仪基于测距原理设计,由硬件和软件组成(图 4.2)。其硬件可分成测距传感器、数据处理单元、通信控制单元、供电控制单元和外围组件 5 个主要部分,结构特点是既可以与终端微机连接组成雪深测量系统,也可以作为雪深智能传感器挂接在其他采集系统上;其软件可分成采集软件和业务软件两种。

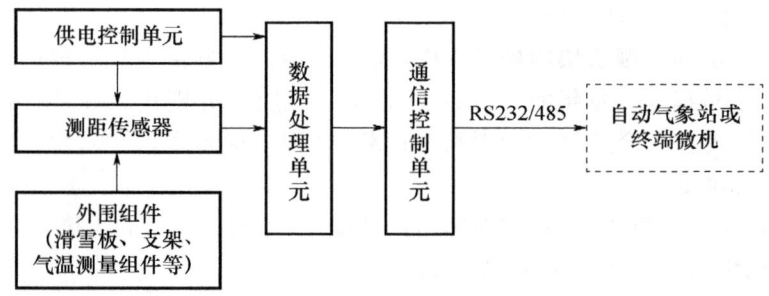

图 4.2 自动雪深观测仪结构框架

1. 积雪自动观测设备组成
(1)测距传感器

测距传感器是利用发射的波束(光波、声波或电磁波)遇到障碍物反射回来的特性进行测量,主要有超声波传感器、激光传感器、红外传感器、雷达物位计等,在积雪深度测量方面应用较多的是超声波传感器和激光传感器。

超声波传感器:由一个超声波激发电路、机械波发生器和一个超声波接收电路组成,实现电信号到超声波能量的转换,同时可以接收超声波在目标物上的反射回波,并转换成电信号。采用时差法可计算出传感器到目标的距离,由于超声波受周围环境影响较大,所以必须通过温度补偿、数字滤波等技术提高测量准确性,使其达到毫米级。

激光传感器:由高稳定的激光发射器、接收器、前置控制器组成,采用相位法测距,用无线电波段的频率,对激光束进行幅度调制并测定调制光往返测线一次所产生的相位延迟,再根据调制光的波长,换算此相位延迟所代表的距离,即用间接方法测定出光经往返测线所需的时间。

(2) 数据处理单元

数据处理单元是自动雪深观测仪的关键部件,主要功能是负责对测距传感器的激发控制、计算测量波速发送和接收的时差(或相位差),并对采样样本进行质量控制、数据运算处理、记录存储。

(3) 通信控制单元

通信控制单元负责完成标准接口间的数据转换,带有标准 RS232/485 串行数据接口,通过将数据采集单元的观测数据和状态数据进行打包整理或接口转换,可以直接与已有的气象站或新一代自动气象站的智能数据接口连接,实现气象观测业务要求;也可以作为智能气象仪器,接入本地计算机或通过无线通信技术,直接接入中心服务器,形成区域观测仪器。

(4) 供电控制单元

供电控制单元负责为系统提供工作电源,通常使用蓄电池供电(直流电源 9~16 V),可使用交流或太阳能(或风能等)对蓄电池进行充电。

(5) 外围组件

其他相关硬件(测雪板、支架、气温测量组件等)统称为外围组件。

测雪板:它是保证雪深测量基准的依据,测雪板材质应不随温度变化而发生质变,无融雪效应,一般选择比热低的固体材质(例如:PVC 板材),整体平整,埋设后与地面齐平,测雪板几何中心正对上方的雪深传感器测量中心点,测雪板面积大小必须覆盖雪深传感器测量面。

支架:用于固定雪深传感器,包括设备支撑杆、横臂(供超声波传感器使用)、传感器安装连接件、预埋件定位板和预埋件等。支架高度可调,能满足传感器在不同高度范围内进行测量,使用不锈钢等材料制作,表面进行必要的防锈和耐腐蚀涂层处理,通过预埋件或膨胀螺栓直接安装在混凝土基座(基础)上,通过调平螺栓可以调节仪器的水平度。

气温测量组件:主要用于测量空气温度,由温度传感器和通风防辐射罩组成,测量值供超声波传感器进行温度补偿计算。安装和使用方法参考《地面气象观测规范》(GB/T 35227—2017)要求,并充分考虑当地积雪深度情况。

2. 基本要求

机械结构应利于装配、调试、检验、包装、运输、安装、维护等工作,更换部件时简便易行;表面应整洁,无损伤和形变,表面涂层无气泡、开裂、脱落等现象,各零部件应安装正确、牢固,无机械变形、断裂、弯曲等,操作部分不应有迟滞、卡死、松脱等。

自动雪深观测仪外观如图 4.3 所示,相关各部件尺寸及材质要求如下:

超声波传感器支架:外形呈倒"L 型"圆柱体,支架可调最大高度≥2.5 m,可根据观测需求调整安装高度,横臂长度≥0.3 倍高度(超声波波速角≤30°)。使用不锈钢等材料制作,表面进行必要的防锈和耐腐蚀涂层处理。

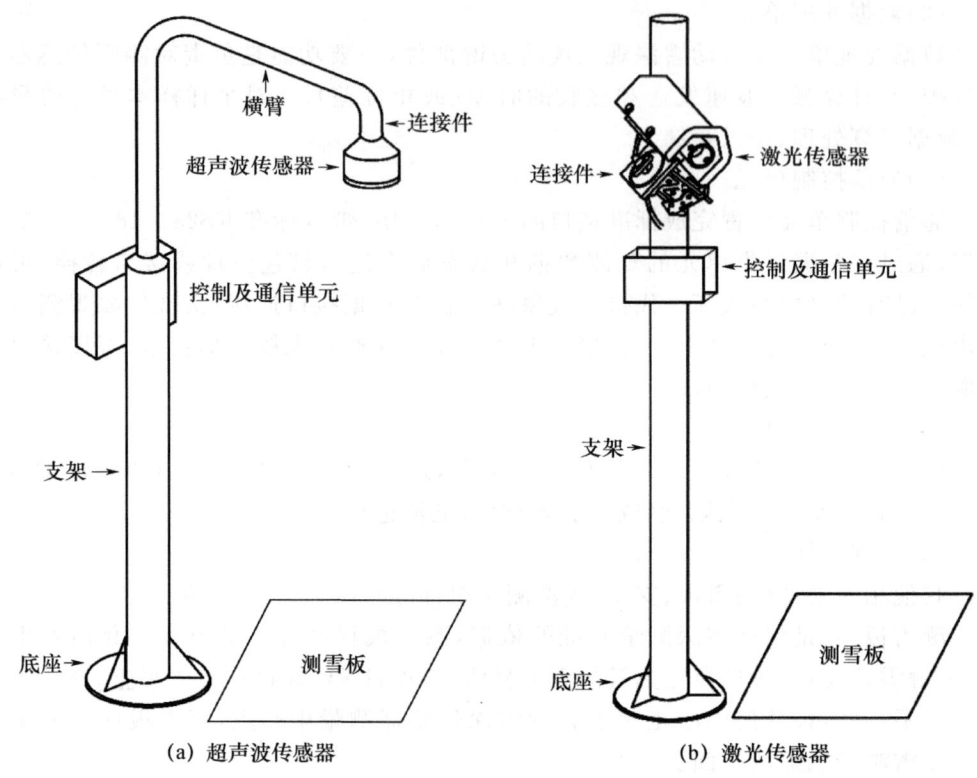

图 4.3 自动雪深观测仪外观示意图

激光传感器支架:外形为圆柱体,支架高度≥2.5 m,激光传感器可根据观测需求调整安装高度。使用不锈钢等材料制作,表面进行必要的防锈和耐腐蚀涂层处理。

测雪板:一般选择无融雪效应且比热低的固体材质(例如,PVC板材),整体表面平整,埋设后与地面齐平。测雪板几何中心正对上方的雪深传感器测量中心点,测雪板面积大小必须覆盖雪深传感器测量面,尺寸一般为 1.2 m×1.2 m。

底座:圆形法兰直径>300 mm,使用不锈钢等材料制作,表面进行必要的防锈和耐腐蚀涂层处理。通过预埋件或膨胀螺栓直接安装在混凝土基座(基础)上,通过调平螺栓可以调节仪器的水平度。

4.2.3.2 卫星遥感观测

积雪观测包括积雪深度、积雪面积及积雪动态观测等。雪在波长 0.1~0.8 μm 光谱段的反射率较高,在 0.2 μm 左右反射率在80%以上,随着波长的增加反射率逐渐降低。云也具有以上的光谱特征(除了光学厚度较大的高云外),反射率的值也和雪较接近。因此,在应用卫星资料进行积雪遥感观测时,一般先将雪与其他地物区分开来,再区分云和雪。在 1.55~1.75 μm 的近红外波段上,云和雪的反射率有较大的差异,这一光谱范围内云反射来自太阳的辐射,而积雪吸收太阳辐射,所以 1.55~1.75 μm 是区分云、雪的理想光谱段。

尽管 MODIS、AVHRR 还是 FY-C 卫星资料观测积雪深度和分布的精度都有很大的改善,但也存在一定困难和问题。特别是云的干扰,严重影响积雪遥感观测的精确度和时效性。云对积雪观测的影响主要有 3 个方面:一是遮挡地面积雪信息;二是干扰卫星视场的辐射测量值,影响积雪观测的精度;三是云雪混淆。所以,卫星遥感观测积雪方法的关键一步就是云、雪的识别。

(1)云、雪的光谱特征

1.55~1.75 μm 的近红外波段上云和雪的反射率有较大的差异,这一光谱范围内云反射来自太阳的辐射,积雪吸收太阳辐射。云、雪识别就是利用云和雪的反射和辐射率方面的差异,采用多通道信息复合技术等来区分云、雪。

(2)具体步骤

区分云、雪和其他地物:NOAA、FY 卫星的积雪观测主要利用可见光波段(0.58~0.68 μm)和近红外波段(0.725~1.1 μm)的信息。积雪在这两个通道的光谱特征明显,即可见光反射率很高,其他地物(除云、冰和沙漠以外)的反射率一般<30%,所以采用阈值法将积雪(包含云)与其他地物分开。阈值为可见光通道反射率>30%,且可见光波段至近红外波段>0。

区分高云和雪:在青藏高原高海拔地区常有中高云出现。根据以往的研究,云顶温度比雪表面温度低。特别是高云尤为明显,所以区分高云和雪,相对而言比较容易且准确度较高。因此,先考虑消除高云的影响,再区分中低云和雪,以提高区分云、雪的准确度。

根据有关研究,高云在热红外通道亮度温度(简称"亮温")差在 30~40 K,雪在 CH3、CH4 通道的亮温差在 8~200 K,而且高云在 CH4 的亮温值较积雪高。采用阈值法区分高云和雪:

$$T_{34} > T_{th}$$
$$T_4 < T$$

满足以上条件时,判定为高云。

式中,T_{th} 和 T 分别是亮温差和亮温阈值。T_{34} 和 T_4 分别为某像元点 CH3、CH4 通道的亮温差和 CH4 通道亮温值。

实际应用中,由于卫星观测受大气、观测时间、信号衰减等影响,以及云层复杂性的影响,很难确定统一的、固定的阈值。但按以上的判别因子,云和积雪有较明显的差异,通过多次试验,结合目视判读,选定适合当地环境的最佳阈值。

多时相资料复合:由于青海省地域辽阔,且云系发展旺盛,在实际观测中很难获得大范围的晴空资料。为获得大范围的积雪信息,需进行多时相资料复合,把有云地区的信息用其他时相无云的信息来代替。根据实际需要将几天的资料处理后合成,但最早和最晚资料时间间隔不超过 10 d。

积雪深度反演:当雪深<20 cm 时,雪深和 CH1 反照率的灰度间线性相关系数为 0.76。结合已确定的积雪区阈值,得出雪深反演公式:

$$S_z = 1.575 \times [0.152 \times CH1 + 0.157 \times (CH1-CH2) - 4.477]$$

在实际应用中,将计算的雪深分为≤5、(5,10]、(10,15]、>15 这 4 个档次,单位:cm。

4.2.4 荒漠化观测

荒漠化是干旱、半干旱及部分半湿润地区主要由于人类不合理经济活动和脆弱环境相互作用而造成土地生产力下降,土地资源丧失,地表呈现类似沙漠景观的土地退化。我国北方沙尘暴频繁发生,土地沙漠化趋势加剧,引起有关专家学者的关注和重视。北方半干旱区人为沙漠化过程不是现代所特有的,它和农业文明一样具有悠久的历史。沙尘暴是我国北方沙漠和沙地及其周边地带固有的天气气候现象。在青海省 72 万 km^2 的土地上将近有一半的面积是沙源区或正在被沙漠吞噬。因此,必须特别注意沙漠化和沙尘暴的预防。开展沙漠化及沙尘天气的动态观测,具有非常重要的意义。

4.2.4.1 沙丘移动观测

风沙流是指活动的沙丘、流沙或其他裸露的地表面的疏松土壤、沙砾,在风的吹动下,沿着地表面向风的下游方向移动,掩埋下游农田、道路、灌区、河道、草原等的自然现象。

根据沙丘的移动速度,将其划分为 3 个类型:

慢速型沙丘,每年向前移动不到 5 m;中速型沙丘,每年向前移动 5~10 m;快速型沙丘,每年向前移动 10 m 以上。

沙丘移动观测第一年 9 月上旬进行选点和测量,以后每年 6 月上旬按要求观测一次沙丘移动的速度和方向。观测台站在本行政区内选择具有代表性(沙丘独立、四周开阔)的沙丘,且在主导下风方无阻碍沙丘移动的独立沙丘。被选择的沙丘体积不宜庞大。

1. 观测方法

在沙丘移动的方向的下风方约 30 m 处,确定两条南北和东西基线,基线长为 2000 m。南北、东西的基线确定可用 GPS 系统或日中线法。基线确定好后,每隔 500 m 打一水泥界桩,界桩顶部离地面 20~30 cm 为宜,为便于识别界桩,将界桩的顶部用红色油漆涂饰。

图 4.4 中，OA 为南北线，OB 为东西线，$D_1O_1D_2$ 廓线为沙丘观测前的沙丘边缘廓线，$C_1O_2C_2$ 为沙丘移动后的边缘廓线，O_1 点为沙丘移动观测前的最前沿突出点，O_2 为沙丘观测时移动后的最前沿突出点。

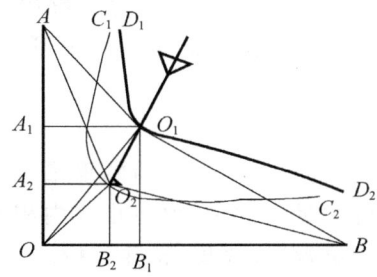

图 4.4 沙丘移动测算示意图

被观测的沙丘选择好后，用卷尺量出 O_1 点到 A 点、O 点、B 点的距离。用 GPS 系统测量出沙丘所在地的经度、纬度、海拔高度和沙丘的距地相对高度。记录在观测记录表中（距离的精度为 0.1 m，经度、纬度的精度精确到秒，下同）。

观测时用卷尺量出沙丘移动后 O_2 点到 A 点、O 点、B 点的距离，记录在观测记录表中。

用 GPS 系统测量出移动后沙丘所在地的经度、纬度、海拔高度和沙丘的距地相对高度。记录在观测记录表中。

2. 观测数据记录

利用三角变换计算公式，计算出 O_1 到 O_2 的距离 L，L 为沙丘实际移动的距离。同时，记录沙丘移动的方位，即朝什么方向移动。将计算数据填写在观测记录本相应栏中，并按要求编发报文。

4.2.4.2 沙尘天气常规观测

沙尘暴是指大风将地面的沙尘扬起，使空气浑浊，水平能见度<1 km 的风沙天气现象。根据沙尘暴发生时的风速和水平能见度，又可以将沙尘暴细分为强沙尘暴和特强沙尘暴。强沙尘暴是指大气水平能见度<200 m，风力>9 级的沙尘暴；特强沙尘暴是指大气水平能见度<50 m，风力>10 级的沙尘暴。扬沙是指大风将地面的沙尘扬起，使空气相对浑浊，水平能见度在 1~10 km 的风沙天气现象；浮尘是指尘沙、细沙均匀地浮游在空中，水平能见度<10 m 的一种天气现象。

沙尘天气观测可以分为常规人工观测（参照《地面气象观测规范》（GB/T 35227—2017））和大气颗粒物观测（参见《大气成分观测业务规范》（中国气象局综合观测司，2012））。

4.2.4.3 干沉降观测

大气降尘是指从空气中自然降落于地面的颗粒物,其直径多>10 μm。为与大气降水相区别,这类降尘称为干沉降。大气中的颗粒物自然沉降在集尘缸内,样品经蒸发、干燥、称量后,以称量法测定降尘的量。结果可以以每月每平方千米面积上沉降颗粒物的吨数表示。

1. 观测方法

观测大气中的悬浮颗粒物自然沉降到地面的重量。按月定期换集尘缸一次,时间统一规定为每月1日,当降雨量较大时,须防止缸内积水溢出,造成尘样流失。必要时,应中途更换干净的集尘缸,继续收集,合并分析。

具体步骤为:

从采样点取回集尘缸后,用镊子将落入罐内的树叶、鸟粪、昆虫和花絮等异物取出,并用水将附着在罐壁上的细小颗粒物冲洗下来。将罐内溶液和颗粒物全部移入烧杯中,小心蒸发浓缩至数十毫升。将杯中溶液和颗粒物分数次移入已恒重的瓷蒸发皿中,在沸水浴上蒸干,放入干燥箱中,用(105±5)℃烘干,在分析天平上称量至恒重(两次称量质量之差<0.4 mg)。

大气降尘量的计算按下述公式进行:

$$M = [(ms - ma) \times K] / S$$

式中,M 为降尘量,单位为 g/(m²·月);ms 为降尘量加瓷蒸发皿质量,单位为 g,保留1位小数;ma 为用 105 ℃烘干后的瓷蒸发皿质量,单位为 g,保留1位小数;S 为集尘缸缸口面积,单位为 m²,保留1位小数;K 为 30 d 与每月实际采样天数(精确到 0.1 d)的比例系数,单位为 1/月。

2. 注意事项

每一个样品使用的烧杯,蒸发皿编号必须一致。

蒸发皿烘干时,应分散放置,不可重叠。

4.2.5 农业及设施农作物观测

根据国家和地方为农服务需要,选择气候、土壤、作物以及生产水平有代表性的站组成农业气象基本观测网,常规的农业气象观测在农业气象基本观测站进行。为当地农业生产服务和科研需要所进行的观测,各地可自行确定观测内容和观测方法。通过对作物的观测,鉴定农业气象条件对作物生长发育和产量形成及品质的影响,为农业气象情报、预报以及作物的气候评价等提供依据,为高产、优质、高效农业服务。

4.2.5.1 发育期观测

作物发育期是根据作物外部形态变化记载作物从播种到成熟的整个生育过程中发育期出现的日期,作物发育期的观测目的是了解发育速度和进程,分析各时期与气象条件的关系,鉴定农作物生长发育的农业气象条件。

1. 观测作物和品种

观测作物要能代表当地主要种植制度的作物组合。观测作物确定后,既要保持相对的连续性,也要适应当地耕作制度改革的变化。

观测作物的品种应是当地普遍推广或即将推广的优良品种,品种更新换代,观测作物的品种也应更换。

观测作物应在当地适宜或普遍播种、移栽的时期播种、移栽。如因气候原因或耕作改制,当年播种普遍提早或推迟,观测作物的播种也应随之提早或推迟。

观测作物应记载作物的品种类型、熟性和大田栽培方式等(表4.3)。

表4.3 主要作物的品种类型、熟性和大田栽培方式

作物名称	品种类型	熟性	大田栽培方式
水稻	常规稻、杂交稻、籼稻、粳稻、糯稻,双季早稻、双季晚稻、一季稻	早熟、中熟、晚熟	直播、移栽
小麦	冬小麦(冬性、半冬性、春性);春小麦		条播、撒播;平作、套作
玉米	常规玉米、杂交玉米、马齿型、半马齿型、硬粒型、甜质型、爆裂型	早熟、中熟、晚熟	平作、间作、套作;直播、移栽、穴播、地膜覆盖
棉花	陆地棉(普遍棉)、海岛棉(长绒棉)	早熟、中熟、晚熟	平作、套作;直播、移栽、地膜覆盖
大豆	蔓生型、半直立型、直立型	早熟、中熟、晚熟	平作、套作、间作;穴播、条播
油菜	白菜型、芥菜型、甘蓝型	早熟、中熟、晚熟	平作、套作;穴播、移栽、撒播

2. 观测次数和时间

发育期一般2d观测一次,隔日或双日进行,但旬末应进行巡视观测。

禾本科作物抽穗、开花期每日观测。

规定观测的相邻两个发育期间隔时间很长,在不漏测发育期的前提下,可逢5和旬末巡视观测,临近发育期即恢复隔日观测。具体时段由台站根据历史资料和当年作物生长情况确定。

冬小麦冬季停止生长的地区,越冬开始期后到春季日平均气温达到0℃之前这段时间,每月末巡视一次,以后恢复隔日观测。

观测时间一般定为下午,有的作物开花时间在上午,开花期则应在上午观测。

3. 观测地点的选定

(1) 测点位置

在观测地段4个区内,各选有代表性的一个点,做上标记,并按区顺序编号,发育期观测在此进行。测点之间应保持一定距离。为增强代表性,各区测点位置交错排列,使之纵横都不在同一个行上,测点距田地边缘的最近距离不能<2 m,面积大的地段应更远些,以避免边际影响。切勿将测点选在田头、道路旁和入水口、排水口处。

(2) 选定时间

一般在作物出苗后,下一发育期出现前进行;育苗移栽的作物可在大田植株成活(返青)期进行。

(3) 测点面积

条播密植作物宽为2~3行,长为1~2 m。

穴播或稀植作物宽为2~3行,每行长可包括15~20穴(株)。

撒播作物为1 m^2。秧田、苗床为0.25 m^2。

作物间套种作物可酌情加大。

(4) 观测植株选择

分蘖作物分蘖前以株为单位观测,分蘖后以茎为单位观测。

条播密植作物:观测植株一般不固定,分蘖作物分蘖期固定植株观测。观测时在观测点连续取25株(茎),分蘖作物拔节期取10个大茎。

稀植作物:定苗前植株不固定,定苗后固定植株观测。每个测点连续选取10株。

穴播(栽)作物:每个测点连续固定5穴(丛),分蘖作物拔节期每穴取2个大茎。

撒播作物:观测植株不固定,每次观测各点取25个株(茎)。

(5) 作物间套种作物

观测植株的选择根据不同的栽培方式按上述规定进行。如果两种作物均为规定观测作物,则分别观测记载,若只观测一种,则应在备注栏内记载另一种作物的主要发育期(目测),不做正式记录。

(6) 保护地栽培作物

如薄膜育苗、温室育秧、地膜栽培等,植株选择根据不同栽培方式而定。观测在保护地内进行,要在备注栏内注明。

4. 发育期的确定

当观测植株上或茎上出现某一发育期特征时,即为该个体进入了某一发育期。地段作物群体进入发育期,是以观测的总株(茎)数中进入发育期的株(茎)数所占的百分率确定的。第一次≥10%为发育始期,≥50%为发育普遍期,≥80%为发育末期。一般发育期观测到50%为止(本章有明确规定的发育期除外),分枝作物有的发育期还应观测盛期。

发育期百分率计算。首先统计观测总株数,再观测其中进入发育期的株(茎)

数,求出百分率,记载时取整数,小数四舍五入。穴播作物每一发育期第一次观测时先要统计各区观测穴内的总株(茎)数。

$$发育期百分率 = \frac{进入发育期的株(茎)数}{观测总株(茎)数} \times 100\%$$

分蘖作物分蘖最早的是一次分蘖,因此,可用分蘖百分率的统计结果作为分蘖期百分率。即

$$分蘖百分率 = \frac{观测总茎数 - 观测总株数}{观测总株数} \times 100\%$$

秧田的分蘖移栽本田后,分蘖作为基本苗统计。有的发育期不便统计百分率,则以整个地段作物为对象,目测判断50%的植株进入发育期的日期。

特殊情况处理:

有的作物因品种等原因,进入发育期的植株达不到10%或50%时,观测进行到进入该发育期的植株数连续观测3次总增长量≤5%为止,因气候原因所造成的上述情况,仍应观测记载;观测植株不固定的作物,如某次观测结果出现发育期百分率有倒退现象,应立即重新观测,检查观测是否有误或观测植株是否缺乏代表性,以后一次观测结果为准;因品种、栽培措施等原因,有的发育期未出现或发育期出现异常现象,应予记载;固定观测植株如失去代表性,应在测点内重新固定植株观测,当测点内观测植株有3株或以上失去代表性时,应另选测点;在规定观测时间遇到有妨碍进行田间观测的天气或旱地灌溉可推迟观测,过后应及时进行补测。如出现进入发育期百分率超过10%、50%或80%,则将本次观测日期相应作为进入发育始期、普遍期或末期的日期。

以上特殊情况出现和处理情况应记入备注栏。

4.2.5.2 生长状况测定

农业气象条件对作物生长发育和产量的影响,在生育过程中具体表现在生长状况和产量形成上。观测的目的在于鉴定气象条件对作物生长的影响和提供产量预报资料。

1. 生长高度的测量

植株生长高度是衡量作物生长速度的标志之一,在作物整个生育期间,于规定的时期进行测量。

(1)测量地点

在发育期观测点附近,选择植株生长高度具有代表性的地方进行。测点需距田地边缘2 m以上。

(2)植株选择

每测点取10株,4个测点共40株。

条播密植、稀植和撒播作物,植株不固定,连续取样测量。

穴(丛)播作物,植株不固定,连续取 5 穴(丛),每穴(丛)任取 2 株(茎)。

甘蔗、纤维用麻类、烟草,观测次数较多的作物,固定植株顺序测量高度。

个别植株因折断或死亡时,应补选。测点中有 3 株或以上失去代表性时,则该测点植株应全部另选,并在备注栏注明。

(3)测量方法

对禾本科作物稻类、麦类、玉米、高粱、谷子、甘蔗,拔节(蔗茎伸长)期及其以前,从土壤表面量至所测植株叶子伸直后的最高叶尖;拔节(蔗茎伸长)期以后,量至最上部一片展开叶子的基部叶枕,抽穗后量至穗顶(不包括芒长)。

对棉花、大豆、油菜、花生、芝麻、向日葵、马铃薯、烟草、麻类等作物,从土壤表面量至主茎顶端(包括花序)。打顶的作物量至主茎最高处。

作物培土后,植株高度测量从培土高度的一半量起。高度测量以 cm 为单位,小数四舍五入,取整数记载。

2. 植株密度测定

密度是对单位土地面积上植株数量进行测定。密度是构成作物单位面积产量的重要因素之一,是科学管理的重要指标。分蘖作物密度的变化与气象条件关系十分密切。因此,在作物密度发生变化的发育期,需要进行密度测定。

(1)密度测定地点

第一次密度测定时在每个发育期测点附近,选有代表性的 1 个测点,做上标志,每次密度测定都在此进行。为提高产量结构分析的精确性,稻类、麦类乳熟期密度测定时,每个区增加 1 个点,共 8 个点。测点距田地边缘需在 2 m 以上。如测点失去代表性时,应另选测点,并注明原因。

(2)密度测定方法

测定单位面积上的总株(茎)数和有效株(茎)数,均以每平方米株(茎)数表示。单茎作物测定每平方米株数;分蘖作物分蘖前测定每平方米株数,分蘖后测定每平方米茎数。有效株(茎)数的测定结合总株(茎)数测定进行。稻类、麦类、谷子每茎正常籽粒≥5 粒为有效茎;玉米、高粱每株正常籽粒≥10 粒为有效株,抽穗期有效茎数的测定以已抽穗和孕穗的为准。甘蔗茎长度的 1 m 以下且茎径<1.5 cm,为无效茎。密度测定运算过程及计算结果均取 2 位小数。

条播密植作物:

1 m 内行数:平作地段每个测点出 10 个行距(1～11 行)的宽度,但畦作或垄作地段应量出 2 个或以上畦或沟的宽度。以 m 为单位,取 2 位小数,然后数出行距数,4 个测点总行距数除以所量总宽度,即为平均 1 m 内行数。

1 m 内株(茎)数:每个测点在相邻的两行各取 0.5 m 长错开的一段(相加为 1 m)数其中的株(茎)数,各测点 1 m 内株(茎)数之和除以 4,求得平均 1 m 内株

(茎)数,分蘖作物乳熟期求 8 个测点的平均。

密度不均匀的地段,测量长度应增加 1 倍(两行相加为 2 m),然后求出平均 1 m 内株(茎)数。

1 m² 株(茎)数:1 m² 株(茎)数＝平均 1 m 内行数×平均 1 m 内株(茎)数。

稀植或穴播(栽)作物:

1 m 内行数:同条播密植作物规定。

1 m 内株(茎)数:稀植作物每个测点连续量出 20 个株距,各测点的株距数之和除以所量总长度,即为平均 1 m 内株数。穴播(栽)作物每个测点连续量出 10 个穴距的长度(测量方法同 1 m 内行数测定),数出其中的株(茎)数,各测点株(茎)数之和除以所量的总长度,即为 1 m 内株(茎)数。

1 m² 株(茎)数:1 m² 株(茎)数＝平均 1 m 内行数×平均 1 m 内株(茎)数。

撒播作物:

1 m² 株(茎)数:每个测点取 0.25 m²(0.5 m×0.5 m),数其中株(茎)数,4 个测点之和即为 1 m² 内株(茎)数。水稻秧田如果密度很大,每测点取 0.04 m²(0.20 m×0.20 m),数其中株数,4 个测点总株数除以测定总面积,即为 1 m² 株数。

密度订正:撒播作物,畦(垄)沟或畦背占有一定面积,密度测定结果需进行订正。

第一次密度测定时,在地段观测点附近,各量出 2 畦(垄)以上的长度和宽度,求出总面积及相应的实播面积(不包括畦沟、背),4 个点的平均,计算订正系数,取一位小数。测定记录记入密度测定记录页内。

$$订正系数 = \frac{实播总面积}{包括畦沟、背的总面积}$$

订正后 1 m² 的株(茎)数＝订正系数×1 m² 株(茎)数。

作物间套种作物:

1 m 内行数:量取包括 2 个组合以上的总宽度,分作物数出行距数除以总宽度。

1 m 内株(茎)数:按不同种植方式,同时测定记录每种作物 1 m 内株(茎)数。规则或不规则的株间间作物,取样长度应包括 10 个组合以上(根据实际种植形式和比例而定),计算每种作物 1 m 内株(茎)数。

1 m² 株(茎)数:每种作物分别计算。

作物间套种作物如果均为选定的观测作物,则应分别测定密度。否则只测定观测作物的密度。

条播作物"1 m 内行数"的测定,仅在第一次密度测定时进行一次。测定"1 m 内株(茎)数"所测长度,在测点不变的情况下,也仅在第一次密度测定时进行一次。

由于栽培方式多样,密度测定时要周密考虑应采用的测定方法,以求出正确的密度值。

4.2.5.3 生长量的测定

生长量的测定是在间隔一定时间(或发育期),剪取一定数量具有代表性的植株,测定其叶面积和植株干物质重量。

作物产量基本上是单位面积土地上生长的叶片进行光合作用所形成的生物产量中的经济产量部分。因此,测定生长期间叶面积和所积累的干物重的动态变化,作为分析产量变异的因子,将生理因果关系作为研究因素,比单纯根据产量因素有更大的优越性。但由于该项测定比较复杂,需要一定条件,进行该项观测的站由上级业务主管部门确定。

4.2.5.4 农业气象灾害和病虫害观测

农业气象灾害和病虫害是危害农业生产的重要自然灾害,往往使作物生长和发育受到抑制或损害,造成产量减少或品质下降。

进行农业气象灾害、病虫害观测和调查是为了及时、准确地提供情报,为组织防灾、抗灾和指导农业生产服务。

1. 农业气象灾害观测项目和记载方法

(1)干旱

①对播种(或移栽)不利、出苗缓慢不齐;缺苗、断垄;不能播种、出苗。②叶子上部卷起;叶子颜色变黄或变褐;叶子变软、白天萎蔫下垂,夜间可以恢复或夜间不能恢复;上部叶子(禾本科作物)蜷缩成管状;叶子干缩、脱落。③胚芽或已发育好的穗、花朵、玉米刚出现的丝状花柱变干;花蕾、花朵、子房、未成熟果实脱落。④带芒谷类作物的芒变白。⑤稻田缺水:稻田断水、不能插秧;田间池塘干涸、河流、灌渠断水。

(2)洪涝、渍害

洪水冲刷农田,田地内积水(日数和深度);植株被淹没状况(深度);土壤湿度情况;叶、茎、穗、谷粒变色、枯萎霉烂;出现畸形穗,谷粒在穗上发芽。

(3)连阴雨

连阴雨灾害受害症状与发生的时段、危害的作物有关。

春季连阴雨常伴随着低温,主要危害春季作物的播种、出苗(一般作为低温灾害),影响小麦抽穗、扬花、灌浆,使受粉受阻,籽粒不实;影响油菜开花,使荚果发育不正常;诱发小麦赤霉病,油菜霜霉病、白粉病、菌核病的发生、发展。夏季连阴雨,影响收割、脱粒、晾晒,造成籽粒发芽霉变。棉花落铃落蕾。秋季连阴雨,作物籽粒发芽、霉烂;棉花烂铃、落铃;花生、甘薯等霉烂,影响小麦、油菜正常播种和播后烂种、烂根、死苗。

(4)风灾

叶子撕破,茎秆(主茎、分枝)折断,植株倒伏(以 15°、45°、60°、90°记载),籽粒脱落,植株被吹走;表土被风吹走,露出植株根部;植株被风沙掩盖;农业保护地设施等被风吹毁。

(5)冰雹

叶子被击破、打落;茎秆被折断、植株倒伏、死亡;穗子折断、籽粒打落;冰雹堆积植株遭受冻害;保护地设施被毁。

(6)低温冷害

春季低温冷害常导致水稻烂秧,影响大田作物如玉米、高粱、棉花等作物播种、出苗。

水稻烂秧死苗的症状有:

烂种:稻种只长芽不长根,种芽倒卧,胚乳变质、腐烂。

烂根:根部呈透明状,根芽呈现黄褐色,芽腐烂变软。

死苗:秧苗心叶先呈棕色,后逐渐卷曲枯萎,根部腐烂变为黑褐色,不久则整株青枯。

春播大田作物,出苗前后受害症状有:

种子颜色出现不正常变化,烂种或粉种;幼苗叶子变红,有水渍状;幼苗萎蔫。

夏秋季低温冷害(包括寒露风),主要危害水稻、玉米、高粱、棉花等作物抽穗、开花。此时如发生不适合于作物生理要求的相对低温,就会造成冷害。

作物遭受低温冷害后,如有比较明显的外部形态变化(如水稻受寒露风危害,往往抽穗困难,穗子上出现麻壳等症状),可按观测实况进行记载。如作物受害症状短期内难以辨认,可在低温出现达到当地冷害气象指标后,注意观测其变化趋势,同时从多方面综合分析,尽快判断出作物遭受低温冷害的时段和对生育抑制、延迟的程度,并进行记录。

(7)霜冻

作物受霜冻危害症状的显现,往往滞后到温度开始回升以后,因此,应在出现0 ℃以下温度时,密切注意观察作物受害症状,直到变化稳定后为止。

叶片呈水浸状,叶子凋萎、变褐、变黑,边缘、上部、中部叶子受害,受害部分呈黄白色;茎秆呈水浸状、软化;茎和侧枝变黑;上部、一半、到基部干枯;穗、花凋萎、变褐、脱落(凋萎后);未成熟果实、棉铃变褐、变黑、成水泡状;玉米包叶颜色失去绿色并变干;籽粒丧失弹性;小麦籽粒不变黄、干秕、有皱纹,已形成的棉铃局部或全部受害;整株作物冻死。

(8)冻害

越冬作物遭冻害的主要是冬小麦,其冻害类型有:初冬骤冻型、冬季长寒型、融冻型、冰壳和冻涝型。

当出现上述天气类型时,应及时进行田间取样调查。每个观测区域挖出带土的植株10株左右,共40株左右,于室内解冻后,小心洗去根部泥土,根据外部形态、心叶和分蘖节剖面颜色、生长锥状况进行判断。株茎死亡症状为分蘖节和心叶基部呈水浸软熟状或暗褐色,生长锥透明差、变软,死亡较早的植株分蘖节明显干缩呈灰褐色,生长锥皱缩且与心叶粘连不易剥离。判断死株以分蘖节剖面颜色为主,判断死茎以心叶状况为主。

(9)雪灾

由于降雪过大,造成作物机械损伤、冻害。观测记载作物最大积雪厚度、积雪时间、机械损伤及受冻症状(参照霜冻害)。

(10)高温热害

水稻上部功能叶变黄早衰,灌浆期缩短,灌浆速度减慢。尽量以量值表示,例如,从上部起第几个功能叶变黄,有灌浆速度观测的站记载灌浆期缩短天数和日增长量减少量等。其他作物如棉花、马铃薯等按高温后表现的症状记载。

(11)干热风

叶片由黄绿色变为黄白色或黄褐色;叶片凋萎、发脆;叶片卷曲呈绳状;茎秆呈灰白色;穗部由黄绿色变为黄白色或黄褐色;颖壳变白、张开;"炸芒"、芒尖干枯;顶端小穗枯死;籽粒皮厚、腹沟深而秕瘦;植株黄枯或青枯死亡。

观测和记载项目:农业气象灾害名称、受害期;天气气候情况;受害症状、受害程度;灾前灾后采取的主要措施,预计对产量的影响,地段代表灾情类型;地段所在区、乡受害面积和比例,详见表 4.4。

表 4.4 农业气象灾害及天气气候情况记录

名称	天气气候情况记载内容
干旱	最长连续无降水日数、干旱期间的降水量和天数、旱作物地段干土层厚度(单位:cm)、土壤相对湿度(单位:%)
洪涝	连续降水日数、过程降水量、日最大降水量及日期
渍害	过程降水量、连续降水日数、土壤相对湿度(单位:%)
连阴雨	连续阴雨日数、过程降水量
风灾	过程平均风速、最大风速及日期
冰雹	最大冰雹直径(单位:mm)、冰雹密度(单位:个/m^2)或积雹厚度(单位:cm)
低温冷害	不利温度持续日数、过程日平均气温、极端最低气温及日期
霜冻	过程气温≤0 ℃持续时间、极端最低气温及日期
冻害	持续日数、过程平均最低气温、极端最低气温及日期
雪灾	过程降雪日数、降雪量、平均最低气温
高温热害	持续日数、过程平均最高气温、极端最高气温及日期
干热风	持续日数、过程日平均气温、过程平均最高气温、平均风速、14 时平均相对湿度

2. 病虫害观测项目和记载方法

病虫害观测主要以作物是否受害为依据。病害观测发病情况,虫害则主要观测直接危害虫态的情况,一般不做病虫繁殖过程的追踪观测。对发生范围广,危害严重的主要病虫害应作为观测重点。如水稻的稻瘟病、稻飞虱、螟虫、纵卷叶螟;小麦的条锈病、白粉病、赤霉病、吸浆虫、麦蜘蛛;棉花的黄萎病、枯萎病、棉铃虫、红蜘蛛、红铃虫;玉米的黑粉病、螟虫以及各种蚜虫和黏虫、蝗虫、杂食性害虫等;油菜的菌核病、白锈病、大猿叶虫;大豆的紫斑病、花叶病、食心虫等。重点病虫害观测可与当地植保部门商定。

病虫害名称:记载中名,不能记各地的俗名。

受害期:当发现作物受病虫为害时,记为发生期;病虫发生率高,记为猖獗期;病虫害不再发展时记为停止期。

受害症状:记载受害部位和受害器官的受害特征。部位分上、中、下各部位,器官分根、茎、叶、花、穗、果实等。各种病虫害的危害特点和作物受害特征以文字简单描述。

植株受害程度:它是反映作物受害的数量。统计其受害百分率。其方法是在受害程度有代表性的 4 个地方,分别数出一定数量(每区≥25)的株(茎)数,统计其中受害(不论受害轻重)、死亡株(茎)数,分别求出百分率。大范围旱、涝等灾害,植株受害程度一致,则不需统计植株受害百分率,记载"全田受害"。受害比较均匀的情况:

$$植株受害(死亡)百分率 = \frac{受害(死亡)株(茎)数}{总株(茎)数} \times 100\%$$

受害不均匀的情况,分别估计受害(死亡)面积占整个地段面积的百分率。

器官受害程度:采用目测估计器官受害的严重程度。

叶、茎、分枝、花、果实、小穗受害,估测受害植株中某受害器官占该器官总数的百分率。

灾前、灾后采取的主要措施,预计对产量的影响,地段代表灾情类型,地段所在区受灾面积和比例。

4.2.6 环境气象观测

4.2.6.1 酸雨观测

酸雨是人类活动导致大气降水酸化和其他化学性质改变而产生的全球性重大环境问题,自 20 世纪 70 年代以来一直受到全社会的关注,观测和研究大气背景地区降水的化学特性对理解大气中酸性物质的传输、转化以及形成酸雨的各种过程机制都是十分重要的。因此,在 20 世纪 80 年代前后,国外的许多研究者围绕着背景地区的大气降水开展观测研究。

1. 定义

酸雨是指 pH<5.60 的大气降水。该定义实际上将 pH≥5.60 的大气降水认定为没有受到人为酸化影响的天然降水。

2. 观测设备

雷磁 PHS-3B 型精密 pH 计由上海雷磁仪器厂生产,主要由下列部件构成:主机、E-201-C9 型复合电极、T811 型测温探头、Q9 短路插头、电极支架、电源线。该仪器具有 pH 自动温度补偿及手动补偿功能,其数字显示屏可显示被测水样的温度、pH 和电压值。仪器的主要技术指标符合酸雨观测要求,详见仪器说明书。

PHS-3B 型精密 pH 计的仪器结构示意图见图 4.5(a) 和图 4.5(b)。

酸雨观测采用由上海雷磁仪器厂生产的 DDS-307 型电导率仪,主要由电导率仪主机、电导电极及其支架等构成。该仪器具有温度补偿功能,配有数字显示屏。该仪器选配 DJS-1C 型光亮电导电极,电极常数在 1.0 左右,适于酸雨观测使用。电导率仪的外形如图 4.6 所示。

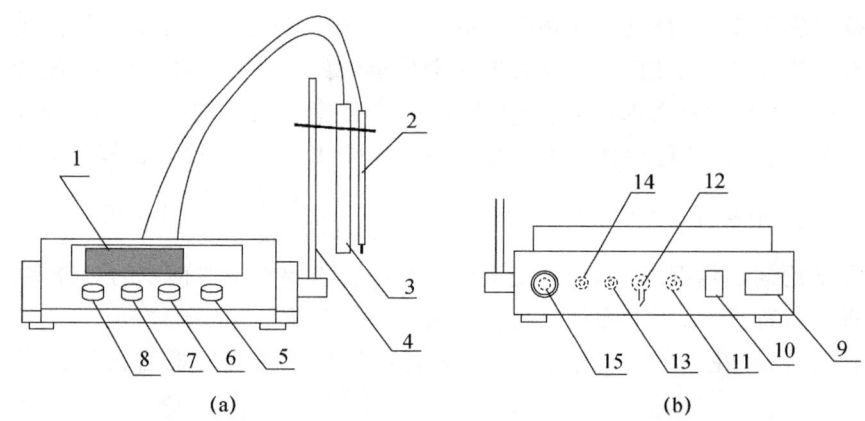

图 4.5　PHS-3B 型精密 pH 计的外形结构示意图

(1—数字显示屏;2—T811 型测温探头;3—E-201-C9 型复合电极;4—电极支架;5—定位调节旋钮;6—斜率补偿调节旋钮;7—温度调节旋钮;8—选择开关(pH、℃、mV);9—源插座;10—电源开关;11—保险丝管座;12—手动、自动温度补偿选择关;13—测温探头插孔;14—参比电极插孔;15—测量(复合)电极插孔)

3. 观测环境要求

酸雨观测场地是用于安装降水采样设备,降水量、风速和风向测量设备,以及其他辅助设备和设施的场所。应尽量选择在远离工业区或居民聚集区、地势平坦的地方。避开高大建筑物和高大树木等物体遮挡的地方,并避免局地污染源的直接影响。

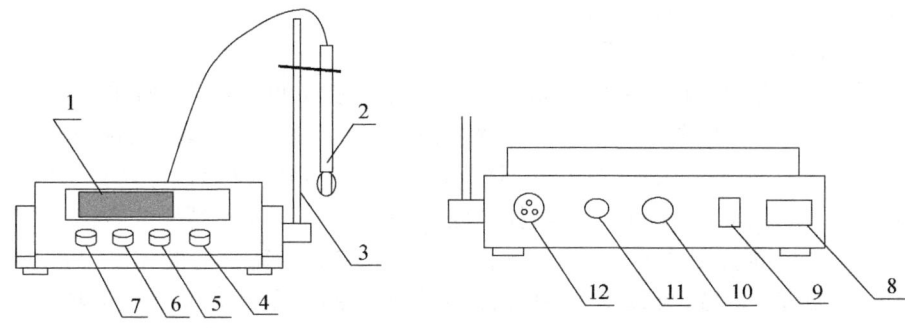

图 4.6　DDS-307 型电导率仪外形结构示意图

(1—数字显示屏;2—DJS-1C 型电导电极;3—电极支架;4—温度补偿调节旋钮;5—校准调节旋钮;6—常数补偿调节旋钮;7—量程选择开关;8—电源插座;9—电源开关;10—保险丝管座;11—输出插孔;12—电极插孔)

4．观测内容

pH、电导率等。

5．观测时间

降水事件发生后的当天。

6．观测方法

(1)pH 的测量

pH 计的校准操作步骤：

每次测量降水样品前,须对 pH 计进行校准。如果一天内连续开机测量样品,则只需在首次测量前进行一次校准即可。如果连续开机,每 24 h 至少校准一次。

1)接通电源,打开 pH 计(以下简称仪器)后部的电源开关,预热 30 min。

2)小心地取下复合电极下面的盖帽(或电极保养瓶),放至不易碰到的地方。

3)用纯水将复合电极和测温探头洗净,并用滤纸将其表面的残液汲干。

4)校准仪器。

5)完成校准后,在其后的测量操作中就不能再调仪器的斜率和定位旋钮。

6)用纯水清洗复合电极和测温探头,并用滤纸将其表面的残液汲干,重复 3 次。

注意事项：

1)部分测站降水的 pH 可能常年或某些季节内普遍＞7.00。为了保证 pH 计的校准范围与测量范围尽可能一致,应用碱性标准缓冲溶液取代酸性标准缓冲溶液校准"斜率"。

2)从冷藏箱中取出标准缓冲溶液使用时,应将盛有标准缓冲溶液的试剂瓶放在室内 2 h 以上,使其与室内气温达到平衡后,方可用于对 pH 计的校准。严禁将盛有标准缓冲溶液的试剂瓶放在炉子或暖气上直接烘烤。

降水样品 pH 的测量操作步骤：
1）将选择旋钮调到"测温"挡。
2）取少量样品（约 10 mL），用原液洗涤复合电极和测温探头（如样品量较少，可略去此步骤，改用纯水洗涤复合电极和测温探头，并用滤纸将其表面的残液汲干）。
3）用干净的 50 mL 聚乙烯（玻璃）烧杯取约 30 mL 降水样品，将复合电极和测温探头同时浸入至液面以下（不可与烧杯的底和壁接触），轻轻摇晃杯子 2～3 圈。如果显示的温度与校准所用缓冲溶液温度相差＞2 ℃，应取出复合电极和测温探头，继续等待样品的温度平衡到与校准所用缓冲溶液温度的差值＜2 ℃时，再重新从步骤 2）开始测量。
4）将仪器的选择旋钮拨到"pH 测量"挡，轻轻摇晃杯子 2～3 圈，样品静置几秒后，读取并在酸雨观测记录簿上记录一个相对稳定的 pH 读数（保留两位小数，下同）。轻轻摇晃杯子 2～3 圈后，再读取并记录相对稳定的 pH 读数。如此重复读取和记录 3 个相对稳定的 pH 读数。
5）读数、记录完毕，关掉电源，取下电源插头。
6）清洗复合电极和测温探头，并用滤纸将其表面的残液汲干。将电极的塑料套套上。如果套中溶液太少，应适当补充氯化钾溶液。清洗器皿。收藏好分析仪器和器具。在正常情况下，应保持复合电极和测温探头与仪器主机的连接，即不必将插头取出。

注意事项：
1）部分高山或降水极为洁净的观测站，有可能出现仪器读数不易稳定的现象。如果出现这种情况，应当适当延长读数的等待时间，但是一次读数的等待时间不宜超过 2 min。此种情况，需在酸雨观测记录簿中备注。
2）3 次读数差别较大时，可适当增加读数次数（总数≤5 次）。选取其中连续 3 次相互接近的读数，计算平均值。
3）标准缓冲溶液的温度与降水样品的温度相差须＜2 ℃。为缩短温度平衡的时间，确保两者温度尽量一致，可以在一个小水盆中放入少许水，再把盛有标准缓冲溶液的试剂瓶和装有降水样品的烧杯一同放在盆中，盆中的水位应该尽量高，但又不至于使烧杯和试剂瓶漂浮起来。

质量控制图：酸雨观测站应在每年年初制作本年度的降水 pH 测量质量控制图，在每次完成降水样品的 pH 测量后，在图上点绘出测量值，并按照质量控制图的指标（站外复测上下限和站内复测上下限）进行观测质量控制。

复测：如果某次观测的 pH（系 3 次读数的平均值）超出当年站内复测上下限的范围时，应立即由站内其他观测员进行复测。将复测结果记录在酸雨观测记录簿相应的栏目内，并在该记录页的备注栏中注明"已复测"。如果某次观测的 pH 超出站外复测上下限的范围时，除了进行站内复测外，还须将该样品的未测部分保留，装在洁净的聚乙烯瓶内,密封后,寄送中国气象局指定的实验室进行复测,并在酸雨观测记录簿中注明"外送复测"。如果降水样品不足以完成复测,需在酸雨观测记录簿中注明。

业务考核:所有酸雨观测站必须参加定期组织的 pH 测量业务考核。观测站在收到考核样品后,须按照规定的时间完成测量,填写相关数据,及时报送到指定单位。如果考核样品的 pH 测量值不在正常范围,需要查找原因后补考。如仍不在正常范围,应考虑更换复合电极或检修仪器。

(2)降水样品电导率(K)的测量

降水样品 K 的测量操作步骤:

1)接通电导率仪的电源,打开电源开关,预热 30 min。

2)校准仪器。

3)检查仪器"常数"(电极常数补偿调节)旋钮,使其与所用的电导电极常数相一致。以后的操作中不得再碰"常数"(电极常数补偿调节)旋钮。

4)将量程选择旋钮拨至最大量程范围。

5)具有温度补偿功能的电导率仪,应按照仪器操作说明书的要求调节温度补偿旋钮到样品温度。

6)用纯水冲洗电极,再用洁净的滤纸汲干电极上的残液,重复 3 次。

7)将电极浸入样品液面以下,再将样品杯环绕电极轻轻晃动 2~3 圈,放下样品杯使得电极的测量部分(金属板片)完全浸入样品液面以下约 1 cm 深,并处于烧杯中央,电极不可触及烧杯底部。

8)调节量程选择旋钮,逐渐降低量程范围,使得仪器显示屏的示值为最大。

9)待仪器显示读数稳定后,读取并记录第一个数据(保留小数 1 位)。重复步骤 7)和 8),继续读取并记录第 2 个和第 3 个数据。

10)计算 K 的平均值,如未使用温度补偿功能,应将其订正到 25 ℃的标准值。

11)将电极从样品中移出并用纯水冲洗,用滤纸汲干残液后,再用洁净的塑料袋套好,防止灰尘污染。

12)关闭电导率仪的电源。清洗器皿。收藏好仪器和器具。

注意事项:

不可以将 pH 计上的测温探头与电导电极同时插入降水样品中,以免测温电极干扰电导电极工作。

质量控制图:酸雨观测站应在每年年初制作本年度的降水 K 测量质量控制图。在每次完成降水样品的 K 测量后,在图上点绘出测量值,并按照质量控制图的指标(站外复测上下限和站内复测上下限)进行观测质量控制。

复测:如果某次观测的 K(系 3 次读数的平均值,并换算到 25 ℃时的 K)超出站内复测的上下限范围,则应立即由站内其他观测员进行复测。将复测结果记录在酸雨观测记录簿相应的栏目内,并在该记录页的备注栏内注明"已复测"。如果某次观

测的 K 超出站外复测的上下限范围,除了进行站内复测外,还须将该样品余下的未测量(即未受到污染)部分,装在洁净的聚乙烯瓶内,密封后寄送中国气象局指定的实验室进行分析复测,并在酸雨观测记录簿中注明"外送复测"。如果降水样品不足以完成复测,需在酸雨观测记录簿中注明。

业务考核:所有酸雨观测站必须参加定期组织的 K 测量业务考核。观测站在收到考核样品后,须按照规定的时间完成测量,填写相关数据,及时报送到指定单位。如果考核样品的 K 测量值不在正常范围,需要查找原因后补考。如仍不在正常范围,应考虑更换电极或检修仪器。

4.2.6.2 大气颗粒物观测

1. 定义

大气颗粒物是大气中存在的各种固态和液态颗粒状物质的总称。各种颗粒状物质均匀地分散在空气中构成一个相对稳定的庞大的悬浮体系,即气溶胶体系,因此,大气颗粒物也称为大气气溶胶。气溶胶是多相系统,由颗粒及气体组成,平常所见到的灰尘、熏烟、烟、雾、霾等都属于气溶胶的范畴。

悬浮颗粒物(total suspend particulate,TSP):用标准大容量颗粒采样器在滤膜上所收集到的颗粒物的总质量,粒径多在 100 μm 以下,尤以 10 μm 以下的为最多。

飘尘:可在大气中长期漂浮的悬浮物,颗粒物粒径一般<10 μm。

降尘:能用采样罐采集到的大气颗粒物,颗粒物粒径一般>10 μm。

可吸入粒子:易于通过呼吸过程进入呼吸道的粒子,国际标准化组织(International Organization for Standardization,ISO)建议将其定为 $D_p \leq 10 \mu m$。

细粒子:$D_p < 2.5 \mu m$ 的颗粒物,记为 $PM_{2.5}$。

2. 观测方法及设备

β射线法大气颗粒物观测仪主要由 4 个部件组成:观测仪主机、切割器、采样系统、动态加热系统。

工作原理:颗粒物观测仪利用β射线作为辐射源,采用恒定流量抽气,大气中的悬浮颗粒吸附在β源和探测器之间的滤纸表面,抽气前后探测器对β射线计数值的改变反映了滤纸上吸附颗粒物质量,根据抽气体积,可以换算单位体积空气中悬浮颗粒的浓度。

3. 观测环境要求

大气总悬浮颗粒物观测站点的选择,应远离较大的污染源 40 km 以上,且污染源不在测站的主导上风方。测站四周开阔,远离铁路路基 200 m 以外,公路路基 30 m 以外,测站四周 10 m 范围内不能种植高秆作物(1 m 以上)。

4. 观测内容

PM_{10}：指环境空气中空气动力学直径≤10 μm 的悬浮颗粒物，它可以通过呼吸进入人体的上、下呼吸道，故又名为可吸入颗粒物。

$PM_{2.5}$：指环境空气中空气动力学直径≤2.5 μm 的悬浮颗粒物，它可吸入肺中，又名可吸入肺颗粒物。$PM_{2.5}$ 粒径小，含有大量的有毒、有害物质，在大气中停留时间长，对人体健康和环境质量影响更大。

4.2.6.3 大气成分观测

1. 温室气体

温室气体指大气中具有吸收红外辐射的微量气体，主要包括二氧化碳（CO_2）、甲烷（CH_4）、氧化亚氮（N_2O）、六氟化硫（SF_6）、氟氯烃和水汽（H_2O）等。温室气体的存在对于全球气候的形成演变具有重要的影响，人为排放的各类温室气体导致全球范围内温室气体的浓度升高，是导致全球变暖的原因之一。

温室气体浓度的观测是大气成分观测重要内容，其观测范围包括二氧化碳（CO_2）、甲烷（CH_4）、氧化亚氮（N_2O）、六氟化硫（SF_6）、氟氯烃的大气浓度。

(1) 二氧化碳（CO_2）浓度测量方法

大气二氧化碳浓度为二氧化碳摩尔数与同体积内全部气体分子摩尔数之比，用百万分之一（ppm，10^{-6} 或 $\mu L/L$）表示，取两位小数。

使用硬质玻璃瓶、不锈钢罐等作为现场采样容器。采样前，采样容器应抽成 0.1 Pa 以下的真空，处理后充满高纯氮气（纯度＞99.999％）保存。在采样现场，利用空气泵，将环境空气压入瓶（罐）内，置换出高纯氮保护气体，并压至规定的压力，完成环境空气样品的采集。

利用空气泵连续采集环境空气样品，经过低温除水后，应用色谱分离—火焰离子化检测器测定法（GC-FID）、非散射红外连续测定方法（NDIR）、光腔衰荡测定法（CRDS）、离轴激光吸收测定法（ICOS）、傅里叶红外光谱吸收测定法（FTIR）等，可连续测定样品中的二氧化碳浓度。

色谱分离—火焰离子化检测器测定法（GC-FID）：

原理：利用色谱柱分离原理将二氧化碳从进样气体中分离出来，经催化转化器还原成甲烷，由火焰离子化检测器对二氧化碳进行定量测定。

系统构成：低温除水装置、定量进样单元、气相色谱分离单元、催化转化器、火焰离子化检测器、载气及辅助气体、标准气系列、数据采集记录单元。

单个样品测量周期：＜20 min。

非色散红外测定方法（NDIR）：

原理：在二氧化碳的特征吸收谱段内，气体样品对透过红外光的吸收消光与样品中二氧化碳浓度关系符合郎伯—比尔定律。据此，利用一束红外光线同时照射气体样品和参比样品,根据两者对红外光线吸收的相对强度,测定气体样品中的二氧化碳浓度。

系统构成:低温除水装置、样品进样控制单元、非散射红外气体分析仪、标准气系列、数据采集记录单元。

单个样品测量周期:<10 min。

光腔衰荡光谱测定法(CRDS):

原理:向一个由极高反射率镜面构成的闭合反射腔体内照射激光脉冲,在二氧化碳的吸收消光作用下,腔体内的激光脉冲光束强度呈指数衰减,其衰减时间常数与二氧化碳浓度有关。根据腔体内激光脉冲强度衰减时间常数与二氧化碳浓度的对应关系,快速测定气体样品中的二氧化碳浓度。

系统构成:低温除水装置、样品进样控制单元、光腔衰荡光谱分析仪、标准气系列、数据采集记录单元。

单个样品测量周期:<10 min。

(2)甲烷(CH_4)浓度测量方法

大气甲烷浓度为甲烷摩尔数与同体积内全部气体分子摩尔数之比,用十亿分之一(ppb[①],10^{-9} 或 nL/L)表示,取 1 位小数。

使用硬质玻璃瓶、不锈钢罐等作为现场采样容器。采样前,采样容器应抽成 0.1 Pa 以下的真空,处理后充满高纯氮气(纯度>99.999%)保存。在采样现场,利用空气泵,将环境空气压入瓶(罐)内,置换出高纯氮保护气体,并压至规定的压力,完成环境空气样品的采集。

利用空气泵连续采集环境空气样品,经过低温除水后,应用色谱分离—火焰离子化检测器测定法(GC-FID)、光腔衰荡光谱测定法(CRDS)、离轴积分腔输出光谱测定法(ICOS)、傅里叶红外光谱吸收测定法(FTIR)等测定样品中的甲烷浓度。

色谱分离—火焰离子化检测器测定法(GC-FID):

原理:利用色谱柱分离原理将甲烷从进样气体中分离出来,由火焰离子化检测器进行定量测定。

系统构成:低温除水装置、定量进样单元、气相色谱分离单元、火焰离子化检测器、载气及辅助气体、标准气系列、数据采集记录单元。

单个样品测量周期:<20 min。

光腔衰荡光谱测定法(CRDS):

原理:向一个由极高反射率镜面构成的闭合反射腔体内照射激光脉冲,在甲烷的吸收消光作用下,腔体内的激光脉冲光束强度呈指数衰减,其衰减时间常数与甲烷浓度有关。根据腔体内激光脉冲强度衰减时间常数与甲烷浓度的对应关系,快速

---

① 1 ppb=10^{-9},下同。

测定气体样品中的甲烷浓度。

系统构成:低温除水装置、样品进样控制单元、光腔衰荡激光气体分析仪、标准气系列、数据采集记录单元。

单个样品测量周期:<10 min。

(3)氧化亚氮(N_2O)浓度测量方法

大气氧化亚氮浓度为氧化亚氮摩尔数与同体积内全部气体分子摩尔数之比,用十亿分之一(ppb,10^{-9} 或 nL/L)表示,取1位小数。

使用硬质玻璃瓶、不锈钢罐等作为现场采样容器。采样前,采样容器应抽成0.1 Pa以下的真空,处理后充满高纯氮气(纯度>99.999%)保存。在采样现场,利用空气泵,将环境空气压入瓶(罐)内,置换出高纯氮保护气体,并压至规定的压力,完成环境空气样品的采集。

在实验室里,应用色谱分离—电子捕获检测器测定法(GC-ECD)、光腔衰荡光谱测定法(CRDS)、离轴积分腔输出光谱测定法(ICOS)、傅里叶红外光谱吸收测定法(FTIR)等,测定样品中的氧化亚氮浓度。

色谱分离—电子捕获检测器测定法(GC-ECD):

原理:利用色谱柱分离原理将氧化亚氮从进样气体中分离出来,由电子捕获检测器进行定量测定。

系统构成:低温除水装置、定量进样单元、气相色谱分离单元、电子捕获检测器、载气及辅助气体、标准气系列、数据采集记录单元。

单个样品测量周期:<20 min。

光腔衰荡光谱测定法(CRDS):

原理:向一个由极高反射率镜面构成的闭合反射腔体内照射激光脉冲,在氧化亚氮的吸收消光作用下,腔体内的激光脉冲光束强度呈指数衰减,其衰减时间常数与氧化亚氮浓度有关。根据腔体内激光脉冲强度衰减时间常数与氧化亚氮浓度的对应关系,快速测定气体样品中的氧化亚氮浓度。

系统构成:低温除水装置、样品进样控制单元、光腔衰荡光谱分析仪、标准气系列、数据采集记录单元。

单个样品测量周期:<10 min。

(4)氟氯烃浓度测量方法

氟氯烃是卤素元素(如:氟、氯)部分或全部替代烃类化合物中的氢元素后形成的化合物,种类繁多,也俗称为氟利昂。根据替代方式的不同,可细分为氢氟碳化合物(HFCs,部分氢元素被氟元素替代的烃类)、氢氟氯碳化合物(HCFCs,部分氢元素被氟、氯元素替代的烃类)、氟氯化碳化合物(CFCs,氢元素被氟、氯元素完全替代的烃类)、全氟化碳化合物(PFCs)等。

大气中某种氟氯烃的浓度为该氟氯烃摩尔数与同体积内全部气体分子摩尔数

之比,用万亿分之一(ppt[①],10^{-12} 或 pL/L)表示,取两位小数。

使用不锈钢罐等作为现场采样容器。采样前,采样容器应抽成 0.1 Pa 以下的真空,处理后充满高纯氮气(纯度>99.999%)保存。在采样现场,利用空气泵,将环境空气压入瓶(罐)内,置换出高纯氮保护气体,并压至规定的压力,完成环境空气样品的采集。

在实验室里,应用色谱分离—电子捕获检测器测定法(GC-ECD)、色谱分离—质谱检测器测定法(GC-MS)测量分析法测定样品中多种氟氯烃的浓度。

色谱分离—电子捕获检测器测定法(GC-ECD):

原理:利用色谱柱分离原理将氟氯烃从进样气体中逐一分离出来,由电子捕获检测器进行定量测定。

系统构成:低温除水装置、定量进样单元、气相色谱分离单元、电子捕获检测器、载气及辅助气体、标准气系列、数据采集记录单元。

单个样品测量周期:<60 min。

分析物种数目:≥10 个。

色谱分离—质谱检测器测定法(GC-MS):

原理:利用色谱柱分离原理将氟氯烃从进样气体中逐一分离出来,由质谱检测器进行定量测定。

系统构成:低温除水装置、定量进样单元、气相色谱分离单元、质谱检测器、真空泵单元、载气及辅助气体、标准气系列、数据采集记录单元。

单个样品测量周期:<60 min。

分析物种数目:≥10 个。

2. 反应性气体

反应性气体是指大气中的一类化学反应活性较强的气体成分,其种类繁多、时空变化很大。反应性气体经过大气化学转化可形成气态和细颗粒污染物,影响大气氧化特性和降水酸度,进而对气候、生态系统和人体健康等造成危害。开展业务观测的是反应性气体中最基本的测量项目,主要包括地面臭氧(O_3)、二氧化硫(SO_2)、氮氧化物(NO_x)、一氧化碳(CO)等的大气浓度。

(1)地面臭氧(O_3)浓度测量方法

地面臭氧浓度为臭氧摩尔数与同体积内全部分子摩尔数之比,用十亿分之一(ppb,10^{-9} 或 nL/L)表示,取 1 位小数。常用的单位还有 $\mu g/m^3$ 或 mg/m^3。标准状况(273 K,1013.25 hPa)下,1 ppb O_3 约为 2.14 $\mu g/m^3$ 的臭氧。地面臭氧变化范围通常在 10~100 ppb。在污染较重的一些城市及其下风向地区,臭氧浓度可降至 10 ppb 以下,或超过 100 ppb。

---

① 1 ppt=10^{-12},下同。

在线测量臭氧的方法有多种,其中紫外光度法具有准确度高、干扰较少、易于操作和可连续测量等特点,是使用最普遍的方法,也是世界气象组织国际臭氧校准中心的标准技术方法。

紫外光度法的原理:测量流动空气样品中臭氧分子对 254 nm 紫外光的吸收。基于紫外吸收强度、臭氧吸收系数、测量光程长度、测量池温度和气压等,可以由计算得到样品气中臭氧的浓度。

系统结构:进气系统、颗粒物过滤器、流量控制单元、抽气泵、测量池、温度传感器、压力传感器、紫外光源、信号采集单元、系统控制单元、数据显示与处理单元、零气源、标定仪、动态稀释仪等。

测量方式:在线连续观测。

(2)二氧化硫(SO_2)浓度测量方法

二氧化硫浓度为二氧化硫摩尔数与同体积内全部分子摩尔数之比,用十亿分之一(ppb,10^{-9} 或 nL/L)表示,取 2 位小数。常用的单位还有 $\mu g/m^3$ 或 mg/m^3。标准状况(273 K,101.325 kPa)下,1 ppb SO_2 约为 2.86 $\mu g/m^3$ 的二氧化硫。我国二氧化硫浓度通常在 100 ppb 以下,但在污染较重的一些城市及东部地区可超过 100 ppb。

脉冲紫外荧光法为世界气象组织推荐的二氧化硫测量方法,也是最常采用的测量方法。

脉冲紫外荧光法的原理:二氧化硫分子在受到紫外光(波长 190~230 nm)照射后,分子的电子能级发生跃迁,成为高能态的二氧化硫分子。后者回到基态时可发出荧光。利用这一原理,在短时间内用强脉冲的紫外光照射大气样品,使得二氧化硫分子瞬间激发,而后通过测量二氧化硫分子发出的荧光强度来确定样品气中二氧化硫的含量。

系统结构:进气系统、颗粒物过滤器、流量控制单元、抽气泵、测量池、温度传感器、压力传感器、脉冲紫外光源、荧光信号采集单元、系统控制单元、数据显示与处理单元、标准气、零气源、动态稀释仪等。

测量方式:在线连续观测。

(3)一氧化碳(CO)浓度测量方法

一氧化碳浓度为一氧化碳摩尔数与同体积内全部分子摩尔数之比,用十亿分之一(ppb,10^{-9} 或 nL/L)表示,取整数;在浓度较高的站点也可用百万分之一(ppm,10^{-6} 或 $\mu L/L$)表示,取两位小数。常用的单位还有 $\mu g/m^3$ 或 mg/m^3。标准状况(273 K、101.325 kPa)下,1 ppb CO 约为 1.965 $\mu g/m^3$ CO,1 ppm CO 约为 1.965 mg/m^3 的一氧化碳。我国一氧化碳浓度通常在 100 ppb~10 ppm,污染较重的城市地区可超过 10 ppm。

一氧化碳的测量通常采用非色散红外气体透镜相关(GFC)。在非常清洁的站点也可采用更灵敏的测量方法,如气相色谱分离-汞还原检测法等方法。气体透镜相关法和汞还原检测法均为世界气象组织推荐方法,前者可进行连续测量,后者每几分钟测量一次。

气体透镜相关法的原理:一氧化碳能吸收波长为 4.6 μm 的红外线,吸收强度可作为测量信号。空气样品经样气入口连续导入测量光池,从红外光源发射出的光束,先经过一个一半充满一氧化碳另一半充满 N_2 的旋转着的滤光片(气体相关轮,或称斩光轮)切割,交替形成参比光束和测量光束,然后经过一个窄带干涉滤光镜,进入测量光池。在光池中,参比光束和测量光束交替地照射测量光池内的样品气体,并经多次反射后,被测量光池另一端的固体红外检测器检测。参比光束和测量光束的强度差值即为一氧化碳的测量信号,可用来确定样品气中一氧化碳含量。

系统结构:进气系统、颗粒物过滤器、流量控制单元、抽气泵、测量池、温度传感器、压力传感器、非色散红外光源、气体相关轮、红外信号采集单元、系统控制单元、数据显示与处理单元、标准气、零气源、动态稀释仪等。

测量方式:在线连续观测。

(4)一氧化氮(NO)、二氧化氮(NO_2)和氮氧化物(NO_x)浓度测量方法

氮氧化物(NO_x)是一氧化氮(NO)和二氧化氮(NO_2)的总和,其浓度为氮氧化物摩尔数与同体积内全部分子摩尔数之比,用十亿分之一(ppb,10^{-9} 或 nL/L)表示,取两位小数。氮氧化物常用的单位还有 $\mu g/m^3$ 或 mg/m^3。标准状况(273 K,101.325 kPa)下,1 ppb NO 约为 1.34 $\mu g/m^3$ NO,1 ppb NO_2 约为 2.05 $\mu g/m^3$ 的二氧化氮。我国氮氧化物浓度通常在 100 ppb 以下,但在污染较重城市和一些东部地区可明显超过 100 ppb。

氮氧化物测量要分别测量一氧化氮和二氧化氮,通常均采用化学发光法测量。

化学发光法的原理:样品气中的 NO 分子和仪器产生的过量 O_3 反应后生成激发态的 NO_2 分子,其衰减到低能态时会释放出红外光,发光强度与 NO 浓度呈线性关系。当使用该方法测量 NO_2 时,首先必须将 NO_2 经转化还原成 NO。在这种模式下测得的为 NO 和经 NO_2 转化后的 NO 的浓度之和,即 NO_x 浓度,直接测量模式测得的是 NO 浓度,两者间的差值即为 NO_2 浓度。最常用的转化设备是钼转化炉(转化温度约为 325 ℃)。该设备成本较低,但易引入正偏差。更可靠的转化设备是光解转化器,但其价格较为昂贵。

系统结构:进气系统、颗粒物过滤器、流量控制单元、抽气泵、臭氧发生器、反应池、测量池、温度传感器、压力传感器、信号采集单元、系统控制单元、数据显示与处理单元、标准气、零气源、动态稀释仪、废气处理单元等。

测量方式:在线连续观测。

(5)氨(NH_3)浓度测量方法

氨浓度为氨摩尔数与同体积内全部分子摩尔数之比,用十亿分之一(ppb,

10^{-9} 或 nL/L)表示,取两位小数。常用的单位还有 $\mu g/m^3$。标准状况(273 K,101.325 kPa)下,1 ppb NH_3 约为 0.76 $\mu g/m^3$ 的氨。我国氨浓度通常在 50 ppb 以下,但在污染较重的一些城市地区可接近甚至超过 100 ppb。

氨的连续测量通常采用间接的化学发光法。也可以采用高灵敏的光吸收技术或用浸渍化学药品的膜采样后进行实验室分析。

化学发光法的原理:需要先将 NH_3 高温转化为 NO,然后用化学发光法测量转化的 NO。样品气中 NH_3 转化产生的 NO 分子和仪器产生的过量 O_3 反应后生成激发态的 NO_2 分子,其衰减到低能态时会释放出红外光,发光强度与 NO 浓度呈线性关系,从而也与 NH_3 浓度呈线性关系。由于大气中同时有 NO_2 存在,转化 NH_3 的同时 NO_2 也会被转化为 NO,所以需要用不同的转化炉分别将 NO_2 和(NO_2 + NH_3)转化,测量 NO_2 和(NO_2 + NH_3)转化后获得的总信号 NO_x 和 Nt。Nt 与 NO_x 相减可得 NH_3 的信号。实践中通常用一套设备同时测量 NO、NO_2 和 NH_3。

系统结构:进气系统、颗粒物过滤器、NO_2 转化炉、NH_3 转化炉、流量控制单元、抽气泵、臭氧发生器、反应池、测量池、温度传感器、压力传感器、信号采集单元、系统控制单元、数据显示与处理单元、标准气、零气源、动态稀释仪、废气处理单元等。

测量方式:在线连续观测。

(6)臭氧总量测量方法

臭氧层损耗是指大气臭氧总量出现长期减低趋势的现象。由于大气臭氧主要分布在上对流层和下平流层(UT-LS),因此,臭氧层损耗主要是 UT-LS 高度层的臭氧损耗。臭氧层常以臭氧总量概念来描述,是从地面到大气顶内所有臭氧浓度沿垂直高度的积分值。臭氧总量单位是 Dobson,简称 DU。1 DU 是指一个标准大气压、273.15 K 时臭氧厚度为 10^{-5} m。

主要有 3 种仪器用于大气臭氧柱总量观测,它们都是根据臭氧对不同波长的太阳紫外辐射有着不同的吸收率的原理来进行测量的。

Dobson 光谱光度计:应用双单色仪,比较测量几对固定波长上的太阳紫外辐照度,每对波长中,一个是臭氧的强吸收,一个是弱吸收。根据由仪器的标定系数、臭氧吸收截面、太阳相对位置等计算得到臭氧总量。

M-124 臭氧仪:应用的是与 Dobson 光谱光度计相同的差分吸收原理,使用窄带滤光片选择测量波长。但是不如 Dobson 光谱仪光度计和 Brewer 光谱光度计准确。

Brewer 臭氧分光光谱仪:根据臭氧对紫外辐射的吸收特性,通过准确地跟踪太阳(或月亮),应用衍射光栅和狭缝选择测量紫外波段的 5 个波长(306.3 nm、310.0 nm、313.5 nm、316.8 nm、320.0 nm),基于差分吸收的原理反演计算出臭氧总量(同时能给出二氧化硫总量)。中国气象局的臭氧总量观测使用的是 Brewer 臭氧分光光谱仪。

3. 气溶胶

大气气溶胶是悬浮在大气中的各种固态和液态的粒子,其半径为 $0.001\sim100~\mu m$,主要包括6类7种气溶胶粒子,即沙尘气溶胶、碳气溶胶(黑碳和有机碳气溶胶)、硫酸盐气溶胶、硝酸盐气溶胶、铵盐气溶胶和海盐气溶胶。大气气溶胶对太阳辐射的散射、吸收作用直接影响地球大气的辐射平衡,还通过成云作用及非均相化学反应参与大气中的各种化学过程影响其他温室气体成分的源汇,对全球气候变化有着重要的意义。大气光学厚度(或大气浑浊度)的测量反映气溶胶粒子对太阳辐射的消光作用,世界气象组织的全球大气监测网(World Meteorological Organization Global Atmosphere Watch,WMO-GAW)将大气气溶胶观测作为其基本观测项目,目的就是要对全球大气本底气溶胶的情况和变化趋势进行长期监测,研究大气气溶胶对全球及局地气候变化的影响。

气溶胶粒子是悬浮在大气中的多种固体微粒和液体微小颗粒,有的来源于自然界,如火山喷发的烟尘、被风吹起的土壤微粒、海水飞溅扬入大气后而被蒸发的盐粒、细菌、微生物、植物的孢子花粉、流星燃烧所产生的细小微粒和宇宙尘埃等;有的是由于人类活动,如煤、油及其他矿物燃料的燃烧物质,以及车辆产生的废气排放至空气中的大量烟粒等。当气溶胶的浓度达到足够高时,将对人类健康造成威胁,尤其是对哮喘病人及其他有呼吸道疾病的人群。

观测气溶胶颗粒物质量浓度方法有多种,包括经典的重量法以及微量振荡天平原理、激光散射原理等。青海省中国大气本底基准观象台大气气溶胶测量的仪器有黑碳仪、光学厚度仪、气溶胶浊度仪等。其中,大气黑碳气溶胶观测系统包括两套观测仪器,其分别由灰度仪、采样泵、进气管线、控制计算机或数据采集存储器构成,两台灰度仪都为美国加州玛基科学公司产品,型号为 AE-10 和 AE-9,均装有质量流量计以保证流量准确。气溶胶光学厚度监测系统主要包括自动太阳跟踪器和精密滤光辐射计,精密滤光辐射计(power failure resume,PFR)可以自动、连续地在4个窄光谱段对太阳辐射进行准确、可靠的测量,进而获得气溶胶光学厚度。

气溶胶的消除,主要靠大气的降水、小粒子间的碰并、凝聚、聚合和沉降过程。

4. 垂直廓线

大气成分的垂直廓线观测资料在气候强迫、气候反馈以及有关气候变化研究的许多方面起着关键性作用。获得大气气溶胶各种参数及其垂直分布和时间演变特征资料对于理解与气候变化有关的多种人为和自然因素的作用,以及影响气候变化敏感性的多种复杂的物理过程等具有重要的意义。同时,它还可以为卫星遥感提供可靠的定标数据,为改进和提高气候模式的预测水平提供基础观测资料。

激光雷达是进行气溶胶廓线探测的主要设备之一,可以对几千米至几十千米范围大气环境进行实时快速观测。由激光雷达的探测数据可获得大气边界层的结构和时间演变特征、大气气溶胶(飘尘)消光系数垂直廓线和时间演变特征、云层高度及多层云结构、大气能见度等信息。

（1）测量设备及方法

激光雷达是采用主动遥感探测技术，以激光为光源，向外发射一定波长的激光，通过接收大气气溶胶和沙尘粒子对激光的后向散射光来获取大气及气溶胶信息的一种设备。根据大气对激光的散射、吸收、消光等物理效应，通过定量分析接收到的激光大气回波，来反演获得大气气溶胶的相关参数。激光雷达所接收的激光大气回波，包含了大气散射光的光强、频率、相位和偏振等多种信息。微脉冲激光雷达可以用来获取能见度、云底高度、云厚、大气气溶胶、消光系数、光学透过率等参数，并依据分析的数据可以得到时空演变图等，这样不仅可以得到气溶胶的分布状况，还可以获得气溶胶、污染物的来源。这对于研究大气气溶胶提供了非常有用的探测手段。

激光雷达主要由激光器、发射和接收光学系统、高灵敏度光电探测器、高速多道计数器，以及控制和数据处理软件等组成。利用这些丰富的激光大气回波信息，可以探测多种大气物理要素。激光波长位于光波段，典型值为 $1~\mu m$ 左右，而烟、尘等大气气溶胶粒子的尺度和激光波长相当，再加上光电探测器的探测灵敏度较高，因而激光探测烟、尘等微粒具有很高的探测灵敏度。

（2）仪器的安装、使用和维护要求

安装：应安装在恒温、清洁的实验室内；室内温度控制在 $10\sim30~℃$。

实验室顶部应根据激光雷达发射接收望远镜的大小开一个凸出层顶的观测窗，观测窗上应安装具有较高透明度、均匀的白玻璃或石英玻璃；天窗玻璃倾角为 $3°\sim5°$。观测窗应具有较好的密封、防尘、防风和防水功能。

使用和维护：应保持观测窗玻璃的清洁；应根据激光器的特性，制定激光雷达的工作方式，以最大限度地获取观测数据和发挥仪器的性能；应定期检查仪器回波情况，必要时应及时更换光源。

4.3 生态气象保障服务新型数据质量控制及应用

4.3.1 生态气象保障服务新型数据传输和质量控制

开展生态气象观测资料规范化管理和共享服务工作，是青海省生态气象保障服务示范省建设工作的重要举措，是发挥部门职能做好生态文明建设气象保障服务工作的重要手段，同时也是推进生态文明建设，提升生态文明建设气象保障服务水平和能力的重要途径。

随着青海省生态综合治理保护工程的扎实开展和生态强省战略的稳步推进,青海省生态气象观测资料的保护开发和有效利用显得日益重要。依托一大批重点项目建设,青海省气象通信网络能力和信息化水平得到大力提升,但尚未实现生态气象观测资料集约化管理,存在着文件名命名不规范、数据格式不统一、报文录入传输方式陈旧、存储零散等问题,造成生态科研、服务、资料交换等方面的瓶颈,制约着生态气象观测资料的社会效益的有效发挥。青海省气象信息中心以全省气象通信广域网为依托,按照生态气象观测资料传输文件格式标准,对青海省特色生态气象人工观测,包括牧草监测、沙丘与大气沉降、酸雨、土壤风蚀、土壤水分6类要素资料的采样、收集、处理、传输、存储等各环节进行梳理,着力于建立完善的数据备份和归档流程,研发适用于本省生态气象观测资料的编报传输软件,实现生态气象观测资料统一标准格式编报传输,将生态气象观测数据应用建立在规范标准的气象大数据存储和数据服务平台基础上,增加生态气象观测实时历史数据一体化、动态存储、气象数据统一服务接口(meteorological unified service interface community,MUSIC)等功能,构建一体化的数据服务系统,满足用户需要的高效、规范的检索,实现大数据平台全网各节点对数据的统一访问和服务。

4.3.1.1 生态气象保障服务新型数据传输文件组成

生态文明建设气象保障服务新型数据文件是指生态气象观测站通过人工观测或仪器自动记录的数据,按一定规则记录形成的实时数据文件,包括牧草长势要素数据文件、土壤水分要素数据文件、沙丘移动要素数据文件、土壤风蚀风积要素数据文件、干沉降要素数据文件、酸雨要素数据文件6大类,其包含的主要内容见表4.5。

表 4.5 生态气象观测数据上传文件的组成与主要内容

生态气象观测数据上传文件	主要内容
牧草长势要素数据文件	包括牧草发育期、草层高度、覆盖度、混合草产量等信息
土壤水分要素数据文件	包括土壤水文物理特性、土壤相对湿度、水分总储存量、有效水分储存量、土壤重量含水率和土壤冻结与解冻等信息
沙丘移动要素数据文件	包括被测沙丘经纬度、海拔高度、高度变化、水平移动方位、水平移动距离等信息
土壤风蚀风积要素数据文件	包括集沙量、平均风积厚度、平均风蚀厚度等信息
干沉降要素数据文件	包括第一、二次采样重量、平均重量、降尘量等信息
酸雨要素数据文件	包括酸雨降水期间降水量、pH、K、风向、风速等子要素

4.3.1.2 上传数据文件命名规则

参照《农业气象观测资料传输文件格式》(QX/T 292—2015)和《生态气象观测资料传输文件格式》(DB63/T 1577—2017)的规定,青海省生态气象观测站(含试验站)直接向本省或国家一级上传的文件命名方式,包括单站文件命名和多站文件命名两种规则。

1. 实时上传文件命名规则

(1)单站文件

单站的生态气象观测数据上传文件命名方式为:Z_AGME_I_IIiii_YYYYMMDDhhmmss_O_PPPP[-CCx].txt。

单站生态气象观测数据上传文件命名规则见表4.6。

表4.6 单站生态气象观测数据上传文件命名规则

生态气象观测数据上传文件	文件命名
牧草长势要素数据文件	Z_AGME_I_IIiii_YYYYMMDDhhmmss_O_PAST[-CCx].txt
土壤水分要素数据文件	Z_AGME_I_IIiii_YYYYMMDDhhmmss_O_SOIL[-CCx].txt
沙丘移动要素数据文件	Z_AGME_I_IIiii_YYYYMMDDhhmmss_O_DNMV[-CCx].txt
土壤风蚀风积要素数据文件	Z_AGME_I_IIiii_YYYYMMDDhhmmss_O_SWE[-CCx].txt
干沉降要素数据文件	Z_AGME_I_IIiii_YYYYMMDDhhmmss_O_DEP[-CCx].txt
酸雨要素数据文件	Z_AGME_I_IIiii_YYYYMMDDhhmmss_O_ACIDR[-CCx].txt

(2)多站文件

多站(即生态气象观测站、试验站通过省级打包的)的生态气象观测数据上传文件命名方式为:Z_AGME_C_CCCC_YYYYMMDDhhmmss_O_PPPP.txt。

多站生态气象观测数据上传文件命名规则见表4.7。

表4.7 多站生态气象观测数据上传文件命名规则

生态气象观测数据上传文件	文件命名
牧草长势要素数据文件	Z_AGME_C_CCCC_YYYYMMDDhhmmss_O_PAST[-CCx].txt
土壤水分要素数据文件	Z_AGME_C_CCCC_YYYYMMDDhhmmss_O_SOIL[-CCx].txt
沙丘移动要素数据文件	Z_AGME_C_CCCC_YYYYMMDDhhmmss_O_DNMV[-CCx].txt
土壤风蚀风积要素数据文件	Z_AGME_C_CCCC_YYYYMMDDhhmmss_O_SWE[-CCx].txt
干沉降要素数据文件	Z_AGME_C_CCCC_YYYYMMDDhhmmss_O_DEP[-CCx].txt
酸雨要素数据文件	Z_AGME_C_CCCC_YYYYMMDDhhmmss_O_ACIDR[-CCx].txt

(3)年度数据文件

生态气象观测年度数据文件仅适用于单站命名与传输。生态气象观测年度数据上传文件命名方式为：Z_ AGME_I_IIiii_YYYYMMDDhhmmss_O_PPPP-yyyy.txt。

生态气象观测年度数据上传文件命名规则见表4.8。

表4.8 生态气象观测年度数据上传文件命名规则

生态气象观测数据上传文件	文件命名
牧草长势要素数据文件	Z_ AGME_I_IIiii_YYYYMMDDhhmmss_O_PAST-yyyy.txt
土壤水分要素数据文件	Z_ AGME_I_IIiii_YYYYMMDDhhmmss_O_SOIL-yyyy.txt
沙丘移动要素数据文件	Z_ AGME_I_IIiii_YYYYMMDDhhmmss_O_DNMV-yyyy.txt
土壤风蚀风积要素数据文件	Z_ AGME_I_IIiii_YYYYMMDDhhmmss_O_SWE-yyyy.txt
干沉降要素数据文件	Z_ AGME_I_IIiii_YYYYMMDDhhmmss_O_DEP-yyyy.txt
酸雨要素数据文件	Z_ AGME_I_IIiii_YYYYMMDDhhmmss_O_ACIDR-yyyy.txt

2. 上传文件参数说明

单站生态气象观测资料传输文件名为："Z_ECO_I_IIiii_yyyymmddhhMMss_O_PPPP[-CCx].txt"，多站生态气象观测资料传输文件名为"Z_ECO_C_CCCC_yyyymmddhhMMss_O_PPPP.txt"。如图4.7、图4.8所示。

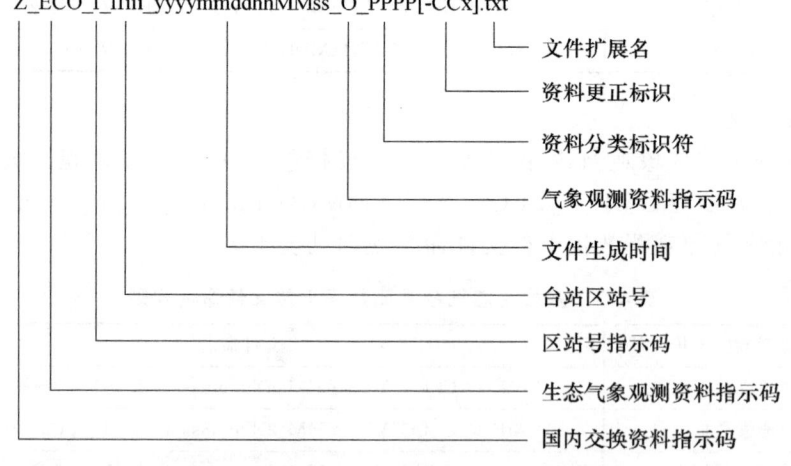

图4.7 单站生态气象观测资料传输文件名

单站、多站和年度数据上传文件有关参数说明如下：

Z：固定代码，表示文件为国内交换的资料。

ECO：生态气象观测数据指示码。

I：固定代码，指示其后字段代码为测站区站号。

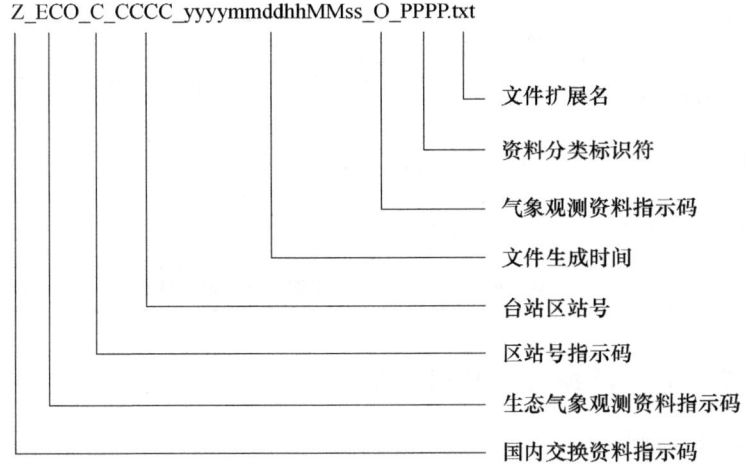

图 4.8　多站生态气象观测资料传输文件名

IIiii：测站区站号。

C：固定代码，指示其后字段编码为编报台字母代号。

CCCC：编报台字母代号，西宁固定编报代号为 BEXN。

YYYYMMddhhmmss：文件生成时间"年月日时分秒"（UTC，国际时）。其中，YYYY 为年，4 位；MM 为月，2 位；DD 为日，2 位；hh 为小时，2 位；mm 为分钟，2 位；ss 为秒，2 位。在年月日时分秒中，若位数不足时，高位补"0"。例如：2007 年 3 月 3 日 19 时整，编为 20070303190000。

O：气象观测数据指示码。

PPPP：生态气象观测数据字母代号，详见表 4.9。

CCx：资料更正标识，可选标志，仅在单站资料文件名中使用。对于某测站（由 IIiii 指示）已发观测资料进行更正时，文件名中必须包含资料更正标识字段。CCx 中：CC 为固定代码；x 取值为 A～X，x＝A 时，表示对该站某次观测的第一次更正；x＝B 时，表示对该站某次观测的第二次更正，依次类推，直至 x＝X。

yyyy：年记录数据的年度。

txt：固定代码，表示文件为文本格式。

PPPP 与 CCx 字段间的分隔符为减号（－）；其他字段间的分隔符为下划线（_）。

表 4.9　生态气象观测资料分类标识符（PPPP）

资料分类名称	PPPP	说明
牧草长势要素数据文件	PAST	包括牧草发育期、牧草生长状况两个子要素

续表

资料分类名称	PPPP	说明
土壤水分要素数据文件	SOIL	包括土壤冻结与解冻、土壤重量含水率、干土层与地下水位子要素
沙丘移动要素数据文件	DNMV	包括沙丘移动子要素
土壤风蚀风积要素数据文件	SWE	包括集沙量、平均风积厚度、平均风蚀厚度子要素
干沉降要素数据文件	DEP	包括第一、二次采样重量、平均重量、降尘量子要素
酸雨要素数据文件	ACIDR	包括酸雨降水期间降水量、pH、K、风向、风速等子要素

4.3.1.3 上传数据文件时间规定

1. 数据上传原则

生态气象观测数据传输内容包括：牧草要素、土壤水分要素、沙丘移动要素、土壤风蚀风积要素和干沉降要素。

生态气象观测数据必须按规定时间将观测、分析后形成的实时和年记录数据上传到省气象信息中心。

2. 数据上传时间规定

观测时间界定：

生态气象观测的日期以北京时 20 时为日界。在人工观测方法中，观测时间仅精确到年、月、日，不计小时、分、秒。

上传时间规定：

实时文件上传时间：各类实时生态气象观测数据文件上传时间按表 4.10 规定执行；当日未形成生态气象观测数据，次日无须上传。

年度文件上传时间：每年 5 月 31 日前，上传上年度的各类生态气象观测年记录数据文件。

表 4.10 生态气象观测数据文件上传时间规定

生态气象观测数据上传文件	生态气象观测数据上传时间	说明
牧草长势要素数据文件	每月 1,11,21 日 14—18 时上传上旬末形成的牧草长势观测数据	更正报必须在原有报文规定上传时间 1 d 内上传
土壤水分要素数据文件	每月 1,11,21 日 14—18 时上传上旬末形成的土壤水分观测数据	更正报必须在原有报文规定上传时间 1 d 内上传
沙丘移动要素数据文件	每月 1,11,21 日 14—18 时上传上旬末形成的沙丘移动观测数据	更正报必须在原有报文规定上传时间 1 d 内上传
土壤风蚀风积要素数据文件	每月 1,11,21 日 14—18 时上传上旬末形成的土壤风蚀风积观测数据	更正报必须在原有报文规定上传时间 1 d 内上传

续表

生态气象观测数据上传文件	生态气象观测数据上传时间	说明
干沉降要素数据文件	每月1,11,21日14—18时上传上旬末形成的干沉降观测数据	更正报必须在原有报文规定上传时间1d内上传
酸雨要素数据文件	每月1,11,21日14—18时上传上旬末形成的酸雨观测数据	更正报必须在原有报文规定上传时间1d内上传

4.3.1.4 上传数据文件格式

生态气象观测资料传输文件包括牧草长势要素、土壤水分要素、沙丘移动要素、酸雨要素、土壤风蚀风积和干沉降6类观测资料传输文件。每类数据文件(*.txt)为顺序数据文件结构,包括起始标识符(ZCZC)、头文件、正文和全文结束符四部分。

1. 起始标识符

ZCZC<CR><LF>

文件起始标识符,占一行记录,以回车换行"<CR><LF>"结束记录。

2. 头文件

头文件记录本站基本信息,包括区站号、纬度、经度、观测场海拔高度、气压传感器海拔高度和观测方式共6组,占一行记录,每组之间用1个半角空格分隔,以回车换行"<CR><LF>"结束记录,头文件区的内容与格式见表4.11。

表4.11 生态气象观测数据报头文件结构

序号	名称	长度	单位	说明
1	区站号	5	无	5位数字或第1位为字母,第2~5位为数字
2	纬度	6	秒(")	按度分秒记录,均为2位,台站纬度未精确到秒时,秒固定记录00
3	经度	7	秒(")	按度分秒记录,度为3位,分秒各为2位,台站经度未精确到秒时,秒固定记录00
4	观测场海拔高度	5	0.1 m	保留一位小数,扩大10倍记录
5	气压传感器海拔高度	5	0.1 m	保留一位小数,扩大10倍记录,无气压传感器时,录入99999
6	观测方式	1	无	当器测项目为人工观测时存入1,器测项目为自动站观测时存入4
7	所含数据段数目	2	组	变长,最大长度2位

3. 正文

(1)组成

数据文件正文由若干个子要素部分的数据段组成,即每个要素部分构成一个数据段,由数据段开始标志、观测数据记录和数据段结束标志组成。

(2)数据

数据段开始标志。以观测要素关键字为数据段的开始标志,关键字代码为本类文件要素的子要素实名代码,占一行记录,以回车换行"＜CR＞＜LF＞"结束记录,关键字按表 4.12 取值。

(3)观测数据记录

观测数据记录部分由若干条记录组成,每条记录为观测的若干数据项目记录,数据项目之间用 1 个半角空格分隔,以回车换行"＜CR＞＜LF＞"结束该条记录。每个记录的项目长度和记录的总长度均固定。

(4)数据段结束标志

以最后一条记录的最后一个项目加上"＝＜CR＞＜LF＞"为数据段结束标志,表示该段数据结束。

项目长度不足时,若观测数据为器测自动(计算机)生成时,数值型高位补"0"到规定长度,字符型高位补空格到规定长度;若观测数据为器测人工输入时,项目长度不超过规定长度即可。

牧草长势要素、土壤水分要素、沙丘移动要素、土壤风蚀风积和干沉降要素观测资料的数据文件内容参见表 4.11～表 4.35。

若某项目缺测,项目内容用"/"填满规定长度。

若某子要素部分无观测内容,保留其关键字,数据段为一条空记录,以"＝＜CR＞＜LF＞"结束记录。

不同观测对象,如不同土壤水分观测地段、植物等观测对象,但观测要素相同的(段关键字),可实行重复编报方式。

缺测:当某允许缺测的要素为缺测时,以 9 编发相应位数的值(字符型除外)。如规定"旬平均气温"要素占 4 字节,单位为 0.1 ℃,那么,当实际气温缺测时,对应要素位置编报 9999。

4. 全文结束符

全文结束时,文件结尾处填写"NNNN",独占一条记录,以回车换行"＜CR＞＜LF＞"结束。

4.3.1.5 上传数据文件内容

1. 牧草要素数据文件

(1)牧草要素组成

牧草要素数据文件正文由两个子要素组成,其关键字与要素实名对照见表 4.12。

表 4.12 牧草要素文件子要素实名与关键字对照

序号	子要素实名	关键字	项目数	关键字长度
1	牧草发育期	PAST01	5	6
2	牧草生长状况	PAST02	9	

(2)牧草要素格式

牧草要素的各子要素格式详见表 4.13~表 4.17。

表 4.13 牧草发育期子要素

序号	项目	长度(字符数)	单位	说明
1	观测日期	8	年月日	YYYYMMDD
2	牧草种类	2	字符	编码,参见表 4.6
3	牧草品种	8	字符	编码,参见表 4.5
4	发育期	2	字符	编码,参见表 4.3
5	发育程度	4	1%	观测值取整

注:旬内出现不同牧草监测记录时,本数据段应重复编报。

表 4.14 牧草生长状况子要素

序号	项目	长度(字符数)	单位	说明
1	观测日期	8	年月日	YYYYMMDD
2	牧草监测场地	2	字符	牧草监测场地(50 m×50 m)内,编码 01;牧草监测场地外(10 km×10 km)内,编码 02
3	牧草种类	2	字符	编码,参见表 4.6
4	牧草品种	8	字符	编码,参见表 4.5
5	草层高度	4	1 cm	观测值取整
6	覆盖度	4	0.1%	保留 1 位小数,观测值扩大 10 倍取整
7	混合草产量	4	kg/亩	观测值取整
8	优势种株丛数	4	1 株	观测值取整
9	生长状况评定	1		代码,1 为一类苗,2 为二类苗,3 为三类苗

注:旬内出现不同牧草监测场地及不同牧草记录时,本数据段应重复编报。

表 4.15 牧草发育期编码

牧草发育期	编码
未	01
出苗	21
返青	22
分蘖	31

续表

牧草发育期	编码
展叶	32
分枝形成	41
新枝形成	51
抽穗	52
花序形成	61
开花	71
果实成熟	81
种子成熟	91
黄枯	92

表 4.16 牧草品种编码

编码	牧草品种	编码	牧草品种
02010001	白三叶	02020017	狼尾草
02010002	红三叶	02020018	糙隐子草
02010003	紫花苜蓿	02020019	克氏针茅
02010004	箭舌豌豆	02020020	委陵菜
02010005	豌豆	02020021	黄蒿
02010006	黄花羽扇豆	02020022	阿尔泰狗娃花
02010007	短花百脉根	02020023	艾蒿
02010008	百脉根	02020024	赖草
02010009	高粱	02020025	碱茅
02010010	波斯三叶草	02020026	斜茎黄芪
02010011	亚历山大三叶草	02020027	羊草
02010012	绛车轴草	02020028	垂穗披碱草
02010013	地三叶草	02020029	星星草
02010014	猫头刺	02020030	戈壁针茅
02010015	红刺	02020031	无芒隐子草
02019999	其他豆科	02029999	其他禾本科
02020001	多年生黑麦草	02030001	矮嵩草
02020002	杂交黑麦草	02030002	高山嵩草
02020003	意大利黑麦草	02030003	二柱头蔗草
02020004	多花黑麦草	02039999	其他莎草科
02020005	高羊茅	02040001	冷蒿
02020006	羊茅黑麦草	02040002	矮葱
02020007	匍匐紫羊茅	02040003	细叶葱
02020008	鸡脚草	02040004	木地肤

续表

编码	牧草品种	编码	牧草品种
02020009	猫尾草	02049999	其他杂草类
02020010	草地羊茅	02050001	再生草
02020011	冰草	02050002	混合草
02020012	草地早熟禾	02050003	灌丛
02020013	无芒雀麦	02050004	杂草
02020014	蔺草	02060001	霸王
02020015	非洲虎尾草	02060002	白刺
02020016	狗牙根	02070001	红砂

表 4.17 牧草种类编码

牧草种类	编码
禾本科牧草	01
莎草科牧草	02
杂草类	03
豆科牧草	04
灌木、半灌木	05

2. 风蚀风积要素数据文件

(1) 风蚀风积要素组成

风蚀风积要素数据文件正文由 8 个子要素组成,其关键字与要素实名对照见表 4.18。

表 4.18 风蚀风积要素文件子要素实名与关键字

序号	子要素实名	关键字	项目数	关键字长度
1	风蚀风积	SWE01	5	5

(2) 风蚀风积要素格式

风蚀风积要素的子要素格式详见表 4.19。

表 4.19 风蚀风积要素数据内容

序号	项目	长度(字符数)	单位	说明
1	观测日期	8	年月日	YYYYMMDD
2	统计方式	2		代码:01 为平均,02 为最大,03 为最小
3	风积厚度	4	0.1 cm	保留 1 位小数,观测值扩大 10 倍取整

续表

序号	项目	长度(字符数)	单位	说明
4	风蚀厚度	4	0.1 cm	保留1位小数,观测值扩大10倍取整
5	风蚀程度	4	字符	最多100个字符描述

注：旬内出现多次观测记录时,本数据段应重复编报。

3. 沙丘移动要素数据文件

（1）沙丘移动要素组成

沙丘移动要素数据文件正文由1个子要素组成,其关键字与子要素实名对照见表4.20。

表4.20 沙丘移动要素文件子要素实名与关键字

序号	子要素实名	关键字	项目数	关键字长度
1	沙丘动态和沙漠边沿进退	DNMV01	4	6

（2）沙丘移动要素格式

沙丘移动要素数据内容详见表4.21。

表4.21 沙丘移动要素数据内容

序号	项目	长度(字符数)	单位	说明
1	观测日期	8	年月日	YYYYMMDD
2	沙丘移动距离	4	0.1 m	保留1位小数,观测值扩大10倍取整
3	备用沙丘移动距离	4	0.1 m	保留1位小数,观测值扩大10倍取整
4	沙漠边缘进退距离	4	0.1 m	保留1位小数,观测值扩大10倍取整

注：旬内出现多次观测记录时,本数据段应重复编报。

4. 土壤水分要素数据文件

（1）土壤水分要素组成

土壤水分要素数据文件正文由8个子要素组成,其关键字与子要素实名对照见表4.22。

表4.22 土壤水分要素文件子要素实名与关键字

序号	子要素实名	关键字	项目数	关键字长度
1	土壤水文物理特性	SOIL01	6	6
2	土壤相对湿度	SOIL02	17	6
3	水分总储存量	SOIL03	14	6
4	有效水分储存量	SOIL04	14	6
5	土壤冻结与解冻	SOIL05	4	6

续表

序号	子要素实名	关键字	项目数	关键字长度
6	土壤重量含水率	SOIL06	12	6
7	干土层与地下水位	SOIL07	4	6
8	降水灌溉与渗透	SOIL08	6	6

(2)土壤水分要素格式

土壤水分要素的子要素格式详见表 4.23～表 4.25。

表 4.23 土壤冻结与解冻子要素

序号	要素名	长度(字节)	单位	说明
1	出现时间	14	日期	年月日时分秒
2	地段类型	1	无	0 为作物观测地段； 1 为固定观测地段； 2 为加密观测地段； 3 为其他观测地段
3	土层深度	1	无	0 为表层；1 为 10 cm；2 为 20 cm
4	土层状态	1	无	0 为冻结；1 为解冻

表 4.24 土壤重量含水率子要素

序号	要素名	长度(字节)	单位	说明
1	测定时间	14	日期	年月日时分秒
2	地段类型	1	无	0 为作物观测地段； 1 为固定观测地段； 2 为加密观测地段； 3 为其他观测地段
3	10 cm 土壤重量含水率	4	0.1%	土壤中含有的大于凋萎湿度的水分储存量
4	20 cm 土壤重量含水率			
5	30 cm 土壤重量含水率			
6	40 cm 土壤重量含水率			
7	50 cm 土壤重量含水率			
8	60 cm 土壤重量含水率			
9	70 cm 土壤重量含水率			
10	80 cm 土壤重量含水率			
11	90 cm 土壤重量含水率			
12	100 cm 土壤重量含水率			

表 4.25　干土层与地下水位子要素

序号	要素名	长度(字节)	单位	说明
1	测定时间	14	日期	年月日时分秒
2	地段类型	1	无	0 为作物观测地段； 1 为固定观测地段； 2 为加密观测地段
3	干土层厚度	4	cm	任何时次的测定值
4	地下水位	4	0.1 m	任何时次的测定值。≥2 m 未测量时编 9200

5. 干沉降要素数据文件

(1)干沉降要素组成

干沉降要素数据文件正文由 3 个子要素组成,其关键字与子要素实名对照见表 4.26。

表 4.26　干沉降要素文件子要素实名与关键字

序号	子要素实名	关键字	项目数	关键字长度
1	第一次采样重量	DEP01	3	5
2	第一次采样重量	DEP02	3	5
3	降尘量	DEP03	2	5

(2)干沉降要素格式

干沉降要素的子要素格式详见表 4.27～表 4.29。

表 4.27　第一次采样重量子要素

序号	要素名	长度(字节)	单位	说明
1	采样开始时间	14	日期	年月日时分秒
2	采样结束时间	14	日期	年月日时分秒
3	第一次采样重量	4	g	保留 1 位小数,观测值扩大 10 倍取整

表 4.28　第二次采样重量子要素

序号	要素名	长度(字节)	单位	说明
1	采样开始时间	14	日期	年月日时分秒
2	采样结束时间	14	日期	年月日时分秒
3	第二次采样重量	4	g	保留 1 位小数,观测值扩大 10 倍取整

表 4.29　降尘量子要素

序号	要素名	长度(字节)	单位	说明
1	平均重量	4	g	保留1位小数,观测值扩大10倍取整
2	大气降尘量	4	g	保留1位小数,观测值扩大10倍取整

6. 酸雨要素数据文件

(1) 酸雨要素组成

酸雨要素数据文件正文由 5 个子要素组成,其关键字与子要素实名对照见表 4.30。

表 4.30　酸雨要素文件子要素实名与关键字

序号	子要素实名	关键字	项目数	关键字长度
1	酸雨降水量	ACIDR01	3	
2	pH	ACIDR02	6	
3	K 值	ACIDR03	7	7
4	风向风速	ACIDR04	8	
5	天气现象	ACIDR06	4	

(2) 酸雨要素格式

酸雨要素的子要素格式详见表 4.31～表 4.36。

表 4.31　酸雨降水量子要素

序号	要素名	长度(字节)	单位	说明
1	降水开始时间	6	日期	日时分
2	降水结束时间	6	日期	日时分
3	酸雨观测降水量	4	mm	保留1位小数,观测值扩大10倍取整

表 4.32　酸雨 pH 子要素

序号	要素名	长度(字节)	单位	说明
1	测定时间	14	日期	年月日时分秒
2	样品温度	4	℃	保留1位小数,观测值扩大10倍取整
3	pH 第 1 次读数	4	0.1	保留1位小数,观测值扩大10倍取整
4	pH 第 2 次读数	4	0.1	保留1位小数,观测值扩大10倍取整
5	pH 第 3 次读数	4	0.1	保留1位小数,观测值扩大10倍取整
6	平均 pH	4	0.1	保留1位小数,观测值扩大10倍取整

表 4.33 酸雨 K 子要素

序号	要素名	长度(字节)	单位	说明
1	测定时间	14	日期	年月日时分秒
2	初测时样品温度	4	℃	保留1位小数,观测值扩大10倍取整
3	K 第 1 次读数	4	0.1	保留1位小数,观测值扩大10倍取整
4	K 第 2 次读数	4	0.1	保留1位小数,观测值扩大10倍取整
5	K 第 3 次读数	4	0.1	保留1位小数,观测值扩大10倍取整
6	25 ℃时平均 K	4	0.1	保留1位小数,观测值扩大10倍取整
7	K 测量是否使用温度补偿功能指示码	2	无	使用温度补偿功能,编码 01；未使用温度补偿功能,编码 02

表 4.34 风向风速子要素

序号	要素名	长度(字节)	单位	说明
1	14 时风向	4	特征值	保留1位小数,观测值扩大10倍取整
2	14 时风速	4	m/s	保留1位小数,观测值扩大10倍取整
3	20 时风向	4	特征值	保留1位小数,观测值扩大10倍取整
4	20 时风速	4	m/s	保留1位小数,观测值扩大10倍取整
5	02 时风向	4	特征值	保留1位小数,观测值扩大10倍取整
6	02 时风速	4	m/s	保留1位小数,观测值扩大10倍取整
7	08 时风向	4	特征值	保留1位小数,观测值扩大10倍取整
8	08 时风速	4	m/s	保留1位小数,观测值扩大10倍取整

表 4.35 云状子要素(2019 年地面气象观测综合业务改革已取消此项观测)

序号	要素名	长度(字节)	单位	说明
1	观测时间	6	日期	日时分
2	云状	2	无	参照地面气象测报代码表

表 4.36 天气现象子要素

序号	要素名	长度(字节)	单位	说明
1	降水期间天气现象 1	2	无	参照地面气象测报代码表
2	降水期间天气现象 2	2	无	参照地面气象测报代码表
3	降水期间天气现象 3	2	无	参照地面气象测报代码表
4	降水期间天气现象 4	2	无	参照地面气象测报代码表

4.3.1.6 数据文件传输和共享

1. 梳理和规范

青海省气象信息中心按照生态气象观测资料传输文件格式标准,对青海省特色生态气象人工观测(包括牧草长势、沙丘移动、大气干沉降、酸雨、土壤风蚀风积和土壤水分要素)资料的采集、录入、传输、存储等各工作环节进行梳理和规范。

2. 历史资料归档建库

收集青海省生态气象观测台站现有的各类生态气象观测资料,将收集到的生态气象观测资料进行分类和分级整理归档。按照青海省地方标准《生态气象观测资料传输文件格式》(DB 63/T 1577—2017),利用数据库技术,将各类生态数据报文按照规范文件名命名格式和字段建立数据库和表结构,形成青海省生态气象观测资料数据库。将青海省历史生态气象观测资料入库到青海省生态气象观测资料数据库。

3. 生态气象报文编制和传输

统一青海省的生态气象观测资料传输文件格式标准和命名规范,基于"AgMO-DOS-农业气象测报数据编辑"软件,增加生态气象观测资料报文录入、编码、传输功能。在系统管理模块中开发适合青海省生态气象监测的牧草长势、大气干沉降、酸雨、沙丘移动、土壤风蚀风积和土壤水分等项目的数据录入和传输模块;在"系统参数"数据库中增加相应生态气象观测数据表,参照"作物观测参数"进行生态气象观测资料参数设置和初始化工作,实现生态观测项目的编码;将自动观测资料与生态资料合成报文上传。

台站生态气象数据文件传输路径参照《地面自动站常规观测传输规程》中农业气象资料传输路径,将台站生态气象数据文件统一上传至 10.181.72.30/agm 目录下。

4. 实时资料传输入库

按照全国综合气象信息共享平台(CIMISS)气象数据文件命名、数据库和元数据表结构设计规范,以及 CIMISS 气象资料血缘追溯规范和气象数据四级编码规则,建立基于 CIMISS 的青海省生态气象资料库。开发编解码程序,将已建好的青海省生态气象观测资料数据库合成到 CIMISS 数据存储环境中,并按照 CIMISS 气象数据传输入库监控统一流程,将实时生态气象观测数据接入 CIMISS 系统。

5. 生态资料共享和使用

统一生态气象资料入库流程和共享调用方式。按照 CIMISS—API 元数据表结构设计规范和气象数据统计服务接口(MUSIC)规范,开发基于 CIMISS 数据共享开放平台的生态数据资料调用 API 接口,进行生态气象数据接口的发布和管理,通过接口提供服务应用。

4.3.2 生态气象数据处理应用

前文已经介绍了青海省生态气象相关要素的观测内容与方法,各观测台站按照此规定获取的数据均通过生态报发送至青海省信息中心,信息中心收到报文后,首先将其解报,然后放入 10.181.22.5/sys/sthj/st 下的 ACCESS 数据库中供全省技术人员查询下载。

4.3.2.1 生态气象数据加工处理

从 ACCESS 数据库中获取生态气象数据后,为了研究或分析,还需要对资料进行必要的加工处理。按照不同应用目的分别介绍如下:

青海省生态气象观测从 2003 年开始,至 2018 年已经累计了 15 年的观测资料。利用这些数据可以开展诸多生态气象观测要素的分析和研究,结合相关气象资料,还可以开展状态异常原因分析以及相关要素的统计预测。这里就需要用到统计学中的一些基本内容,当然,统计学是一门学科,只能给出几个最常用的统计量和统计方法。在实际的研究和服务中可能还需要其他的统计方法,这就需要读者自己去探索。

均值是描述某一变量样本平均水平的量。它是代表样本取值中心趋势的统计量。通过计算均值可以了解变量的平均状况,这应该是统计学中最常用的一个统计量。算术平均值的计算很简单,把包含 n 个样本的变量 x,即 $x_1, x_2, \cdots, x_i, \cdots, x_n$。均值记为 $\bar{x}$ 的计算公式为:

$$\bar{x} = \frac{x_1 + x_2 + \cdots + x_n}{n} = \frac{\sum_{i=1}^{n} x_i}{n} \tag{4.1}$$

现在的 EXCEL 计算算术平均值很方便,可以通过 AVERAGE 函数计算得到。

应用实例[1] 计算 2007—2014 年泽库县 7 月牧草高度的算术平均值。数据见表 4.37。

表 4.37 2007—2014 年泽库县 7 月牧草高度数据　　　　　　　单位:cm

年份	2007	2008	2009	2010	2011	2012	2013	2014
牧草高度	20	20	11	23	16	17	12	13

根据式(4.1)计算,2007—2014 年泽库县 7 月牧草高度的算术平均值为 16.5 cm。

中位数是表征变量中心趋势的另一个统计量,在按大小顺序排列的变量中,位置居中的那个数就是中位数。当样本量 n 为偶数时,不存在居中的数,中位数取最中间两个数的平均值。中位数的优点在于它不易受异常值的干扰。在样本量较小的情况下,这一优点显得尤为重要。在 EXCEL 里可以通过 MEDIAN 函数计算得到。

还是以泽库县牧草高度为例,其中位数恰巧也是 16.5 cm。

统计量均值和中位数描述的仅仅是变量的平均状况。在实际工作中可能需要分析某一样本值偏离平均状况的程度,这就需要用到变化幅度统计量。其最常用的就是距平。距平是表示变量偏离正常情况的量。一组数据的某一个数 x_i 与均值 $\overline{x}$ 之间的差就是距平 x',即

$$x' = x_i - \overline{x} \tag{4.2}$$

假设泽库县 2015 年 7 月牧草高度为 18 cm,与 2007 年至 2014 年的平均值的距平就是 1.5 cm,换句话说,2015 年牧草高度较 2007—2014 年的平均值偏高 1.5 cm。

以上介绍了表征样本平均和偏离状况的计算方法,但影响偏离状况的因素有很多。以泽库牧草为例,为了分析不同气象因子与牧草高度关系的紧密程度,需要用到另外一种统计量,就是相关统计量。这里介绍的是皮尔逊(pearson)相关系数。用 γ 表示。设有两组变量

$$x_1 x_2 x_3 \cdots x_i \cdots x_n \qquad y_1 y_2 y_3 \cdots y_i \cdots y_n \tag{4.3}$$

计算公式为:

$$\gamma = \frac{\sum_{i=1}^{n}(x_i - \overline{x})(y_i - \overline{y})}{\sqrt{\sum_{i=1}^{n}(x_i - \overline{x})^2}\sqrt{\sum_{i=1}^{n}(y_i - \overline{y})^2}} \tag{4.4}$$

相关系数取值在 $-1 \sim 1$,当 $\gamma > 0$ 时,表明两变量呈正相关,越接近于 1,相关越显著;当 $\gamma < 0$ 时,表明两变量呈负相关,当 $\gamma = 0$ 时,则表示两变量相互独立。当然这里还有几个问题需要注意,首先第一条就是计算相关系数时,一定要有明确物理意义,不能为了计算而把两组毫不相关的变量放在一起。例如,某家喜得贵子,所以在院子种了一棵树,随着小孩身高增加,树的高度也在增加,如果计算两者的相关系数,肯定存在较好的相关性。但是,两者毫无关联,影响因素也不一致,所以两者之间的相关系数毫无意义。另外一条是如果观测的数据不是数值,则不能随便用皮尔逊相关系数计算公式。最后一条,据统计学中大样本定理,样本量大于 30 时,结果才会比较可靠。当样本量较小时,还需要加以校正。将无偏相关系数记为 γ^*,计算公式为:

$$\gamma^* = \gamma \left[1 + \frac{1-\gamma^2}{2(n-4)}\right] \tag{4.5}$$

应用实例[2]   计算 2007—2014 年泽库县 7 月牧草高度与 6 月平均气温的相关系数。数据如表 4.38 所示。

表 4.38 2007—2014 年泽库县 7 月牧草高度与 6 月平均气温数据

年份	2007	2008	2009	2010	2011	2012	2013	2014
7月牧草高度(cm)	20	20	11	23	16	17	12	13
6月平均气温(℃)	16	19	20	17	19	14	16	17

根据式(4.4)和式(4.5)计算得到,泽库县 7 月牧草高度与 6 月平均气温的相关系数为 -0.18397,其无偏相关系数为 -0.20619。由此结果可知,7 月牧草高度与 6 月平均气温呈负相关,不过相关性较弱。当然对于相关系数,统计学上还需利用 t 检验进行显著性检验,这里就不再一一赘述。

4.3.2.2 生态气象数据应用及共享

生态气象数据在日常生态气象服务中已经得到应用,主要的产品包括常规产品和年度公报,常规产品可以在 10.181.22.5/省级业务产品共享/遥感农气产品下随时查看,而年度公报则是青海省气象科学研究所每年年初制作印刷的服务产品,这个产品截至 2020 年还只能通过邮寄方式获取。其应用情况,分别介绍如下:

1. 沙丘移动监测产品

沙丘移动监测产品是为了分析评估不同地区沙丘移动的方向和速率而制作,自 2003 年以来,青海省沙丘移动监测点有 3 个,分别为共和、兴海和海晏。由于 2004 年以后沙丘监测是在 6 月上旬进行,所以一般在 6 月中旬制作其分析产品。以 2015 年为例,共和、兴海和海晏的沙丘高度分别为 1.9 m、3.3 m 和 8.0 m,其中海晏的沙丘高度较上年升高了 1 m,共和较上年降低了 0.1 m,兴海与上年持平;共和的沙丘向正南方向移动,兴海和海晏的沙丘向西南方向移动;3 个监测点的沙丘水平移动距离均较大,分别为 32.7 m、38.9 m 和 9.1 m,兴海和共和的沙丘均属于快速型沙丘,海晏的沙丘属于中速型沙丘(表 4.39)。

表 4.39 2015 年青海省沙丘移动监测数据

站名	经度	纬度	海拔高度(m)	高度(m)	高度变化(m)	水平移动方位	水平移动距离(m)
共和	100°33′	036°11′	2918	1.9	−0.1	南	32.7
兴海	100°19′	036°02′	3022	3.3	0.0	西西南	38.9
海晏	100°39′	036°52′	3218	8.0	1.0	西西南	9.1

注:慢速型沙丘,每年向前移动不到 5 m;中速型沙丘,每年向前移动 5~10 m;快速型沙丘,每年向前移动 10 m 以上。

2015 年沙丘高度与 2003—2014 年相比,共和降低了 0.6 m,兴海、海晏分别升高了 0.6 m 和 2.7 m(图 4.19a)。2015 年沙丘水平移动距离与 2004—2014 年平均相比,3个监测点均增大,其中,兴海的水平移动距离增加最大,为 19.9 m,其次为共和的 6.7 m,最小为海晏的 2.6 m(图 4.9b)。

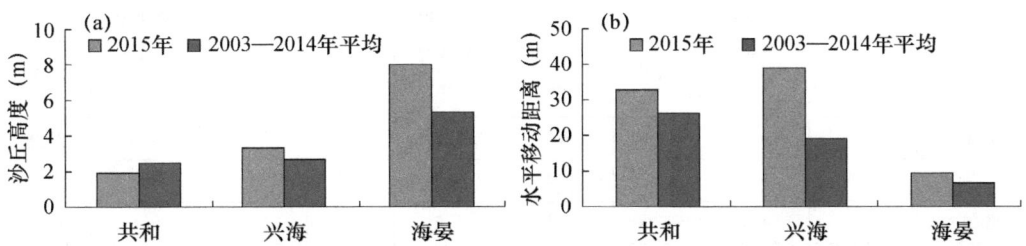

图 4.9 2015 年 3 个监测站沙丘高度(a)、沙丘水平移动距离(b)与 2003—2014 年平均比较

2. 风蚀风积监测产品

风蚀风积监测产品是为了分析评估青海省受风力作用而产生的侵蚀和沉积程度而制作。全省设有 9 个观测站点,分别为茫崖、冷湖、小灶火、大柴旦、格尔木、乌兰、共和、五道梁和沱沱河。本产品一般在每年 1 月上中旬收集整理前一年的监测数据,1 月下旬制作。以 2015 年为例,全省 9 个观测站风积累计厚度为 4.7～10.4 cm,风蚀累计厚度为 4.6～10.3 cm,五道梁为极重风积、风蚀,其余属于严重风积、风蚀。与 2014 年相比,茫崖、冷湖、大柴旦、格尔木、乌兰、五道梁、沱沱河 7 个站点风积增加,增加量在 0.1～1.8 cm;小灶火、共和两个站点风积减少,减少量分别为 0.7 cm 和 1.0 cm。与 2003—2014 年平均值相比,冷湖、小灶火、格尔木、乌兰、五道梁 5 个站点风蚀增加,风蚀累计厚度增加量在 0.5～3.5 cm;茫崖、大柴旦、共和及沱沱河 4 个站点风蚀减少,风蚀累计厚度减少量在 0.2～1.2 cm。

与 2003—2014 年平均值相比,茫崖、冷湖、大柴旦、格尔木、乌兰、共和、五道梁 7 个站点风积累计厚度增加,增加量 0.2～2.6 cm;小灶火、沱沱河 2 个站点风积累计厚度减少,减少量分别为 1.5 cm、0.2 cm。与 2003—2014 年平均值相比,冷湖、小灶火、大柴旦、格尔木、乌兰、五道梁 6 个站点风蚀累计厚度增加,增加量在 0.3～1.1 cm;茫崖、共和、沱沱河 3 个站点风蚀累计厚度减少,减少量在 0.2～0.4 cm(表 4.40、图 4.10 和图 4.11)。

表 4.40 2003—2014 年、2014 年、2015 年青海省风积、风蚀累计厚度与评价结果厚度

站名	2003—2014 年平均			2014 年			2015 年		
	风积累计厚度(cm)	风蚀累计厚度(cm)	评价结果	风积累计厚度(cm)	风蚀累计厚度(cm)	评价结果	风积累计厚度(cm)	风蚀累计厚度(cm)	评价结果
茫崖	5.4	5.5	严重	5.5	5.6	严重	5.7	5.1	严重
冷湖	3.7	4.0	严重	4.1	4.2	严重	4.7	4.7	严重

续表

站名	2003—2014年平均			2014年			2015年		
	风积累计厚度(cm)	风蚀累计厚度(cm)	评价结果	风积累计厚度(cm)	风蚀累计厚度(cm)	评价结果	风积累计厚度(cm)	风蚀累计厚度(cm)	评价结果
小灶火	7.2	6.2	严重	6.4	5.2	严重	5.7	6.5	严重
大柴旦	5.0	5.7	严重	6.1	7.4	严重	6.4	6.8	严重
格尔木	4.6	4.7	严重	5.0	4.5	严重	5.4	5.6	严重
乌兰	5.5	5.6	严重	5.2	5.6	严重	5.7	6.1	严重
共和	4.5	4.8	严重	5.8	5.8	严重	4.8	4.6	严重
五道梁	8.2	9.2	严重	6.6	6.8	严重	10.4	10.3	极重
沱沱河	4.9	5.1	严重	4.6	5.0	严重	4.7	4.8	严重

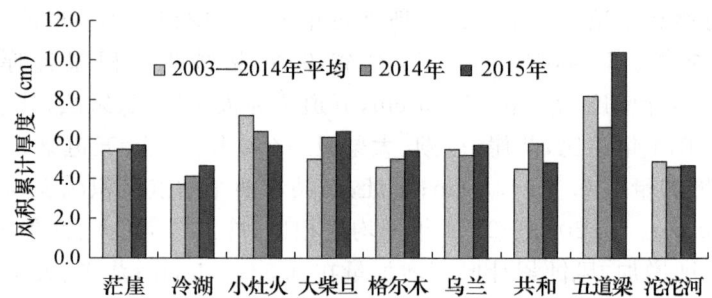

图4.10 2015年青海省土壤风积累计厚度与2014年、2003—2014年平均值对比

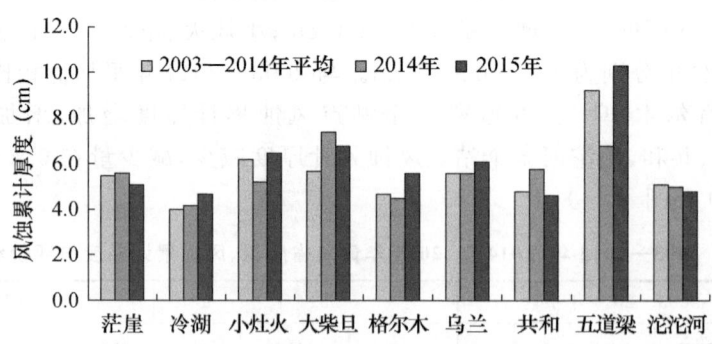

图4.11 2015年青海省土壤风蚀累计厚度与2014年、2003—2014年平均值对比

3. 土壤封冻前墒情分析产品

土壤封冻前墒情分析产品是为了分析评估青海省农业区和牧业区的土壤封解冻时间以及封冻前的土壤墒情而制作。全省共计28个监测点,其中,农区16个,分

别为大通、共和、贵德、贵南、互助、化隆、湟源、湟中、尖扎、乐都、门源、民和、平安、同仁、循化和玉树;牧区12个,分别为甘德、刚察、海晏、河南、祁连、曲麻莱、天峻、托勒、沱沱河、兴海、泽库和野牛沟。根据青海省大部分地区土壤封冻时间,本产品一般在当年11月中下旬制作。以2015年为例,0~10 cm土壤完全解冻期:东部农业区,尖扎、贵德和民和解冻最早(2月中旬),其余解冻站点依次为乐都、循化(2月下旬),湟源、同仁、互助、平安、大通(3月上旬),化隆(3月中旬),湟中解冻最晚(4月上旬);青海湖流域和祁连山区,门源、共和、贵南解冻最早(3月上旬),其次是海晏(3月中旬),刚察、祁连、托勒于3月下旬解冻,野牛沟和天峻解冻最晚(4月上旬);青南地区玉树解冻最早(3月上旬),兴海于3月中旬解冻,曲麻莱、甘德、河南4月上旬解冻,沱沱河、泽库解冻最晚(4月中旬)。

2015年10月上旬,野牛沟最早进入土壤封冻期,牧业区其余地区从10月下旬陆续进入封冻期,从牧业区12个代表站测定的土壤封冻前的墒情资料来看,兴海出现6 cm干土层,土壤轻度干旱;天峻出现3 cm干土层,其余地区均无干土层。与2003—2014年同期相比,刚察、天峻、沱沱河和野牛沟减少1 cm,兴海增加5 cm,其余地区持平。与2014年同期相比,天峻和兴海分别增加2 cm和6 cm,其余地区持平(图4.12)。

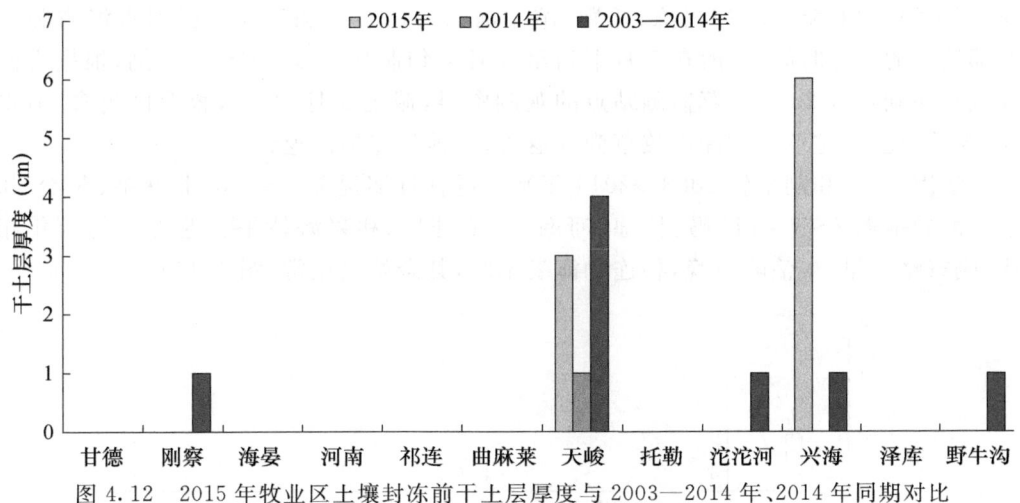

图4.12 2015年牧业区土壤封冻前干土层厚度与2003—2014年、2014年同期对比

2015年10月下旬,青海省农业区农田土壤陆续开始封冻。从农业区16个代表站测定的土壤封冻前的墒情资料来看,大部分地区无干土层,只有大通、共和、化隆、湟源和尖扎出现1~3 cm干土层。与2003—2014年土壤封冻前相比,尖扎和共和干土层厚度增加1 cm,大通、互助、化隆、湟源、湟中和门源持平,其余地区减少1~2 cm。与2014年土壤封冻前相比,大通、共和、化隆、湟源和尖扎增加1~3 cm,其余地区持平(图4.13)。

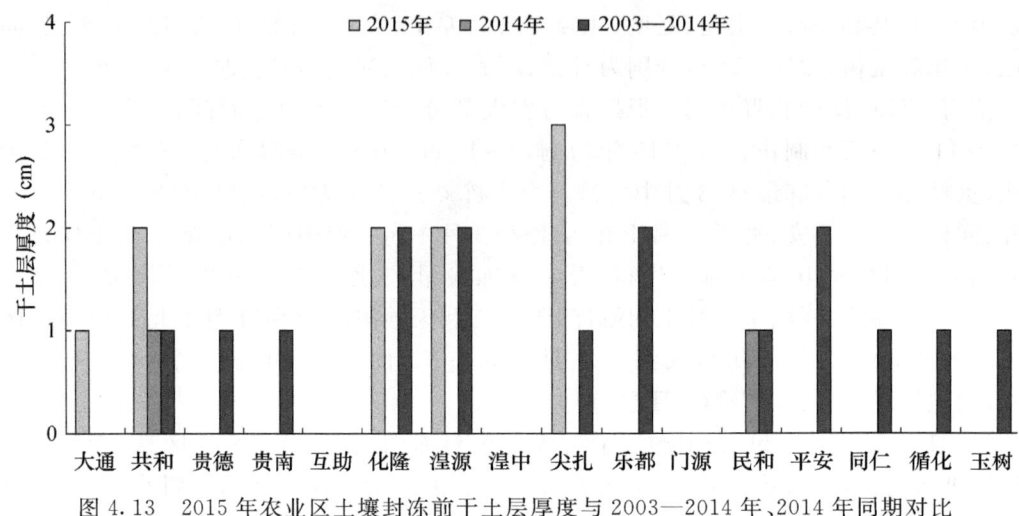

图 4.13 2015 年农业区土壤封冻前干土层厚度与 2003—2014 年、2014 年同期对比

4. 牧草返青期监测产品

牧草返青监测产品是为了分析评估青海省牧区牧草返青时间而制作。全省设有 20 个监测点,分别为班玛、达日、甘德、刚察、海晏、河南、久治、玛多、玛沁、囊谦、祁连、清水河、曲麻莱、天峻、同德、托勒、沱沱河、兴海、杂多和泽库。根据青海省牧草大部地区的返青时间,一般在 5 月下旬至 6 月上旬制作。以 2015 年为例,根据青南牧区和环湖牧区 20 个牧草监测站点的观测资料,截至 5 月 18 日,牧业区玛多、清水河、天峻、托勒、沱沱河和泽库牧草尚未返青,其他站点均已返青。

囊谦、达日和刚察较 2003—2014 年平均返青日期提前 1~4 d,曲麻莱、久治、祁连和海晏推迟 2~7 d,班玛、甘德、河南、玛沁、同德和兴海持平。返青期与历年相比,刚察略偏早,久治略偏晚,祁连和海晏偏晚,其余站点正常(图 4.14)。

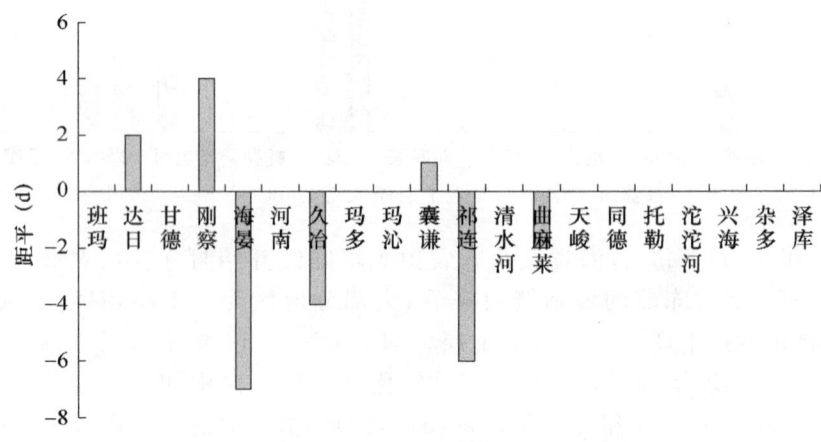

图 4.14 2015 年青海省牧草返青期距平

第5章 青海省生态气象监测评估预警服务

5.1 生态气象监测服务

5.1.1 生态气象监测服务主要内容

生态气象监测服务的内容包含监测对象、监测数据及服务方式。

5.1.1.1 监测对象

监测对象是针对青海省不同生态类型的分布特点,以全省范围内牧草、积雪、水体等生态气象要素,干旱、火情、荒漠化、融雪性洪水等生态气象灾害为对象。按照中国气象局下发的《生态气象观测规范(实行)》和《青海省生态环境监测系统》开展生态气象监测服务,在不同生态系统的代表区域,尤其是生态脆弱区和敏感区,有重点地开展生态气象监测,如空间分布格局、面积动态变化。同时进行气候变化主导因子的观测,并与其他部门的生态系统观测数据相结合,以满足生态气象业务服务和发展的需求,满足生态建设与保护的需求和生态系统研究的需求。

5.1.1.2 监测数据

监测数据包括卫星遥感数据和地面站点资料。生态气象监测服务涉及的数据种类繁多、结构复杂,有常规的气象数据、生态环境监测数据、卫星遥感数据、GIS空间数据等,在生态气象监测过程中,需联合农业、牧业、林业、水利和环保等相关部门,逐步实现以遥感监测和地面监测相结合的观测体系,积累生态气象及其动态变化的基础数据,实现部门优势互补、信息共享,建立生态气象监测数据库。

5.1.1.3 服务方式

针对生态气象服务,及时制定气象服务方案,细化服务内容,积极运用生态气象服务平台制作服务产品,或利用中国气象局、青海省气象局下发的业务指导产品,进行解释应用或订正,服务生态发展。加强对可能给生态造成影响的雪灾、干旱等灾害的动态监测,并采取相关措施帮助农牧民有效防灾减灾。结合牧草发育期、牧草长势、产量等与气象因子的关系,深入研究开发牧草产量与放牧方式、路线、强度等有关的精准化服务产品,凭借微信公众号、互联网、移动媒体、电视等多种形式,实现生态气象信息在全省各市(州)、各县、各乡(镇)的全面覆盖。确保农牧业可以及时获取生态气象信息,为生态农牧业建设提供有利的气象信息指导。

5.1.2 生态气象监测服务产品

生态气象服务产品是定期向政府、相关部门及社会公众报送发布的生态气象服务信息,一般来说,内容、格式、图表和形式较固定,通常分为草地遥感监测产品、积雪遥感监测产品、水体遥感监测产品和生态气象灾害监测评估预警产品。

5.1.2.1 草地遥感监测产品

草地遥感监测产品主要面向全省范围的牧草进行监测,自牧草返青开始至黄枯结束,针对牧草物候、产量、年景、载畜量等内容制作发布草地遥感监测产品,为地市级气象部门气象服务提供技术参考。

1. 牧草长势监测产品

牧草长势是对每年6—9月的月产量进行监测,在每月月初制作发布上月的产量遥感监测产品。

以2017年牧草长势监测为例:根据2017年7月16 d最大NDVI合成EOS/MODIS卫星遥感监测资料,结合青海省牧草长势遥感监测模式,对青海省的牧草长势进行了监测((彩)图5.1),结果显示:海北州的牧草产量以200 kg/亩以上等级为主;黄南州的牧草产量以400~600 kg/亩等级为主;海南州的牧草产量以200 kg/亩以下等级为主;果洛州的牧草产量以100~300 kg/亩等级为主;玉树州的牧草产量以200 kg/亩以下等级为主。海西州的牧草产量以100 kg/亩以下等级为主。牧草长势遥感监测克服了传统直接收获生物量对草地带来的破坏,可直观获取每月牧草长势的动态变化特征,在畜牧业生产过程中指导牲畜饲养数量,控制出栏数。

2. 牧草长势年景评价产品

牧草长势年景评价在每年10月初制作发布,针对全省牧草年景分县评价,1年仅发布1期。

以2017年牧草长势年景评价产品为例:2017年青海省牧区牧草产量与近10年同期平均相比((彩)图5.2),距平百分率>10%的草地分布于海西州东部、海北州南部和玉树州西部的部分地区,其余大部分地区基本持平。综上所述,2017年青海省各地牧草长势较近10年平均基本持平,全省牧草气候年景综合评定为"平年"(表5.1)。

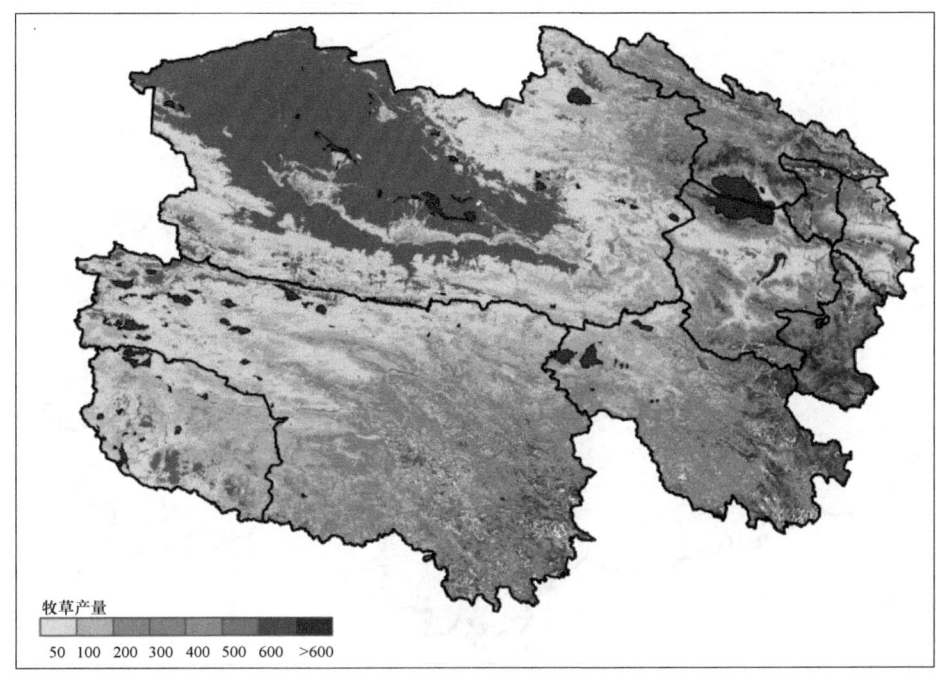

图 5.1　2017 年 7 月青海省 EOS/MODIS 牧草产量遥感监测（单位：kg/亩）

表 5.1　青海省 2017 年最高产草量与近 10 年产草量对比

地区		2017年平均(kg/亩)	近10年平均(kg/亩)	距平百分率(%)	年景评价	地区		2017年平均(kg/亩)	近10年平均(kg/亩)	距平百分率(%)	年景评价
玉树州	称多	312	308	1	平年	黄南州	河南	595	644	−8	平年
	囊谦	403	397	1	平年		泽库	482	504	−4	平年
	曲麻莱	139	134	4	平年	海北州	刚察	409	373	10	平年
	玉树	439	434	1	平年		海晏	429	378	13	丰年
	杂多	213	218	−2	平年		门源	474	442	7	平年
	治多	137	143	−5	平年		祁连	351	322	9	平年
果洛州	班玛	516	511	1	平年	海西州	大柴旦	73	70	4	平年
	达日	359	368	−3	平年		德令哈	81	72	12	丰年
	甘德	475	508	−6	平年		都兰	91	82	11	丰年
	久治	575	582	−1	平年		冷湖	40	42	−4	平年
	玛多	146	149	−2	平年		茫崖	59	58	1	平年
	玛沁	404	418	−3	平年		天峻	201	182	11	丰年
海南州	贵南	265	257	3	平年		乌兰	111	100	11	丰年
	同德	371	385	−4	平年		格尔木	87	78	12	丰年
	兴海	266	260	2	平年						

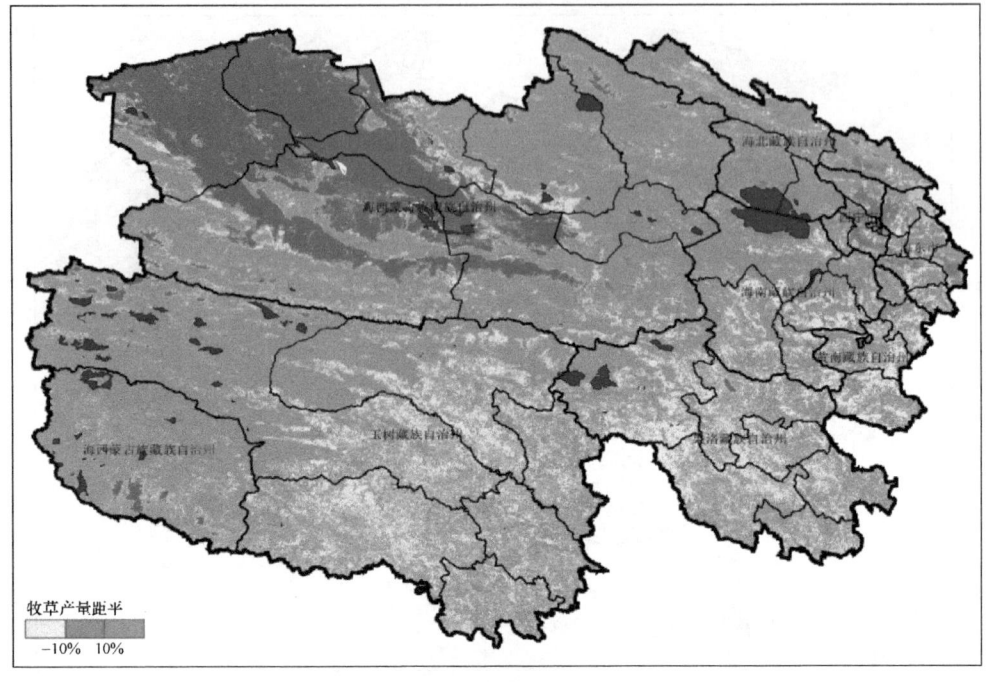

图 5.2　2017 年青海省牧草产量与近 10 年距平(单位:%)

牧草年景评价在确定草原载畜量,评定草原家畜生产能力临界指标方面具有重要意义,其核心是草畜平衡。年景长势产品监测在合理分配草原利用方式,因地制宜地利用天然草地,达到有效防止草原生态恶化的现象发生,实现草原畜牧业经济持续有条不紊地发展,对修复生态环境、保护生态平衡具有重要指导意义。

3. 草地载畜量遥感监测产品

在年产草量监测基础上利用草地载畜量遥感监测技术,监测各州理论牲畜载畜量,以 2018 年青海省各州理论牲畜载畜量监测为例,2018 年全省各州理论牲畜载畜量玉树州最大,果洛州次之(表 5.2)。

表 5.2　2018 年青海省各州草地载畜量估算　　单位:万只羊单位

地区	2018 年载畜量
海西州	792
玉树州	1891
果洛州	1381
海南州	525
黄南州	515
海北州	566

5.1.2.2 积雪遥感监测产品

积雪遥感监测产品是日产品,利用每天的 EOS/MODIS 或 FY3-MWRI 数据监测积雪面积和积雪深度。在每年 10 月至次年 5 月开展遥感监测,在发生降雪天气过程时当天制作发布积雪遥感监测产品,对强降雪过程的地区重点关注,如某一行政区、某一路段等。

以 2018 年 11 月 7 日积雪遥感监测产品为例:根据 2018 年 11 月 7 日遥感监测结果显示,除海西州中西部和玉树州西部外,青海省各地均有积雪,大部地区积雪面积比例在 50% 以上;其中湟源、湟中、大通、河南、泽库、甘德、达日、玛多、玛沁、久治和兴海积雪面积占行政面积比例在 90% 以上。全省积雪深度以 5~10 cm、10~15 cm 等级为主。其中 10~15 cm 积雪主要分布在果洛州大部、玉树州南部和祁连山区等地;其余积雪覆盖地区雪深以 5~10 cm 等级为主((彩)图 5.3)。

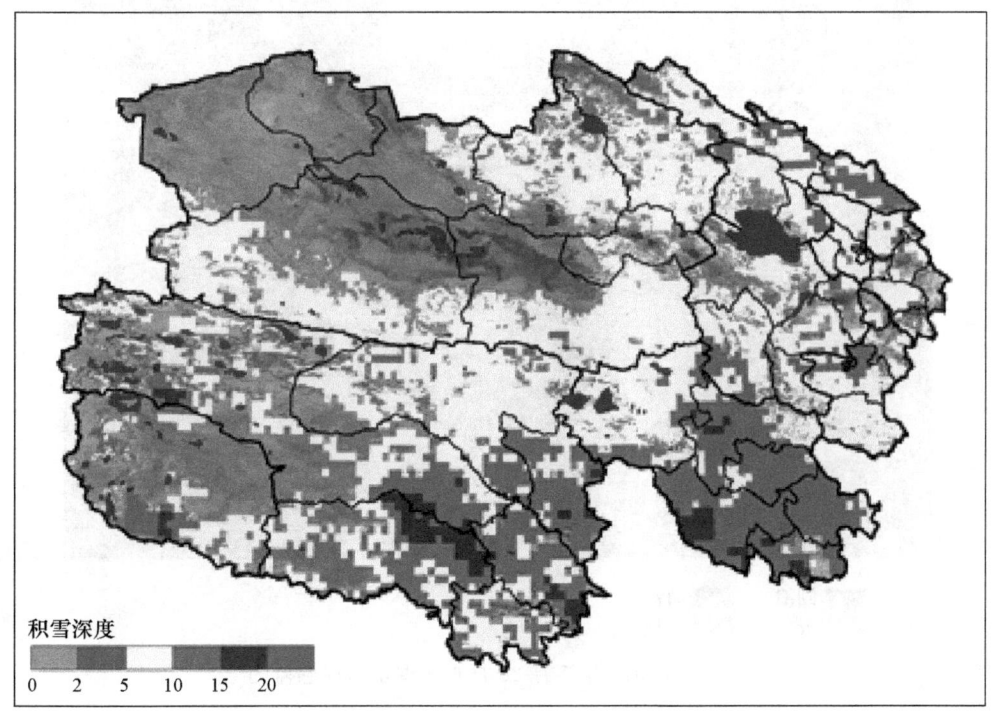

图 5.3　2018 年 11 月 7 日青海省积雪遥感监测(单位:cm)

在雪灾频发的冬春季节,积雪实现了日尺度的监测,这不仅在降雪天气时指导交通出行,还可以在雪灾发生时按照雪灾持续时间、受灾范围等信息调配草原物资,给青海省畜牧业生产以及政府防灾减灾、抗灾决策提供信息。

5.1.2.3 水体遥感监测产品

水体遥感监测产品分常规性产品和非常规性产品,常规产品是每年4月下旬(枯水期)、7月下旬和9月下旬(丰水期)监测青海湖水体面积,非常规性产品是遇到强天气过程引发湖泊水库面积剧增时监测水体面积,如龙羊峡、卓乃湖、哈拉湖、温泉水库等都是重点关注水体。

以2017年7月下旬青海湖水体遥感监测产品为例:根据2017年7月28日EOS/MODIS卫星遥感监测,结果表明:青海湖面积为4435.69 km²。与上年同期相比,青海湖面积扩大60.19 km²;与历年(2005—2016年)同期平均相比,青海湖面积扩大101.54 km²((彩)图5.4、(彩)图5.5)。

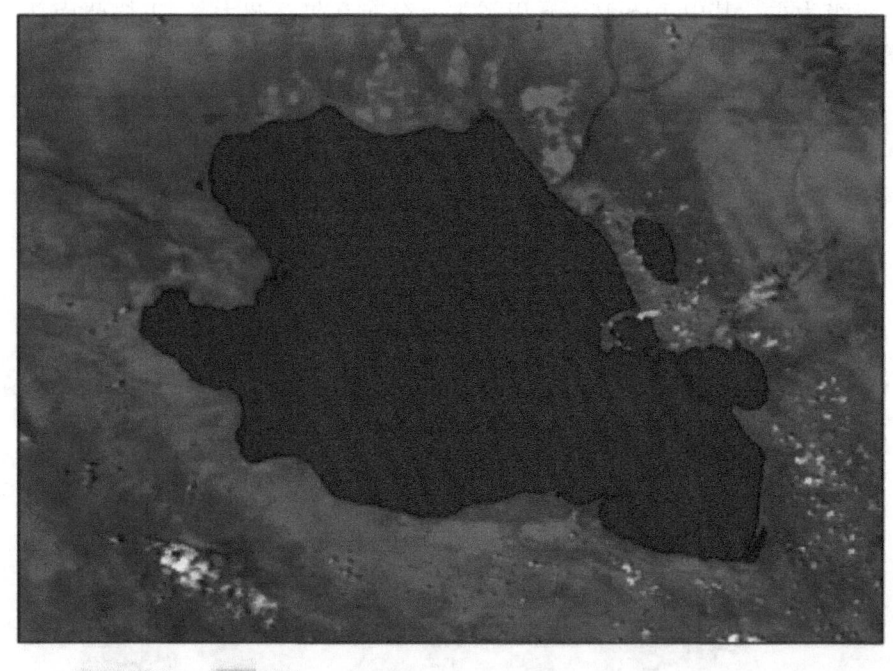

图5.4 2017年7月28日青海湖水体遥感监测

业务中持续监测青海湖的湖冰物候期情况,从开始封冻至完全封冻、开始解冻至完全解冻进行全过程监测。以青海湖封冻遥感监测为例:

根据EOS/MODIS卫星遥感监测,青海湖自2018年12月16日开始封冻,至2019年1月22日完全封冻,整个封冻过程历时37 d((彩)图5.6)。

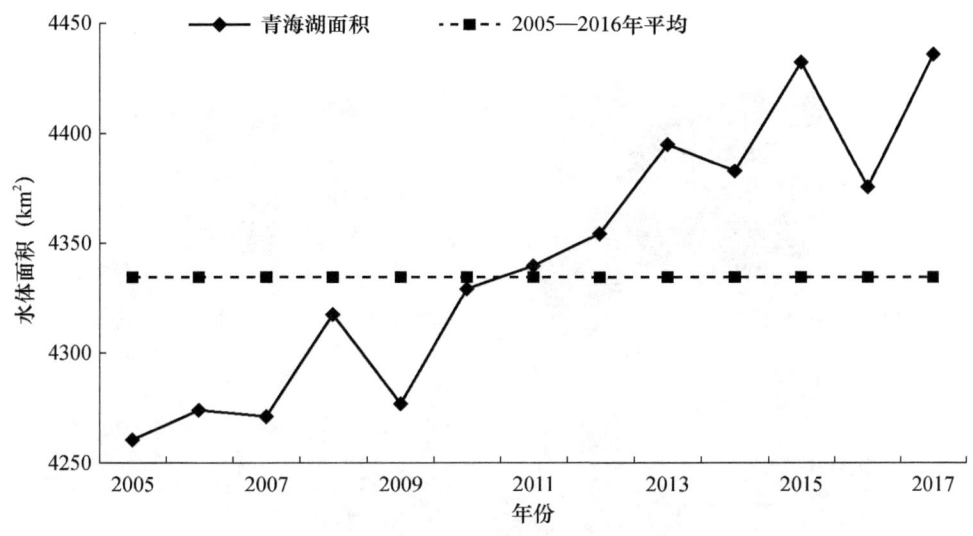

图 5.5　2005—2017 年 7 月青海湖面积遥感监测动态

5.1.2.4　生态气象灾害监测评估预警产品

生态气象灾害遥感监测产品是在雪灾、旱灾和火情等生态气象灾害发生时,制作发布的遥感监测服务产品。

5.1.2.4.1　雪灾遥感监测产品

根据雪灾判识标准,利用遥感监测手段从积雪深度和维持日数来判断雪灾等级。该类业务产品正在优化完善中。

5.1.2.4.2　旱灾遥感监测产品

根据旱灾判识标准,利用遥感监测手段监测干旱范围、等级及其变化信息等。以 2017 年 6 月底至 7 月初东部农业区干旱为例:

利用 EOS/MODIS 卫星资料,对东部地区土壤干旱的主要范围和面积进行遥感动态监测,结果表明:7 月 9 日,湟中东北部、互助南部、平安北部、乐都中部、民和、化隆南部、循化西部、同仁北部、尖扎西部和贵德南部等地开始出现土壤干旱;此后土壤旱情迅速发展,受灾范围逐步扩大,并从低海拔地区向高海拔地区发展。至 19 日,东部农区 70% 以上耕地出现土壤干旱,其中 50% 耕地出现中度到重度土壤干旱((彩)图 5.7、表 5.3)。

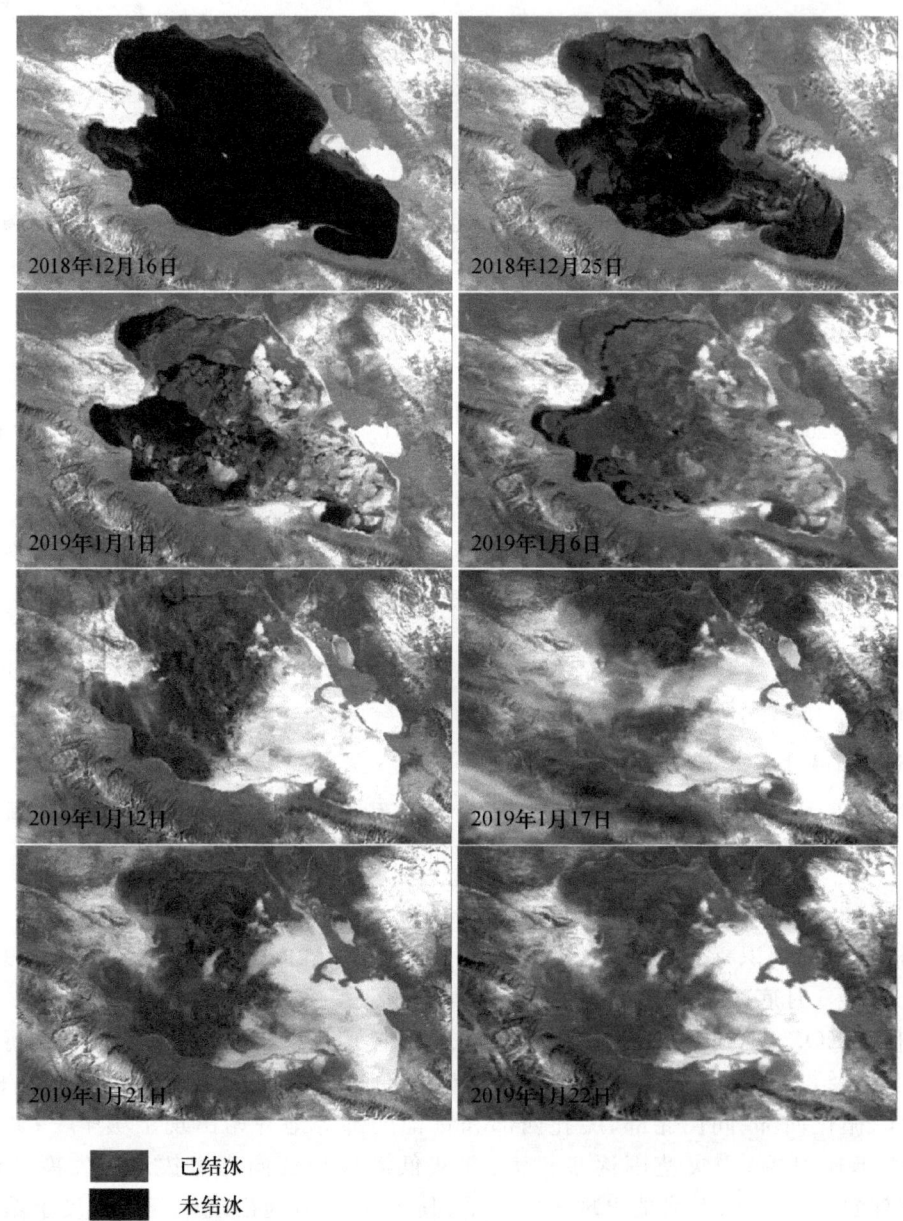

图 5.6　2018—2019 年青海湖封冻过程

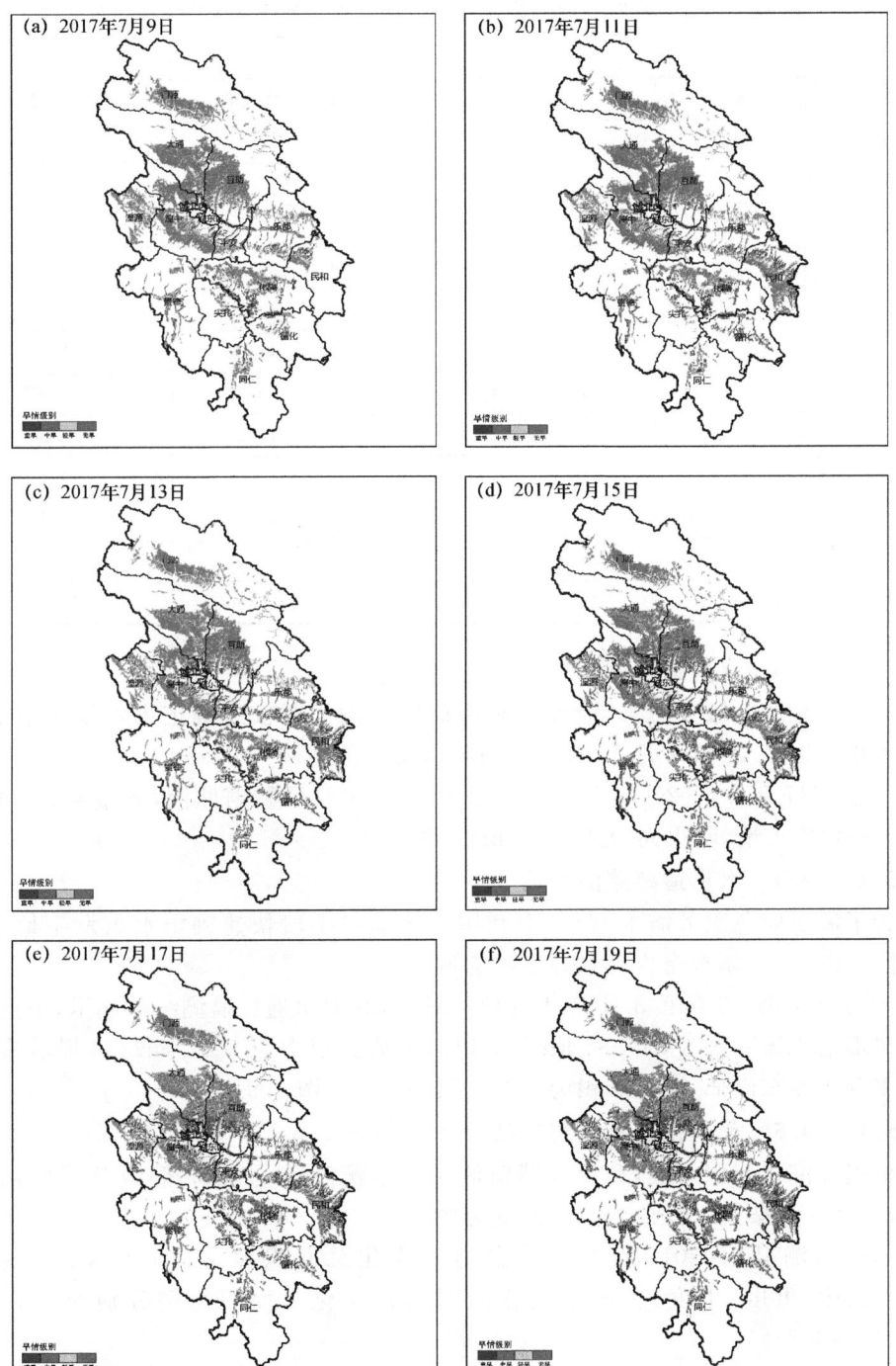

图 5.7　2017 年 7 月 9—19 日东部农区作物旱情遥感动态监测

表 5.3 2017 年 7 月 19 日东部农区各旱情级别与各县耕地面积比例　　　单位：%

地区		重旱	中旱	轻旱	受旱总比例
西宁	大通	14.19	38.91	21.86	74.96
	湟源	22.80	51.92	16.79	91.51
	湟中	14.88	34.28	22.88	72.04
海东	互助	15.20	34.72	21.93	71.85
	化隆	40.25	44.53	9.40	94.17
	乐都	29.72	40.12	14.76	84.61
	民和	30.73	39.80	11.29	81.81
	平安	29.19	43.06	16.30	88.55
	循化	33.04	42.56	11.26	86.86
海南	贵德	51.49	38.94	6.04	96.47
黄南	尖扎	28.86	43.12	15.47	87.44
	同仁	25.63	52.66	13.14	91.42
海北	门源	23.11	40.72	15.58	79.41

5.1.2.4.3　火情遥感监测产品

为了满足应急服务需求，业务中利用遥感监测手段快速确定火灾发生地点、明火区大小。以 2017 年 1 月 26 日玉树州囊谦县火情为例：

根据 2017 年 1 月 26 日 20 时 17 分 NOAA18 卫星数据监测，囊谦县（96.97°E，32.13°N）发生火情，明火面积达 0.02 hm^2（图 5.8）。

5.1.2.4.4　水患遥感监测产品

为了满足应急服务需求，业务中利用遥感监测手段快速确定水患发生地点、影响范围。以 2018 年东台吉乃尔湖溃堤为例：

2018 年 8 月 13 日和 8 月 17 日 EOS/MODIS 卫星遥感监测结果显示，东台吉乃尔湖溃堤前水体面积为 347.81 km^2，溃堤后水体面积为 551.17 km^2，溃堤后淹没地区主要分布在东南部，淹没面积为 223.99 km^2（（彩）图 5.9）。

5.1.2.4.5　荒漠化遥感监测产品

根据荒漠化判识标准，利用遥感监测手段监测荒漠化范围、等级及其变化信息等。以 2018 年柴达木盆地荒漠化监测为例：

遥感监测显示：2018 年柴达木盆地荒漠化总面积为 19.85 万 km^2（（彩）图 5.10），其中，重度、中度、轻度荒漠化面积占荒漠化总面积比例分别为 48.54%、18.24%、33.22%。

第 5 章 青海省生态气象监测评估预警服务

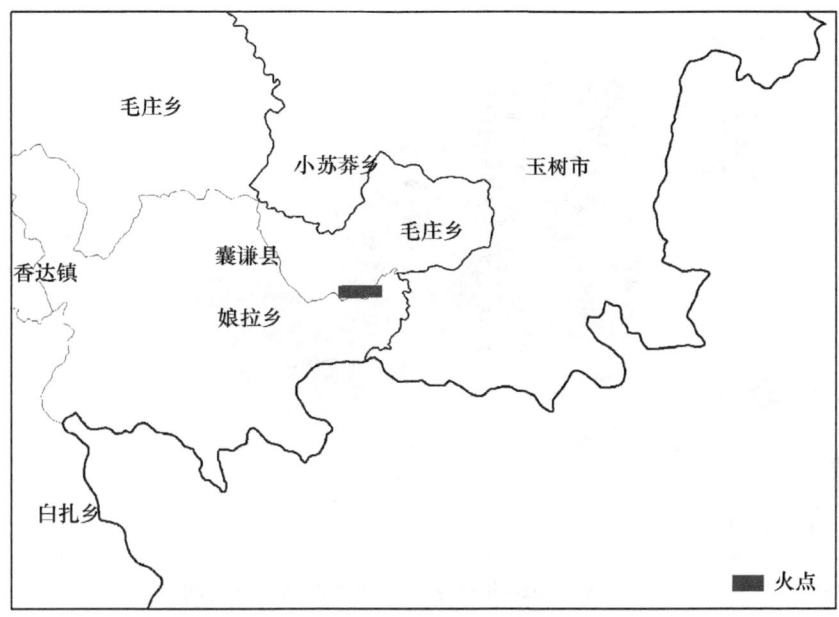

图 5.8 2017 年 1 月 26 日囊谦县火情监测

图 5.9 东台吉乃尔湖水体面积遥感监测

图 5.10　2018 年柴达木盆地荒漠化遥感监测

5.1.2.4.6　沙尘遥感监测产品

为了满足应急服务需求,业务中利用遥感监测手段快速确定沙尘发生地点、影响范围等。以 2018 年 4 月 5 日柴达木盆地沙尘监测为例:

根据 4 月 5 日 15 时 47 分 FY-3B/VIRR 数据和 17 时 13 分 NOAA19/AVHRR 数据监测显示:沙尘区主要分布在冷湖行委、大柴旦行委、乌兰县西部、都兰县西北部及共和县等部分地区,并受西风影响,15—17 时沙尘区域面积呈逐步扩大趋势((彩)图 5.11)。

图 5.11　2018 年 4 月 5 日 15 时 47 分(a)、17 时 13 分(b)柴达木盆地沙尘遥感监测

5.2 生态气象评估服务

青海省生态环境地面监测系统自 2003 年建成并业务化运行以来,青海省气象科学研究所(以下简称"科研所")在积累一定时段的地面数据与卫星数据后,逐步实现各生态要素定量化监测,2007 年开始每年对全省生态环境状况进行监测评估;在三江源、祁连山等重大项目启动后,增加了对重点工程建设实施前后各生态功能区生态要素时空变化分析,以评估工程实施效益和生态资产价值变化。现阶段生态气象评估对象正由单个生态气象要素转向不同生态系统的整体评估(如生态资产评估)。

5.2.1 生态气象评估主要内容

青海省生态气象评估服务主要针对草原、荒漠、湿地等重点生态系统,围绕生态承载、生态敏感性,利用遥感手段或数值模式确定草地、积雪、水体、冰川等生态气象要素的时空演变及其历史地位和异常情况,从气象角度评估草原退化、沙漠边缘变化、湿地面积变化,以及主要生态气象要素变化对当地生态系统及农牧业生产等影响。

5.2.2 生态气象评估产品

青海省生态气象评估产品主要分为两部分,第一部分以常规产品形式包含在实时监测产品中,以"与上年同期及近 10 年同期平均相比"和"生产建议"等形式出现。第二部分产品以决策咨询类报告形式呈现,如《三江源国家公园生态气象监测评估报告(2004—2015 年)》《柴达木盆地生态气象监测评估报告(2004—2016 年)》等,这些报告从气象角度全面评估气候变化对生态环境的影响,给出当前或未来气候条件下生态持续健康发展的合理建议。下面给出典型的评估产品案例。

5.2.2.1 常规生态气象评估产品

5.2.2.1.1 高寒草地生态系统评估产品

高寒草地生态系统评估产品主要有草地物候期、植被长势及草地产草量、草地承载力及草畜平衡、草原沙化等产品。当然,随着技术发展和业务需求的精细化、多样化,会在优化现有评估产品基础上,研发新评估产品,以期更合理地评估整个高寒草地生态系统质量情况。下面给出两个典型案例。

案例1:2017年青海省草地承载力估算

案例背景:2017年青海省年平均气温偏高、年平均降水量偏多1成,虽然降水时段分布不均,但气象条件总体利于牧草生长发育和产量形成。为了评估当前草地承载力,在2017年牧草长势遥感监测基础上,评估了2017年草地承载力,制作了《2017年青海省牧草载畜量估算》产品,为草地合理放牧提供决策支持。

产品内容:在草地承载力及草畜平衡监测评估产品中,第1部分为2017年全省牧草产量遥感监测情况,第2部分为当年气象条件影响评价,第3部分为当年理论载畜量估算、与2016年及近5年(10年)平均状况的对比分析,第4部分为依据未来冬季气候趋势给出的生产建议。其中"载畜量估算"部分为本产品的重要内容,从该部分可以得到草地承载力当前情况及与历史年份的对比情况,具体如下:

根据2017年牧区生长季牧草最大产量、绵羊日食量及牧草利用率计算各州理论载畜量,可以看出,2017年牲畜载畜量最大是玉树州,其次是果洛州,其余地区载畜量从大到小依次为海西州、海北州、海南州和黄南州。与2016年相比,各州载畜量均有所增大,其中果洛州理论载畜量增幅最大,为51%,其余各州理论载畜量增幅为15%~48%;与近10年同期相比,除海南州增加12%、海北州增加9%外,其余各州基本持平。总体来看,2017年牧业区牛羊理论载畜量较上年增加32%,与近10年平均基本持平(表5.4)。

表5.4 2017年青海省各州草地载畜量估算

类别	2017年载畜量(万只羊单位)	2016年载畜量(万只羊单位)	2007—2016年平均载畜量(万只羊单位)	与2016年增减百分率(%)	与近10年增减百分率(%)
海西州	641	559	626	15	2
玉树州	1668	1341	1676	24	0
果洛州	1113	736	1141	51	−2
海南州	463	363	413	27	12
黄南州	422	284	445	48	−5
海北州	501	356	458	41	9
总计	4808	3639	4759	32	1

案例2:草原沙化监测评估产品

案例背景:沙化是草原地区常见的土地退化形式之一,定期对重点区域草地沙化进行动态监测,及时提供草地沙化变化信息,为沙化治理、草地可持续发展提供科学依据。当前,草原沙化监测评估产品正处于从传统地面观测转向遥感监测的阶段,下面给出2017年柴达木盆地沙化(荒漠化)监测信息,该信息作为《2017年青海省生态气象监测公报》章节内容。

产品内容:主要内容包括2017年荒漠化面积、荒漠化程度的遥感监测情况,及与2016年、近5年平均状况的对比情况,具体如下:

柴达木盆地荒漠化遥感监测显示:2017年柴达木盆地总荒漠化面积为20.36万km^2((彩)图5.12),其中重度、中度、轻度荒漠化面积占总荒漠化面积比例分别为47.34%、19.38%、33.28%(图5.13)。与2016年相比,总荒漠化面积减小0.52万km^2,中度、轻度荒漠化面积分别减小0.49万km^2、0.70万km^2,重度荒漠化面积增加0.67万km^2;与近5年相比,总荒漠化面积减小0.32万km^2,其中中度荒漠化面积减小0.42万km^2,轻度荒漠化面积增加0.10万km^2,重度荒漠化面积与近5年持平。

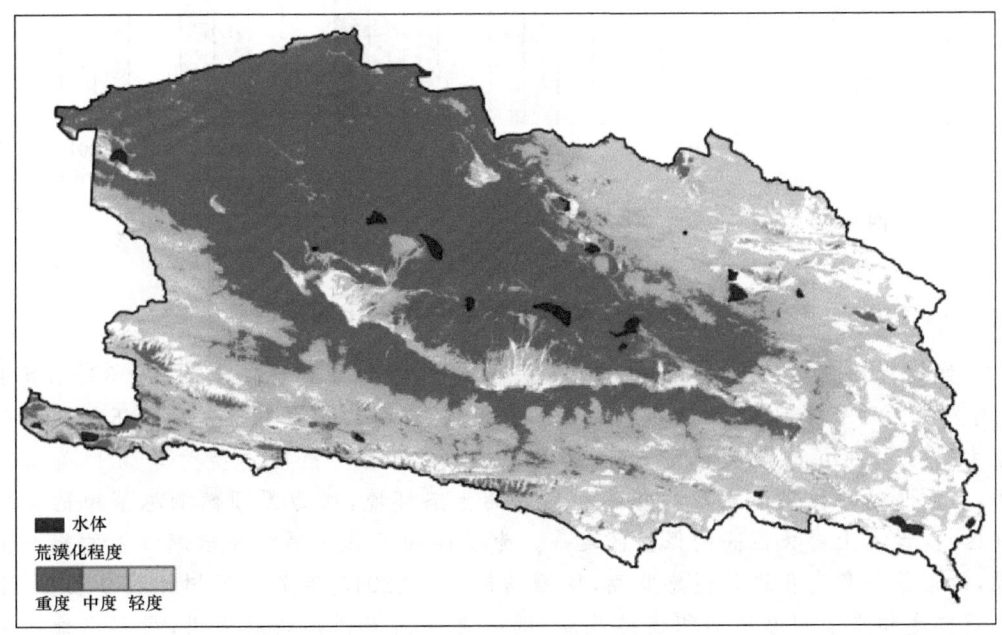

图5.12　2017年柴达木盆地荒漠化遥感监测

5.2.2.1.2　高寒荒漠生态系统评估产品

高寒荒漠生态系统评估产品主要有荒漠化、盐湖面积变化监测评估产品。荒漠化监测评估产品与上述草地沙化监测评估产品相同,盐湖面积变化监测评估产品与下面水生态系统评估产品相同,在此不再介绍。

5.2.2.1.3　高寒湿地生态系统评估产品

高寒湿地生态系统评估产品主要有湿地水体面积变化评估产品,当前该类型产品技术发展缓慢,需要逐步完善。

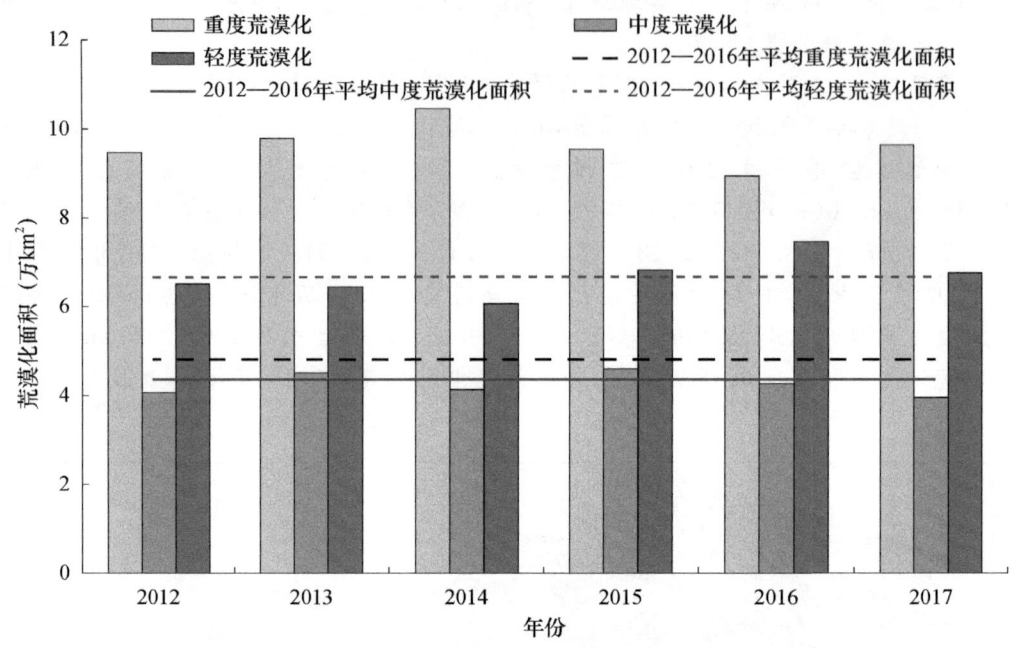

图 5.13　2012—2017 年柴达木盆地重度、中度、轻度荒漠化面积年际变化

案例 3：2015 年隆宝湖湿地面积变化监测评估

案例背景：2015 年夏季玉树州大部降水偏少，平均降水量较常年偏少 33%，其中 7 月发生大面积干旱，导致大部牧草黄枯期提前、部分湿地面积萎缩。距玉树州州府结古镇约 75 km 的隆宝国家级自然保护区，区内主要植被类型为草甸和淡水沼泽，为水禽候鸟提供了充足的食物和良好的生态环境，成为黑颈鹤栖息繁殖的集中地区，是世界上海拔最高的保护区之一。为了详细了解干旱对隆宝湖湿地的影响情况，对湿地面积变化进行遥感监测，监测结果作为《2015 年 7 月玉树州牧草长势、干土层厚度和隆宝湖湿地面积遥感监测》的一部分向玉树州政府提供，得到当地政府批示。

产品内容：该部分内容主要包括隆宝湖湿地面积现状监测、与正常年份的湿地面积对比分析；在给出的湿地边界范围变化图上，可以直观看到湿地面积萎缩情况；最后分析气象条件对湿地面积变化的影响。具体如下：

根据 2013 年 8 月 4 日 Landsat8 卫星（30 m）、2015 年 8 月 2 日 GF-1 卫星（16 m）资料监测（（彩）图 5.14），2015 年玉树州隆宝湖湿地面积为 32.44 km^2，较 2013 年（34.82 km^2）缩小 2.38 km^2。

图 5.14 隆宝湖湿地面积变化遥感监测

5.2.2.1.4 水生态系统评估产品

水生态系统评估产品主要有水体面积、冰川面积及冰储量变化等监测评估产品。其中,水体面积变化监测评估产品比较常见,下面以青海湖为例,给出典型的水生态系统评估产品。

案例4:2019年青海湖枯水期水体面积监测评估产品

案例背景:青海湖位于青藏高原东北部,平均海拔高度在 3200 m 以上,面积约为 4400 km^2,是我国最大的内陆咸水湖,它是维系青藏高原东北部生态安全的重要水体,同时也是高原高寒干旱地区重要的水汽来源,在整个西部生态平衡中起着不可替代的特殊作用。为此,长期通过遥感手段观测其面积变化情况,定期或不定期发布青海湖水体面积遥感监测信息。下面以 2019 年青海湖枯水期面积遥感监测产品为例介绍水体面积监测评估产品的主要内容。

产品内容:主要包括水体面积遥感监测、气象条件分析、水体面积预评估 3 部分内容。其中"水体面积遥感监测"至关重要,该部分内容分析了当前青海湖水体面积与 2018 年同期、近 10 年同期平均的对比情况。具体如下:

根据 2019 年 4 月 25 日 EOS/MODIS 卫星遥感监测,结果表明:青海湖面积为 4515.62 km^2,与 2018 年同期相比青海湖面积增加 82.93 km^2,较近 10 年(2009—2018 年)同期平均增大 164.70 km^2,较 2018 年 9 月 27 日减小 13.69 km^2(图 5.15)。

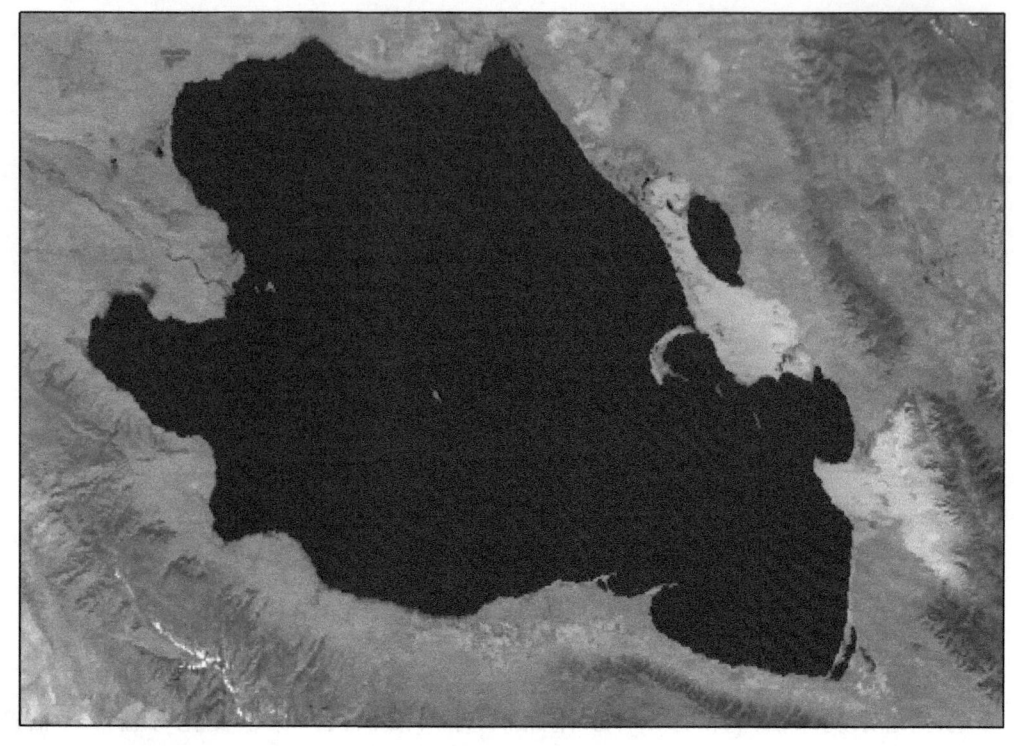

判识水体 ■

图5.15 2019年4月25日青海湖水体面积监测

5.2.2.2 决策咨询类生态气象评估产品

该类产品由科研所主要研究人员和业务人员合力编制而成,是科研所科研成果向业务转化的重要体现,如《三江源国家公园生态气象监测评估报告(2004—2015年)》,该类产品主要包含生态演变特征、气候变化特征、未来气候变化的影响和对策建议4部分内容。

5.3 生态气象风险评估预警

5.3.1 生态气象灾害定义

开展生态气象风险评估预警,首先要理解生态气象灾害的定义、类型和特点,理清生态气象灾害的内容,才可以开展生态气象风险评估预警的相关工作。

生态灾害是指自然生态系统在自然与人为因素影响下,发生恶化或承受破坏以后所出现与生态恶化过程紧密相关的各种继发性的灾害。气象灾害是指由于气象因子的变化而对人类生命、生产资料、生态环境等造成的危害。

生态气象灾害是指因气象因子而引起生态系统退化所造成的生态功能衰退或损失,从而引发或加剧各种生态方面的灾害。生态气象灾害与生态系统和气象因子有密切联系,但有别于生态灾害和气象灾害。生态气象灾害可分为原生气象灾害和次生气象灾害。原生生态气象灾害,主要是指受害体被大气因子直接作用的原生生态气象灾害,主要包括大雾、沙尘暴、干热风、冰雹、冻害、干旱、大风、高温、雷电、台风、寒潮和洪涝等;次生生态气象灾害则是非气象因子受到大气因子作用的间接损害,如暴雨引发的泥石流、山洪;夏季连续高温引起的冰川冰崩、连续降水引起的水库水患等。另外,生态气象灾害的类型还可以按照生态要素和生态系统进行划分。

1. 生态要素划分

按照生态要素划分主要包括以下3类:

(1)水土流失。在水力、风力、重力等外力以及人类活动作用下,水土资源和土地生产力遭受破坏和损失。按驱动力主要分为水力侵蚀和风力侵蚀两种水土流失。

(2)荒漠化。因气候变化、人类活动等种种因素致使极端干旱、干旱、半干旱和半湿润区的土地退化,其结果使得雨养农田、草原和林地的生物经济生产力下降或丧失。按驱动力主要分为风蚀、水蚀、盐渍和冻融4种荒漠化类型。其中风蚀引起的沙质荒漠化面积最大,分布最广,危害最重。

(3)生物入侵。由于气候变化、环境污染和生态环境破坏等原因,使外来有害生物从原来的分布地域扩展到新的地域,这些有害生物不仅可以生存、繁殖,而且更能适应新的环境。与生物入侵有关的物种可分为外来种和入侵种两类。

2. 生态系统划分

按照生态系统可划分为3类:

(1)草地生态系统退化。主要受气候变暖、冻土退化和干旱的影响,造成草地水分缺乏、原有植被和土壤结构遭到破坏,使草原植被稀疏,产草量下降,毒草、害草、杂草滋生,以及鼠害加剧、水土流失、土壤盐碱化、土地沙漠化,最终使草场退化。退化原因分为荒漠型退化、盐渍型退化、黑土滩退化和杂草型退化4种类型。

(2)湿地生态系统退化。湿地是水陆相互作用形成的特殊自然综合体,水是维持湿地生态功能的决定因素,没有水就没有湿地。由于气温升高、蒸发增大、大气降水分配不均等,造成湿地水分下降。在气象因子和人类活动的耦合作用下,湿地发生了结构性的变化和功能性的衰退。

(3)森林生态系统退化。因为气候变暖和人为因素以及森林火灾等原因,致使森林成灾面积剧增、天然林遭到破坏、成林缩减、蓄积量下降、林业用地减少、林地生产力下降、森林结构劣化、林业生态功能削弱等,最终林地退化加剧。

5.3.2 评估预警主要内容

生态气象灾害监测、预警与评估主要从以下几个方面开展相关的工作。

1. 生态气象灾害监测

首先,需要针对生态气象灾害进行监测,选择对生态气象灾害影响较为突出的因子作为重点监测对象,进行定量、长期、系统监测。监测和调查内容主要包括气象、土壤、生物、水文、地形地貌、社会经济、人为7个方面的因素。监测方法主要采取立体监测,包括地基监测、空基监测和天基监测3种。地基监测就是在地面围绕某一生态系统内容易发生的生态气象灾害,开展气象、土壤、生物、水环境等方面的要素观测和调查。空基监测是指利用无人机和搭载的探测器开展的各种对生态系统和气象灾害进行的动态监测。天基监测是运用遥感技术,利用卫星携带的各种探测器,对地—气系统进行宏观连续监测。

建立监测网络是监测最重要且最有效的手段。气象部门结合自身的特点和优势,按照综合观测、资源共享、突出重点的原则,2007年国务院3号文件《国务院关于加快气象事业发展的若干意见》,明确提出建立和完善国家级、省级生态系统气象监测、预测和评估业务体系。青海省气象局在全省范围内也建立了许多生态气象业务观测站,其中,国家气象站52个、区域气象站511个、农气观测站17个、自动土壤水分站76个、人工土壤水分站28个,以及牧草生态观测站20个。此外,青海省气象科学研究所在全省范围内建有综合观测试验站共计10个,下垫面涵盖高寒湿地、高寒草原、高寒草甸、农田、荒漠化草原和戈壁等。观测内容包括涡动相关观测系统(6个站)、通量塔(4个站)、沙尘观测系统(2个站)、农田小气候观测系统(1个站)、雪特性观测系统(1个站)、降水控制试验场(1个站)、冻土观测系统(3个站)、土壤温湿盐观测系统(10个站)和辐射观测系统(10个站)。具体如下:海北高寒草原生态气象野外试验站、甘德高寒草甸生态气象野外试验站、兴海高寒草甸生态气象野外试验站、玛沁高寒草甸生态气象野外试验站、隆宝高寒湿地生态气象野外试验站、乌兰荒漠化草原生态气象野外试验站、沱沱河高寒草甸生态气象野外试验站、曲麻莱边界层观测站、西北沙漠陆气相互作用及风沙观测野外试验站、诺木洪农田小气候观测站。此外,还建有雪深观测站共计17个,雪深观测的下垫面涵盖高寒湿地、高寒草原、高寒草甸、砾石和裸地等。上述这些生态气象业务监测站点可以为生态气象灾害风险评估预警提供可靠的数据支撑。

2. 生态气象灾害预警

首先,应该建立国家级生态气象灾害研究和预警机构,以便加强全国生态气象灾害预警工作;其次,建立生态气象灾害预警系统,该系统应该具备两个方面的功能:一是对引起灾害有预测能力及对事件发生后的生态响应有评估能力;二是对未来气候变化引起生态环境变化要有比较客观的评估。

3. 生态气象灾害评估

生态气象灾害评估内容主要包括发生强度、危害程度、灾害损失3个方面。危害程度评估中,就生态系统退化评估,采用单途径单因子诊断法:第一,筛选评价指标,建立指标体系;第二,进行数据标准化,确定指标权重;第三,构建评价指数,计算指数值;第四,根据结果,划分退化等级。灾害损失评估。主要采取专业判断法、调查评价和费用—效益分析法。

5.3.3 评估预警技术方法

生态气象灾害评估预警技术方法是灾害评估预警的重要组成部分,主要包括监测体系、信息报送与管理体系、风险评估与预警体系、数据共享与交换系统和信息传播体系。生态气象灾害评估预警技术体系的构建,是灾害管理部门和机构有效履行职责的基础,是提升灾害评估预警以及减灾科技水平的重要手段,是有效利用和整合现有基础设施与资源并形成适应灾害全球化、新形势下自然灾害评估预警体系的重要支撑,是提高综合减灾和风险管理水平的有效途径。

生态气象灾害能够对生态系统、社会经济以及人民的生命和财产等构成威胁,需要通过风险评估才能确定。随着全球气候变化的影响,生态气象灾害给人类带来的影响越来越大,迫切需要建立生态气象灾害风险评估与预警体系;需要就生态气象灾害对人类本身和生态系统的影响,建立重大生态气象灾害风险评估与预警体系。风险评估与预警体系的建立,其包含的评估方法和预警手段不仅可以用于对生态气象灾害的风险评估,也可用于政府管理部门防灾、备灾,进行早期预警,确定监测的重点对象,制定灾害治理的方案,以及开展灾害风险的宣传教育。生态气象灾害风险评估有以下几个方面:孕灾环境稳定性、致灾因子危险性、承灾体脆弱性、综合风险评估。生态气象灾害风险评估与预警体系的建设主要包括风险评估技术能力的建设,风险知识、意识和能力的建设,硬件平台的建设和机构的建设。生态气象灾害风险评估体系是整个重大自然灾害风险管理与预警技术体系的核心部分,它的目的是评价生态气象灾害危险发生的可能性及其后果的严重程度,以寻求生态系统破坏最轻、生命与财产损失最少。

1. 基于空间技术的生态气象灾害风险识别技术

遥感技术作为生态气象灾害数据的获取手段,地理信息系统作为空间数据管理与分析的手段,以及导航定位技术已经广泛应用于自然灾害的风险识别与评估,并取得了一系列成果。因此,将空间技术纳入生态气象灾害风险识别与评估体系对于提高生态气象灾害风险识别与评估能力具有重要意义。基于空间技术的风险识别是在遥感、地理信息系统和导航定位等空间技术的支持下,通过目视解译和自动识别相结合,以生态气象灾害信息提取模型、风险源危险性评价分析模型、承灾体易损性分析模型、生态气象灾害风险分析模型等组成的模型库为基础,利用地面监测和遥感监测结果,通过对风险源危险性评价、承灾体易损性分析、灾害风险性分析等方法进行灾害的风险评估,最终形成灾害风险评估与预警产品。

2. 灾害动力学分析

山崩、滑坡、泥石流、地面坍塌、地面沉降、冻土退化、水库水患、暴雨洪涝等灾害均以动力学为基础。因此,对灾害动力学进行分析是生态气象灾害风险管理与预警的重要前提。地球动力系统一般分为内动力作用和外动力作用。地震、火山等一般被认为是内动力作用的灾害。山崩、滑坡、泥石流等一般归为外动力作用的灾害,但是,这些灾害往往是伴随着内动力作用共同发生的。人类活动对作为生态气象灾害的动力源可以划分为外动力作用,兴修水利工程、矿山开挖、地下水开采、沙石搬运、土地开发等人类活动均是造成自然灾害的重要外动力作用。因此,研究生态气象灾害发生的内外动力耦合作用及自然与人类活动相互作用,对于提高灾害风险管理和预警水平有着重要的作用。生态气象灾害形成过程包括由突发性致灾因子引发的灾害动力学过程,如冰雹、暴雨洪涝;由渐进性致灾因子累积形成的灾害生态学过程,如干旱灾害过程;由于人为因素驱动的灾情分散与过程构成的综合灾害过程。

3. 数理分析方法

基于数理统计分析的风险估算方法是通过统计灾害的活动规模、频次、密度以及灾害的主要影响因素,建立灾害活动的数学模型,估算灾害危险区的范围、规模或发生时间等。基于数理统计分析的风险估算方法应用较为广泛,主要用此方法中的概率风险模型和可能性风险模型。概率风险就是当随机抽样次数趋于无穷时,时间出现概率的一个极限值。可能性风险估算模型通过对概率的取舍加入可能性指标,增加了概率分布的科学性和可靠性。

4. 社会经济评价方法

在生态气象灾害风险评价研究中,往往根据研究的侧重点将模型分为社会风险、经济风险、环境风险、综合风险等类型,各个类型内部又包含应用于不同领域的多个评价模型。社会经济评价方法主要是以自然灾害对社会与经济的影响作为评价的主要对象。生态气象灾害风险评价研究中,主要关注生态气象灾害导致的环境风险和综合风险。

5.3.4 评估预警产品

生态气象灾害评估预警产品是在对生态气象灾害的危险程度评价的基础上编

制的,主要用于发生生态气象灾害后达到的危害程度进行评估预警,包括单一种类的生态气象灾害评估预警产品和灾害综合评估预警产品。生态气象灾害评估产品是在灾害发生过程中,动态监测灾害的发生、发展情况,分析灾害发展趋势的信息产品。生态气象灾害预警产品是在对灾害进行监测的基础上结合当地的实际情况,按照不同的时空尺度划分出不同灾害发生危险区域的风险等级,当灾害风险达到一定程度时,制作并发布灾害预警产品,内容包括灾害发生概率、灾害可能影响的范围等预警信息。在灾中则对灾害的发展趋势和可能造成的新风险做出评估和预警,生成相应预警信息产品。此外,生态气象灾害预警产品还包括,灾害发生后,在对卫星数据、地面监测、核查数据和信息的综合分析基础上制作,评估灾后新形势下的风险,为灾害救助和恢复重建需求提供风险信息服务。

生态气象灾害评估预警产品贯穿灾害发生、发展的多个环节,对减灾、救灾工作有重要的支撑作用。在灾害预防阶段,风险产品起到灾害风险常规监测的作用,可用于辅助制定减灾规划、预案等。随着风险的提高,达到灾害即将发生的临界点时,风险产品即以预警信息的形式由专业机构向各级政府部门、社会机构、广大公众发布,使各级应急部门有充足的时间有效准备,应对灾害。灾害发生过程中,快速制作的评估产品是进行减灾、救灾和灾情分析的重要依据,辅助灾害管理决策部门和决策者及时了解灾情概况及灾害发展趋势,有效指挥救灾行动或人员撤离,争取减少灾害损失。灾害发生后的风险产品能够帮助评估灾害损失,指导有关部门的恢复重建工作,减少在高风险区的规划,有利于在灾害再次发生的情况下减少损失。风险产品的等级、形式、分类多种多样,风险产品的主要服务对象是国家有关减灾、救灾行政管理部门。这些部门是国家减灾、救灾工作的指挥者和决策者,它们利用简洁、直观的风险产品作为参考依据,制定合理的救灾方案。除国家有关部门外,一些产品还可向公众发布,提高公众的风险意识,或作为灾害管理专业研究机构的交流、研讨资料,以及为涉灾商业公司长期提供信息服务。在国际交流方面,风险产品还可满足国际组织人道主义救援的需要,为科技不发达地区提供技术支持。总的来说,无论针对哪个灾害阶段、哪些用户群的风险产品,其最终都是促使防灾、减灾活动有的放矢,达到减轻灾害损失的目的。

5.3.4.1 现有服务产品信息

针对气象部门擅长的领域,凭借多年积累的实践经验,生产制作了相关的生态气象灾害评估预警产品。中国气象局承担全国气象工作的政府行政管理职能,负责全国气象工作的组织管理。其职能之一便是管理全国天气预报警报、短期气候预测、城市环境气象预报、火险气象等级预报和气候影响评价的发布,工作范围涉及:短期天气预报、中期天气预报、环境气象预报、森林火险预报、地质气象灾害预报、台风海洋预报、农业生态预报、遥感应用预报、数值天气预报、国际天气预报、预报系统

实验及延伸天气预报等业务。其中,与生态气象灾害产品相关的业务产品体系主要包括:

(1)警报产品体系。警报产品体系主要包括:强冷空气警报、暴雨警报、雾或霾警报、高温警报、台风警报、海洋天气警报、大风降温警报、地质灾害警报、沙尘暴警报。其中,雾或霾警报、台风警报、海洋天气警报、大风降温警报、地质灾害警报、沙尘暴警报已实现业务化生成产品,并向外界发布。

(2)预报产品体系。预报产品体系包括:天气趋势预报、城市天气预报、热带气旋预报、城市客观要素预报、环境气象、交通气象、地质灾害与水文气象、生态与农业气象。其中,天气趋势预报中的降雨量预报、城市天气预报中的中国城市天气预报、海洋气象中的海洋天气预报等多数预报产品作为基础数据,为警报产品的生成提供依据;而热带气旋预报中的热带气旋路径预报、环境气象中的草原火险等级预报与森林火险等级预报、地质灾害与水文气象中的渍涝风险气象预报、生态与农业气象中的农业干旱预报等直接以风险产品的形式发布。

(3)生态气象灾害产品体系。生态气象灾害产品体系主要包括:草地、农业干旱服务产品、积雪或雪灾服务产品、湖泊水库面积变化产品、火点监测服务产品、森林火险预警服务产品等。其中,草地、农业干旱服务产品、积雪或雪灾服务产品、湖泊水库面积变化产品、火点监测服务产品均以卫星遥感数据作为基础数据,为产品的生成提供基础信息;在此基础上,叠加气象监测数据,可以为生态气象灾害产品提供评估和预警的风险信息,最终综合基础数据和气象监测数据以服务产品的形式发布。在气象产品发布方面,中国气象局重组了决策气象服务中心,增强了多轨道业务的综合服务能力。依托气象灾害监测预警工程、国家突发公共事件预警信息发布平台等重点工程,强化气象灾害预警信息发布工作,实现气象灾害警报信息第一时间"进农村、进社区、进企业、进学校";并为国家防汛抗旱总指挥部(以下简称"国家防总")、民政部、减灾委员会、公安部、卫生部、旅游局、武警部队、保险等部门提供气象服务。

5.3.4.2 生态气象服务产品

国、省、地、县等根据需求,确定适合自身服务范围的生态气象服务产品内容、制作发布时间和形式。国家级侧重于全国陆地、农田、草地、森林以及对国家生态环境和经济社会可持续发展有重大影响的生态环境问题或气象灾害,开展生态气象监测、评估和预警服务;省级以下气象部门围绕影响本地区的生态环境问题或气象灾害,开展地方生态气象监测、评估和预警服务。青海省主要开展的生态气象服务产品类别、服务范围、主要内容、制作与发布时间、频次等见表5.5。

表 5.5 青海省主要生态气象服务产品

产品类别	产品名称	服务范围与主要内容	发布时间与频次
草地生态气象监测、预测与评估	草地生态气象监测	全省主要牧草产区,牧草生长期间生态气象条件利弊分析和定量评价	牧草生长季,每月
	草地生态气象灾害监测评估	全省主要牧草产区,雪灾、旱灾、连阴雨等灾害监测评估	灾害发生前后1周内
	草地虫害气象预报	全省主要牧草产区,草地蝗虫发生发展气象预报	不定期
	牧草长势遥感监测	全省主要牧草产区 NDVI、NPP 和草地的草量等为主要内容的牧草长势监测	牧草生长季,每月
	牧草关键发育期监测、预测与评估	全省主要牧草产区,牧草返青、黄枯等关键发育期或生育阶段监测、预测和评价	牧草生长季关键发育期出现前后 10 d 内
	全省主要草地生态质量气象监测评估	全省主要牧草产区,生态质量监测评估	季、年
	全省主要草地产草量与载畜量监测预报	全省主要牧草产区,长势年景、产草量与载畜量监测预报	牧草黄枯前,每年
湖泊生态气象监测与评估	湖泊生态气象条件监测	全省主要湖泊与水库,湖泊生态气象条件利弊分析和定量评价	全年,按自然季或年度发布
	大中型湖泊、水库水位、面积变化分析评估	全省主要湖泊与水库,以遥感监测为主,结合地面监测,综合分析监测评估	全年,按自然季或年度发布
	大中型湖泊封冻期、解冻期监测	全省主要湖泊,以遥感监测为主,结合气象条件和地面观测,综合分析监测评估	全年,按自然季或年度发布
荒漠生态气象监测与评估	荒漠生态气象监测评估	全省主要荒漠区,包括沙丘的移动速度、方向、面积以及荒漠化的程度等,综合分析监测评估	按年度发布
重大生态环境问题气象监测、预测与评估	湖泊水库水患、雪灾生态气象监测产品	全省主要湖泊水库汛期水患、主要牧草产区冬季雪灾等,综合分析监测评估	全年,适时动态监测
	森林(草原)火灾监测评估产品	全省主要林区和草原区,可能火电,过火面积的遥感监测,火灾对生态环境可能造成的影响评价	全年,适时动态监测
	年度生态监测公报	自然生态环境条件下,全省草地、湖泊、土壤、积雪、冰川等的年度综合监测及演变趋势等	年度制作发布

随着生态气象业务的不断发展及完善,青海省主要开发形成5类20种生态气象监测、评估、预警业务服务产品,主要包括以下产品:

(1)草地遥感监测信息。草地遥感监测信息产品主要包括牧草生育期地面监测信息、牧草生育期遥感监测信息、牧草长势遥感监测信息、草地的草量监测与载畜量估算以及牧草生育期监测信息5种。

(2)积雪遥感监测信息。积雪遥感监测信息产品主要包括积雪遥感监测(面积和深度)、积雪动态变化遥感监测、积雪覆盖日数和积雪维持日数4种。

(3)湖泊水体遥感监测信息。湖泊水体遥感监测信息产品主要包括湖泊水体面积遥感监测、湖泊开始封冻期遥感监测、湖泊封冻过程遥感监测、湖泊开始解冻期遥感监测和湖泊解冻过程遥感监测5种。

(4)生态安全事件与生态气象灾害监测评估预警信息。生态安全事件与生态气象灾害监测评估预警信息两大类生态气象服务产品主要针对干旱、火情、雹灾、霜冻和沙尘等气象灾害以及水患、荒漠化、冰崩等生态安全事件。

5.4 生态气象监测评估预警业务系统

5.4.1 建设目标

平台采用"云+端"的架构,省气象信息中心部署支撑平台服务端(云端),集中配置各个区域用户的数据分发策略。支撑平台是一套运行在服务器端的集业务运行管理、数据库管理、系统管理为一体的综合软件平台。提供了任务配置、任务调度、任务执行过程监控、运行状态统计、数据管理、产品生成、产品管理、权限/日志/邮件等的管理功能。平台具有源数据自动采集入库、遥感数据标准化处理、产品自动生成、业务运行管理、数据分发、业务管理、系统管理等功能。同时应为遥感监测分析平台提供强大数据支撑能力。发布平台依托支撑平台具有数据浏览、动态发布能力,采用不同用户级别权限,实现州级和县级产品数据、专题图、产品统计信息等客户端下载能力。与CIMISS数据管理平台数据库连接,实现气象信息动态叠加(图5.16)。

5.4.2 总体设计方案

系统总体构架方面,通过一个云端部署、全省应用、按需定制的开放式云平台设计,实现发布资源共享、数据互通互联、上下联动一体化业务运行。依据全省生态监测评估功能的服务需求和业务发展规划,开发生态气象监测评估预警一体化业务系

第 5 章 青海省生态气象监测评估预警服务

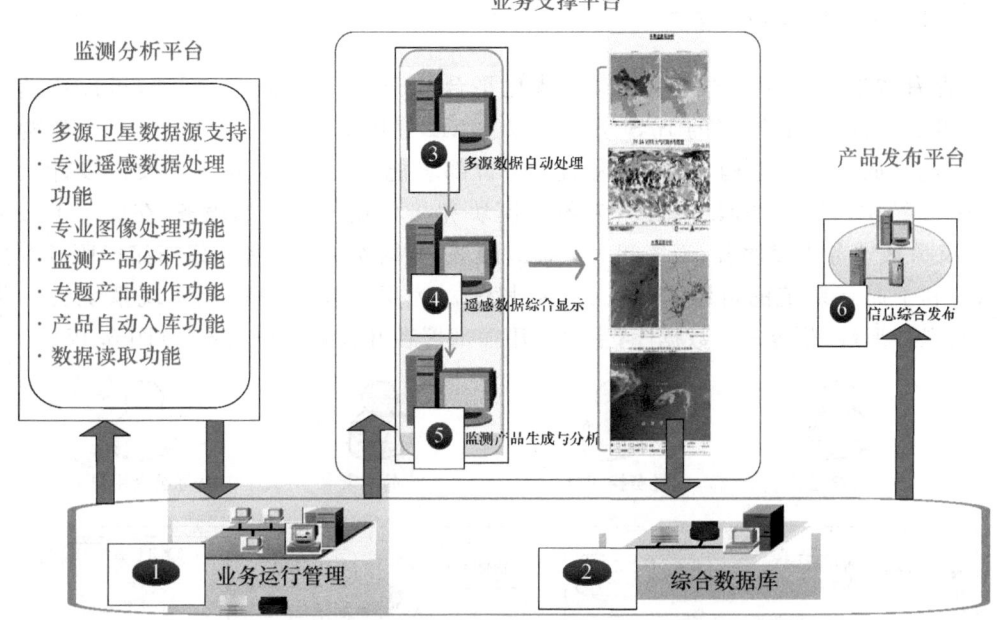

图 5.16 监测分析平台、业务支撑平台、产品发布平台结构

统平台,构建"一个模式、三大平台"的格局,三大平台即监测分析平台、业务支撑平台、产品发布平台。采用松耦合和 GPU 并行计算技术,解决大数据快速读取、快速显示和批量并行计算处理;业务流程上采取基于模型驱动和流程配置的一体化系统技术,实现覆盖生态应用全数据链路和业务流的自动化产品生产线,以及卫星数据的自动读取、判识、产品生成、数据共享等全线功能,实现省、州、县服务一张网。具有用户需求定制产品任务的高端服务功能,实现由灾后评估向事前预警的转变,形成省级生产、州和县级应用的辐射格局,提升重大生态事件、重大生态工程的监测、评估、预警的业务化服务能力。

根据青海省气象服务的实际业务需求,基于 Java 平台、建立 1 套标准的、覆盖青海省的长时间序列多源卫星的生态环境背景遥感数据库(包括积雪、草地、火点等)以及基础资料数字化矢量数据库,建立起支撑业务应用的青海省土壤、草地等生态环境背景数据库。应用卫星遥感数据处理技术、空间网格数据模型和分布式数据库技术建立 1 个集成平台,完成长时间序列卫星遥感数据的集中管理、检索、共享和应用功能。建立青海省级数据中心、州级和县级数据应用中心的 3 层数据共享服务和应用体系,逐步打造为辐射青海省区域,与州、县实现高速数据同步和共享的区域数据中心。

5.4.3 技术架构设计

青海省生态气象监测评估预警一体化平台基于 Java 的 J2EE 框架,可以快速构建出可靠性高、扩展性好的 B/S 系统。以 J2EE 为开发平台的主流信息系统架构体系,实现开放式 3 层架构,具备先天的跨平台部署能力,在系统的技术架构设计上采用 SOA 结构的统一的服务总线,为各个模块和接口提供统一的服务,在底层上服务管理又分成业务支撑服务、系统间对接接口服务、数据库访问服务和发布接口服务等部分;有利于提高系统的可维护性、可扩展性等。为保证现有投资及实现系统良好集成,实现跨平台、兼容多种数据库;主要应用需部署在开放式操作系统上(图 5.17)。

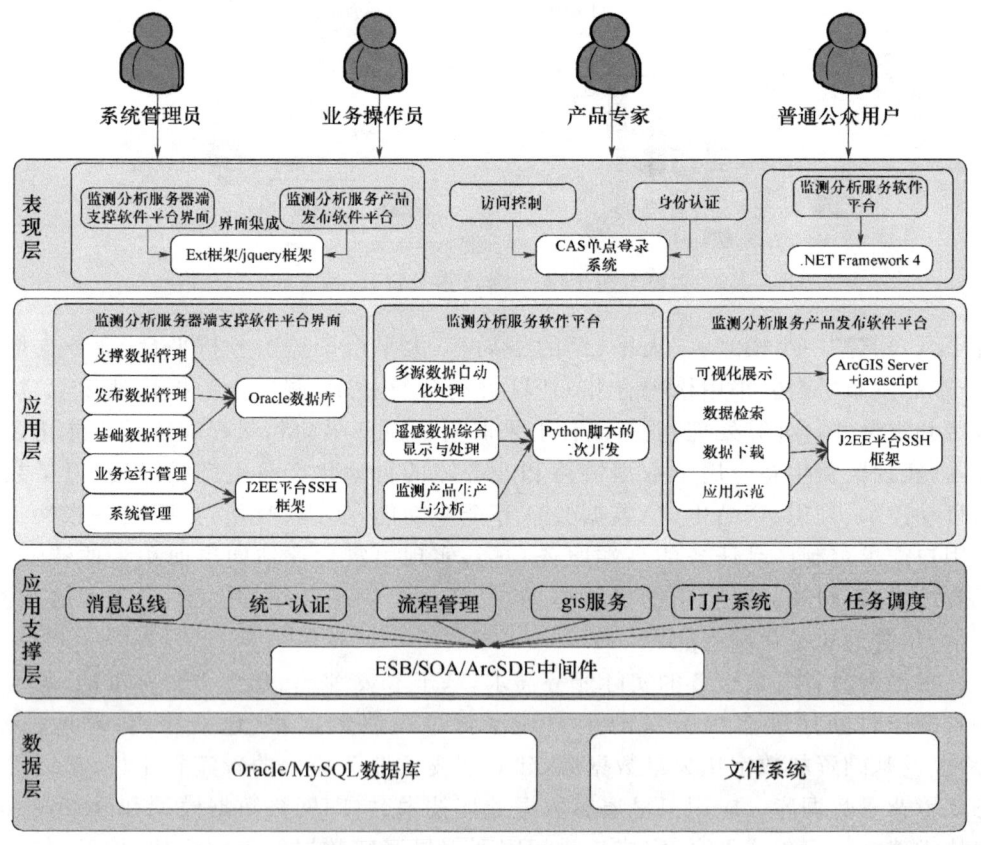

图 5.17 技术体系架构示意图

在表现层,使用 EXT 框架和 Jquery 框架开发业务支撑软件平台和产品发布平台,对于访问控制与身份认证,通过 CAS 单点登录进行统一用户管理。

在应用层,业务支撑软件平台综合数据库管理分系统的数据交换与数据库管理使用 Oracle 数据库提供的 API 进行二次开发,业务运行管理分系统使用 J2EE 平台 SSH 框架开发;监测服务产品发布平台的图形可视化展示采用主流的 WebGIS 方案,即 ArcGIS Server 与 Javascript 结合的方式进行开发,监测服务产品发布平台采用 J2EE 平台 SSH 框架进行开发。

在应用支撑层,消息总线、统一认证、流程管理、报表系统、门户系统等功能均基于企业服务总线 ESB/SOA 进行开发管理。GIS 服务基于 ARCSDE 空间数据引擎提供关于空间数据的统计分析等。

在数据层,使用 Oracle\MySQL 数据库为所有系统提供数据支撑。使用文件系统管理软件实现所有业务数据的统一智能管理。

5.4.4 运行模式设计

生态环境遥感业务产品自动制作发布系统中数据支撑平台、监测分析平台以及产品发布平台三者采用协同式工作模式,共同完成整体业务流程。运行模式分为自动业务模式、常规业务模式两种情况。

自动业务模式:在自动业务模式下,生态环境遥感业务产品自动制作发布系统,根据用户提供的业务运行时间表,预先制定本系统的日常业务数据任务单计划,通过业务运行管理软件分系统申请标准遥感产品和一级遥感数据,并基于支撑数据平台,将外部数据经规范化处理后存入综合数据库中,并依据已定义的自动化产品生产流程(图 5.18),实时(信息提取、定量反演等)或定期(统计分析)地生成各类基于默认判识算法与阈值的专题产品。自动检验通过后,由监测分析服务产品发布平台向各类用户提供信息分发与服务。

常规业务模式:在常规业务流程模式下(图 5.19),生态环境遥感业务产品自动制作发布系统发布根据用户提供的业务运行时间表,预先制定本系统的日常业务数据任务单计划,通过业务运行管理软件分系统申请标准遥感产品和一级遥感数据,并基于综合数据库管理软件分系统,将外部数据经规范化处理后存入综合数据库中,进入气象卫星监测分析常规处理流程,生成各类专题产品。通过生态环境遥感业务产品自动制作发布系统发布平台向各类用户提供信息分发与服务。正常情况下,卫星遥感数据的获取、质量检验、编目、存档、检索和服务都是以自动方式完成的。监测服务产品发布提供统一的客户端软件,对整个系统的运行状态实现集中式的实时监控,既包括实时状态的监视,也提供状态数据的事后检索显示。

5.4.5 应用架构与功能组成设计

根据系统主要功能、运行环境和软件属性的要求,软件系统由监测分析平台、支撑平台、发布平台 3 个软件平台组成。其中,支撑平台通过建立业务运行管理和综合

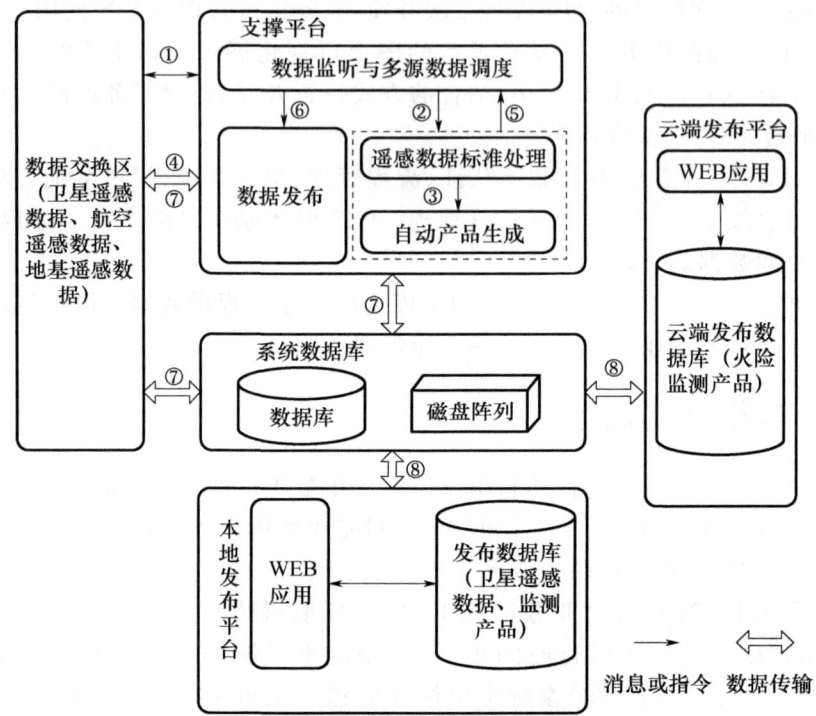

图 5.18 平台间自动业务模式协同工作

数据库管理的业务及数据应用支撑,并提供多源数据自动化处理能力,在 RS 和 GIS 集成应用技术之上,实现生态气象目标产品的监测分析与应用,并完成专题监测产品制作任务,实现生态环境遥感业务产品自动制作发布系统的日常业务化应用运行的支撑与保障;通过 WebGIS 技术搭建面向政府、企事业单位、社会公众的卫星气象监测产品社会化服务的产品发布平台,实现生态环境遥感业务产品自动制作发布系统最大程度的社会效益与经济效益。主要功能如下:

建立与数据中心的数据通信机制,业务化获取各种业务产品和资料,具备系统运行监控与管理功能。

实现专题数据库存储、检索、管理等功能。

实现数据运行调度与管理功能。

提供完善的用户服务管理能力,实现信息化业务管理。

实现多种遥感数据的综合显示和处理功能。

具有图像处理与综合分析功能(包括通道合成、图像增强、信息融合、拼接与镶嵌、统计分析、动画与多媒体显示等,新增风云三号卫星全球真彩色合成图应用功能)。

具有 GIS 分析功能。

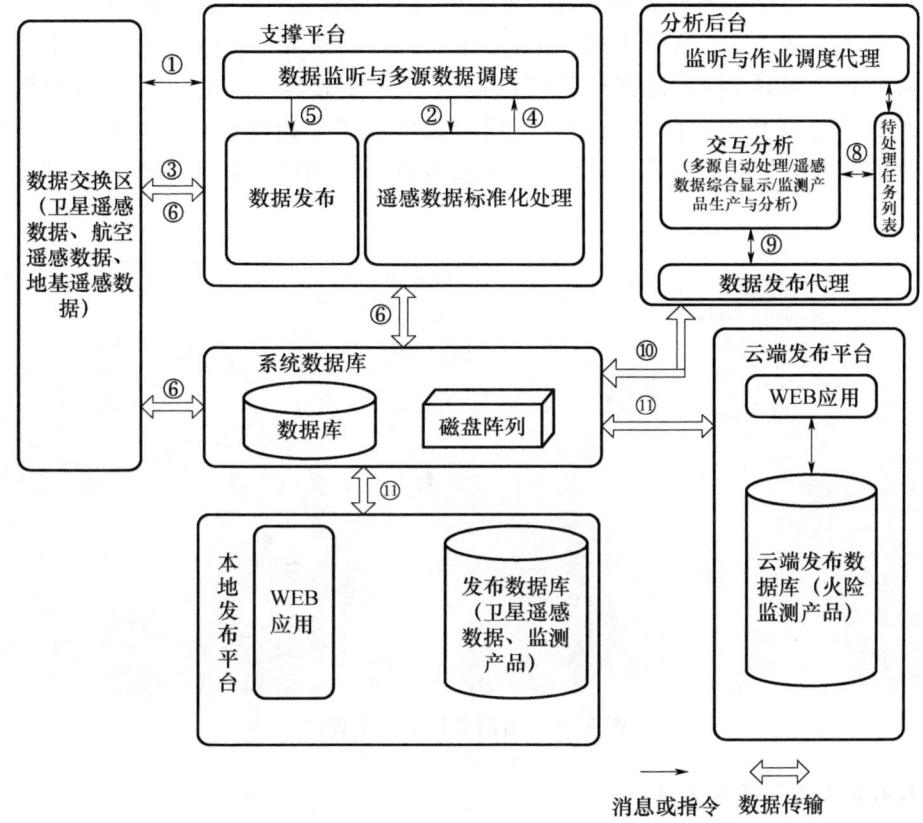

图 5.19 平台间常规模式协同工作

采用 RS 与 GIS 技术相结合的技术手段,实现积雪、牧草、火点等产品的输出功能。

采用 WebGIS 技术实现卫星遥感监测分析信息的对外服务。

5.4.6 系统功能

5.4.6.1 监测分析平台

监测分析平台的建设目标是为卫星遥感监测业务人员提供交互式的专业分析平台,在此平台上方便、高效地生成各种遥感业务专题产品。它是风云三号等气象卫星监测、分析、服务为一体的综合应用平台,主要为国家级和省级气象局卫星遥感应用专业技术人员提供遥感监测分析和处理的工作平台。在此平台上可以自动或以人机交互方式生成各类遥感监测产品,实现各类数据的读取、显示、投影、校正、分幅、图像增强、统计等各种处理功能，为业务人员提供一个公共的图像综合处理平台。以该平台为基础，结合大雾、沙尘、海冰、积雪、火情、水情等业务专业产品监测分析的科学算法，提供监测产品信息提取和分析工具，提取二值图、多通道合成图等产品信息及其他中间产品信息。同时提供新建专题图模板和对现有专题图模板修改的工具，使业务人员能够灵活、方便地将生成的产品信息制作成各种专题图（图 5.20）。

图 5.20　监测分析平台主界面

5.4.6.1.1　基本工具

主要包括两大部分功能：一是图像处理与综合分析功能，包括通道合成、图像增强、信息融合、拼接与镶嵌、统计分析、动画等；二是具有各种多源数据空间化处理功能，包括投影、分幅、校正等。两大功能主要实现图像加载、浏览、波段运算、空间插值、矢量栅格化以及图像投影、分幅、镶嵌、图像精校正等预处理。

（1）投影工具

该工具主要是用于将 L1 级轨道数据进行投影、辐射定标，实现从图像亮度值到反射率或亮温实际物理量的转化，来表征物体反射强度或者发射强度。具有可视化、可拼接轨道数据、可预置分幅的特点。点击【投影】中的【拼接投影】按钮，打开"L1 数据拼接投影"窗口，如图 5.21 所示。

在列表下面还可以选择是否计算亮温|辐射，天顶角订正，输出角度等信息，设置完毕后，点击【执行投影】按钮，执行完毕后，投影后的图像被自动打开（图 5.21）。

（2）拼接与镶嵌

数据镶嵌/拼接工具可以将相邻或者相互重叠的两幅图像进行无缝的拼接，根据空间位置匹配，合成一幅图像。该工具的使用方法如下：

点击开始菜单栏下的【拼接/镶嵌】按钮，弹出"数据镶嵌/拼接"窗口，在"数据镶嵌/拼接"窗口的左侧点击"待拼接文件"标签,在对应的窗口中点击按钮,在弹出的文件打开对话框中选择待拼接文件的路径和名称,点击【确定】按钮。如果"文件名"列表中有多个文件,则可以使用 Ctrl+鼠标左键选中待拼接的文件;如果点击【全选】按钮,则可以选中所有的文件,执行图像镶嵌(图 5.22)。

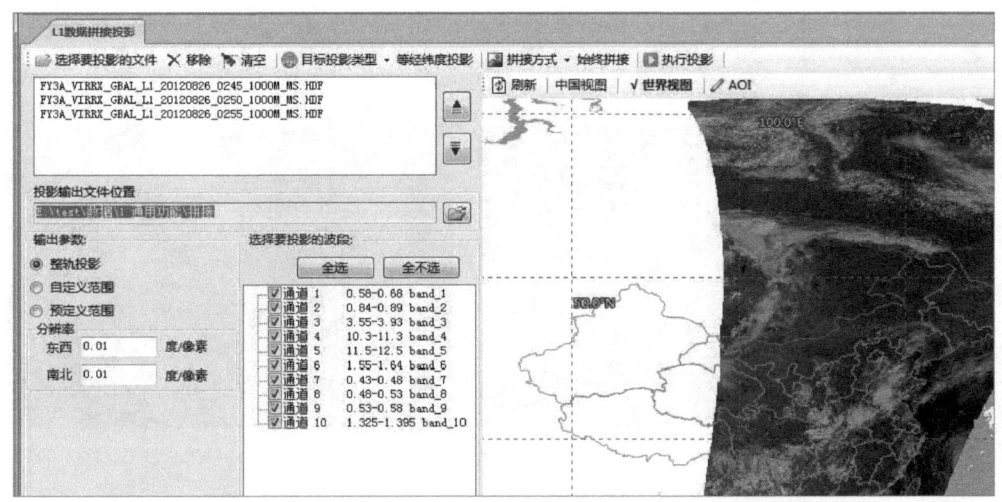

图 5.21　图像投影界面

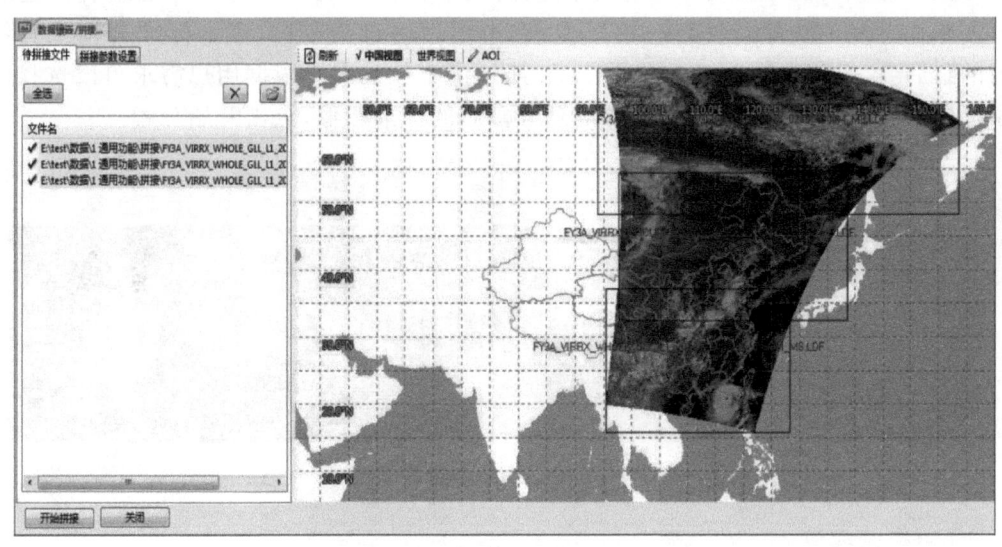

图 5.22　图像镶嵌界面

(3)几何校正

平移校正:开始平移、保存校正、退出校正。平移校正是通过平移操作整体移动图像位置,消除图像在地理位置上的误差。平移校正的操作步骤:打开一幅影像,点击地理信息菜单栏下的基础矢量工具箱内的【河流湖泊】按钮,在下拉列表内选择【中国湖泊(线)】,如图5.23所示。点击【开始平移】按钮,则可以使用鼠标移动图像调整图像与湖泊线达到基本吻合,满足实际需要。

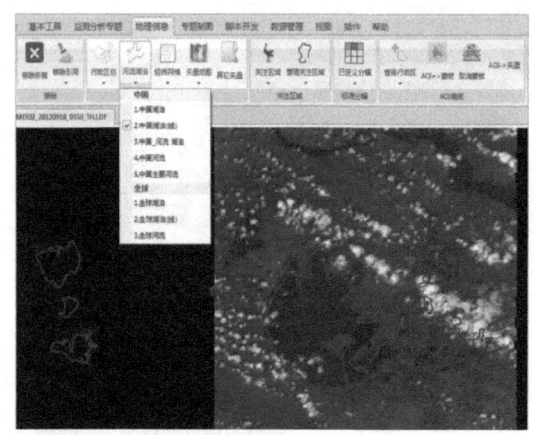
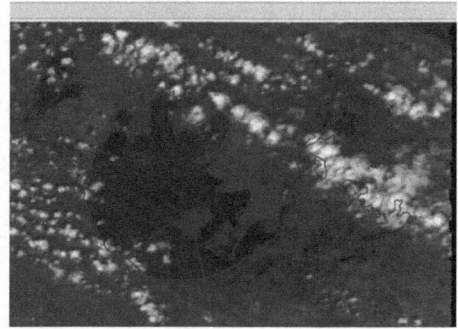

图5.23 几何校正界面

(4)图像分幅

图像分幅功能主要为了规范不同比例尺下影像与地形图有效匹配或者快速服务需求而开发的功能。打开一幅影像,点击地理信息菜单栏,点击标准分幅工具箱内的【已定义分幅】按钮,弹出如图5.24所示的下拉列表。根据用户需求可以选择国家标准分幅或者用户自定义分幅,得到分幅后的标准影像,点击开始分幅。

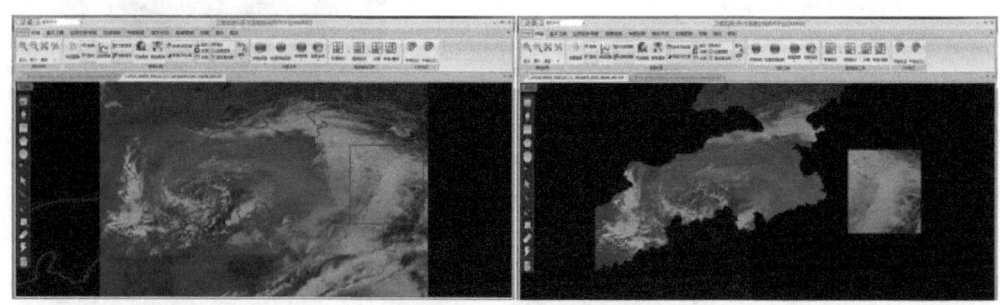

图5.24 图像分幅界面

(5)影像裁剪

影像裁切是根据指定的地理范围对目标影像进行切割,以获得较小的图像(注:待切割影像如果是轨道数据,则必须先进行投影)来满足不同行政区服务需求等。通过打开待切割影像,点击遥感基础工具箱的影像裁切按钮,弹出如图5.25所示的下拉列表。可以通过 AOI 或者地理矢量边界裁剪用户需求的影像数据。

(6)图像滤波

图像滤波既可以在时域进行,也可以在频域进行。图像滤波可以更改或者增强图像,也可以强调一些特征或者去除图像中一些不需要的部分。滤波是一个邻域操作算子,利用给定像素周围的像素值决定此像素的最终输出值。常见的应用包括去噪、图像增强、检测边缘、检测角点、模板匹配等。点击【图像处理】的【滤波】按钮,弹出如图 5.26 所示的下拉列表,主要包括中值滤波、高斯滤波、中值滤波和自定义滤波等。图 5.26 为以高斯滤波为例的前后图像对比图。

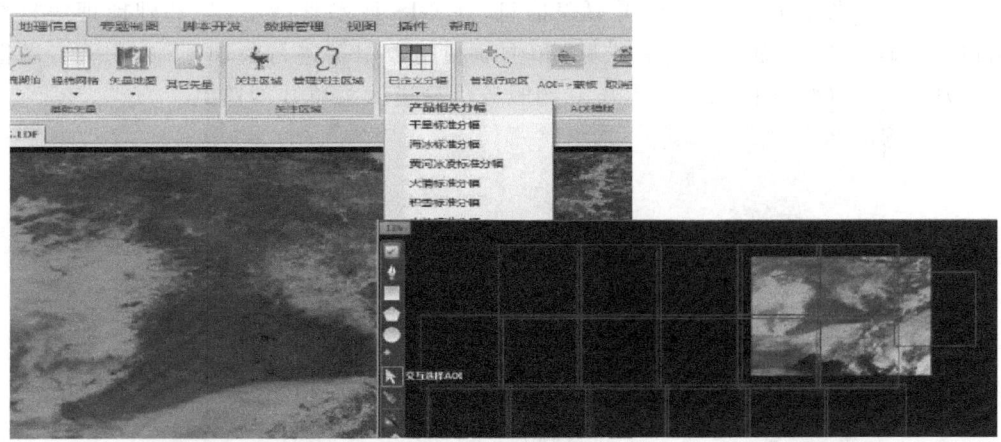

图 5.25 图像裁剪界面

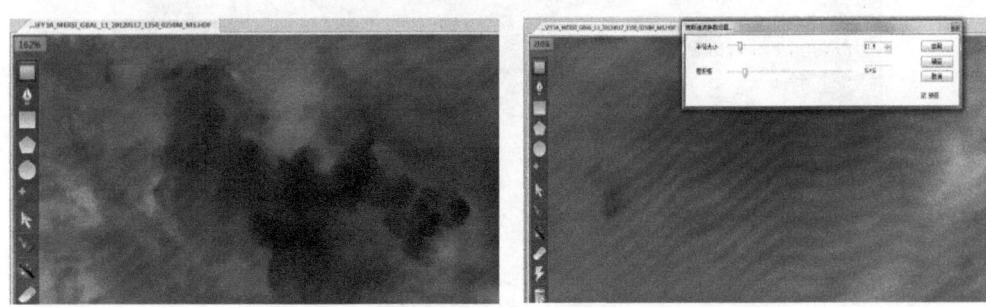

图 5.26 高斯滤波前(a)和高斯滤波后(b)界面

5.4.6.1.2 监测分析专题

(1)积雪监测

卫星遥感积雪判识主要根据积雪在可见光、近红外、短波红外以及远红外通道的光谱特性,即积雪在可见光和近红外($0.5\sim1.0~\mu m$)通道具有较高的反射率,纯雪面的反射率可达到 70% 以上,这一高反射率特性与云十分接近,而与低反射的水陆表面区分明显。其次,积雪在短波红外通道(1.57~1.64 μm、2.1~2.25 μm)具有强吸收特性,因而反射率较低,纯雪的反射率一般低于15%,这一特性为积雪与水云(水云在其他通道与积雪具有十分相似的光谱特性,十分容易与积雪混淆)的区分提供了主要判据,使得积雪信息自动提取成为可能,大大提高了积雪判识精度。积雪在远红外通道(10.3~11.3 μm)的亮度温度虽略低于周围陆地表面,但明显高于中高云,这为区分积雪和极易与积雪混淆的冰晶云提供了有效判据。

实时雪情监测产品包括积雪监测多通道合成图、积雪覆盖专题图、积雪面积统计列表等。积雪监测多通道合成图由短波红外、近红外、可见光通道进行 RGB 合成。积雪专题图像产品利用积雪覆盖信息,在 GIS 技术支持下,与基础地理信息数据包括行政边界、交通线(公路、铁路)和土地利用数据等进行叠加,形成积雪专题图((彩)图 5.27、(彩)图 5.28)。点击专题服务信息进入菜单开展监测。

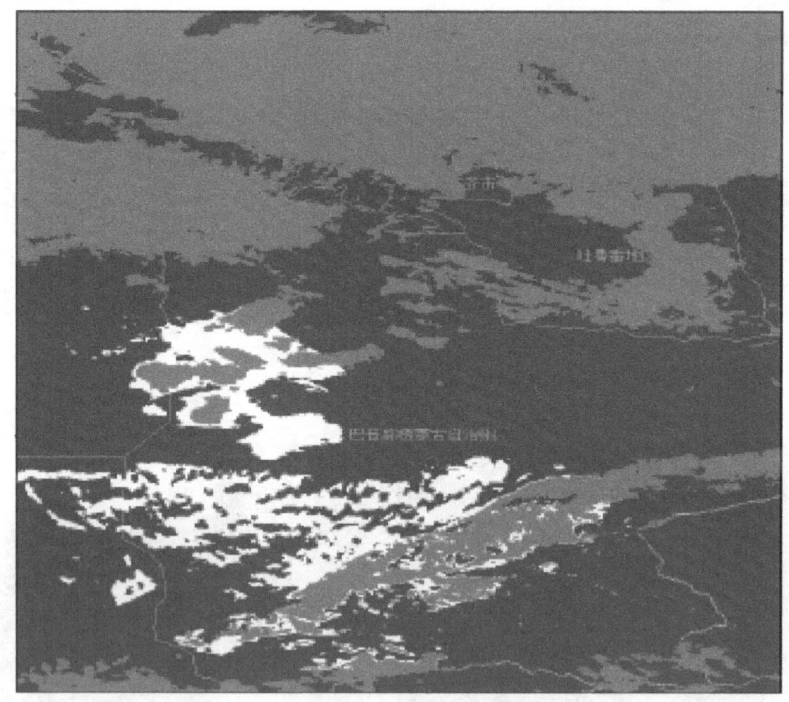

图 5.27 积雪覆盖专题

(2)火点监测

根据火点在中红外波段引起辐射率和亮温急剧增大这一特点,可将中红外亮温与周围背景像元亮温差异,以及中红外与远红外亮温增量差异作为计算机火点自动判识的主要参数。同时,由于中红外波段太阳辐射反射与地面常温放射辐射较为接近,在计算机自动判识时需考虑消除太阳辐射反射在植被较少地带和云表面的干扰。由高温热源在中红外通道混合像元引起亮温急剧升高的特点可知,判断火点的主要条件不是中红外通道亮温值本身，而是其与周围背景像元的亮温差异。例如，在荒漠地区亮温高达 330 K 的区域不可能是火点，而东北地区秋末或初春的火点像元亮温可能＜273 K。

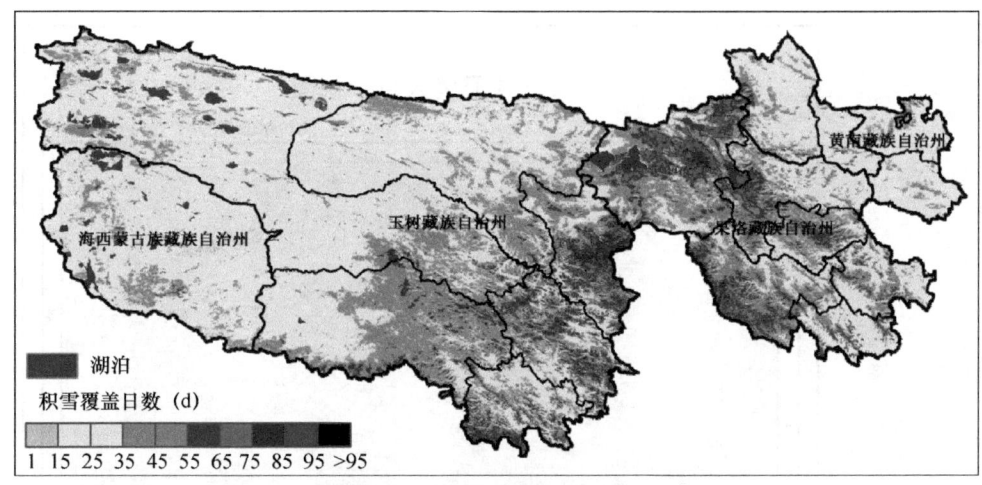

图 5.28 积雪日数专题

单击右侧工具条【交互分析】中的按钮或上方工具栏中交互分析按钮，弹出"火情交互分析"窗口（图 5.29），执行后获取火情监测图以及火情强度监测图（图 5.30、图 5.31）。

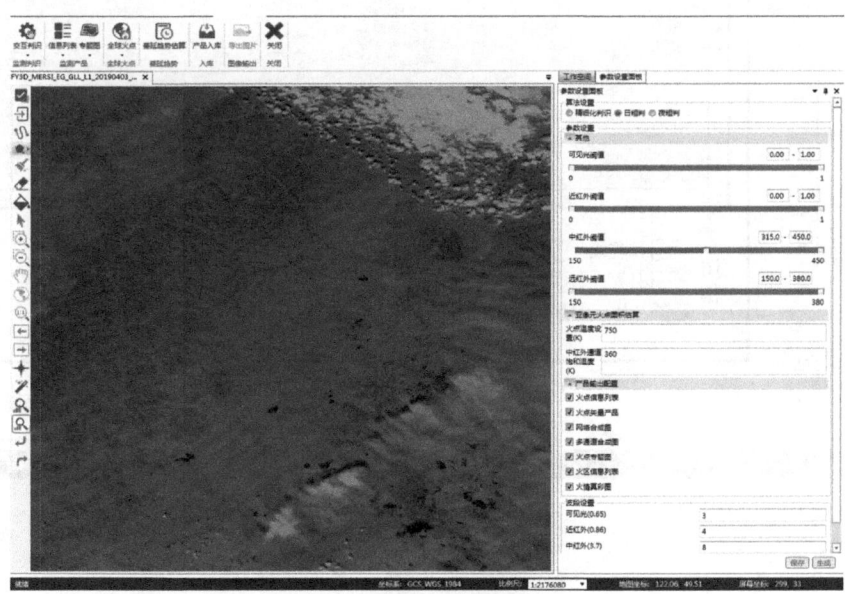

图 5.29 人机交互火点判识别界面

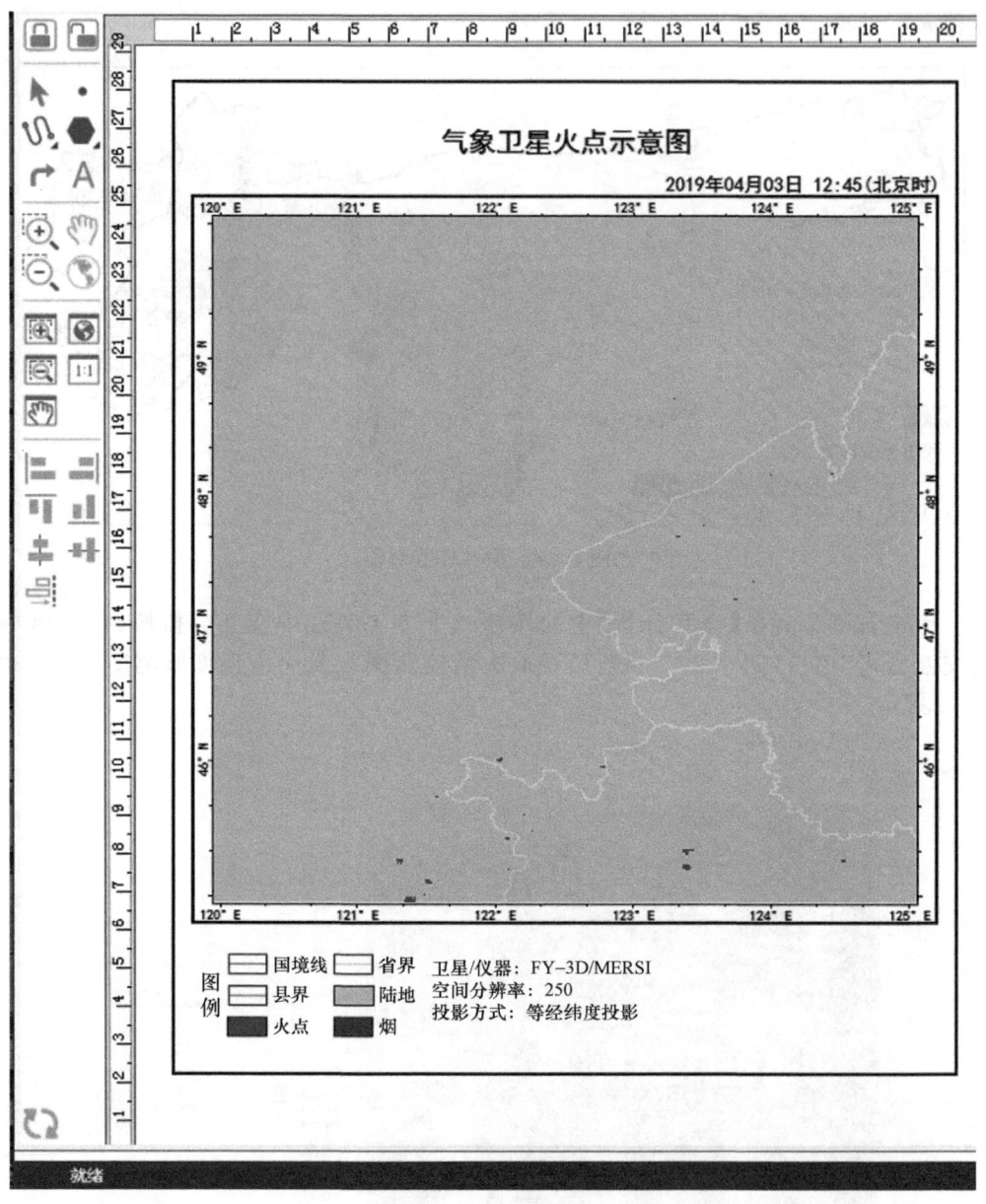

图 5.30 火点监测专题

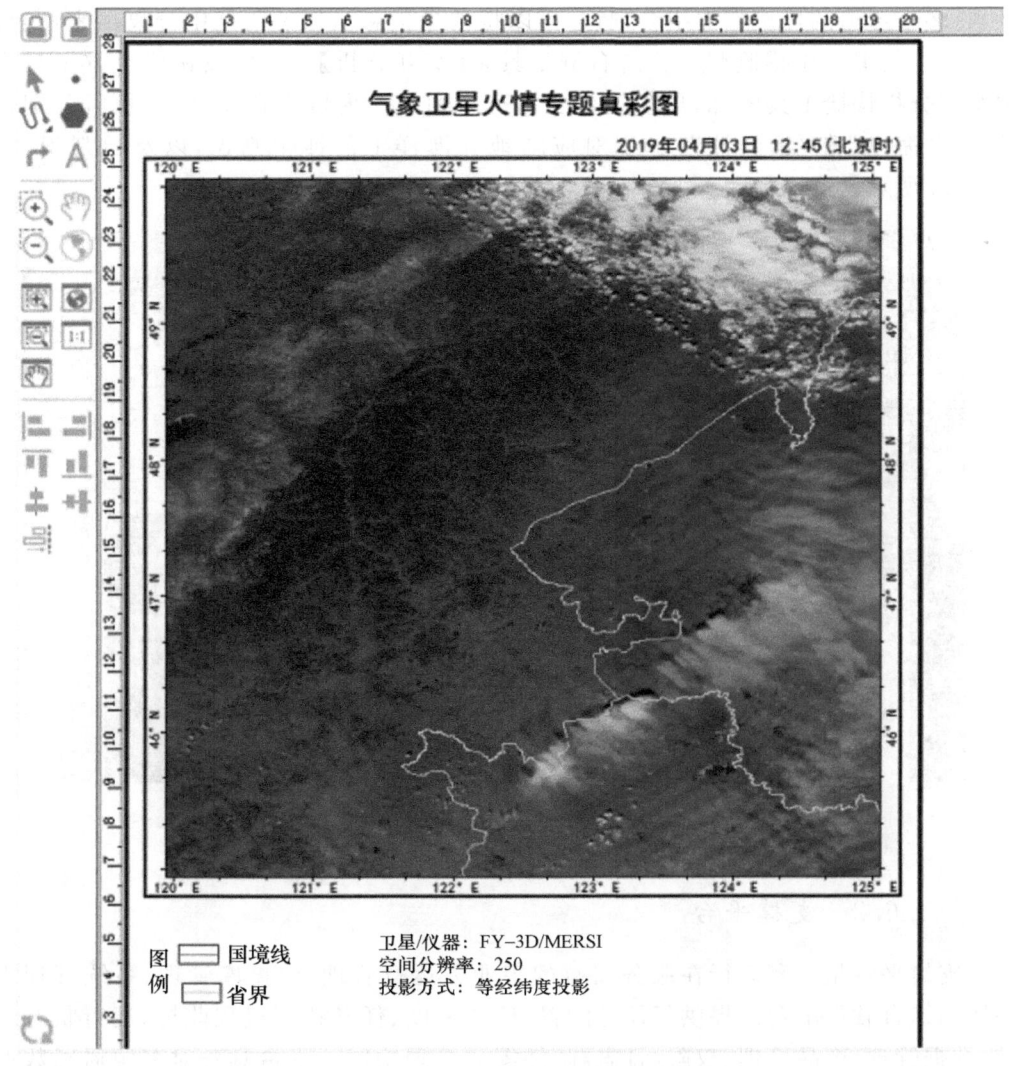

图 5.31 火点强度专题

(3) 沙尘监测

卫星遥感监测大气沙尘主要依赖于沙尘气溶胶在其观测波段上反射太阳光和发射红外辐射来实现。沙尘气溶胶的大气辐射学基本参数主要有光学厚度、粒子尺度分布和折射率(与粒子成分、形状和波长有关),消光系数的变化从一个方面综合反映了这些辐射特性。短波谱段消光贡献主要来自粒子的散射,长波谱段消光贡献主要来自粒子的吸收,且粗粒子的消光贡献明显大于细粒子。沙尘气溶胶的这种光谱辐射特性,FY-3(B)的 VIRR 和 MERSI 的相应观测通道上,都有灵敏的响应。通过利用上述仪器探测通道对大气沙尘以及对于不同云系、不同地表的响应灵敏性,将多个通道的探测数据组合判识;可以将沙尘信息从遥感数据中分离出来,实现大气沙尘的卫星遥感监测。单击右侧工具条【交互分析】项中的按钮或上方工具栏中交互分析快捷工具图标,出现沙尘交互分析窗口。窗口中有3个选项页,分别是"陆地""海上"和"云检测",分别对应陆地和海洋上的沙尘判识,以及云判识,如图5.32所示。

图 5.32 沙尘监测

5.4.6.2 支撑平台

支撑平台是一套运行在服务器端的集业务运行管理、数据库管理、系统管理为一体的综合软件平台。提供了任务配置、任务调度、任务执行过程监控、运行状态统计、数据管理、产品管理、权限/日志/邮件等的管理功能。平台具备对多源遥感数据自动和标准化处理的功能,以及对数据和产品统一管理功能,为监测分析平台提供强大的数据支撑能力。

基于 SOA 的设计理念,实现计算组件的服务化封装及分布式部署。基于 J2EE 的 BS 架构,具备跨平台、可移植性的特点。平台设计了灵活的任务配置功能,业务人员可通过系统界面方便地维护各类任务策略。平台结合 WebGIS 技术,实现了任务处理进度的可视化监控及数据空间检索等。登录:http:10.181.23.78/#/index。

生态环境遥感业务产品自动制作发布系统共划分为数据接收与存储子系统、多源数据读取与深加工子系统、自动化作业调度子系统、数据检索下载子系统、常规产品制作子系统、专题产品制作子系统、门户网站访问子系统、监测产品检索下载子系统、专题数据库管理和维护子系统、产品入库子系统和监测产品统计分析子系统 11 个子系统。

生态环境遥感业务产品自动制作发布系统软件功能组成如图 5.33 所示。

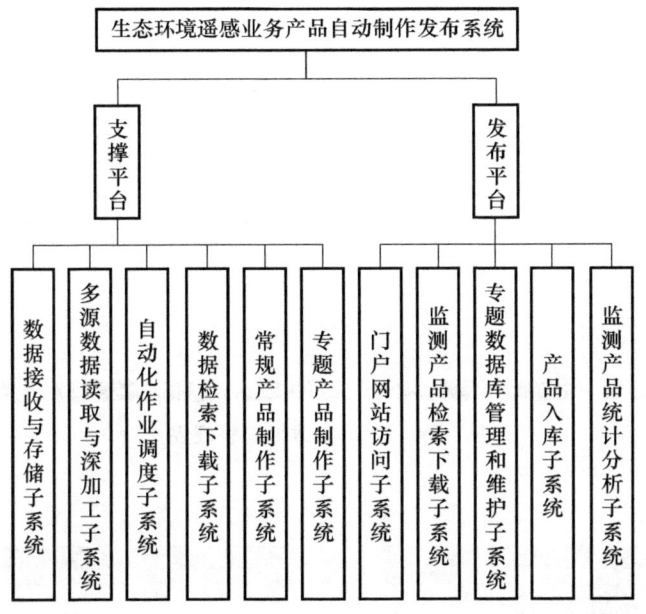

图 5.33　生态环境遥感业务产品自动制作发布系统软件功能组成

数据汇集：该功能是将不同来源数据，根据用户要求完成数据收集、整理、预处理等入库前期工作，满足用户自定义数据下载功能。平台数据来源主要有 3 类：第一类是卫星直收站数据和全国综合气象信息共享平台（CIMISS）传输数据；第二类是外部 FTP 网站数据。外部数据主要包括 MODBQ1、MOD09GQ、MOD11A1、NPP 16 天合成数据、IMS 数据、MWRI 数据、CIMISS 数据、野外观测台站数据、CLDAS 同化数据等；第三类是中国气象局共享的各类产品数据等（图 5.34）。用户可以新增任务形式定义数据下载的通道以及时间路径的约束条件，满足拓展数据自动下载能力（图 5.35）。

数据预处理：该功能主要针对 MODIS、FY-3、FY-2、NPP、NOAA、HS08、HJ、GF 卫星遥感数据进行标准化处理，以灵活的业务配置、图形化流程和直观的显示状态完成定标、定位、投影转化、图像拼接、图像分幅等功能。图像辐射定标主要通过定标系数完成 DN 值（卫星记录电平值）转化为反射率或者亮温实际物理值的过程，定标系数根据数据说明来获取。定位主要通过图像上记录每个像元的坐标转化预定义投影模板上行列数的过程。根据数据要求精度，在图像定位阶段，选择是否需要高程地形校正和多项式校正。投影转化是根据区域以及服务需求，从一种地图投影转化为另一类投影过程。投影参数参考国家或者地方相关标准。

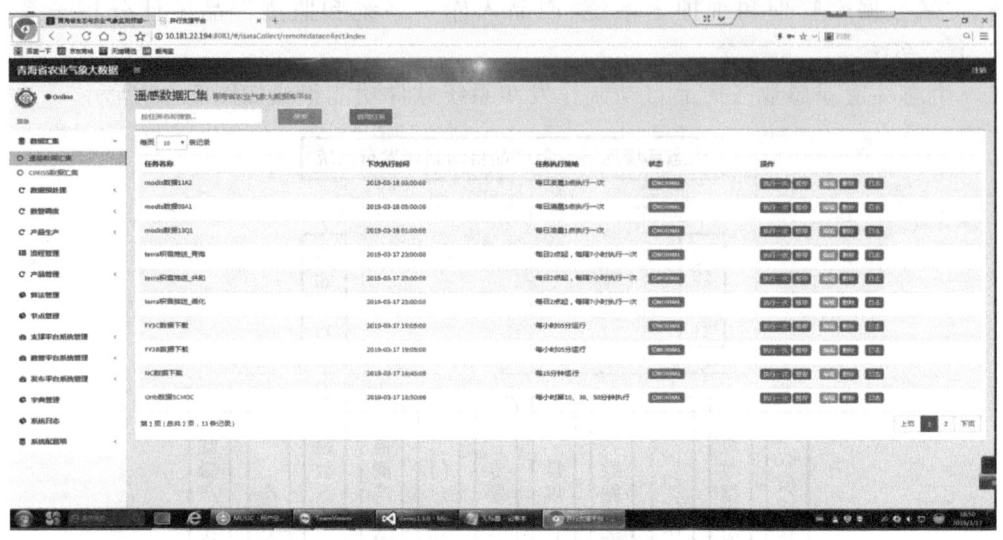

图 5.34　多元数据汇集整理界面

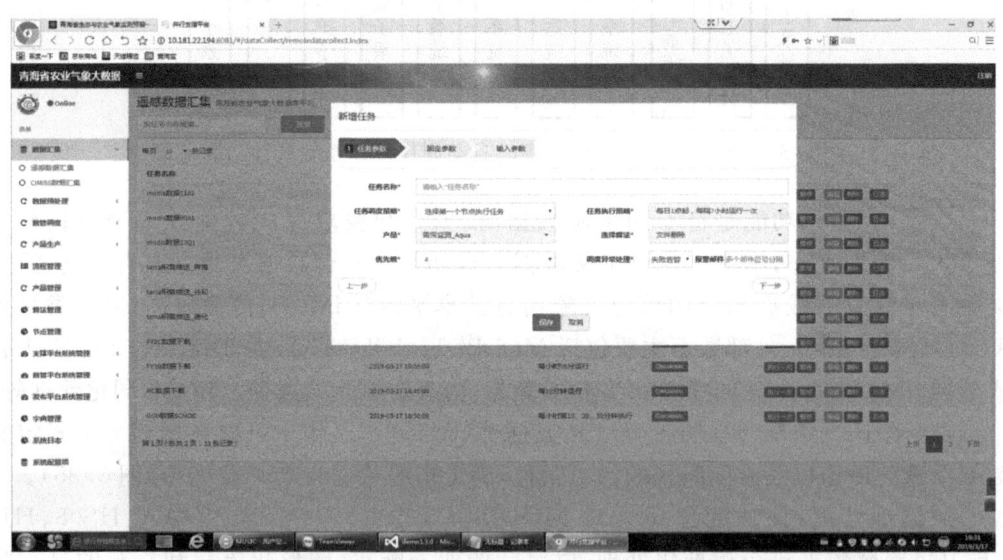

图 5.35　数据汇集新增任务主界面

图像拼接模块的主要作用是将同一天的若干单轨图,进行定位精校正,即对日轨道数据进行拼接,对于轨道重合部分,取卫星天顶角最小值的数据进行拼接,按照青海范围拼接为一幅图像。图像分幅主要根据需要按照国家固定比例尺的分幅标准或者根据自身业务服务需求,制定分幅的具体标准,对整幅图像分块存储(图 5.36)。

第5章 青海省生态气象监测评估预警服务

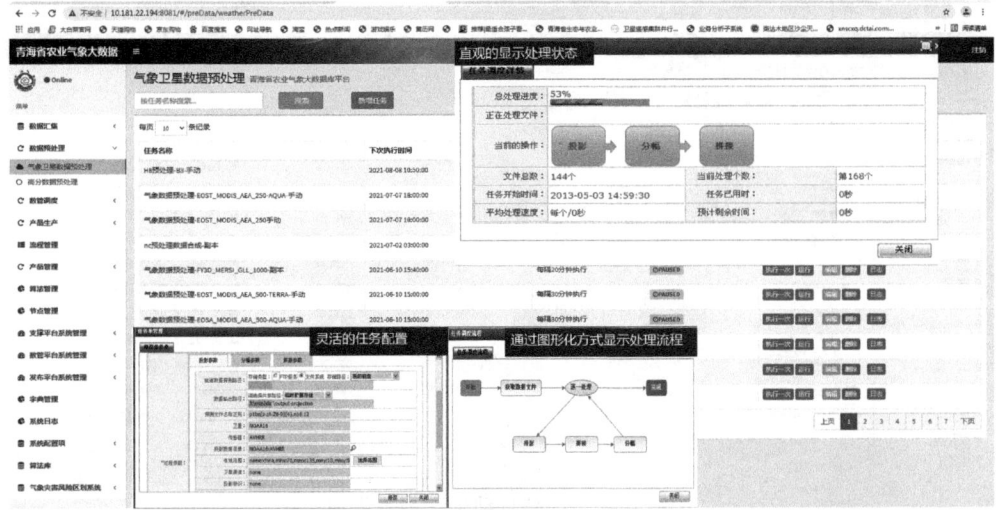

图 5.36 数据预处理界面

产品生产:并行计算框架是充分利用多 CPU、多核计算资源,总体按照业务流程上采取基于模型驱动和流程配置的一体化系统技术,实现了覆盖生态应用全数据链路和业务流的自动化产品生产线。本模块主要实现产品的自动生产,用户通过自定义形式定义输入、输出、算法以及程序运行优先级,通过调用产品模板,实现产品自动生产(图 5.37、图 5.38)。

图 5.37 新增产品生产任务界面

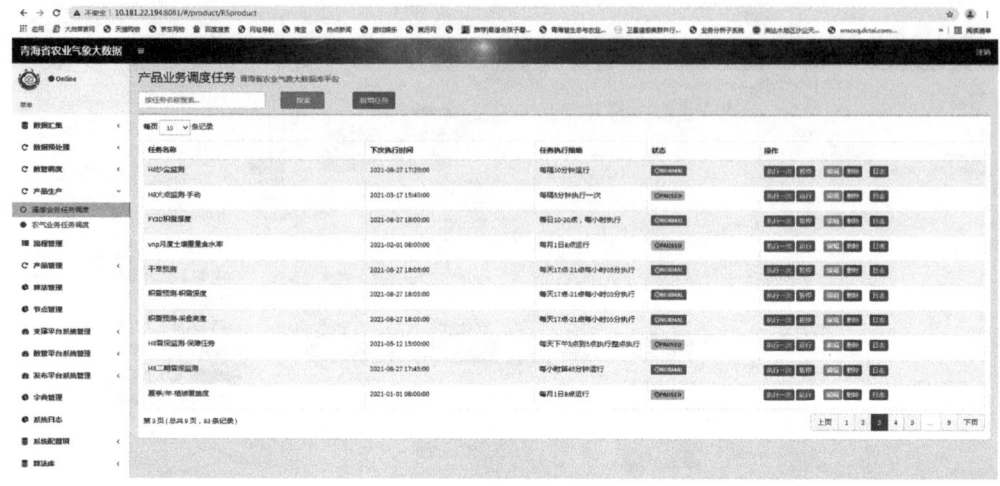

图 5.38　产品自动生产部署界面

监测产品生产设计方案：
（1）火情实现流程：火情监测产品实现流程如图 5.39 所示。
（2）积雪实现流程：积雪监测算法流程如图 5.40 所示。
（3）草地生产流程：草地遥感监测如图 5.41 所示。

5.4.6.3　发布平台

按照省级生产，州、县两级共享应用思路，发布平台设计思路如下。

（1）支持多种格式、多元化数据发布

充分利用 WebGIS 技术，实现对监测分析服务产品、风云三号静止卫星产品和高分数据产品中进行即时发布，支持矢量、栅格等多种格式，并实现与监测分析平台的无缝对接。

（2）数据发布高效安全

采用安全隔离网闸，充分考虑整个系统运行的安全策略和机制，具有较强的容错能力和良好的恢复能力，保障系统安全、稳定、高效地运行。全面考虑系统的网络安全、数据安全和用户安全。

（3）二三维一体化联动

在原有二维可视化发布平台中引入三维可视化设计，实现二三维一体化联动，以便更加直观、形象地对热带气旋、自然灾害的现状及发展态势进行展示和分析，为更好地应对气候变化提供监测工作，为防灾减灾提供有力的辅助决策支持，为人民生命财产安全提供有力的保障。具体发布设计结构见图 5.42。

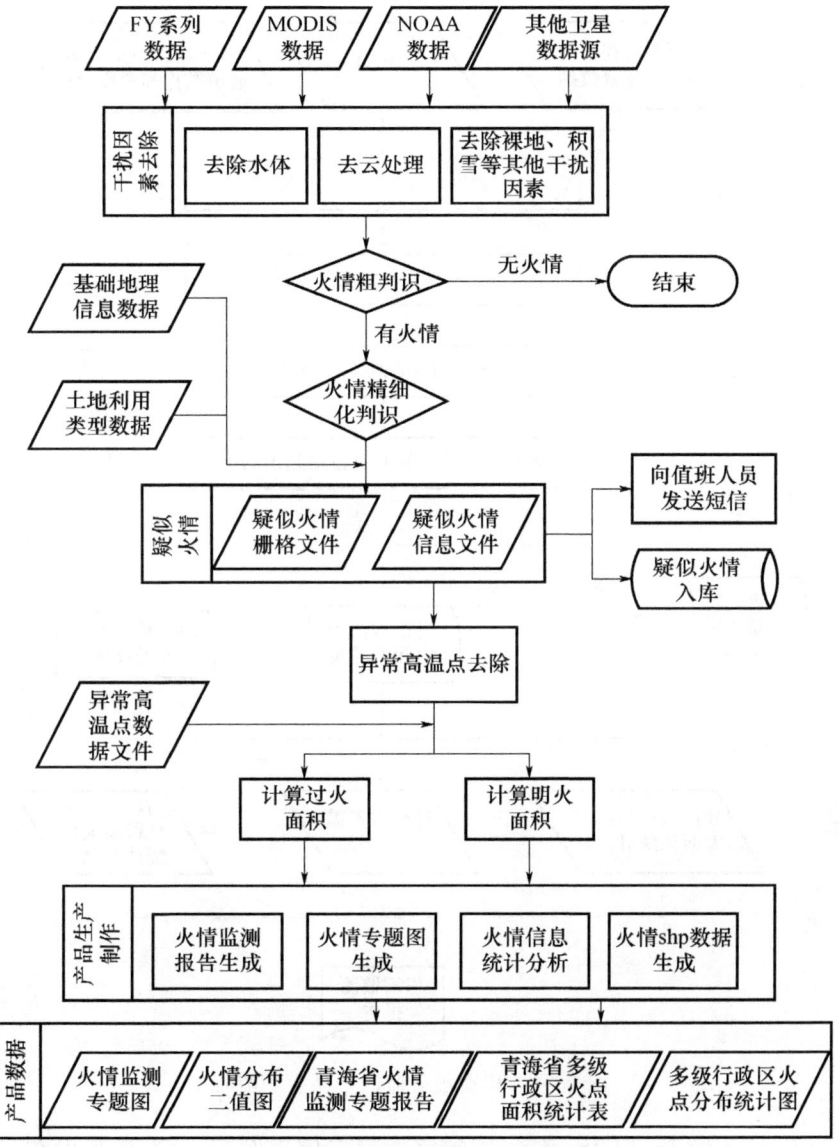

图 5.39 火情监测产品生产流程

5.4.6.3.1 技术体系

技术架构分为数据源层、发布数据层、应用支撑层和应用层 4 个层次,其中发布数据层为根据数据源进行处理后形成的产品。

在应用部署中,DB 层采用 Oracle/mqsql,采用结构化与非结构化数据库相结合方式实现数据存储管理,基于标准的应用服务器中间件实现应用设计,中间应用层采用基于 JDK 的组件服务,页面展现层的部署采用 Apache Tomcat 服务器,使

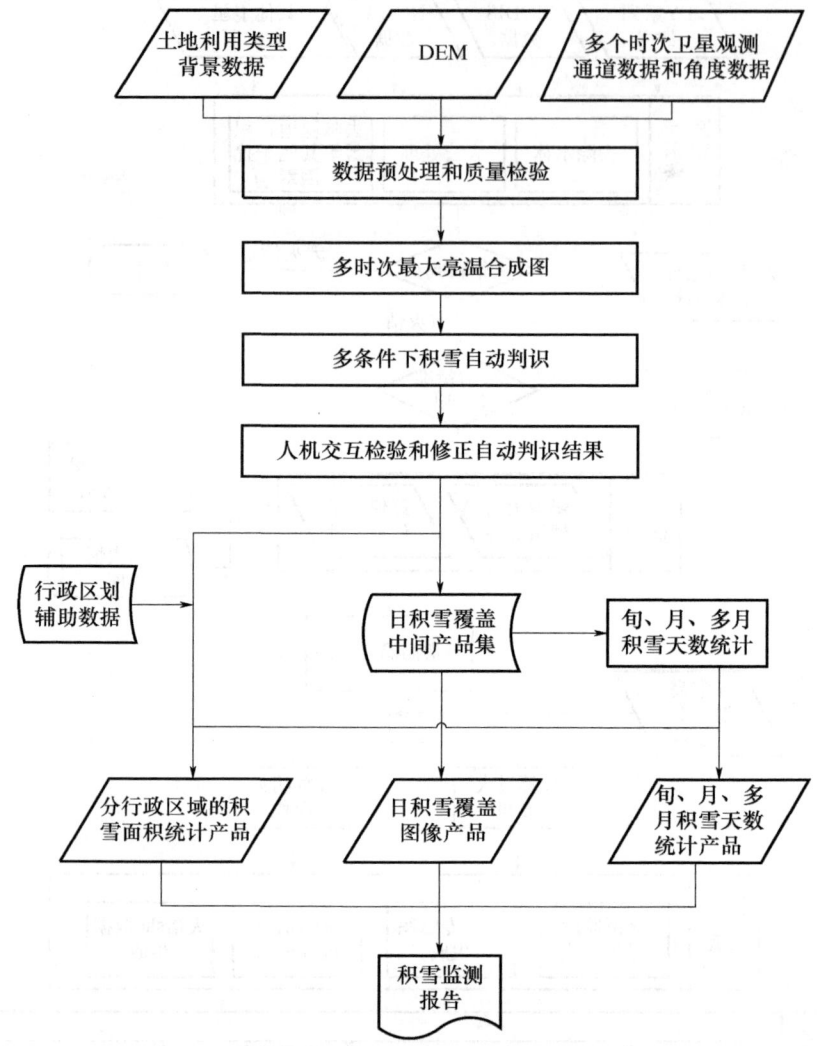

图 5.40 积雪覆盖监测产品生产流程

用 Arcgis Server 做 WebGIS 服务,能够完成静态信息发布、动态信息发布、公众一站式服务。

基于 ArcGIS Server 的 WebGIS 发布方案(图 5.43)。

WebGIS 是 Internet 技术应用于 GIS 开发的产物。WebGIS 即互联网地理信息系统,以互联网为环境,以 Web 页面作为 GIS 软件的用户界面,把 Internet 和 GIS 技术结合在一起,为各种地理信息应用提供 GIS 功能。GIS 通过 Web 功能得以扩展,通过 Web 发布地图、浏览空间数据,制作专题图,例如,大家熟悉的 Go2Map、Google Map、MapBar 等。

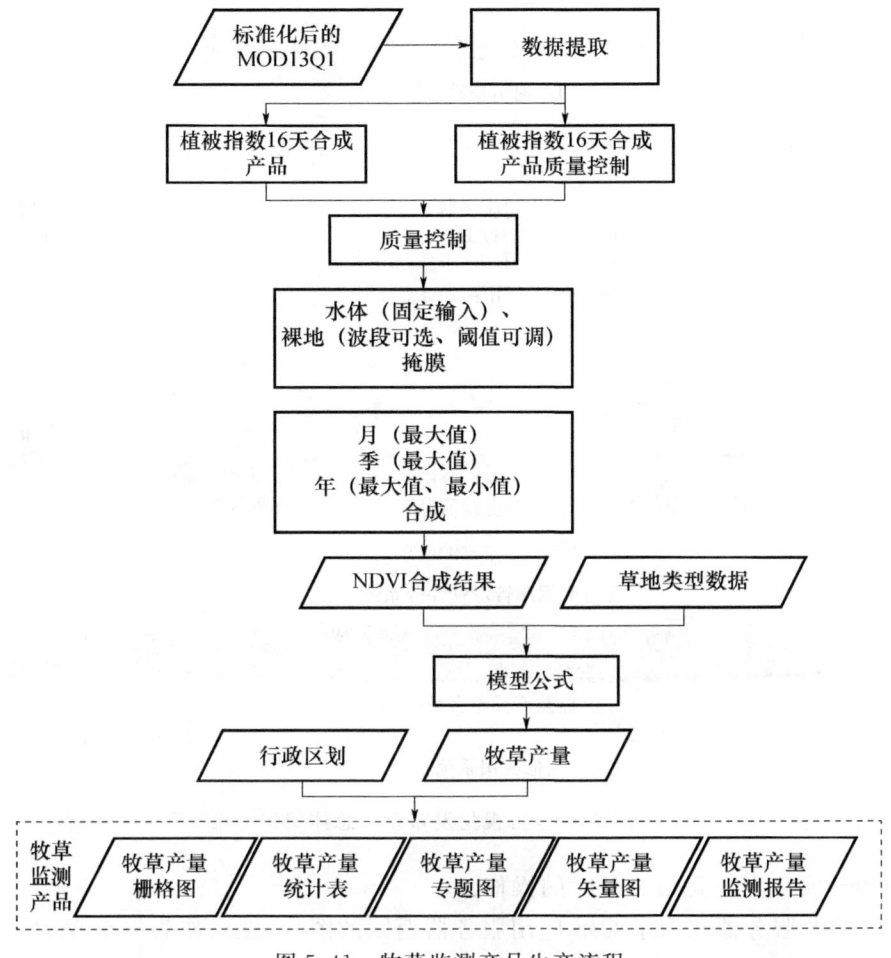

图 5.41 牧草监测产品生产流程

WebGIS 平台的关键技术：

(1)设计一个可以交互的 Web 页(可以应用 ASP、JSP 等)，通过此 Web 页,向 Web 服务器提交有关 GIS 服务的请求。

(2)上述请求会包含对地图数据的请求,也包括查询等,请求会通过 Web 服务器提交给业务应用服务器或 GIS 服务器。

(3)对于提交给业务应用服务器的请求,先启动业务应用,生成并保存数据,然后通知 GIS 应用服务器。

GIS 应用服务器可以使用几种技术,JavaServerlet 或者 .net 技术,通过这些组件包装已有的 GIS 软件,获取客户端的请求,调用相应的气候应用,形成 GIS 可用数据,返回需求的数据(一般是一个地图图片或者查询的数据集),这个过程称为地图

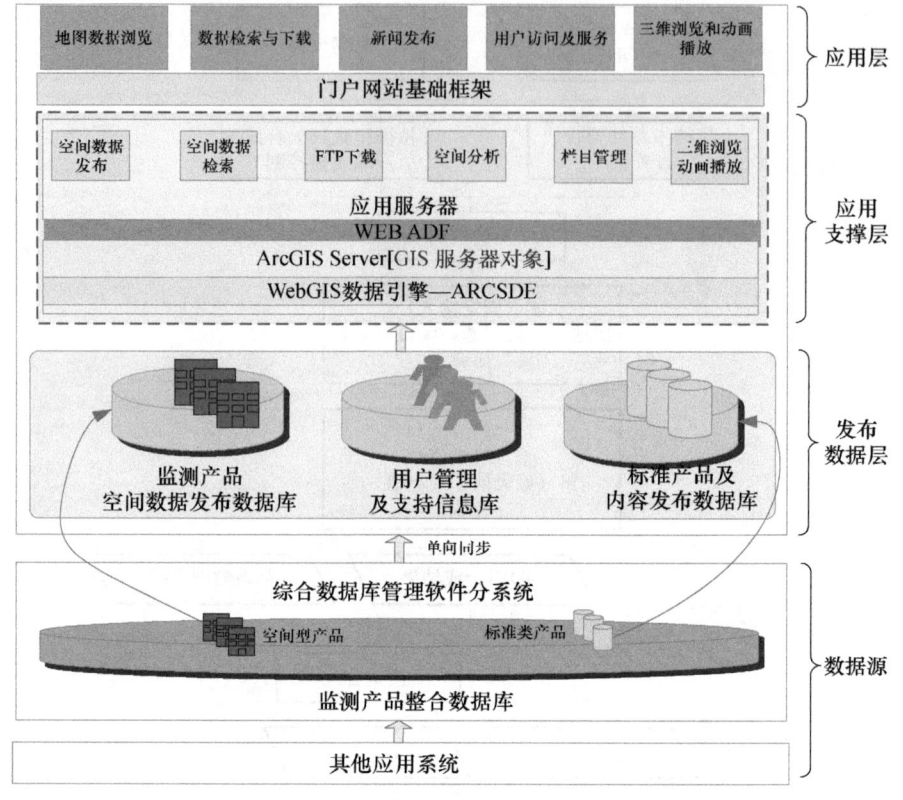

图 5.42 可视化发布设计总体架构

的 Render,实际上也是最为耗时的操作。

(4)Web 服务器获取了 GIS 应用服务器返回的图片,然后作为一个 Web 页返回给客户。

5.4.6.3.2 主要功能部件设计

监测产品与信息发布子系统主要包括监测产品检索服务模块、监测产品信息可视化发布模块和监测产品信息下载模块。组成如图 5.44 所示。

5.4.6.3.3 主要功能介绍

➢ 功能概述

产品展示功能提供给用户一系列选择条件,用户根据需要选择相应的条件,系统检索出对应的产品的结果,提供给用户用于展示或下载。

(1)地图显示与控制控能

地图显示与控制功能提供多种工具,供用户进行底图切换、定位导航等功能。

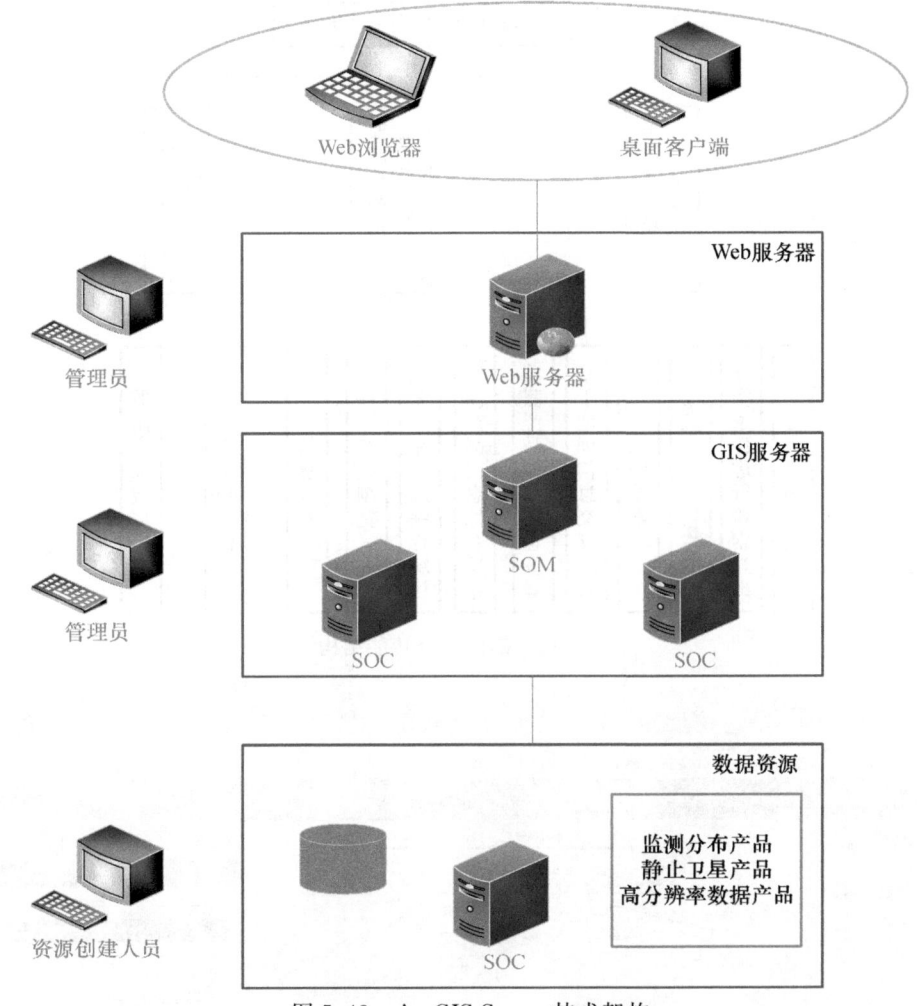

图 5.43　ArcGIS Server 技术架构

① 底图切换：将鼠标放在面板的底图切换图标 ![icon] 上，会显示所有可以用于切换的底图图层的名称，勾选所需的底图即可完成切换（图 5.45）。

② 定位导航：在"区域导航"中，选择市级和县级区域，会将地图在窗口显示的中心点定位到该选定位置（图 5.46）。

（2）查询功能

图 5.47 所示，在查询条件栏中，选择首先选择产品类型如雪深监测、遥感干旱监测等，然后选择对应的卫星产品，若选择"开始时间和结束时间以及对应周期"点击查询，则将所有符合条件的查询结果按期次显示。在符合条件的查询结果中选择统计产品、矢量产品、栅格产品、专题图产品、监测产品和 KML 产品，将显示该类型的

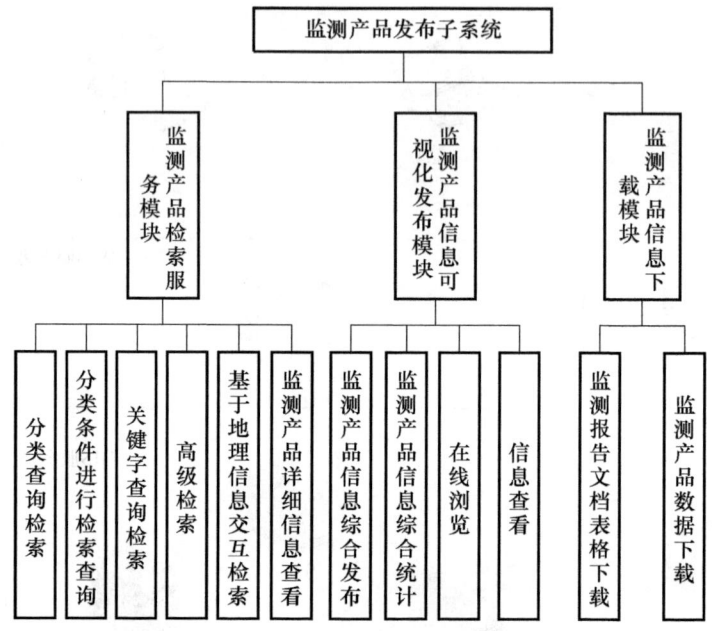

图 5.44　部件划分功能结构

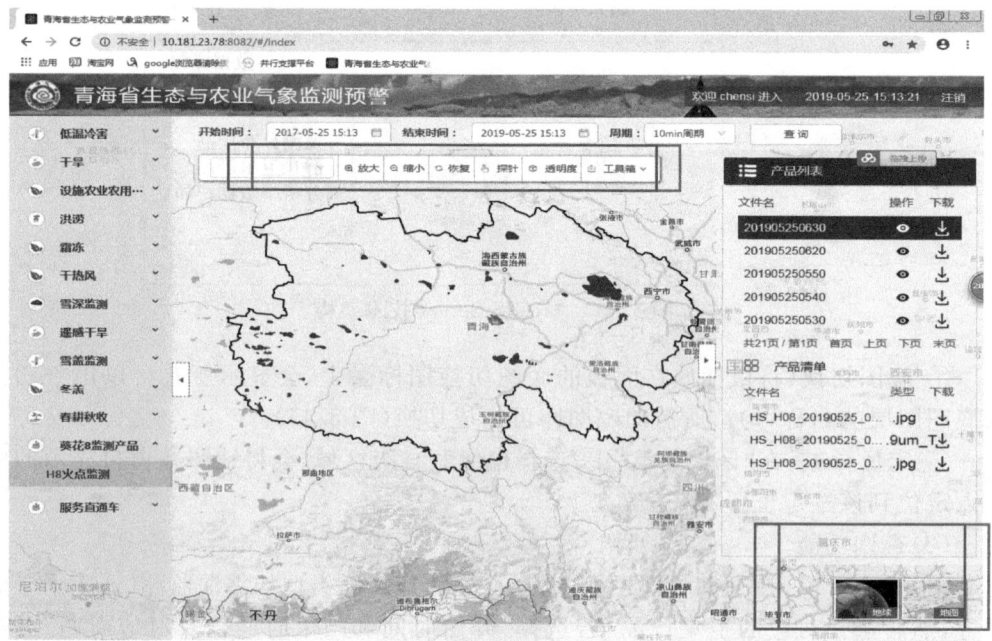

图 5.45　地图切换、放大缩小以及探针查询、控制界面

所有产品。点击"确定",右侧弹出面板显示查询结果的列表。

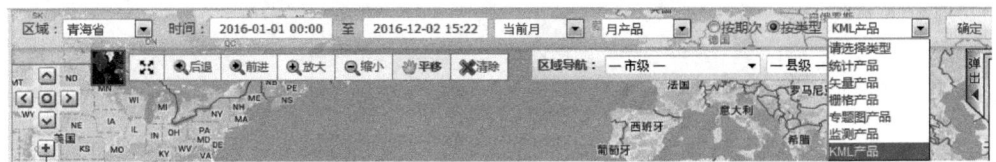

图 5.46　监测产品导航按钮界面

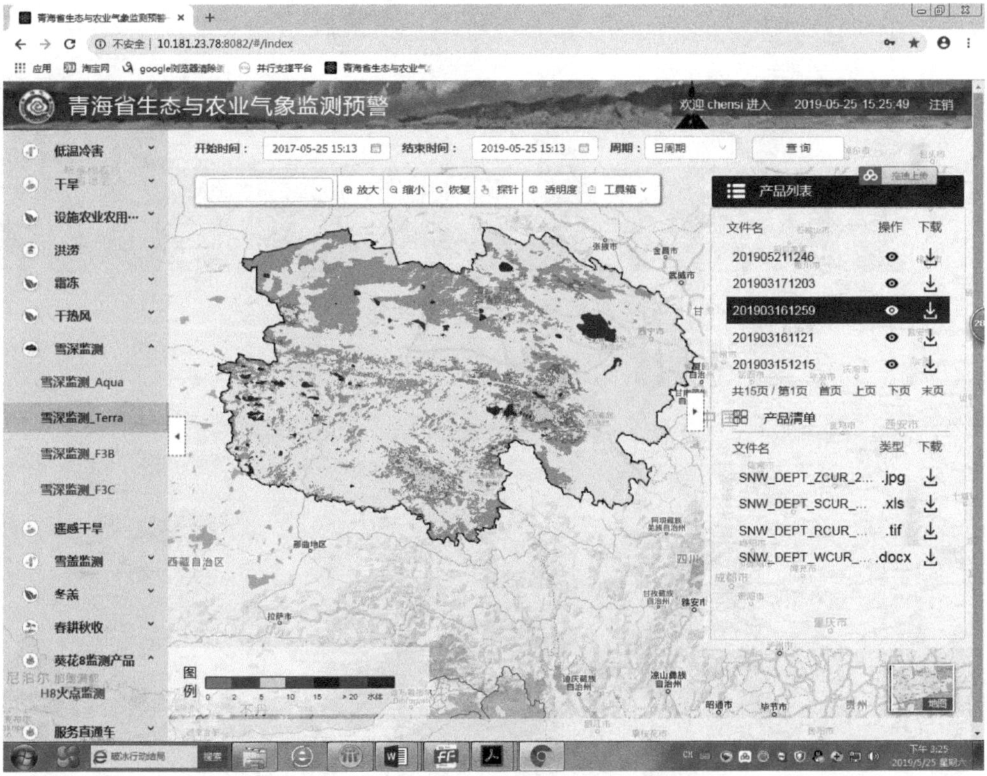

图 5.47　监测产品查询界面

(3) 产品浏览功能

点击地图上的某点,系统会获取到该点的经纬度位置信息,将该点所在地范围的所有产品展示出来,用户可根据需要选择某一产品进行查看(图 5.48)。

(4) 加载产品信息功能

右侧弹出窗口中,在需要进行加载展示的产品后点击"产品加载",可以将所选的产品以图层的形式显示在左边的地图上,并显示该产品可以下载的产品清单。如下图所示。鼠标放在左下角的箭头上将会滑出图例窗口(图 5.49)。

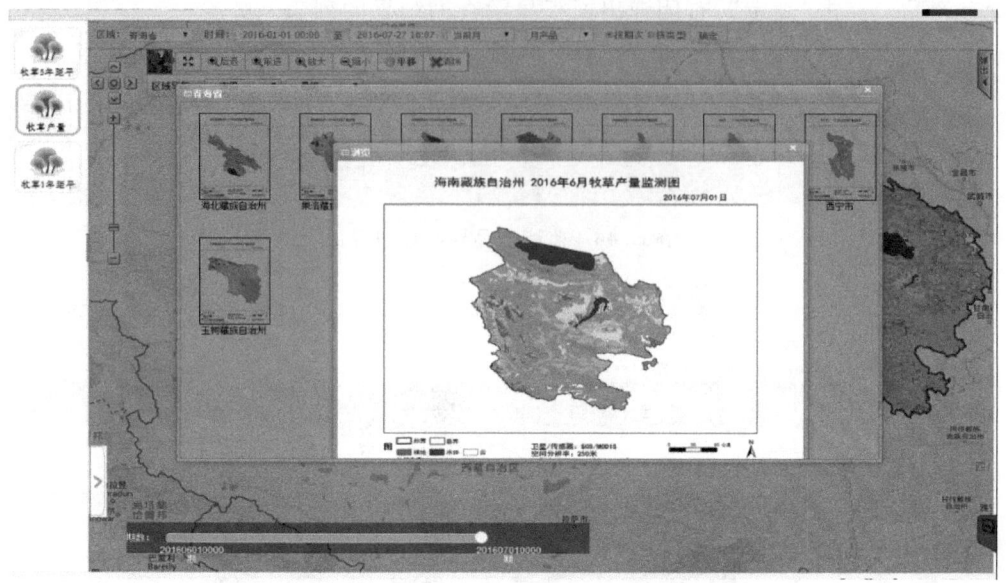

图 5.48　产品浏览功能

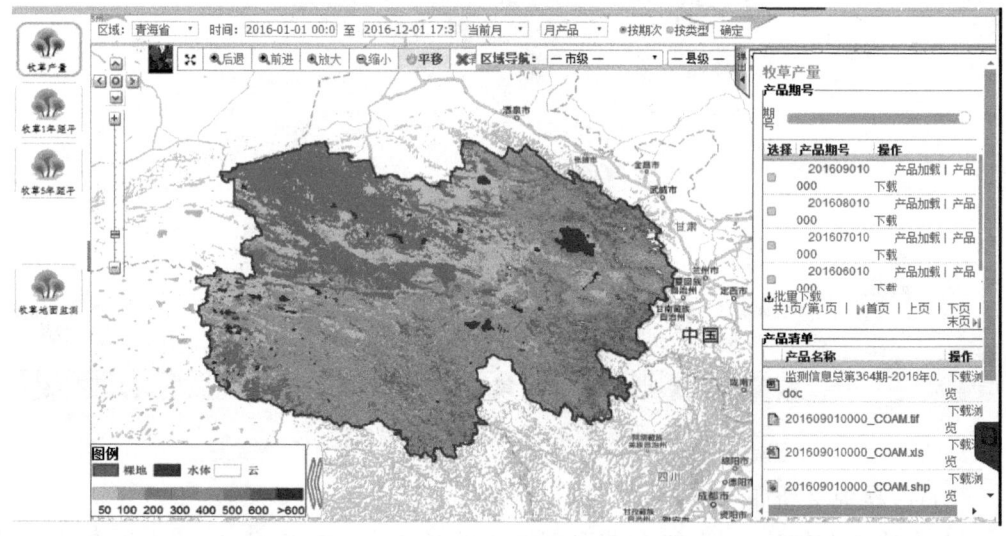

图 5.49　产品信息加载功能

(5)产品下载功能

在各个产品的右侧点击"产品下载",会将产品清单中的产品进行归档压缩,之后提供给用户进行下载。产品清单中的所有产品可以在右侧点击进行下载浏览(图 5.50)。

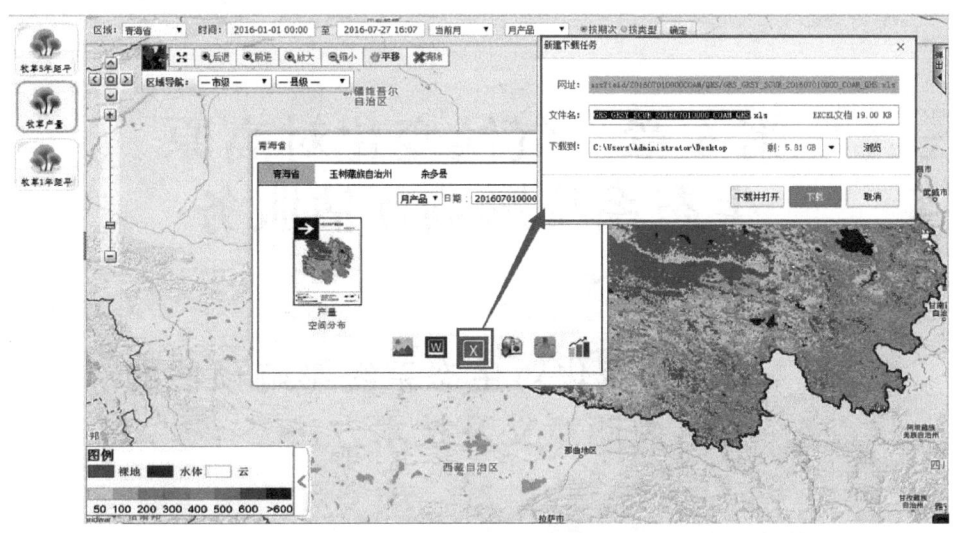

图 5.50　产品下载功能

(6)专题图产品展示功能

若选择"按类型"查询,并在产品类型中选择专题图产品,提供卷帘对比分析功能和产品动画播放功能(图 5.51)。

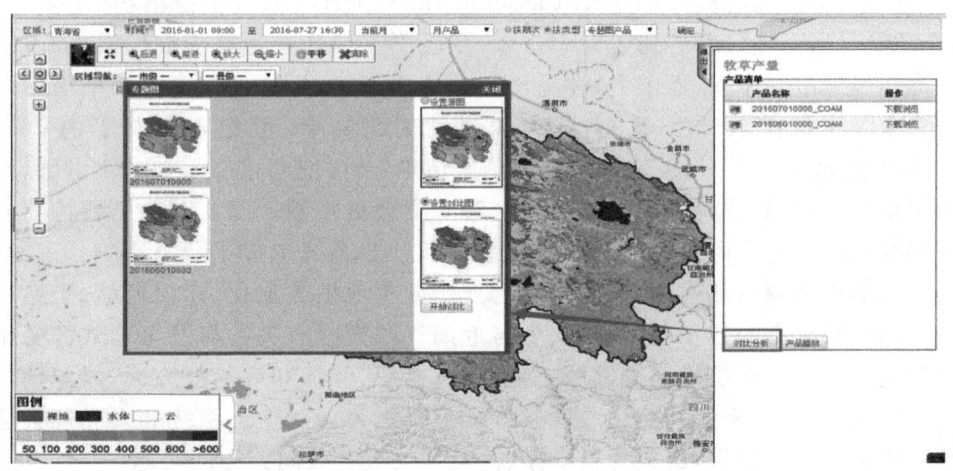

图 5.51　产品专题图展示

点击"对比分析",在弹出窗口中设置原图和对比图,点击"开始对比",将会在新窗口中看到两个图片以中间的黑线为分界,进行叠加拼接展示。左上角可以选择"上下"方向或者"左右"方向进行叠加拼接,并可以对分界黑线进行拖动,对所选的产品进行动态对比分析。

第 6 章 气候变化对高原生态系统影响预估服务

6.1 气候变化对生态系统影响预估的内涵意义及技术方法

6.1.1 内涵意义

气候变化是当前人类所面临的全球性重大环境问题之一。自 20 世纪末期开始,人为排放温室气体增加所引发的气候变化已给全球社会经济与环境带来了巨大影响。政府间气候变化专门委员会(Intergovernmental Panel on Climate Change,IPCC)在第五次评估报告(the fifth assessment report,AR5)中指出:自 1950 年以来,全球几乎所有地区都经历了升温过程,变暖不仅体现在地球表面气温上升,还表现在海洋温度上升、海平面上升、冰盖消融和冰川退缩、极端气候事件频率增加等方面。未来除了低排放情景下,全球地表温度变化到 21 世纪末相对于的 1850—1900 年可能超过 1.5 ℃,在中排放和高排放情景下,可能超过 2 ℃;在 21 世纪,潮湿和干旱地区之间、雨季与旱季之间的降水对比度会更强烈。以变暖为主要特征的全球气候变化已经对青海高原脆弱的生态系统和社会系统造成了严重影响。近 60 年已观测到的许多自然和生物系统的异常变化,如草地植被退化、冰川退缩,土地荒漠化以及动植物种类的迁移等,都被认为与近期气候变暖有关。显然全球气候变化问题已经超出一般的环境或气候领域,而且涉及能源、经济和政治等方面,因此预估未来气候变化、探讨未来气候变化或气候持续变暖是否会对生态系统和人类社会造成比现在更为严重的后果,已成为科学家、公众和决策者共同关心的问题。

6.1.2 主要预估内容及技术方法

6.1.2.1 主要预估内容

IPCC 第四次评估报告(the fourth assessment report,AR4)中指出,气候变化已经导致许多自然系统和生物系统发生了显著的变化,20%~30%的动植物物种可能面临灭绝的风险,生态系统结构和功能、物种的生态相互作用、地理范围等也将出现重大变化,从而影响到生物多样性、生态系统的产品和服务等诸多与人类社会密切相关的方面(IPCC,2007)。近50年来,国内外学者已经就生态系统与气候变化相互作用的科学问题进行了大量的研究,主要涉及全球变化特别是温度增高和CO_2浓度增加情景下生态系统结构和成分、空间格局和分布范围的变化;生态系统生产力及碳收支的变化、植被生长状况、种群的构成成分及动态;群落结构、物种多样性等方面研究。青海地处中纬度生态脆弱地区,跨越多个气候带,是世界公认的气候变化敏感区和脆弱区之一。生态系统作为地球生命系统最重要的组成部分,是人类生存和发展的基础。联合国气候变化框架公约(United Nations Framework Convention on Climate Change,UNFCCC)将使"生态系统能够自然地适应气候变化"设定为解决气候变化问题的最终目标之一。因而,评估气候变化对生态系统、水资源的影响是应对和适应气候变化不可或缺的前提基础和重要内容。

6.1.2.2 主要评估方法

气候变暖已经引发了一系列气候和环境问题,正在对人类社会经济和自然生态系统产生深刻和难以逆转的重大影响。近百年来随着气温升高,全球尺度蒸发量、降水量、极端强降雨日数和强降雨量等都有一定程度的增加,显示出气候变暖已对全球尺度产生了一定程度的影响(丁一汇 等,2008)。

气候变化对生态环境影响的研究基本上都遵从"未来气候情景设计—模型模拟—影响研究"的模式,具体来说可以归纳为:1)设计或选定未来气候变化情景;2)选择、建立并验证生态环境/水资源模型;3)以气候变化情景作为模型输入,模拟分析区域过程和变量;4)评估气候变化对生态环境/水资源的影响;5)根据预估指标变化规律和影响程度,提出相适应的对策和措施。从WMO对各种模型的比较结果来看,对于干旱区域简单模型的计算结果优于复杂模型。气候变化影响预估一般是在评估的基础上进行的,主要有以下分类方法:

6.1.2.2.1 实证观测分析

气候作为生物个体生存与发育以及生物种群、群落、生态系统形成和演变的重要环境条件,其变化对物种个体的生长与发育节律、物候相、生物量积累、适用性与竞争力以及种群、群落、生态系统的结构、功能、种间关系、地理空间分布和生物多样性等方面产生直接或间接的影响,这些影响有些具有可观测性,是可以通过科学的方法或仪器测量生物个体、种群、群落、生态系统对气候变化的响应。常见的如控制环境实验、开顶式同化箱、自由二氧化碳气体施肥实验(free-air CO_2 enrichment,FACE)、移地实验、通量观测塔、遥感观测、物候观察记录、生态定位站监测等。实证观测是评估气候变化影响的重要研究手段,其结果不仅可以直观揭示某一或多个生物组织水平对气候变化的响应,而且能够为生态模型的建立、校验、优化、发展,以及气候变化事实的辨识、评估和未来气候变化影响的预估提供必要的基础资料与依据。气候变化对生物影响的实证观测分析,往往需要一个较长时间尺度的连续观测,长期联网试验观测将是今后的主要发展方向之一。对于较长时间的连续观测资料的分析,多采用趋势分析、相关分析、MK 分析、小波分析等方法来揭示变化趋势、突变点、突变时间等信息。

6.1.2.2.2 模型模拟分析

模型模拟是普遍使用、发展最为迅速的研究方法之一。近十几年来,模拟气候变化与生态系统相互作用的模型得到了充分的发展,概括起来可分为 3 个阶段,从早期的统计模型和静态模型发展到以动态模型、过程模型为主的研究阶段,且正在向耦合多个圈层综合人类活动和自然过程等多个影响因素的综合模型方向发展。第一阶段的模型如 Holdridge 的生命地带模型、Box 模型;第二阶段的模型如 BIOME2/3MAPSS、DOLY、TEM、RothC、CENTRUY、CEVSA、AVIM 等;第三阶段的动态植被模型如 LPJ、MCLABIQMEA、NASA CASA、TEM-LPJ 等。模型的应用使得定量描述生态系统响应环境变化成为可能,代表了未来的发展趋势,成为定量评价气候变化影响的有力工具之一,其一般步骤为:模型的选择或构建、调试及验证、运行模拟、结果分析。模型分析在评价生态系统影响及脆弱性时也有其不足之处,主要是难以确定生态系统承受气候变化的阈值。另外,现有的模型在描述大尺度生态系统格局和结构的动态变化及其与小尺度生理生态反应的机理联系,以及对结果的验证、捕获系统对干扰的时滞性等方面还存在不足,成为模型模拟研究中不确定性的主要来源之一(Peng et al.,2000;Crame,2001)。

模型是气候变化影响评估中重要的研究方法和技术手段之一,特别是在预估未来气候变化影响方面。

6.1.2.2.3 类比或相似分析

类比或相似分析法是指寻找气候在时间或空间上的相似作为基准,或者根据生态系统关键成分的生理生态幅度计算其基础生态位并将其作为影响的开始,以及取系统特征量在地表各个区域的平均值为基准,对系统的变化或响应进行评价。如在缺乏连续性观测资料的情况下,跨越较长的 2 个或多个时间点之间的直接对比成为分析气候变化对生物影响的有效手段,气候变化对生态系统影响评价研究中还不断地有新方法出现,特别是在评价人工生态系统以及生态系统与社会经济系统的相互作用及联系时,很多新的方法和模型也逐渐得到发展和应用,如人工神经网络、基于系统论的自然生态分类法、线性规划法等。

6.1.2.3 青海省未来气候变化趋势预估

近 50 年来,用于未来气候变化预估的主要工具是全球和区域气候模式。全球和区域气候模式提供有关未来气候变化,特别是大陆及其以上尺度的气候变化的可靠的定量化估算,具有相当高的可信度。某些气候变量(如温度)的模式估算可信度高于其他变量(如降水)。

6.1.2.3.1 气候变化情景

气候变化情景是建立在一系列科学假设基础之上对未来气候状态的时间、空间分布形式的合理描述。气候变化情景可分为增量情景和基于气候模式模拟的情景。增量情景是根据基准气候对不同气候因子进行简单的算术调整,这是研究生态系统响应气候变化的敏感性和脆弱性的简单而有效的方法。但由于增量情景包含了强制的调整,从气象学上讲可能是不真实的。如根据未来气候可能的变化范围,任意给定气温、降水等气候要素的变化值,例如,假定年平均气温升高 1 ℃、2 ℃、3 ℃ 等,年降水量增加或减少 5%、10%、20% 等。每一种气温与降水的可能状况的组合就构成区域未来气候的一种情景。

进入 21 世纪以来,更为常用的情景是基于大气环流模式模拟的未来气候变化情景。这些大气环流模式将假设的未来温室气体排放情景作为模式输入,这些假设的排放情景是根据一系列驱动因子(包括人口增长、经济发展技术进步、环境变化、全球化、公平原则等)的假设提出的未来温室气体和硫化物气溶胶排放的情况进而得到一系列未来可能发生的气候情景。

2011 年气候变化出版专刊,详细介绍了新一代的温室气体排放情景。"典型浓度路径"(representative concentration pathways,RCP),主要包括 4 种情景(表 6.1):

RCP8.5 情景:假定人口最多、技术革新率不高、能源改善缓慢,所以收入增长慢。这将导致长时间高能源需求及高温室气体排放,而缺少应对气候变化的政策。2100 年辐射强迫上升至 8.5 W/m²。

RCP6.0 情景:反映了生存期长的全球温室气体和生存期短的物质的排放,以及土地利用/陆面变化导致到 2100 年辐射强迫稳定在 3.0 W/m²。

RCP4.5 情景:2100 年辐射强迫稳定在 4.5 W/m²。

RCP2.6 情景:把全球平均温度上升限制在 2.0 ℃ 之内,其中,21 世纪后半叶能源应用为负排放。辐射强迫在 2100 年之前达到峰值,到 2100 年下降至 2.6 W/m²。

表 6.1 典型浓度路径特征

名称	路径形式	辐射强迫	相当浓度
RCP8.5	持续上涨	2100 年 8.5 W/m²	≈1370 CO_2-eq
RCP6.0	没有超过目标达到稳定	2100 年后稳定在 6 W/m²	≈860 CO_2-eq
RCP4.5	没有超过目标达到稳定	2100 年后稳定在 4.5 W/m²	≈650 CO_2-eq
RCP2.6	先升后降达到稳定	2100 年后小于 2.6 W/m²	≈490 CO_2-eq

IPCC 在 RCPs 的基础上发展共享社会经济路径(shared socio-economic pathways,SSPs)来构建社会经济新情景。SSPs 反映辐射强迫和社会经济发展间的关联,每一个具体的社会经济路径代表了一类为发展模式,包括了相应的人口增长、经济发展、技术进步、环境条件、公平原则、政府管理、全球化等发展特征和影响因素的组合,可以包括人口、GDP、技术生产率、收入增长率以及社会发展指标(如收入分配)等定量数据,也包括对社会发展的程度和方向的定性描述,但不包括排放土地利用和气候政策(减缓或适应)等假设。如果从未来社会经济面临的减缓和适应挑战角度来设定(Arnell et al. ,2019),以划分为 SSP1、SSP2、SSP3、SSP4 和 SSP5,分别代表可持续发展、中度发展、局部发展、不均衡发展和常规发展 5 种路径。

6.1.2.3.2 青海省未来气候变化趋势预估

长期以来气候系统模式被认为是进行气候模拟和预估未来气候变化的重要工具,它们在自然和人类活动外强迫下能够较好地模拟出全球变暖的主要特征。耦合模式比较计划第 5 阶段(the fifth phase of the Coupled Model Intercomparison Project,CMIP5)试验模式代表了 21 世纪 10 年代国际上主要先进气候模式的最新版本,能够较好地模拟出全球及中国典型干旱、半干旱区气候变化的时空分布特征。以下是通过 CMIP5 试验模拟的共计 21 个全球大气与海洋环流耦合模式的数值模拟结果,分析 RCPs 情景下青海省未来气温、降水及极端气候事件变化的趋势。

(1)气温

2011—2100 年在 RCP2.6、RCP4.5 和 RCP8.5 排放情景下,青海高原年平均气温总体呈升高趋势,气候倾向率分别为 0.06 ℃/10a、0.24 ℃/10a 和 0.61 ℃/10a。从年平均气温距平时间变化曲线(图 6.1a)可以看出,在 RCP2.6 情景下,2011—2100 年高原年平均气温较 1971—2000 年升高 0.8~1.89 ℃,由于 21 世纪后半叶能源应用为负排放,气温变化在 2048 年达到峰值之后,又有下降的趋势。而在中排放、高排放情景下,受大气中温室气体的逐步增加的影响,气温增幅随时间推进而加大,与气候基准年相比,气温分别升高 2.16 ℃ 和 3.25 ℃。统计四季显示,各季气温升温幅度显著,其中以冬季增温最为明显,与气候基准年(1971—2000 年)相比,RCP2.6、RCP4.5 和 RCP8.5 情景下冬季气温分别升高 1.64 ℃、2.41 ℃ 和 3.29 ℃,说明全球增暖的信号在冬季最为强烈。

从空间分布来看,各地气温升高幅度不尽一致。RCP2.6 情景下(图 6.1b),在青海高原南部的果洛、玉树地区及环青海湖地区气温升高明显,其中玉树增温幅度最大,升温率达 0.068 ℃/10a;RCP4.5 情景下(图 6.1c),各地升温幅度范围在 0.21~0.26 ℃/10a,其中东部农业区及玉树地区增温明显。RCP8.5 情景下(图 6.1d),未来高原气温变化的空间格局与 RCP4.5 情景下的基本类似,但其强度明显增大,高升温区主要表现在环青海湖地区、三江源南部,幅度速率均在 0.6 ℃/10a 以上。

张莉等(2013)研究指出,21 世纪全球和中国年平均气温均将继续升高,RCP

2.6情景下,年平均气温增幅先升后降,全球(中国)年平均气温在2056年(2049年)达到升温峰值,21世纪末升温1.7 ℃(2.1 ℃);RCP4.5(RCP8.5)情景下,21世纪末全球(中国)年平均气温增幅为2.6 ℃(3.3 ℃)和4.7 ℃(6.5 ℃)。赵天保等(2014)计算得出,在全球范围内,2010—2099年中国北方和北美的增温幅度相对较大,其中,RCP4.5情景下增温幅度为0.28 ℃/10a和0.27 ℃/10a,而RCP8.5情景下的增温幅度分别可达0.68 ℃/10a和0.62 ℃/10 a。冯婧(2012)统计显示,2006—2099年在RCP4.5和RCP8.5情景下,中国区域气温分别升高0.25 ℃/10a和0.54 ℃/10a,在RCP8.5情景下,青藏高原地区的升温速率大于同纬度中东部地区。总的来看,在不同RCPs情景下,青海高原与全球及中国未来的气温变化情景基本相似,都以增温为主要特征,高排放情景下增温效应更显著。由此可以看出,未来青海高原地区也将成为增温中心,在不断增强的温室效应作用下,青海高原可能是全球变暖过程中的一个气候敏感区。

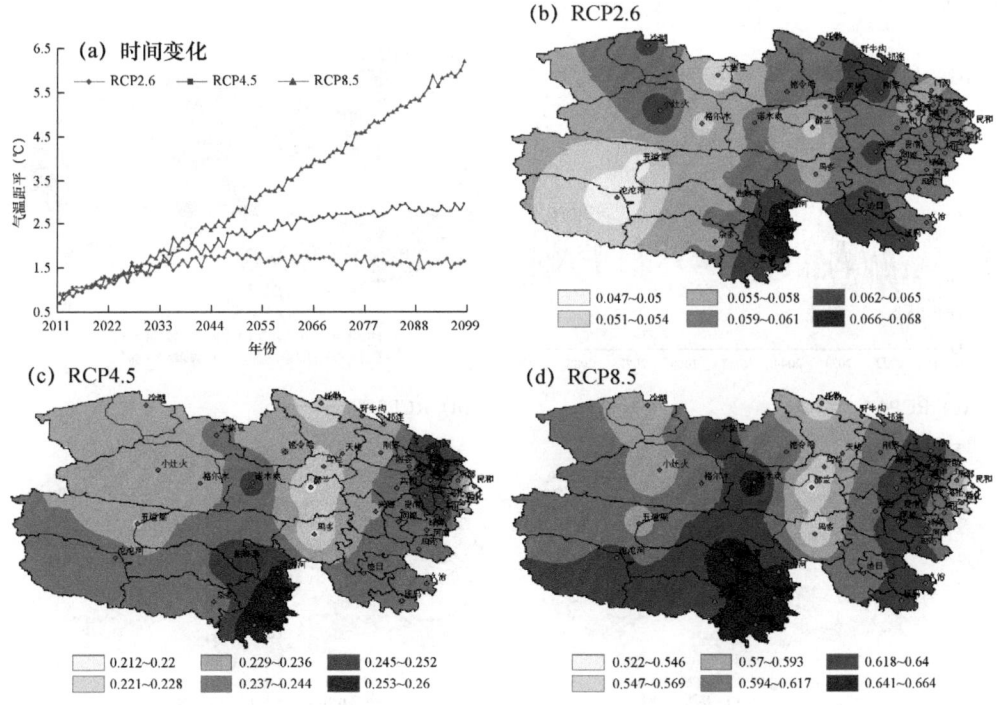

图6.1　2011—2100年青海高原年平均气温距平时间变化曲线(a,℃)
及气温变化率空间分布(b~d,℃/10a)

(2)降水

研究认为,未来CO_2浓度的增加不会从根本上改变中国未来降水的分布格局,只会增强降水本身的自然变化幅度,是降水自然变率的放大器。统计2011—

2100年青海高原RCP2.6、RCP4.5和RCP8.5排放情景下的降水显示,在RCP2.6情景下,2011—2100年青海高原年降水量总体呈微弱的增多趋势,增幅为1.4 mm/10a。与气候基准年(1971—2000年)相比,全省年降水量平均增加4.7%(图6.2a),同期夏季降水增幅大于春、秋、冬季(表6.2)。空间分布上也略有不同,从各地降水的趋势系数可以看出(图6.2b),全省除玉树地区南部减少0.11~0.34 mm/10a外,其他地区降水增加,其中柴达木盆地、环青海湖地区及玛多、民和年降水量增加明显,幅度在2.5 mm/10a以上。RCP4.5情景下,全省降水平均增加速率为3.4 mm/10a,较1971—2000年相比增加5.1%。四季中以夏季降水增加最多,增幅为4.85 mm/10a。各地除东部农业区东部降水减少外,全省大部降水增加幅度在0.24~9.8 mm/10a,其中祁连山、环青海湖及黄河源区年降水量增多均在7 mm/10a以上(图6.2c)。RCP8.5情景下,全省年降水量气候倾向率为7.0 mm/10a,较气候基准年增加7.1%。四季降水量增加幅度均高于中排放、低排放情景。

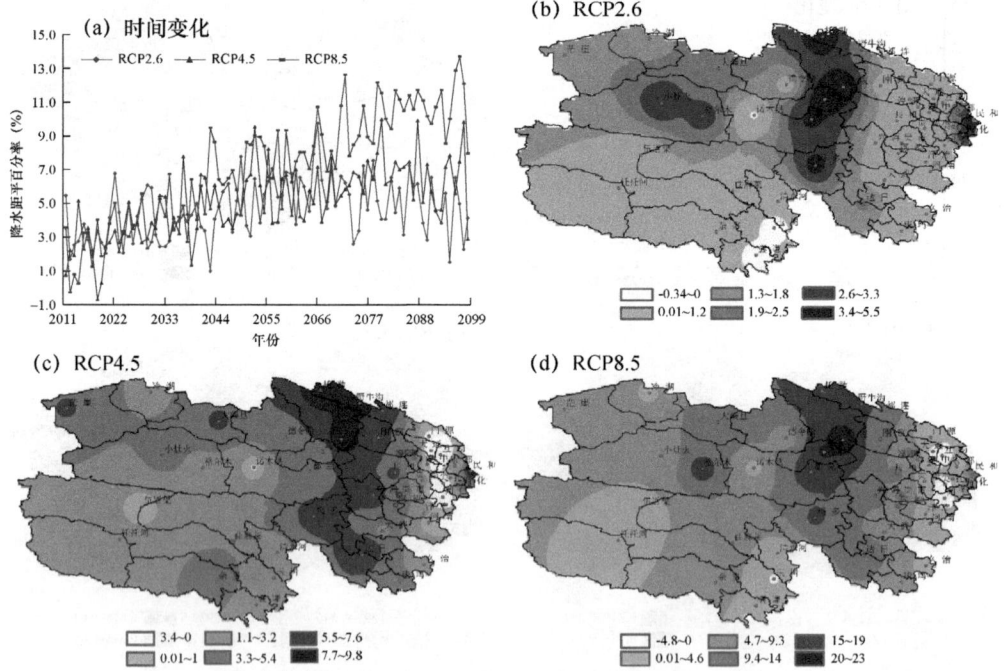

图6.2 2011—2100年青海省年降水量距平百分率变化曲线(a,%)及不同排放情景下降水变化率空间分布图(b~d,mm/10a)

表 6.2 2011—2100 年青海高原四季气温及降水变化趋势

季节	降水变率(mm/10a)			气温变率(℃/10a)		
	RCP2.6	RCP4.5	RCP8.5	RCP2.6	RCP4.5	RCP8.5
春季	1.29**	3.51**	7.46**	0.043**	0.239**	0.606**
夏季	1.94**	4.85**	7.11**	0.058**	0.221**	0.560**
秋季	1.47**	3.44**	4.84**	0.053**	0.250**	0.636**
冬季	0.25*	1.24**	2.52**	0.044**	0.268**	0.692**

注:* 和 ** 分别表示通过 $P<0.05$ 和 $P<0.001$ 显著性检验水平。

从地域来看(图 6.2d),降水分配区域差异较大,祁连山区、环青海湖地区年降水量增加最多,幅度达 15 mm/10a 以上,而在东部农业区中部降水减少 0.43~4.8 mm/10a。可见,未来几十年,在 RCP4.5 和 RCP8.5 情景下东部农业区气温升高,而降水减少,有些年份降水减少和高温事件同时发生,将加剧该地区的干旱化趋势;而在祁连山及环青海湖地区降水增加明显,将有利于生态的恢复。

(3)极端气候事件的变化

全球变暖背景下极端气候事件将如何响应,这是全球变化研究领域中的重要问题。采用由世界气象组织(World Meteorological Organization,WMO)气候委员会等组织联合成立的气候变化监测和指标专家组定义的极端天气气候指数标准(表 6.3),计算 2011—2100 年青海高原极端气候事件变化。

由表 6.3 可以看出,在全球变暖的背景下,未来青海高原极端气温事件发生了明显变化。由于气温的显著升高,2011—2100 年高原夏季日数、暖昼日数呈明显的增多趋势,其中在高端浓度情景下增加最为显著,气候倾向率分别为 1.35 d/10a 和 2.98 d/10a,而极端冷指标的线性变化整体上呈减少趋势,冷昼日数、冷夜日数、结冰及霜冻日数年际变化倾向率在(−5.6~−0.3)d/10a,并且以冷夜日数的减少最为明显。全球变暖增加了大气中所含的水汽量,多数地区强降水事件增多。2011—2100 年高原中雨日数、大雨日数及强、特强降水量呈明显的增加趋势,其中强降水量增幅最大,在 RCP8.5 情景下更是达到了 8.4 mm/10a,意味着未来强降水可能造成的灾害程度加剧。未来 90 年,青海高原持续干期在 RCP2.6 情景下略微增加外,其他情景下,持续干期和湿期以减少趋势为主,说明未来降水的年内振荡变率更大。

表 6.3 极端气候指标的定义

	极端气候指标	定义	单位
气温	结冰日数	年内日最高温度<0 ℃的天数	d
	霜冻日数	年内日最低温度<0 ℃的天数	d
	夏季日数	年内日最高温度>25 ℃的天数	d
	冷夜日数	日最低气温<10%分位值的天数	d
	冷昼日数	日最高气温<10%分位值的天数	d
	暖昼日数	日最高气温>90%分位值的天数	d
降水	持续干期	日降水量<1 mm 的最大持续日数	d
	持续湿期	日降水量>1 mm 的最大持续日数	d
	中雨日数	日降水量≥10 mm 的天数	d
	大雨日数	日降水量≥20 mm 的天数	d
	强降水量	日降水量>95%分位值的年累积降水量	mm
	特强降水量	日降水量>99%分位值的年累积降水量	mm

通过以上分析得出,未来 90 年,在 RCPs 3 种排放情景下,极端冷指标呈下降趋势,极端暖指标呈上升趋势,青海极端高温事件将显著增多(表 6.4)。随着中雨、大雨日数日数增加,强、特强降水量增加,致使极端降水也更为频繁,强度更强,故该区未来的防灾减灾形势可能会更严峻。

表 6.4 2011—2100 年不同排放情景下青海高原极端事件变率

	青海高原	RCP2.6	RCP4.5	RCP8.5
极端气温	夏季日数(d/10a)	0.05	0.34	1.35
	暖昼日数(d/10a)	0.48	2.49	5.98
	冷昼日数(d/10a)	−1.03	−1.05	−5.24
	冷夜日数(d/10a)	−0.79	−2.39	−5.29
	结冰日数(d/10a)	−0.52	−2.25	−5.59
	霜冻日数(d/10a)	−0.29	−1.80	−5.55
极端降水	持续干期(d/10a)	0.29	−0.14	−0.69
	持续湿期(d/10a)	−0.09	−0.01	−0.08
	中雨日数(d/10a)	0.03	0.07	0.36
	大雨日数(d/10a)	0.00	0.02	0.15
	强降水量(mm/10a)	0.16	0.73	8.39
	特强降水量(mm/10a)	0.04	0.46	4.86

6.1.2.3.3 气候变化预估的不确定性

气候模式的可信度来自以下事实:1)模式的基本原理是建立在物理定律基础之上的,如质量守恒定律、能量和动力定律,同时还有大量的观测资料;2)模式具有模拟当前气候重要方面的能力,通过把模式的模拟结果与大气、海洋、冰雪圈和地表的观测结果对比,可以对模式进行常规的和广泛的评估;3)模式具有再现过去气候和气候变化特征的能力。

但是,模式仍然存在重要的局限性。例如,对云的表述,这种局限性导致预测的气候变化在量级、时间以及区域细节上存在不确定性,导致模式预测结果包含有相当大的不确定性,其中降水预测的不确定性比气温更大。

在对未来气候变化预估时,产生不确定性的原因很多,主要有:在未来温室气体排放情景方面存在的不确定性,包括温室气体排放量估算方法、政策因素、技术进步和新能源开发方面的不确定性;还包括气候模式发展水平的限制引起的对气候系统描述的误差以及模式和气候系统的内部变率,后者可以通过集合方法减少;计算机能力的限制;对科学理解的限制以及对一些重要物理过程细节的观测存在限制;用于评估气候模式结果的观测资料不足,也是导致模拟产生不确定性的重要方面。

6.2 气候变化对生态系统的影响预估

6.2.1 气候变化对草地植被系统影响预估

陆地生物圈不仅是人类赖以生存的物质基础,也是对人类活动和全球气候变化最敏感的生物圈。植被是陆地生态系统的重要组成部分,在区域气候变化和全球碳循环中扮演着重要的角色(曹明奎 等,2000;张佳华 等,2002;周涛 等,2004;侯英雨 等,2008)。植被净初级生产力(net primary productivity,NPP)是指绿色植物在单位面积、单位时间内所积累的有机物数量,是光合作用所产生的有机质总量减去呼吸消耗后的剩余部分。植被净初级生产力也称植被第一性生产力。掌握陆地NPP年际间的定量变化规律,对评价陆地生态系统的环境质量、调节生态过程以及估算陆地碳汇具有十分重要的意义(Cao et al.,1998;Fang et al.,2001;于贵瑞,2003)。随着全球气候的不断变暖,必将直接或间接地影响植被的生长发育,从而最终影响植被的NPP。我国诸多学者自20世纪90年代以来,分别采用气候统计模型、过程模型和光能利用率模型对青藏高原、塔里木盆地、西双版纳、山东、福建等部分地区以及全国范围内的植被净第一性生产力的分布格局和动态变化做出了研究(刘文杰,

2000;张宏 等,2000;陈波,2001;朴世龙 等,2001)。

青海高原位于青藏高原东北部,全省平均海拔高度在 3000 m 以上,气候以高寒干旱、半干旱为主要特征,是典型的大陆性高原气候,境内地质地貌复杂多样,既是气候变化的敏感区,又是生态系统的脆弱区。在全球气候变化的影响下,青海各地植被净初级生产力发生了明显的变化。利用在干旱、半干旱草原区对 NPP 模拟效果较好的模型(林慧龙 等,2007),分析青海高原植被净初级生产力未来可能的变化趋势,利用综合顺序分类法模拟未来青海植被类型可能的演替方向,模拟结果可在一定程度上对合理利用天然草场资源、保护和改善青海高原脆弱的生态环境、促进社会经济持续稳定发展和适应全球气候变化采取相应措施提供理论依据。

6.2.1.1 资料和方法

6.2.1.1.1 数据

未来 SRESA1B 情景、RCP4.5 情景下气温和月降水量数据均来自国家气候中心发布的中国地区气候变化预估数据集中的全球气候模式加权平均集合数据。

6.2.1.1.2 方法

(1)植被净第一性生产力(NPP)模型

利用自然植被净第一性生产力模型(张新时,1993;周广胜 等,1998):

$$\text{NPP} = \text{RDI} \frac{rR_n(r^2 + R_n^2 + rR_n)}{(r+R_n)(r^2 R_n^2)} \exp(-\sqrt{9.87 + 6.25\text{RDI}}) \quad (6.1)$$

式中,RDI 为辐射干燥度,R_n 为年辐射量(单位:mm),r 为年降水量(单位:mm),NPP 为植被净第一性生产力(单位:t DW/(hm²·a))。

由(6.1)式可得如下形式:

$$\text{NPP} = \text{RDI}^2 \frac{r(1+\text{RDI}+\text{RDI}^2)}{(1+\text{RDI})(1+\text{RDI}^2)} \exp(-\sqrt{9.87 + 6.25\text{RDI}}) \quad (6.2)$$

由于计算陆地表面所获得的年辐射时需要的气候变量较多,难以计算,根据张新时(1993)的研究有如下关系式:

$$\text{RDI} = (0.629 + 0.237\text{PER} - 0.00313\text{PER}^2)^2 \quad (6.3)$$

式中,RDI 为辐射干燥度,PER 为可能蒸散率。

$$\text{PER} = \text{PET}/r = \text{BT} \times 58.93/r \quad (6.4)$$

$$\text{BT} = \sum t/365 = \sum T/12 \quad (6.5)$$

式中,PET 为年可能蒸散量(单位:mm),BT 为年平均生物温度(单位:℃),t 和 T 分别为>0 ℃与<30 ℃的日平均温度和月平均温度。

(2)植被类型划分方法

植被类型的划分采用综合顺序分类法,利用全省50个气象台站的日平均气温计算出各站>0 ℃的年积温$\sum\theta$,根据计算公式:

$$K = r/(0.1 \times \sum \theta) \tag{6.6}$$

式中,K为湿润指数,R为年降水量,$\sum\theta$为>0 ℃年积温。

计算出各站的K,然后根据草原类型第一级一类的检索图,就可以确定各个地区的植被类型。

6.2.1.2 未来植被NPP变化趋势和植被类型演替方向

6.2.1.2.1 未来植被NPP变化趋势

(1)青海未来植被NPP变化趋势分析

利用国家气候中心2009年发布的中国地区气候变化预估数据集中的全球气候模式加权平均集合数据,分析在SRESA1B情景下2001—2100年青海各地NPP变化趋势((彩)图6.3)。可以看出,未来100年NPP变化趋势系数大致呈由东向西逐渐减小的趋势,青海东部地区NPP增加最为明显,为1.35~1.49 t DW/(hm²·100a),青海西北部尤其是柴达木盆地和三江源区的部分地区NPP变化系数较小,为0.59~0.73 t DW/(hm²·100a)。

21世纪20年代、50年代、80年代青海省NPP分布趋势大致相同,都是呈由东向西逐渐减小的趋势。在青海的东部农业区和祁连山东段NPP为全省的最大值,这一区域就全省来说热量条件最好,而且未来降水增加量也最大,因此在未来各个时期其NPP也最大。各个时期NPP都较小的区域分布在柴达木盆地的西北部和三江源区的西南部,这些地区未来气温增幅较大,但降水量增幅相对较小,青海地处干旱、半干旱地区,较小的降水增加量不足以抵消因气温升高而引起的蒸发量增加,因此和水热条件相对较好的青海东部地区相比,其NPP较小。未来青海省NPP大致范围为21世纪20年代为2.5~7.0 t DW/(hm²·a),50年代为2.7~7.5 t DW/(hm²·a),80年代NPP为2.9~7.8 t DW/(hm²·a)。

(2)三江源未来NPP变化趋势分析

未来SRESA1B情景下21世纪20年代三江源区植被NPP大致范围为18.92~118.88 gC/m²(图6.4a),50年代为20.1~119.96 gC/m²(图6.4b),80年代为20.82~119.88 gC/m²(图6.4c)。三江源全区平均植被NPP预估21世纪20年代、50年代、80年代分别为74.5 gC/m²、86.6 gC/m²、96.3 gC/m²,整体趋势增加,植被NPP年增幅为0.17 gC/(m²·a)。21世纪20年代、50年代和80年代三江源区植被NPP分布趋势大致相同,均呈由东向西逐渐减小的趋势。长江源和澜沧江源的玉树地区,植被NPP呈一低值区,21世纪20年代表现明显,其值在

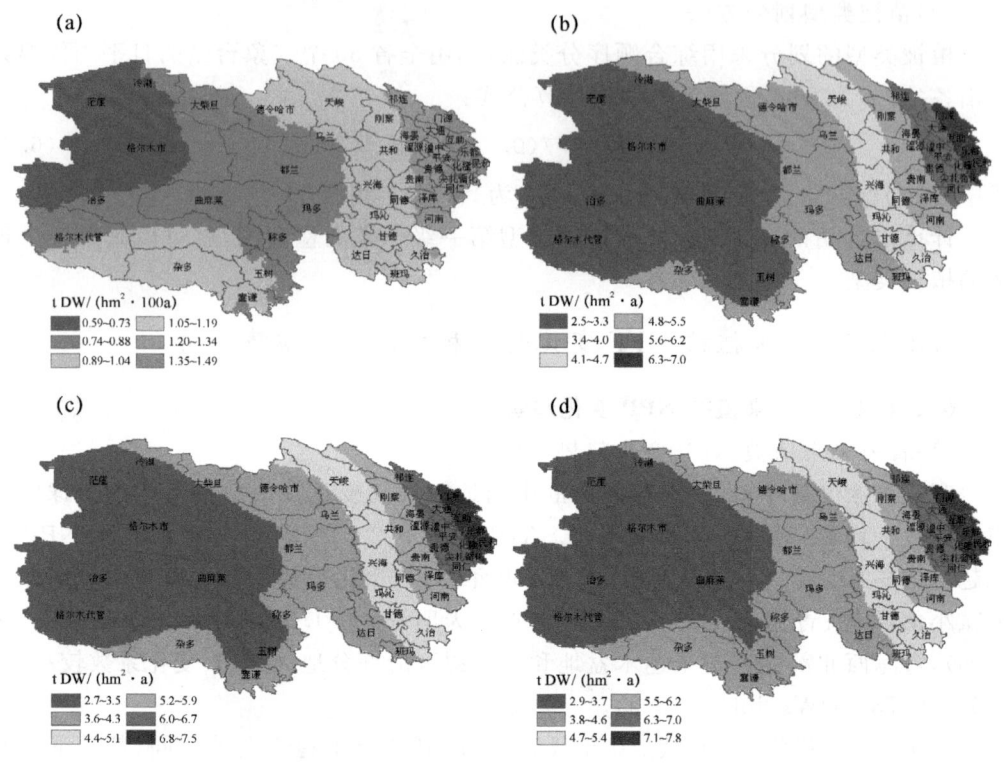

图 6.3 未来 100 年 NPP 变化趋势(a)、21 世纪 20 年代(b)、
21 世纪 50 年代(c)和 21 世纪 80 年代(d)NPP 分布特征

18.92～27.54 gC/m², 远低于周边区域, 到 20 世纪 80 年代逐渐增加, 其值达到 50.55～60.45 gC/m²。

未来 60 年, 预估三江源全区范围植被 NPP 将呈现增加的趋势, 幅度较快的区域是长江源的沱沱河、曲麻莱、治多东部和玉树等区域, 澜沧江源的杂多和囊谦等区域, 其增幅在 0.38～0.72 gC/(m²·a), 增加幅度最大区域是杂多和曲麻莱, 分别为 0.68 gC/(m²·a) 和 0.72 gC/(m²·a), 黄河源区增幅较小, 尤其是兴海、同德、泽库及河南等区域, 增幅仅有 0.00～0.04 gC/(m²·a)(图 6.4d)。

(3) 柴达木盆地未来 NPP 变化趋势分析

RCP4.5 情景下, 与 1986—2005 年平均值相比, 2016—2100 年低地草甸类、温性荒漠类和高寒草原类植被 NDVI 有所增加, 但增加幅度随时间变化有所降低。其中, 温性荒漠类植被 NDVI 下降最为明显, 平均每 10 年下降 1.66%, 低地草甸类和高寒草原类植被 NDVI 下降幅度较小, 平均每 10 年下降 0.29% 和 0.33%(图 6.5)。

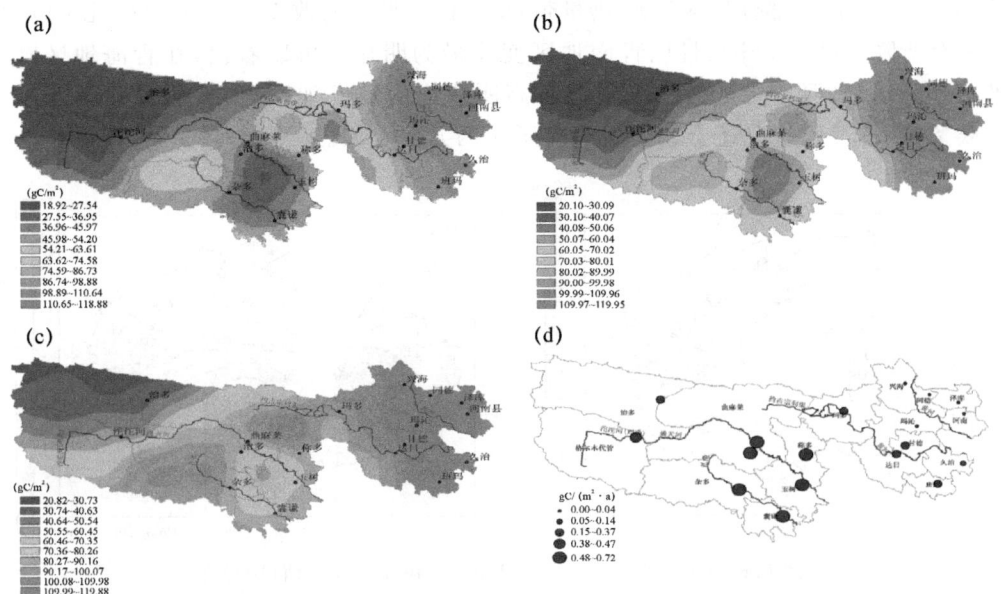

图 6.4 三江源 SRESA1B 情景下 21 世纪 20 年代(a)、21 世纪 50 年代(b)、21 世纪 80 年代(c)平均植被 NPP 分布和未来 60 年植被 NPP 变率(d)预估

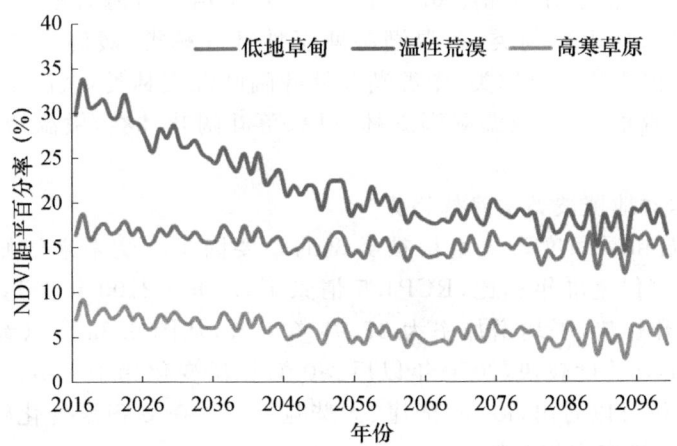

图 6.5 2016—2100 年低地草甸、温性荒漠和高寒草原植被 NDVI 距平变化

6.2.1.2.2 未来植被类型演替方向

(1)未来气候条件下,CO_2 倍增后青海省植被类型分布

以未来大气中 CO_2 浓度加倍时,青海西部年平均气温增加 2.5~2.6 ℃,东部增加 2.8~3.0 ℃,降水量按增幅 20% 估算,青海省各地 >0 ℃ 年积温增加明显

(图 6.6a),全省大部分地区所属热量带都发生了明显的改变。而湿润度比 CO_2 倍增前有所降低(图 6.6b),且以青南地区变化最为明显。可以看出,在青海地区降水虽然有所增加,但不能抵消由于气温升高所造成的蒸发加剧现象,而且在青海未来气候条件下,气候状况还会朝着更为暖干化的方向发展。

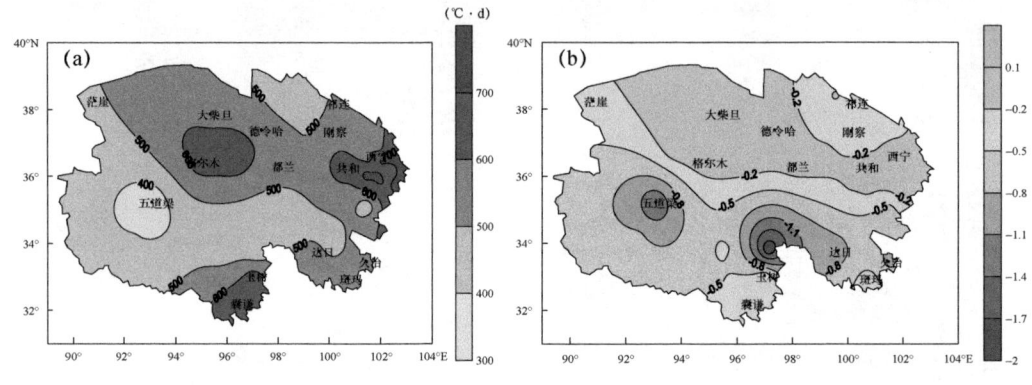

图 6.6 CO_2 倍增前后积温差值(a)和湿润度差值(b)分布

由于受上述气候条件的影响,未来青海省草场类型的分布发生了一定的变化。与 21 世纪初分布情况相比,全省各地草场类型将会朝着暖干化的方向发展,CO_2 倍增后青海植被类型情景分布如图 6.7 所示。CO_2 倍增后青海省植被类型主要有:寒冷潮湿多雨冻原、高山草甸类,寒温潮湿寒温性针叶林类,暖温干旱暖温带半荒漠类,暖温微干暖温带典型草原类,微温潮湿针叶阔叶混交林类,微温干旱温带半荒漠类,微温极干温带荒漠类,微温湿润森林草原、落叶阔叶林类,微温微润草甸草原类 9 类。

(2)柴达木盆地植被类型演替趋势

>0 ℃积温和湿润度是决定植被类型的重要因子。受未来气候变暖影响,与 1986—2005 年气候基准年相比,RCP4.5 情景下,2006—2100 年柴达木盆地>0 ℃积温呈显著上升趋势,平均增加率为 37.91 ℃/10a,从图 6.8a 可以看出,2070 年以前>0 ℃积温上升速度较快,2070 年以后>0 ℃积温变化趋于平缓。从空间变化趋势(图 6.8b)分析可以看出,冷湖、茫崖、大柴旦一带>0 ℃积温变化幅度较大,而柴达木盆地南部一带变率相对较小。

与 1986—2005 年气候基准年相比,RCP4.5 情景下,2006—2100 年柴达木盆地湿润度总体呈显著下降趋势,平均变化率为 0.19/10a。长期变化趋势与大于 0 ℃积温变化基本相似,2070 年以前湿润度呈急剧下降趋势,而 2070 年以后湿润度变化趋于平缓(图 6.8c)。从空间分布(图 6.8d)可以看出,各地湿润度均呈下降趋势,其中柴达木盆地南部湿润度下降最为明显。

从以上>0 ℃积温和湿润度变化趋势可以看出,未来柴达木盆地植被类型总体

第 6 章　气候变化对高原生态系统影响预估服务

图 6.7　CO_2 倍增后青海省植被类型情景分布

朝着暖干化的方向发展,尤其是柴达木盆地南部暖干化较为明显。

6.2.2　气候变化对水资源影响预估

气候变暖已对全球尺度水循环产生了一定程度的影响,使水循环有所加快(丁一汇 等,2008)。气候变化对水文水资源的影响研究有着理论和实践双层意义。三江源是青海省重要的水源地,有"中华水塔"之称。此外,柴达木盆地巴音河、格尔木河等对局地生态都有着重要的意义。下面主要针对黄河上游、长江源区及柴达木盆地巴音河、格尔木河典型地区河流做重点分析。

6.2.2.1　黄河上游流量预估

6.2.2.1.1　黄河上游流量变化特征

在气候变化等因素的驱动下,同时受人类活动影响,1961—2017 年,黄河上游地

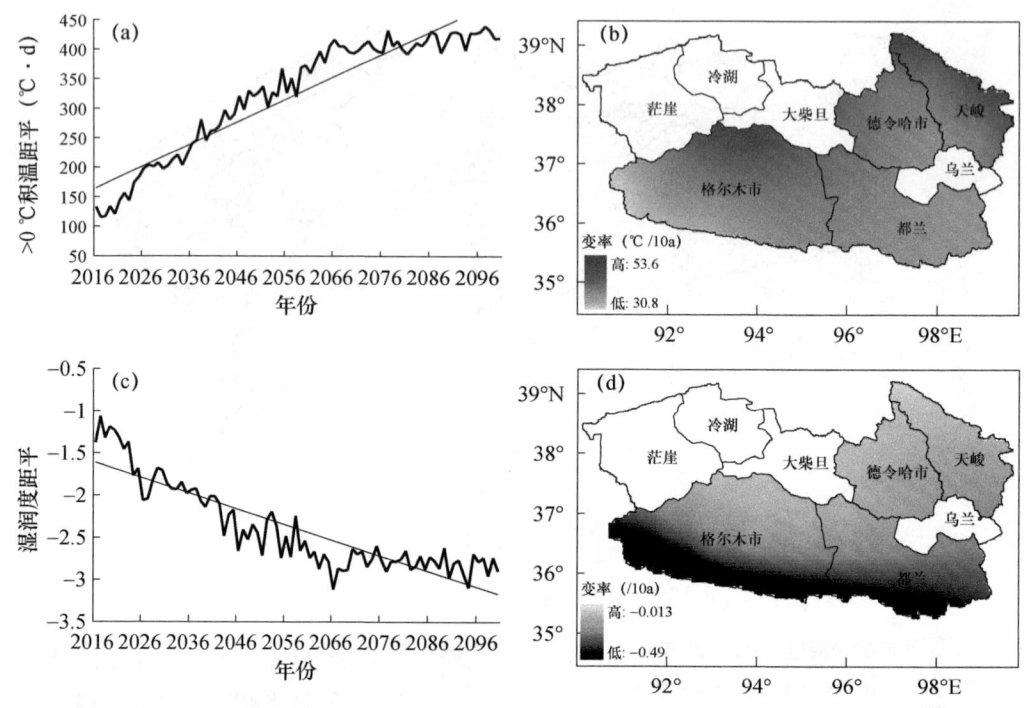

图 6.8 2006—2100 年柴达木盆地>0 ℃积温距平(a)及空间变率分布(b)、湿润度距平(c)及空间变率分布(d)

区唐乃亥径流量呈减少趋势,平均每 10 年减少 27.1 m³/s,1961—2017 年黄河上游年平均径流量为 637.3 m³/s,其中,1989 年径流量最高,为 1032.3 m³/s;2002 年径流量最低,仅为 326.5 m³/s。黄河上游年平均径流量在 20 世纪 90 年代减少最为明显,1991—2002 年黄河上游年平均径流量仅为 523.3 m³/s,较 1961—1990 年减少 174.7 m³/s,偏少 25%。自 2003 年开始,黄河上游径流量持续增加,2003—2017 年黄河上游年平均径流量达 607.1 m³/s,较 1991—2002 年增加 83.8 m³/s,偏多 16%。2012 年是自 1990 年以来径流量最多的一年,年平均径流量较常年偏多 38.1%,达到 880.1 m³/s(图 6.9)。

6.2.2.1.2 气候因子对地表水资源的综合影响

影响地表水资源的气候因子可由水量平衡模式来确定:$B=R-E-Q-W$,B 为水量平衡,R 为流域平均降水量,E 为流域蒸发量,Q 为河流径流量,W 为土壤蓄水量,单位均为 mm。根据物质总量收支平衡原理,当流域处于稳定状态时,多年水量平衡 $\sum B$ 应该为 0,则径流量可表示为:$Q=R-E-W$。W 可表示为气温和降水量的函数,由此可直观地反映出气温、降水量以及蒸发量是影响流量的主要气候因子。

表 6.5 列出了黄河上游四季及年平均气温与唐乃亥站流量的相关系数。可以看

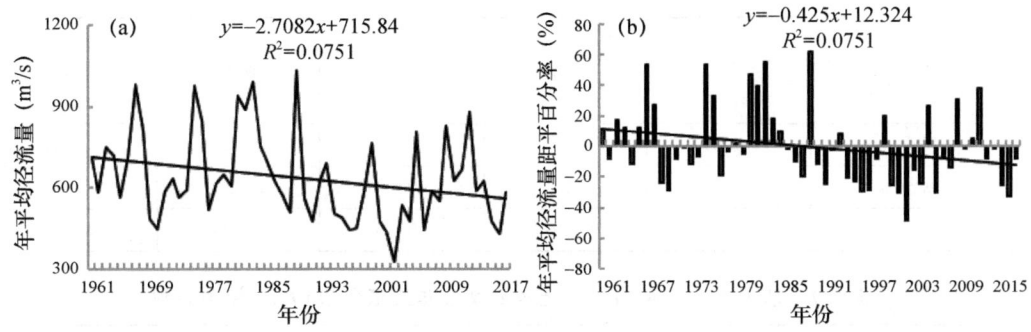

图6.9 1961—2017年黄河上游地区唐乃亥年平均径流量(a)及其距平百分率(b)变化

出:1)气温与流量总体上呈较为显著的负相关关系,表明黄河上游气温升高对加大流域蒸发量导致流量补给的减少作用要大于其升高致使冰雪融水的补给作用;2)四季及年平均气温中,春季气温对流量的作用最为显著,说明在干旱、半干旱的黄河上游,春季气温的回升导致的蒸发量增大致使流量减少的作用,明显突出于春季微弱的降水量对流量的补给;3)四季及年平均流量中,春季流量对气温的响应最为敏感,从而表明气温升高导致的水分蒸发效用有效地削弱了冰雪融水对春季流量的补给作用;4)通过分析月平均最高、最低气温与年流量的关系,发现春季及年最高气温对春季流量的贡献较为突出,而最低气温的影响仅在夏季通过0.05的显著性检验(表6.6、表6.7)。

表6.5 唐乃亥站流量与黄河上游四季及年平均气温(T)的相关系数

Q \ T	年	春季	夏季	秋季	冬季
年	−0.164	−0.179	−0.120	0.049	−0.160
春季	−0.428**	−0.530***	−0.310	−0.169	−0.345*
夏季	−0.012	−0.085	−0.025	0.146	−0.029
秋季	−0.187	−0.097	−0.110	−0.026	−0.187
冬季	−0.014	−0.114	−0.047	−0.116	0.138

表6.6 唐乃亥站流量与黄河上游四季及年最高气温(T_{max})相关系数

Q \ T_{max}	年	春季	夏季	秋季	冬季
年	−0.335*	−0.253	−0.360**	−0.193	−0.200
春季	−0.530***	−0.588***	−0.312*	−0.214	−0.453***

Q \ T_{max}	年	春季	夏季	秋季	冬季
夏季	−0.217	−0.233	−0.299*	0.033	−0.112
秋季	−0.258	−0.058	−0.267	−0.352**	−0.137
冬季	−0.021	−0.108	−0.104	−0.049	0.063

表6.7 唐乃亥站流量与黄河上游四季及年最低气温(T_{min})相关系数

Q \ T_{min}	年	春季	夏季	秋季	冬季
年	0.133	0.095	0.215	0.247	−0.093
春季	−0.165	−0.085	−0.205	−0.070	−0.191
夏季	0.216	0.180	0.312*	0.202	0.061
秋季	0.051	0.008	0.124	0.261	−0.207
冬季	0.103	0.030	0.072	−0.102	0.216

注:"*""**"和"***"的相关关系分别通过了0.05,0.01和0.001信度的检验。

为进一步说明流量与降水量的关系,表6.8给出了黄河上游四季及年降水量与流量的相关系数。分析得出:1)冬春季降水量对流量的影响不太显著,表明冬春季流量主要依赖于冰雪融水补给,尤其在冬季更为突出。2)对年流量而言,年降水与夏季降水是其影响的关键气候因子。3)四季流量中,以秋季流量与降水量的相关系数相对较高,秋季流量对四季及年降水量的响应最为显著,夏秋季流量与同期降水的相关系数达到0.63以上,表明夏秋季流量主要来自降水的贡献。

表6.8 唐乃亥站流量与黄河上游四季及年降水量(E)的相关系数

Q \ E	年	春季	夏季	秋季	冬季
年	0.770***	0.382**	0.675***	0.414**	0.007
春季	0.265	0.373**	0.188	0.001	0.242
夏季	0.634***	0.421**	0.676***	0.088	0.088
秋季	0.697***	0.167	0.486**	0.696***	−0.146
冬季	0.209	0.140	0.315*	−0.053	−0.110

注:"*""**"和"***"的相关关系分别通过了0.05,0.01和0.001信度的检验。

表6.9、表6.10给出了黄河上游四季及年蒸发量与流量的相关关系。可以看出:1)四季及年蒸发量普遍与流量呈负相关关系,表明蒸发量作为地表水分平衡当

中重要的支出项,蒸发量的增大必然导致流量的减少,反之亦然,其物理意义是显著的;2)四季当中夏季蒸发量对流量的作用最为显著,说明了在夏季降水补给不足的情况下,蒸发量增大对流量减少作用的显著性更为突出;3)年流量对夏季蒸发最为敏感,而四季当中夏季流量与蒸发量的相关性最好。

表6.9 唐乃亥站流量与黄河上游四季及年蒸发(彭曼)相关系数(闵骞,2001)

Q \ E	年	春季	夏季	秋季	冬季
年	−0.293*	−0.277*	−0.565***	−0.256	−0.181
春季	−0.371**	−0.411**	−0.327*	−0.211	−0.387**
夏季	−0.309*	−0.135	−0.573***	−0.019	−0.073
秋季	−0.124	−0.264	−0.354**	−0.409**	−0.162
冬季	0.034	−0.142	−0.160	−0.040	0.034

注:"*""**"和"***"的相关关系分别通过了0.05,0.01和0.001信度的检验。

表6.10 唐乃亥站流量与黄河上游四季及年蒸发相关系数(高桥浩一郎 等,1980)

Q \ E	年	春季	夏季	秋季	冬季
年	−0.042	0.102	−0.277*	0.153	0.002
春季	0.032	0.201	−0.303*	0.058	0.207
夏季	−0.045	0.048	−0.244	0.115	0.087
秋季	−0.038	0.093	−0.172	0.142	−0.147
冬季	−0.142	−0.037	−0.130	−0.073	−0.108

注:"*""**"和"***"的相关关系分别通过了0.05,0.01和0.001信度的检验。

由于预估数据的限制,对于彭曼蒸发无法计算,因此采用高桥浩一郎公式进行黄河上游蒸发的计算。

为显现以上气温、降水、蒸发等因子对黄河上游流量的综合影响,下面给出了各因子原始数据径流量的回归方程:

$Q = 498.092 + 2.132R - 40.458T_{max2} - 2.565EG_2 \quad F=34.457, r=0.824$

$Q_1 = 714.322 - 32.909T_1 - 27.858T_{max1} + 2.331R_1 - 2.712EG_2 \quad F=13.667, r=0.730$

$Q_2 = 2313.512 + 0.803R + 3.653R_2 - 194.732T_{max2} + 122.628T_{min2} \quad F=16.714, r=0.763$

$Q_3 = -329.613 + 2.732R + 4.516R_3 - 82.565T_{max3} \quad F=30.867, r=0.809$

$Q_4 = 200.224 + 0.294R_2 + 4.463T_4 \quad F=3.5, r=0.352$

式中，Q 为年流量，Q_1，Q_2，Q_3，Q_4 分别为春、夏、秋、冬季流量；R 为年降水量，R_1，R_2，R_3，R_4 分别为春、夏、秋、冬季降水量；T 为年平均气温，T_1，T_2，T_3，T_4 分别为春、夏、秋、冬季平均气温；T_{max} 为年平均最高气温，T_{max1}、T_{max2}、T_{max3}、T_{max4} 分别为春、夏、秋、冬季平均最高气温；T_{min} 为年平均最低气温，T_{min1}、T_{min2}、T_{min3}、T_{min4} 分别为春、夏、秋、冬季平均最低气温；EP 为年蒸发量(彭曼)；EG 为年蒸发量(高桥浩一郎 等，1980)，EG_1、EG_2、EG_3、EG_4 分别为春、夏、秋、冬季蒸发量。

上述方程中，除冬季复相关系数为 0.352，其他复相关系数均超过 0.74，达到了 0.001 信度的显著性水平。由拟合方程可以看出：年及春、夏、秋季流量随着年平均气温的升高、降水量的减少、蒸发量的增大和冻土厚度的减小而减少，反之相反，其物理意义是与客观事实相吻合的。说明回归方程及各因子的方程贡献是显著的。图 6.10a 为年平均流量实测值与方程模拟值的对比曲线，多数年份拟合很好，平均相对误差为 9.7%，春、夏、秋季流量拟合相对误差分别为 12.5%、14.0%、15.4%（图 6.10b~d），表明上述方程用于估算黄河上游年及季节流量具有较高的可信度，同时也说明气候变化是黄河上游流量变化的主要驱动力。

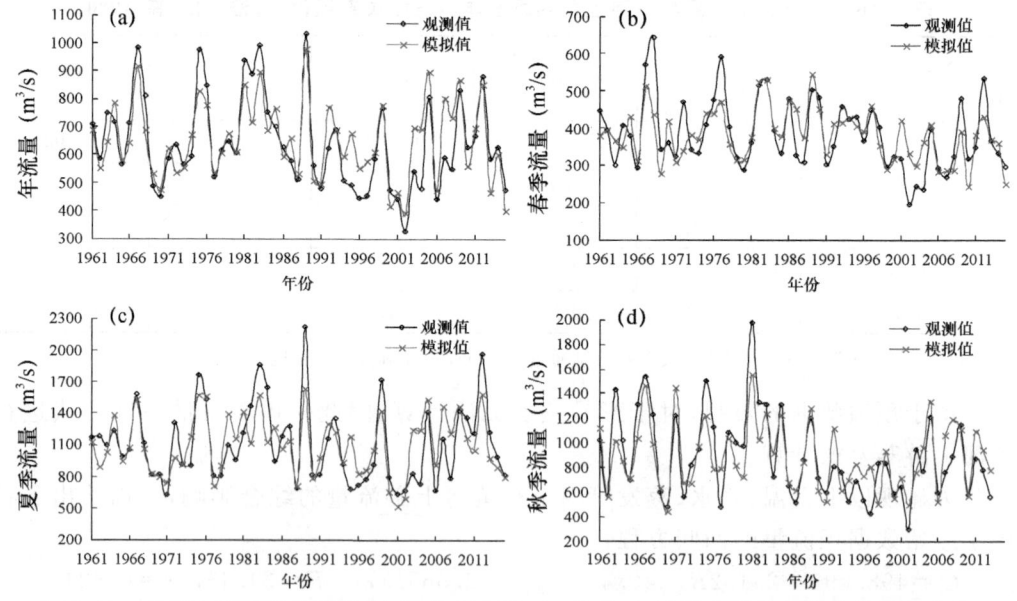

图 6.10 黄河上游年平均流量(a)及春(b)、夏(c)、秋季(d)流量实测值与拟合值变化曲线

6.2.2.1.3 流量预估

根据以上建立的气候变化对黄河上游地表水资源影响评估模型，利用气候模式系统输出的未来气候变化情景资料，对黄河上游年平均流量可能的变化趋势进行预估。图 6.11 给出的未来 35 年 3 种不同排放情景下黄河上游流域年及春、夏、秋季流

量变化可能的趋势。可以看出,未来35年黄河上游流量呈减少趋势,RCP2.6情景下,2016—2050年唐乃亥年及春、夏、秋季流量平均分别为662.3 m³/s、375.1 m³/s、1088.0 m³/s、912.2 m³/s,年及春、夏、秋季流量减少速率分别为每10年6.2 m³/s、10.6 m³/s、15.2 m³/s、1.0 m³/s,以夏季降幅最为明显。与历年(1961—2015年平均值)相比,年及秋季流量分别偏多16.8 m³/s和23.8 m³/s,春、夏季流量分别偏少10.7、27.3 m³/s。RCP4.5情景下,唐乃亥年及春、夏、秋季流量平均分别为644.1 m³/s、361.1 m³/s、1071.4 m³/s、891.1 m³/s,流量减少速率分别为每10年5.9 m³/s、22.4 m³/s、1.5 m³/s、1.6 m³/s,以春季降幅最为明显。与历年(1961—2015年平均值)相比,年流量和秋季流量接近常年水平,春季和夏季流量分别偏少24.7 m³/s和43.9 m³/s。RCP8.5情景下,唐乃亥年及春、夏、秋季流量平均分别为643.3 m³/s、350.0 m³/s、1065.5 m³/s、899.7 m³/s,流量减少速率分别为每10年18.5 m³/s、41.3 m³/s、31.7 m³/s、12.3 m³/s,以春季降幅最为明显。与历年(1961—2015年平均值)相比,年流量接近常年水平,春季和夏季流量分别偏少35.8 m³/s和49.8 m³/s,秋季流量偏多11.3 m³/s。赵芳芳等(2009)利用SWAT模型预测未来3个时期(21世纪20年代、50年代、80年代),在统计降尺度(SDS)情景下将分别减少88.61 m³/s(24.15%)、116.64 m³/s(31.79%)、151.62 m³/s(41.33%)。而Delta情景下研究区年平均流量变化相对较小,21世纪20年代和50年代分别减少63.69 m³/s(17.36%)和1.73 m³/s(0.47%),而21世纪80年代将增加46.93 m³/s(12.79%)。可见,利用不同气候模式和情景资料所预测出的黄河上游水资源未来变化趋势是不同的,蓝永超等(2004)应用不同模式预测的结论同样是不尽一致的,这不仅说明了气候模式的差异性,同时也进一步表明了未来气候变化的不确定性。

由于气温上升所引起的蒸散发损耗的增加,将在很大程度上抵消降水量的增加,而且社会经济的发展对于水资源需求不断增长,未来黄河上游水资源供需情势将可能更加严峻。同时,黄河上游流量的波动变化对区域内生态环境有显著的影响,近50年来流量减少趋势使与河流水体相连并进行水量交换的湖泊、沼泽湿地疏干退化,生态环境明显恶化。未来流域流量可能持续减少,将会使黄河上游水文水资源情势和生态环境面临更大的挑战,对于以水电为主的青海电力生产,也将可能带来不利影响,但这种趋势仍具有一定的不确定性。

6.2.2.2 长江源区流量预估

6.2.2.2.1 长江源区流量变化特征

1961—2017年,长江上游地区直门达径流量呈增加趋势,平均每10年增加13.7 m³/s,1961—2017年长江上游年平均径流量为419.2 m³/s,其中2009年径流量最高,为775.0 m³/s;1979年径流量最低,仅为221.1 m³/s。进入21世纪,长江上游径流量持续增加，2000—2017 年长江上游年平均径流量达 474.6 m³/s，较 1961—1999 年增加 80.9 m³/s，偏多 21%；较 20 世纪 90 年代增加 130.3 m³/s，偏多 38%（图 6.12）。

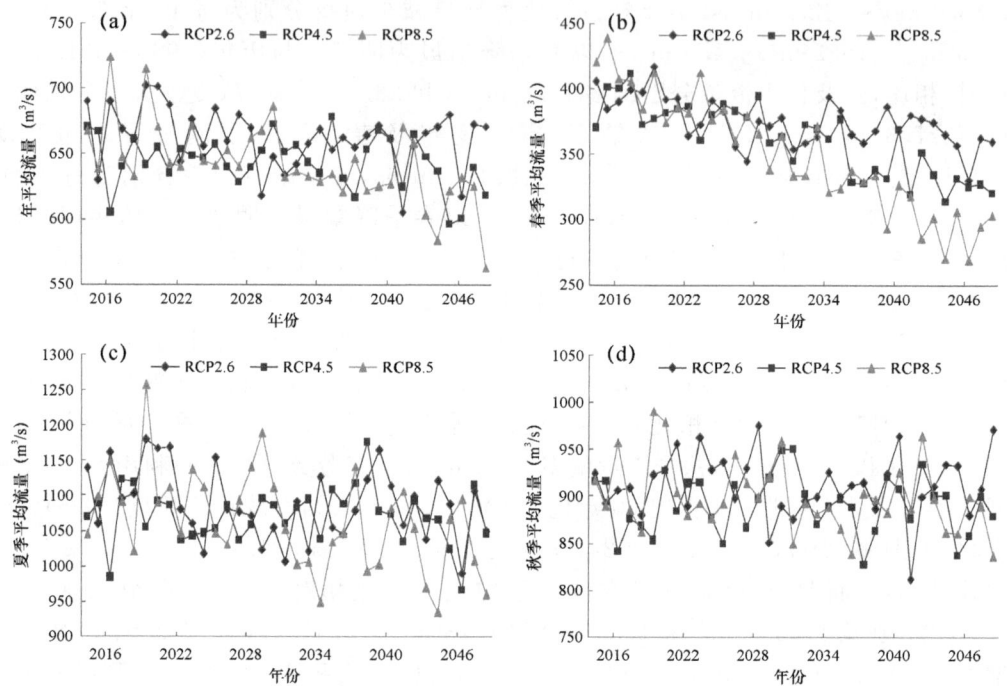

图 6.11　2016—2050 年 RCP4.5 情景下黄河上游流域平均流量变化可能趋势

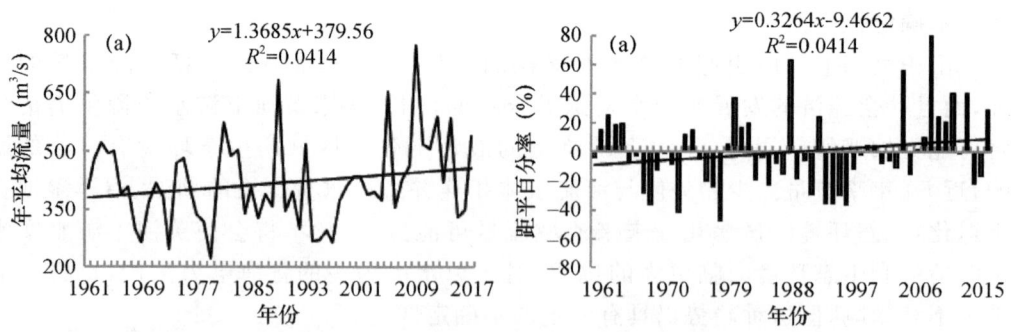

图 6.12　1961—2017 年长江上游直门达年平均径流量（a）及距平百分率（b）变化

6.2.2.2.2　关键气候因子分析

分析长江源区四季及年平均气温与流量的相关系数（表略）可见：（1）总体而言，年、季流量对最低气温的敏感程度要高于平均气温和最高气温，除春季流量外，年及夏、秋、冬季流量呈显著的正相关关系，年流量与夏季、秋季最低气温的相关系数达到 0.56 以上,通过 0.001 的显著性检验,表明平均气温越高,越有利于冰川消融,使河川径流增加。(2)对于季节而言,冬季气温对流量的作用最为突出。(3)最高气温对流量的影响仅在春季响应较好,且为负相关关系,相关系数达到 -0.381,通过 0.05 的显著性检验。

降水量作为地表水资源的主要补给来源,对于作为以雨水补给为主的长江源流量的变化起着最为显著的作用。进一步的相关分析表明(表略),降水量与流量还存在如下关系:(1)年降水量与年平均流量相关性极高,两者的相关系数为 0.87,达到了 99.9% 信度的置信水平。(2)夏季降水量对于流量的影响最为显著,且具有一定的持续性,其与年及夏、秋季平均流量的相关系数分别为 0.748,0.709,0.653,均达到了 99.9% 信度的置信水平。(3)秋季流量对于降水量的响应最为敏感,且具有一定的滞后性,其与春、夏、秋季年降水量的相关系数分别为 0.299,0.653,0.605,0.794,均达到了 95% 和 99.9% 信度的置信水平。可见,进入 21 世纪以来,长江源区降水量增多,尤其是 2004 年以来降水量显著增多,有效地增加了长江源区地表水资源的补给,从而使流域流量增大。

长江源区四季及年蒸发量与流量也可以看出(表略),夏季蒸发是年流量减少的主要因素之一,同时对夏季流量及秋季流量的作用十分明显。

以上分析表明,受全球变暖、降水量显著增多的影响,长江源区冰川迅速退缩,致使流域径流量出现明显增多趋势。但是以上分析主要是从单一因子对地表水资源的影响逐一进行分析的,而事实上长江源区地表水资源的变化,是上述因子综合作用的结果,同时还应包括蒸发量对流量的负贡献。为此,依据年、四季流量与主要气候因子的相关关系(表略),建立如下气候变化对长江源区流域地表水资源影响的评估模型:

$$Q = -316.545 + 3.113 T_{min2} + 1.893 R - 0.0957 EG_1 \quad r = 0.872, F = 51.757$$

$$Q_1 = 96.684 - 7.02 T_{max1} + 0.004 R_1 + 3.329 EG_1 \quad r = 0.634, F = 10.996$$

$$Q_2 = -472.257 - 50.752 T_{min2} + 56.027 T_{min3} + 2.512 R + 2.75 R_2 + 5.404 EG_1$$
$$r = 0.852, F = 24.924$$

$$Q_3 = -172.072 + 28.739 T_{min3} + 2.221 R + 0.237 EG_3 \quad r = 0.835, F = 37.734$$

$$Q_4 = 156.297 + 3.116 T_{min4} + 1.674 T_4 \quad r = 0.47, F = 7.08$$

式中,Q 为年流量,Q_1,Q_2,Q_3,Q_4 分别为春、夏、秋、冬季流量;R 为年降水量,R_1,R_2,R_3,R_4 分别为春、夏、秋、冬季降水量;T 为年平均气温,T_1,T_2,T_3,T_4 分别为春、夏、秋、冬季平均气温;T_{max} 为年平均最高气温,T_{max1},T_{max2},T_{max3},T_{max4} 分别为春、夏、秋、冬季平均最高气温;T_{min} 为年平均最低气温,T_{min1},T_{min2},T_{min3},T_{min4} 分别为春、夏、秋、冬季平均最低气温;EP 为年蒸发量;EG 为年蒸发量,EG_1,EG_2,EG_3,EG_4 分别为春、夏、秋、冬季蒸发量。

根据上式,可建立 1961—2015 年长江源区年及春、夏、秋季流量的拟合曲线如图

6.13所示,模拟值与实测值的绝对误差分别为11.1%、12.1%、14.0%、13.5%,拟合效果较好,其中对于年流量的模拟与实测值相比历年以偏少为主。整体来看,模型对于长江源区流量的模拟比较稳定。在降水量、气温和蒸发量3个因子当中,作为地表水资源供给项的降水量对于流量的贡献最为显著,最低气温次之,蒸发影响要明显低于前两者。

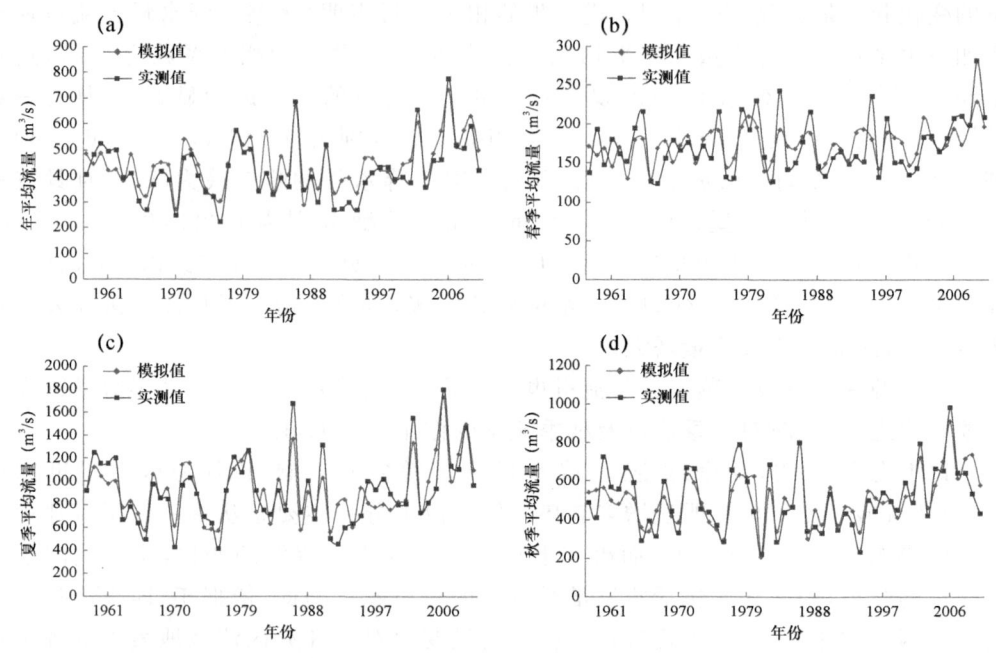

图6.13　1961—2015年长江源区年及春、夏、秋季流量模拟值与实测值拟合曲线

6.2.2.2.3　未来长江源区地表水资源预估

根据建立的气候变化对长江源区地表水资源影响评估模型,利用RCPs情景下未来35年长江源区气候变化资料,对长江源区年平均流量可能的变化趋势进行预估。与基准期(1971—2000年)相比,未来35年长江源区气温上升,降水增加,蒸发有微弱的增加趋势,但不明显。预估2016—2050年长江区径流量以增加为主(图6.14),其中RCP 2.6情景下年及春、夏、秋季的流量分别为468.2 m³/s、186.7 m³/s、1006.8 m³/s、529.3 m³/s,与常年(1961—2015年)相比,分别增加了50.4 m³/s、14.4 m³/s、90.0 m³/s、24.0 m³/s。RCP 4.5情景下年及春、夏、秋季的流量分别为461.2 m³/s、187.3 m³/s、1111.2 m³/s、520.4 m³/s,与常年(1961—2015年)相比,分别增加了43.7 m³/s、15.0 m³/s、194.4 m³/s、15.1 m³/s。RCP8.5情景下年及春、夏、秋季的流量分别为470.9 m³/s、189.1 m³/s、1027.0 m³/s、546.0 m³/s,与常年(1961—2015年)相比,分别增加了53.4 m³/s、16.8 m³/s、110.2 m³/s、40.7 m³/s。可

见,除了夏季以外,年及春、秋季在高排放情景下增加最多,而夏季在中排放情景下增加最多。齐冬梅等(2015)利用年径流预测的混合回归模型,预计未来到2050年,长江源区气温将升高,降水将增加,冰川面积将减少,地表水资源仍有可能以增加为主。这与本文在预测时段上一致,并且地表水资源总体变化趋势是相吻合的。值得说明的是,RCPs情景下未来35年长江源区降水量和蒸发量均呈微弱增加趋势,两者对于流量的作用基本可相互抵消,而流量的增加量可能主要来自冰川融水的增加。如果未来趋势果真如此,这种以冰川消融为代价的流量增加趋势未必真正值得乐观,而气候变暖趋势下冰川消融可能会带来的一系列不利影响更应得到及早关注。

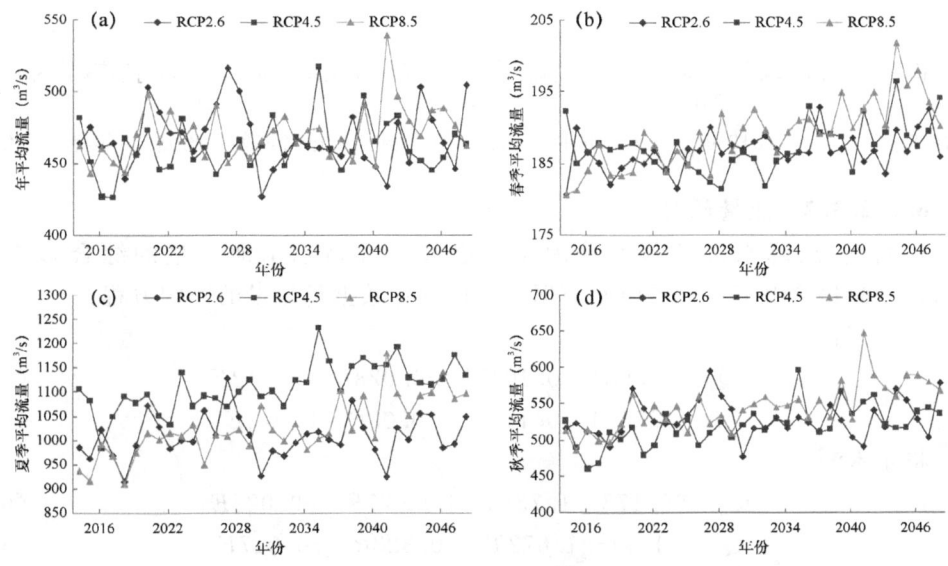

图6.14 RCPs情景下未来35年长江源区流量变化趋势预估值

6.2.2.3 柴达木盆地主要河流流量预估

6.2.2.3.1 流量变化特征

气候变暖背景下,盆地的冰雪融水和降水量均呈增加趋势,对径流的年际和年内分布产生了一定的影响。以格尔木河和巴音河山口水文控制站格尔木和德令哈为例,实测径流在1961年以来分别呈现90%和99%置信水平的显著增加趋势。1961—2017年,格尔木河年径流量的增幅为0.23亿 m^3/10a。20世纪60年代和90年代为格尔木河的相对枯水期,80年代和2000年以来为丰水期,70年代径流量接近多年平均状况(图6.15a);巴音河年径流量的增幅为0.25亿 m^3/10a。20世纪60—90年代径流量均低于多年平均水平,90年代最少,2000年以来为丰水期(图6.15b)。

径流补给形式对柴达木盆地河流年径流变差系数的影响较大。降水补给河流变差系数较大,为 0.3~0.5;地下水和冰雪融水补给河流的径流年际变动相对小,变差系数低于 0.3。1961—2017 年,格尔木河和巴音河年径流的变差系数在 0.26~0.27,最高值比最低值分别高出 2.5 倍(1989 年的 16.3 亿 m³ 比 2008 年的 4.7 亿 m³)和 2.0 倍(2012 年的 6.5 亿 m³ 比 1995 年的 2.2 亿 m³)。

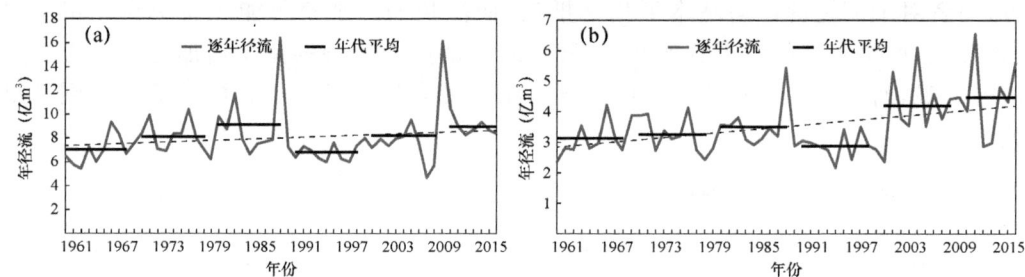

图 6.15　1961—2017 年柴达木盆地格尔木河格尔木站(a)、巴音河德令哈站(b)年径流变化

6.2.2.3.2　流量预估

根据气温、降水以及蒸发等因子对巴音河和格尔木河流量的综合影响,式(6.1)~(6.4)给出了各因子原始数据及其标准化数据径流量的回归方程:

巴音河:

$$Q_1 = 23.684 - 0.104T_1 + 0.028R - 0.012E \tag{6.1}$$

$$Q_2 = 22.94 - 0.193T_2 + 0.03R - 0.012E \tag{6.2}$$

格尔木河:

$$Q_3 = 65.178 - 1.738T_3 + 0.177R_3 - 0.022E_3 \tag{6.3}$$

$$Q_4 = 61.54 - 1.672T_4 + 0.328R_4 - 0.017E_3 \tag{6.4}$$

式(6.1)、式(6.2)中,Q_1 和 Q_2 为巴音河年平均流量(单位:m³/s),T_1 为冬季平均气温(单位:℃),R 为夏季降水量(单位:mm),E 为夏季蒸发量(单位:mm),T_2 为 12 月气温(单位:℃)。式(6.1)和式(6.2)相关系数分别为 0.705 和 0.712,达到了 0.001 信度的显著性水平。

式(6.3)、式(6.4)中,Q_3 和 Q_4 为格尔木河年平均流量(单位:m³/s),T_3 为春季平均气温(单位:℃),T_4 为 4 月气温。R_3 为夏季降水量(单位:mm),R_4 为 6 月降水量(单位:mm),E_3 为 6 月蒸发量(单位:mm),式(6.3)和式(6.4)相关系数分别为 0.636 和 0.641,达到了 0.001 信度的显著性水平。

由式(6.1)~(6.4)可以看出:年平均流量随着年平均气温的升高、降水量的减少和蒸发量的增大而减少,反之,则相反,其物理意义是与客观事实相吻合的。

根据建立的气候变化对柴达木河流影响评估模型,利用 RCPs 情景下气候模式系统输出资料,对巴音河和格尔木河年平均流量可能的变化趋势进行预估。由图

6.16给出巴音河未来3种不同排放情景下年平均流量变化可能的趋势,可以看出,未来85年巴音河年平均流量总体有微弱的增加趋势,在RCP2.6情景下变化相对平稳,而在RCP4.5、RCP8.5情景下随着时间的推移因蒸发量的增大,流量有减少的趋势,与气候基准年(1971—2000年)相比,3种排放情景下平均流量速率分别为6.8%、6.0%、4.6%。

格尔木河年流量在3种排放情景下均呈显著的减少的趋势(图6.17),尤其在RCP8.5情景下表现得尤为显著,平均减少量达19%。RCP2.6、RCP4.5情景下减少量在−1.2%~20.0%。可见,未来几十年由于蒸发的显著增大,格尔木河流量减少显著,未来水资源形势不容乐观。

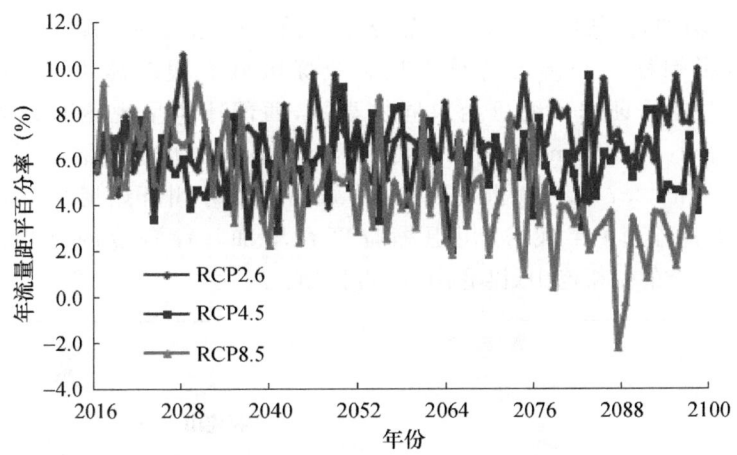

图6.16 2016—2100年巴音河年流量变化趋势(相对于1971—2000年)

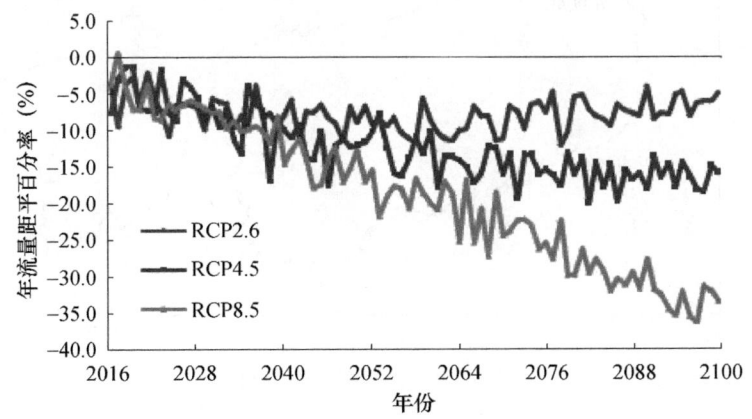

图6.17 2016—2100年格尔木河年流量变化趋势(相对于1971—2000年)

6.2.3 气候变化对冰川冻土影响预估

6.2.3.1 对冰川预估

6.2.3.1.1 冰川现状

根据2014年12月中国科学院寒区旱区环境与工程研究所发布的《第二次冰川编目》,在我国,冰川主要分布在青藏高原。有数据显示,青藏高原冰川覆盖面积约5万km^2,占全国冰川总面积8成以上。青藏高原的冰川是多条大江大河的源头,是众多江河和内陆湖泊重要的补给来源,冰川退化应引起注意。冰川消融短期内会造成江河流水量增加,但长此以往,一旦部分冰川消亡或冰川面积减小,其下游径流就会逐渐减少,影响社会经济可持续发展。全球区域有很多冰川退缩后形成冰碛湖,也是冰川退缩的证据。编目结果同样显示,西部冰川呈现萎缩态势,面积缩小18%,年平均缩小243.7 km^2。阿尔泰山和冈底斯山的冰川退缩最显著,冰川面积分别缩小37.2%和32.7%。20世纪以来,青藏高原的冰川开始退缩。而从20世纪90年代至21世纪10年代,冰川退缩幅度在增加。青海境内冰川的分布见图6.18,主要集中分布在祁连山、昆仑山、唐古拉山。

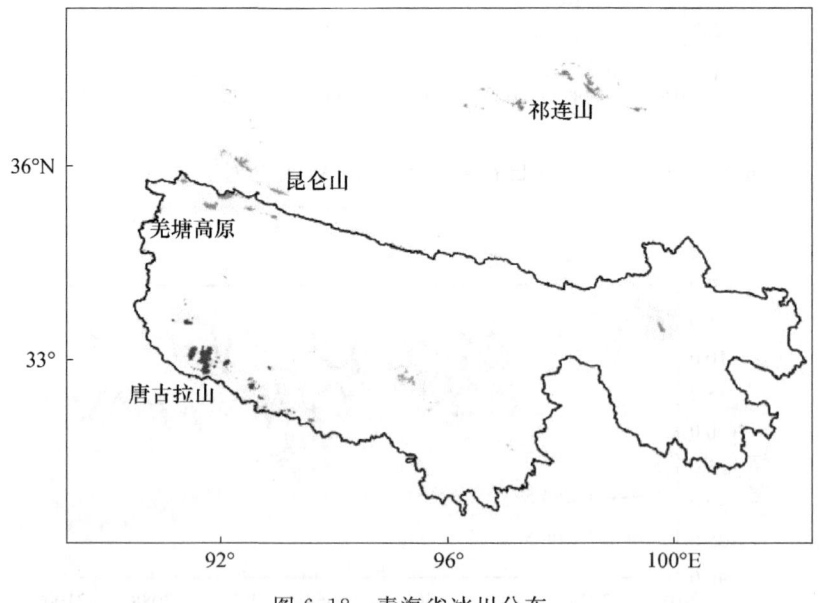

图6.18 青海省冰川分布

(1)三江源区冰川现状

三江源区山脉绵延、地势高耸,是青海省现代冰川最为发育的地区。据第二次中国冰川编目数据统计显示,三江源地区共发育1732条冰川,总面积为2499.736 km²,分别占有全省冰川总量和总面积的45.5%和65.5%。其中,三江源区东部海南州仅有6条冰川,且规模小,面积最大的查子岗日冰川仅为0.21 km²；果洛州有94条冰川,主要分布于昆仑山系支脉阿尼玛卿山的主峰玛卿岗日(表6.9)。而其余冰川位于三江源区西部的玉树州和唐古拉山镇(属格尔木市),分别属于东昆仑山系、唐古拉山和羌塘高原,且冰川发育规模相对较大,冰川面积约1.5 km²,其中位于东昆仑山布喀达坂峰南坡的莫诺马哈冰川面积达到83.94 km²,也是青海境内面积最大的冰川(刘时银 等,2015)。

表6.9 三江源地区冰川分布统计

行政区	冰川数量（条）	冰川面积（km²）	冰川所属山系分布(条)		
			唐古拉山	昆仑山	羌塘高原
海南州	6	0.67		6	
果洛州	94	106.09		94	
玉树州	1089	1112.99	258	790	41
海西州(唐古拉山镇)	543	1279.97	524		19
合计	1732	2499.72	782	890	60

近50年,三江源地区呈明显的暖湿化趋势,且气候极端性突出,极端天气气候事件频次增多。受区域升温的影响,三江源区冰川面积表现为一致性的退缩趋势,且其东南部地区冰川退缩明显快于西北部高原腹地极大陆性冰川作用区。

冰川物质平衡是表征冰川积累和消融的重要指标,主要受控于能量收支状况,对气候变化响应敏感(中国气象局气候变化中心,2018)。该指标为负时,表明冰川物质发生亏损；反之,则冰川物质发生盈余。小冬克玛底冰川(33.5°N,92.4°E)位于唐古拉山中段山区,属于典型极大陆性冰川,面积约为1.76 km²,长度约为2.8 km,末端海拔为5420 m,最高点海拔为5926 m,冰川集中分布在海拔高度为5550～5790 m。该冰川长期观测和物质平衡模拟重建结果显示(李忠勤 等,2018),1955年以来,小冬克玛底冰川总体上处于消融亏损的状态(图6.19)。降水增加带来的物质积累量小于气温升高导致的冰川消融量,从而造成了冰川的物质亏损趋势。尤其是1998年以来,冰川物质平衡以负平衡为主导,其中2000年达到−996 mm,冰川消融最为强烈。1989—2015年,小冬克玛底冰川累积物质平衡量为−7615 mm,即假定冰川面积不变的条件下,冰川厚度平均减薄7.615 m水当量。

(2)祁连山区冰川现状

祁连山区地处青海省东北部,由一系列西北—东南走向的平行山脉与谷地组成,南靠柴达木盆地,北临河西走廊,是青藏高原东北部冰川集中发育地区之一。根据第二次中国冰川编目数据统计显示(图 6.20),青海省祁连山区共发育冰川 1192 条,总面积为 836.86 km²,冰储量为 46.54 km³。该区冰川的一个显著特点是规模较小,其中面积<1 km² 的冰川有 997 条,占总数量的 83.64%;面积>10 km² 的冰川仅有 7 条,其中面积最大的是位于祁连山西段土尔根达坂山东端的敦德冰帽(姚檀栋 等,1992),该平顶冰川群(38°06′N,96°27′E)顶部海拔高度为 5355.7 m,冰舌末端海拔高度为 4608.4 m。

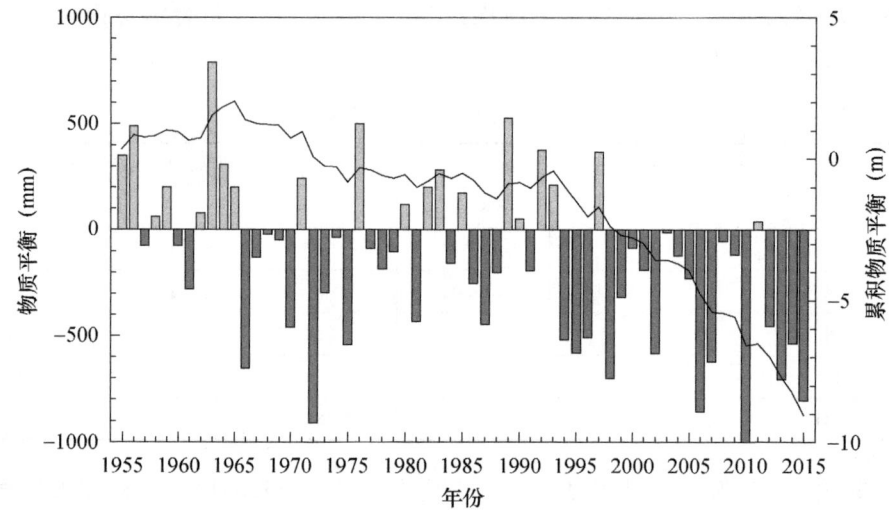

图 6.19 1955—2015 年小冬克玛底冰川物质平衡变化

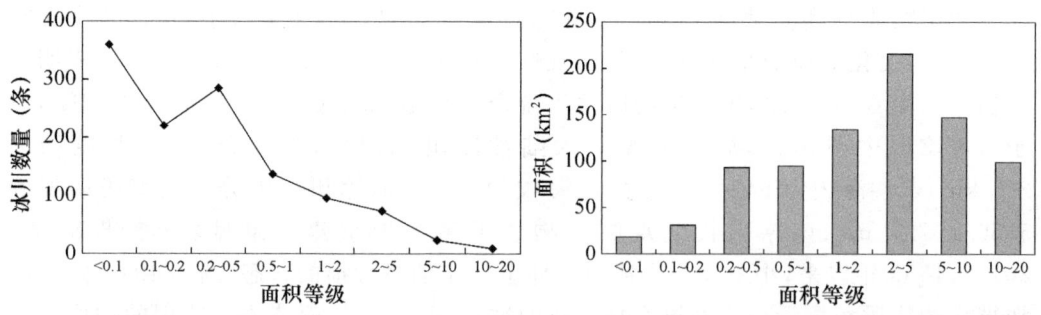

图 6.20 青海省祁连山区不同面积等级冰川数量(a)与面积(b)

在气候变暖背景下,祁连山冰川作用区呈暖湿化趋势,且冬季升温速率大于夏季,冬季降水增加幅度小于夏季,气候要素变化的组合特征不利于冰川积累,致使冰川消融退缩;且该地区多为面积<1 km² 的小冰川,对区域增暖的响应尤为敏感。近 50 年,青海省祁连山区冰川面积减少 198.44 km²(−19.17%),且祁连山东段南坡大通河流域冰川面积退缩相对速率最快,中段的布哈河—青海湖流域冰川面积变化

速率居中,最西段土尔根达坂山以南的鱼卡河—塔塔棱河流域冰川面积变化相对速率较小,冰川面积减少由西向东总体呈加快趋势(孙美平 等,2015)。而冰川的持续缩减将给河流径流造成明显影响,祁连山东段小部分流域冰川融水径流可能已达峰值(丁永建 等,2020);随后冰川固态水资源量不断减小,融水补给也会随之迅速减少。

典型冰川定位观测结果表明,祁连山中段黑河流域上游葫芦沟流域源头的十一冰川($38°12'45''$N,$99°52'40''$E),距青海省祁连县 40 km,2014 年面积为 0.48 km^2,海拔分布在 4320~4775 m(方潇雨 等,2015)。该冰川面积由 1956 年的 0.64 km^2 退缩为 2010 年的 0.54 km^2,共减少 0.10 km^2;1956—2010 年,冰川末端位置升高 50 m,海拔由 4270 m 上升到 4320 m;且 2003—2010 年该冰川的变化速率为 1956—2003 年的近 6 倍,呈加速退缩趋势(Chen et al.,2015)。

宁缠河 3 号冰川,属青海省门源县,位于祁连山东段冷龙岭地区,是石羊河支流西营河上游宁缠河的源头区,面积为 1.39 km^2,平均长度为 1.6 km,冰川末端海拔高度为 4140 m,最高海拔高度为 4777 m。观测结果显示,1972—2010 年,该冰川末端退缩 96.5 m,平均每年退缩约 2.5 m,且呈加速趋势(刘宇硕 等,2012)。1972—1995 年冰川面积减少 4.6%,1995—2009 年减少 8.9%,呈加速消融趋势。

6.2.3.1.2 冰川预估模型

这里采用谢自楚等(2006)提出的冰川变化系统模型对未来一段时间冰川的消融进行预估。

三江源区冰川上只有零星实测消融数据。要了解整个冰川系统的消融状况及水交换特征。当前比较普遍采用的是 Kotlyakov 等(2012)提出的冰川夏季平均气温(t_s)与冰川年消融量(a)的关系模式:

$$a = 1.33(9.66 + t_s)^{2.85} \tag{6.5}$$

式(6.5)是根据不同气候条件下数十条冰川上的观测资料推导出来的,并经过修正。因而被称为"全球公式",在应用于不同地区时,也曾对其系数做过修改。由于没有充分实验及更加精确且简便的模式代替,本书仍应用式(6.5)对冰川系统消融量作大致估算。

零平衡线处夏季平均气温(t_s)、最大降水带与统计公式法(MPF 法),施雅风(2002)在应用 MPF 法计算现代平衡线时,提出如果气象站分布的海拔高于 2000 m,则直接应用气象站的降水数据进行计算。而在 MPF 法中,这种现代理论平衡线处的气温和降水关系被进一步量化,比较有影响的是赖祖铭(1997)根据间接推算的中国西部山区 16 条冰川及巴基斯坦境内巴托拉冰川平衡线处 6—8 月平均气温(T)和年降水量(PEL)资料绘制的相关曲线,施雅风(2002)将此曲线转化成数学公式(6.6):

$$T = -15.4 + 2.48 \ln \text{PEL} \tag{6.6}$$

在实际应用 MPF 法计算现代平衡线过程中,用公式(6.6)求出现代平衡线处的气温(T)。

冰川零平衡线处(ELA0)的物质平衡状态能代表整个冰川平均物质平衡状态,在稳定状态下,冰川零平衡线高度与平衡线高度重合,此时零平衡处的净平衡 $b_{n(ELA0)}=0$;在不稳定状态,冰川 ELA0i 处的净平衡仍等于整个冰川的比净平衡,即有:

$$b_{n(ELA0i)} = \overline{bn_i} \tag{6.7}$$

冰川 ELA0 处消融深度和径流深度也大致等于整个冰川平均水平。因此,在气候变化的条件下,第 i 年冰川的比净平衡($\overline{bn_i}$),便可由第 i 年零平衡线处的净平衡量(即消融增量与积累增量的差)估算出:

$$\overline{bn_i} = 1.33[(9.66+t_s)^{2.85} - (9.66+t_s+\Delta t_{si})^{2.85}] + \Delta p_i \tag{6.8}$$

式中,t_s 为起始年 ELA0 处夏季平均温度;Δt_{si} 为 ELA0i 处较起始年 ELA0 处的夏季平均升温值;Δp_i 为 ELA0i 处较起始年 ELA0 处的平均固态降水增加量(即积累增量)。

第 i 年冰川的比净平衡($\overline{bn_i}$)的绝对值与当年平均消融量($\overline{a_i}$)的比率(α_i)为:

$$\alpha_i = \frac{|\overline{bn_i}|}{\overline{a_i}} \tag{6.9}$$

在新的起点上(第 i 年),冰川径流先增大,再回落到起点水平时,如蒸发忽略不计,仍有 $r_i = \overline{a_i}$;$r_d = |\overline{bn_i}|$,则冰川退缩的面积(S_d)为:

$$S_d = \frac{S_i \alpha_i}{a_i + 1} \tag{6.10}$$

式中,S_d 称为第 i 年冰川径流复原状态条件。应用中国冰川编目普遍使用的面积与平均厚度的关系,计算第 i 年达到复原状态的时间 T_{ei} 为:

$$T_{ei} = \frac{1.8(\alpha_i+1)}{|\overline{b_{ni}}|(\alpha_i+1)} \left\{ 53.21 S_i^{0.3} \left[1 - \left(\frac{1}{\alpha_i+1}\right)^{1.3}\right] - \frac{11.32\alpha}{\alpha+1} \right\} \tag{6.11}$$

以上模式已被应用于预测亚洲、中国西北,以及个别冰川径流变化趋势。

在持续升温时,式(6.11)中的参数逐年发生变化,在应用上述径流变化模式时,须逐年计算式(6.11)中各参数,以得到新的复原状态的冰川面积及其时间。其中 r_d 可通过给出的升温速率计算,而 S_d 则需通过已变化了的 S_0 计算,因 S_d 的年平均变化量为 S_d/T_e,则第一年末冰川的面积应为:

$$S_1 = S_0 \left[1 - \frac{\alpha_1}{(1+\alpha_1 T_{e1})}\right] \tag{6.12}$$

将新的冰川面积 S_1,作为第二年的冰川初始面积,逐年计算出 $S_1, S_2, \cdots, S_i$,因此,第 i 年的冰川面积(S_i)为:

$$S_i = S_{i-1}\left[1 - \frac{\alpha_i}{(1+\alpha_i T_{ei})}\right] \tag{6.13}$$

6.2.3.1.3 冰川变化预估

(1)三江源区冰川变化预估

如果唐古拉山北坡小冬克玛底冰川降水量不变,当平均气温升高1℃,冰川将后退1.74 km,当年平均气温下降1℃,冰川前进5.31 km;如果降水量不变,当年平均气温上升到1.7℃,小冬克玛底冰川将完全消失。气候变化具有不确定性,如预测到2050年,唐古拉山地区的气温以大致0.2℃/10a的速率升高,降水以3.8 mm/10a速率增加,黄河源区昆仑山附近根据这样的气候变化情景,用上述模型,对未来30年长江源区三江源区冰川可能的变化趋势进行探讨,在未来30年$\Delta S/S_0 = -0.539$(S_0为冰川面积,ΔS为冰川面积的变化量),即在2050年冰川面积将减少一半。而这与王欣等(2005)研究长江源区冰川对气候变化得出的结果有所差异,他们是以1970年作为预测起点,冰川编目资料来自1969年的航空相片,长江源区的起始面积为1276.02 km²,未来气候预测情景考虑固定升温率,气温升高速率为0.25~0.35℃/10a,降水增加速率为22.9 mm/10a,预计2050年长江源区面积退缩11.6%。从冰川系统面积变化看,冰川面积缩减的速率到后期有所减缓,这与径流变化规律比较一致。

如预测到2100年本区气温上升3℃,降水量不变,则长度小于4 km的冰川可能大多消失,残余的冰川主要集中于唐古拉山的沱沱河流域和当曲流域,其他各流域冰川基本上将完全消失,整个长江源区的冰川面积将减少60%以上。如果考虑降水量增加,在冬季降水量增加20%,约相当于40 mm,就会抵消由于气温升高造成的部分冰川消融,再加上冰川的积雪反馈作用,其面积在2100年气候条件下减少约40%。依据小冰期以来冰川退缩的幅度,在考虑不同规模的冰川以后,估算到2100年本区冰川将减少35%~40%,冰川面积将从2000年左右的1168.18 km²减少到700 km²左右(苏珍 等,2000)。

(2)祁连山区冰川变化预估

未来祁连山区气候变化继续以变暖和变湿为主要特征,基于能量物质平衡方程,对祁连山区冰川变化数值模拟及预估分析显示,在多种排放情景下,冰川物质平衡线高度(ELA)均在2040年左右达到或超过冰川顶部。21世纪近期,祁连山区降水增加不足以抵消区域气温升高带来的消融影响,冰川将加速消融退缩,冰川物质平衡线高度将继续升高;并在2050年前超过冰川顶部,冰川积累区完全消失,祁连山区海拔高度为5000 m以下的冰川极可能消失,因冰川消亡可能会引起区域水文水资源的变化(施雅风,2001;段克勤 等,2017)。

6.2.3.2 气候变化对冻土影响预估

6.2.3.2.1 冻土现状

(1)三江源地区冻土现状

1961—2017年,三江源地区年平均最大冻土深度为132.2 cm,总体呈微弱减小趋势,平均每10年减小0.5 cm(图6.22a),阶段性变化明显,1961—1982年前期减小,后期增加,总体变化幅度较小,平均每10年减小1.5 cm;1983年以来呈持续减小趋势,平均每10年减小6.5 cm。

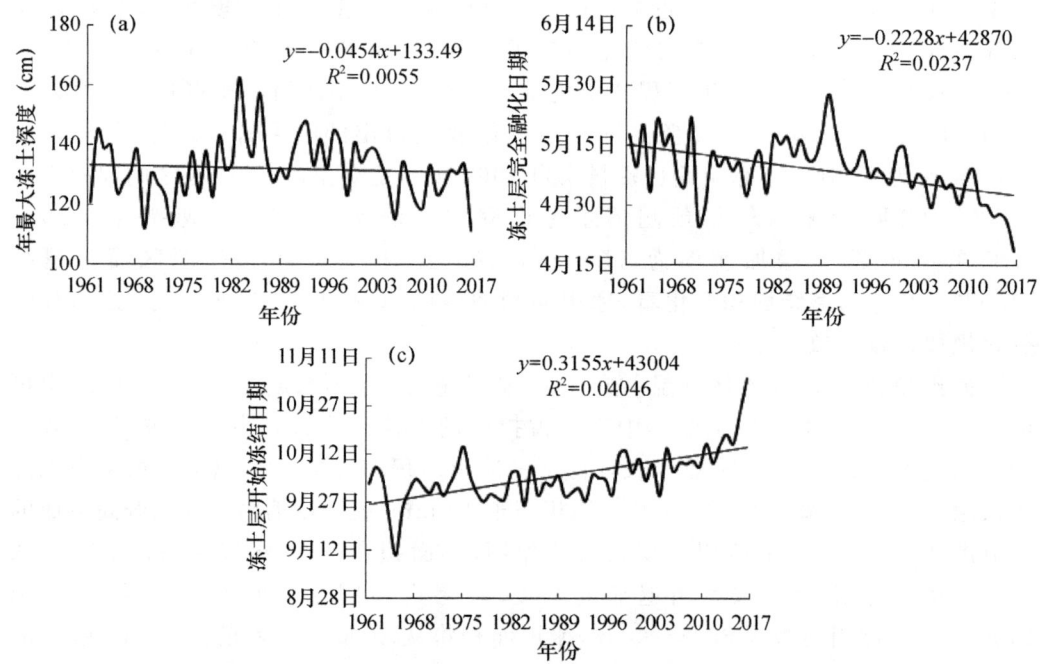

图6.22 1961—2017年三江源地区年平均最大冻土深度(a,单位:cm)、冻土层完全融化日期(b)、冻土层开始冻结日期(c)变化曲线

冻土层完全融化日期总体呈提前趋势,平均每10年提前2.2 d(图6.22b),其中1961—1989年变化不明显,1990年以来完全融化日期呈显著提前趋势,平均每10年提前7.6 d。冻土层开始冻结日期呈推迟趋势,平均每10年推迟3.2 d,进入21世纪以来,开始冻结日期呈明显推迟态势(图6.22c)。

从变化率空间分布来看,玉树、玛多、河南、囊谦、贵南等地年最大冻土深度呈增加趋势,平均每10年增加0.2~4.6 cm,其中,以玉树增加最明显;其余各地均表现为减小趋势,其中,泽库、杂多、曲麻莱、清水河、玛沁等地平均每10年减小12~6 cm,曲麻莱是年最大冻土深度减小最明显的地区(图6.23a)。

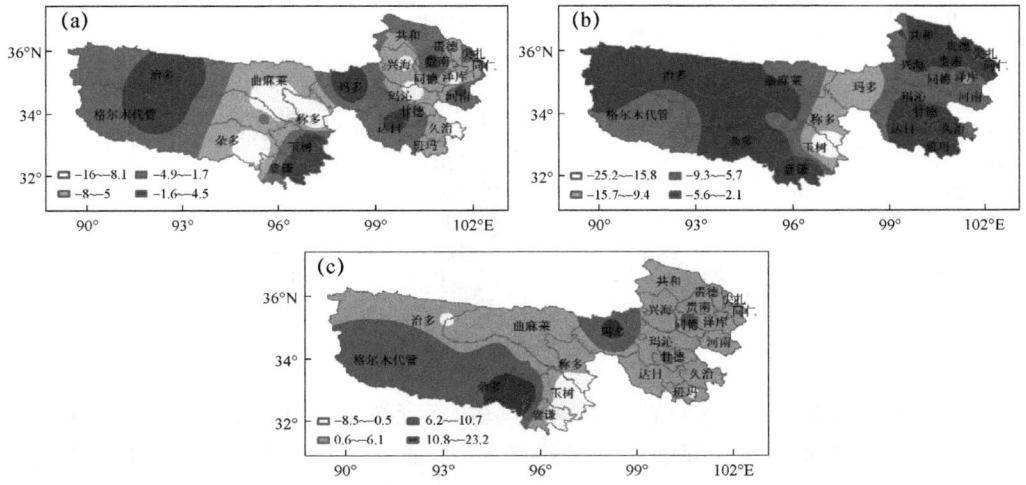

图 6.23 1961—2017 年三江源地区年最大冻土深度(a,单位:cm/10a)、
冻土层完全融化(b)及开始冻结日期变化率(c,单位:d/10a)空间分布

从冻土层完全融化日期变化率空间分布来看,除尖扎以 2.2 d/10a 的速率呈推迟趋势外,其余各地冻土消融日均呈提前趋势,平均每 10 年提前 0.8~25.2 d,其中,泽库、玛多、清水河、玛沁平均每 10 年提前 10 d 以上,玛多提前最明显(图 6.23b)。

各地冻土层开始冻结日期变化趋势表现不同,玛多、班玛、尖扎冻土层开始冻结日期有所提前,平均每 10 年提前 1.5~8.5 d,其中,玛多提前最明显;其余各地均呈推后趋势变化,其中,治多、曲麻莱、清水河等地平均每 10 年推迟 10.3~23.3 d,曲麻莱推迟最明显(图 6.23c)。

(2)青海湖流域冻土现状

冻土环境是青海湖流域草甸生长和发育至关重要的条件,也是影响建筑工程的关键因素。1981—2017 年青海湖流域年平均最大冻土深度为 149.2 cm。1981—2017 年青海湖流域观测的季节冻土层温度显著升高,其年平均地面温度增加速率达到每 10 年 0.7 ℃,其中,2013 年地面温度达到 6.6 ℃,为 1981 年以来历史最高极值(图 6.24a)。受其影响,1981—2017 年季节冻土的冻结深度显著变浅,季节冻土厚度变薄,其中,年最大冻土深度以每 10 年 15.3 cm 的速度减小,2017 年最大冻土深度为 129.5 cm,为 1981 年以来历史最低极值(图 6.24b)。

6.2.3.2.2 冻土预估模型

李新等(2002)对冻土—气候关系模型做了分类。可以大致分为两类:一是建立在冻土传热学基础上的物理模型。它们的最大优点是动态性适用范围广,不只局限于极地或高海拔地区,因而具有普适性。但物理模型在用于实际的冻土分布模拟和冻土变化预测时,只能对大多数参数和初始条件的取值作出假设,而很难根据实测

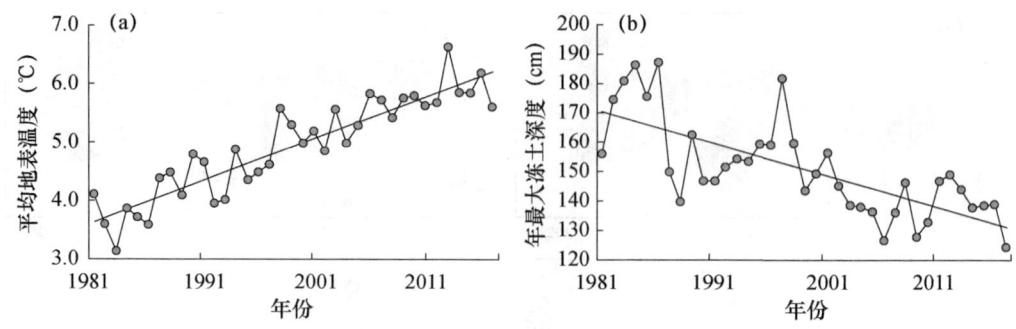

图 6.24 1981—2017 年青海湖流域平均地温(a)、最大冻土深度年际变化曲线(b)

的参数值进行计算,因为它们需要的参数过多,而通常对冻土的观测,尤其是对冻土热学特性的观测是极为有限的。二是经验模型,或某些半经验、半物理的模型大多只使用有限的变量,而且这些变量通常容易得到。这类模型的另外一个特点是使用 GIS,以获得变量的空间分布,同时也使模型具有空间性。它们的缺点是只能预测冻土存在与否,而难以模拟冻土在深度廓线上的变化。从另一个角度讲,它们都是静态模型,不使用微分方程描述,不能模拟冻土随时间的动态变化。即当影响冻土分布的变量达到某状态后,冻土分布迟早会发生相应的变化,但这种变化在时间上具有滞后性。

在中国西部高山、高原地区,高海拔多年冻土下界与纬度有密切的关系。不同作者对多年冻土下界分布高度曾做过大量的研究。丁德文等(1982)认为,多年冻土下界高度主要与纬度、年平均气温、高度变化率和年平均地温与气温差有关,汪青春等(2005)根据年平均气温与海拔高度、纬度的统计关系,得到青海高原多年冻土下界分布高度模型:

$$H = \frac{56.02 - T - 1.02L}{0.562} \times 100$$

式中,H 为多年冻土下界海拔高度(单位:m);T 为年平均气温(单位:℃),L 为纬度(单位:°N)。

由于 20 世纪 80 年代以来青海高原气候明显变暖,比较 1961—1990 年和 1971—2000 年青海高原年平均气温和地面温度,年平均地面温度上升 0.3 ℃,年平均气温上升 0.4 ℃。根据上式计算表明,在假定各纬度带温度增加幅度相同的情况下,由于年平均地面温度上升 0.3 ℃,使得多年冻土下界分布高度上升约 71 m,此数值与表 6.10 的巴颜喀拉山两侧实测多年冻土退化幅度相接近。

表 6.10　巴颜喀拉山两侧多年冻土退化幅度统计

地貌部位	纬度(°N)	多年冻土下界海拔高度(m)		退化幅度(m)
		1991 年	1998 年	
北坡(野牛沟)	34.20	4320	4370	>50
南坡(查龙穷)	34.00	4490	4560	>70

根据未来数据预估,巴颜喀拉山附近的玛多站,到 2050 年,年平均地面温度上升了 0.5 ℃,多年冻土下界分布高度上升了 88 m,与表 6.10 中的结果比较吻合。

6.2.3.2.3　冻土变化预估

(1)三江源地区冻土预估

依据青海高原多年冻土下界分布高度模型,到 2050 年,巴颜喀拉山附近的玛多站年平均地面温度上升 0.5 ℃,多年冻土下界分布高度将上升 88 m。采用 HADCM2 预测的气温背景,长江源青藏公路沿线到 2099 年极稳定带分布面积由 2000 年左右的 5.59 ％减少到 0.65 ％,稳定带分布面积由 2000 年左右的 16.32 ％减少到 3.2 ％;亚稳定带由 2000 年左右的 25.5 ％减少到 17.43％。到 2099 年后,青藏公路沿线的多年冻土发生大面积退化,融区面积逐渐增大,多年冻土地温带谱中上带仅保留了稳定带,极稳定带全部消失,稳定带和基本稳定带全部转为不稳定带(吴青柏 等,1995;2001)。模拟在年地面温度增加 0.04 ℃背景下多年冻土分布 50 年后的变化情况,结果表明,年平均地温在气候变暖情形下发生不同程度的增加现象,但多年冻土没有大规模退化,比较明显的退化现象发生在多年冻土边缘地区,多年冻土总面积减少了约 12×10^4 km^2(沈永平 等,2002)。

(2)青海湖流域冻土预估

根据青海省气候变化监测评估中心预估,在未来温室气体中等排放情景下,2016—2035 年青海湖流域年平均气温在 0.95～1.5 ℃。根据气温与地表温度、冻结期、冻土深度的相关关系,预估在中排放情景下,未来 20 年青海湖流域年平均地表温度在 4.3～6.4 ℃(图 6.26a),较 1984—2013 年平均升高 2.0 ℃,受地温上升影响,冻土退化趋势趋于加重,冻土冻结期较 1984—2013 年平均缩短 12 d,最大冻土深度减少至 150～168.6 cm,与前 30 年平均相比减小 46 cm(图 6.26b)。

在未来气候变暖的背景下,青海湖流域冻土将继续出现温度上升、冻结时间缩短、深度变浅等退化问题,可能使冻土控制植被适应寒旱生态环境的能力、冻土中的大厚度区域性隔水层及其活动层对水资源的调节作用等特殊生态环境功能减弱;影响工程建筑稳定性的冻胀、融沉地质功能将增强,从而可能加速高寒草场的退化和地表水资源的减少,引发更多的冻土区工程地质问题。同时,冻土持续退化可能使赋存于高寒草地和维系高寒草地生长发育的多年冻土表部的冻结层地下

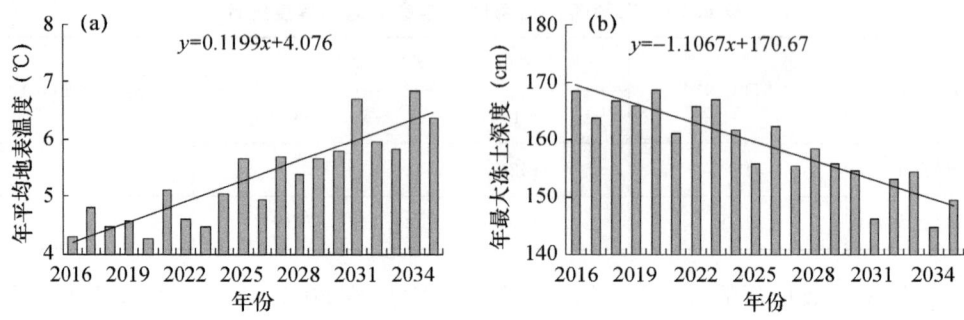

图 6.26 2016—2035 年青海湖流域年平均地表温度及最大冻土深度变化趋势

水水位下降或消失,从而引发并加剧高寒草地的草地退化、沙漠化、盐渍化和水环境的变异。

6.2.4 气候变化对生态系统影响预估

近 10 年,气候变化对生态系统影响的预估产品主要是《青海省气候变化监测评估专题报告》,报告主要针对未来气候变化及其对生态承载力、冻土、河流径流量等生态指标的可能影响进行预评估。举例如下:

6.2.4.1 气候变化趋势预估类

案例 1:青海省 5 大生态功能区未来气候变化趋势预估

*产品背景:*政府在生态保护与建设的工作中,对青海省典型生态功能区未来的气候变化较为关注,有此方面的服务需求。因此,本产品主要针对东部农业区、祁连山区、环湖地区、柴达木盆地及三江源区 5 大生态功能区,对 2019—2050 年气候变化趋势进行定量预估,要素主要包括气温、降水和蒸发。

*产品内容:*根据国家气候中心对未来温室气体中等排放情景下(CO_2 浓度约 650×10^{-6})21 个全球气候模式预估订正结果,预计到 2050 年,与气候基准年相比,青海省各地气温升高 1.10~1.20 ℃(图 6.27),降水量增加 0.3%~9.2%,蒸发量增加 1.8%~10.4%。其中,三江源区气温升高、蒸发增大幅度最为显著,分别为 1.18 ℃和 7.2%,东部农业区降水量增加最明显(7.9%);而柴达木盆地降水量和蒸发量增加幅度最小(均为 3.2%);祁连山区和环青海湖区气温升高幅度(均为 1.12 ℃)低于其他生态功能区(表 6.11)。为更好地适应未来气候变化,建议构建生态环境监测网络,推进农牧业结构调整,充分利用气候资源,最大限度地趋利避害。

第 6 章 气候变化对高原生态系统影响预估服务

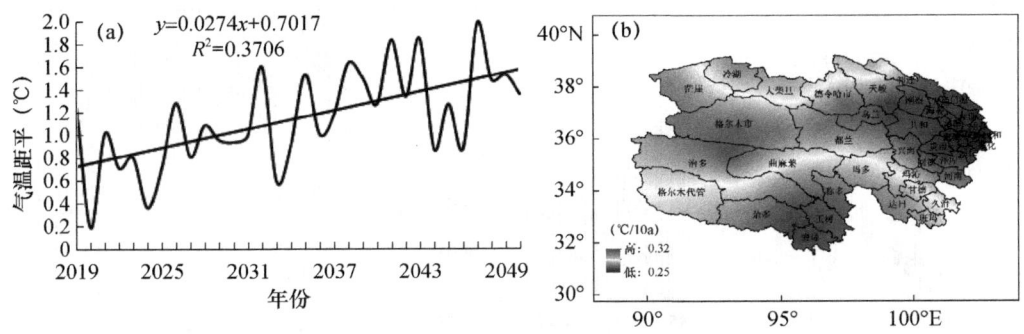

图 6.27　2019—2050 年青海省年平均气温距平时间变化(a)和空间变率分布(b)

表 6.11　未来不同时间段内平均气温距平　　　　　　　　　　　　　　　单位：℃

时段	东部农业区	祁连山区	环湖地区	柴达木盆地	三江源区
2019—2030 年	0.83	0.81	0.82	0.86	0.88
2031—2040 年	1.24	1.19	1.21	1.21	1.24
2041—2050 年	1.40	1.42	1.39	1.44	1.49
2019—2050 年	1.14	1.12	1.12	1.15	1.18

案例 2：三江源极端气候事件变化的事实、未来趋势及其可能的影响与对策建议

产品背景：IPCC 第四次评估报告指出，全球变暖正在导致并将继续导致更多的极端天气事件发生。虽然极端气候事件是发生概率极小的事件，但是与此相关的任何变化都可能对自然和社会产生重大影响，尤其是在对全球气候变化反应敏感、生态环境脆弱的三江源地区更是如此。加强对极端气候事件的分析，将有助于加深对全球变暖背景下三江源地区气候变化规律的认识，有利于今后更好地趋利避害。

产品内容：对 1961—2000 年三江源的极端高温事件、极端低温事件及极端降水事件进行了频次统计及趋势分析，并预估了未来温室气体中等排放情景下，2011—2050 年三江源地区极端气候事件的变化趋势(图 6.28)。提出了增强风险防范和管理意识等对策建议。

6.2.4.2　对水资源、生态环境影响预评估类

案例 1：未来黄河上游和长江源区水资源变化趋势及对策建议

产品背景：近 50 年来，在气候干旱化和不合理的人类活动的共同作用下，青海水资源发生明显变化。因此，有必要对未来水资源变化趋势进行预估，为政府及有关部门提供参考。

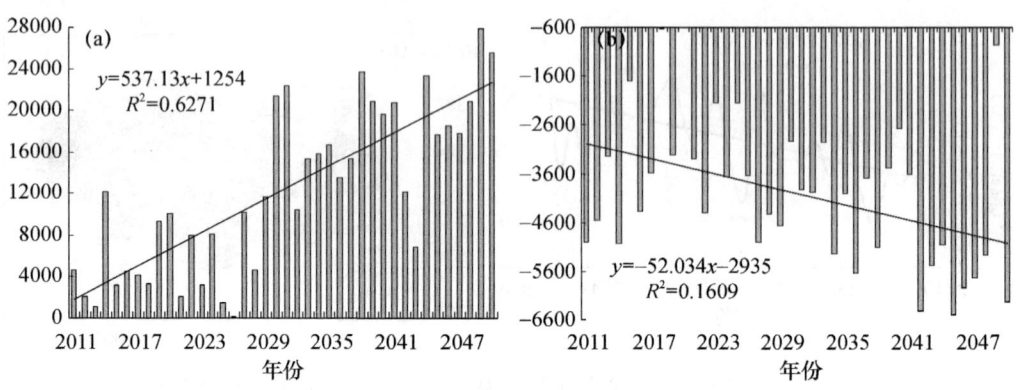

图 6.28　2011—2050 年三江源地区极端高温事件(a)、极端低温事件(b)发生频次距平变化趋势

产品内容：未来 35 年黄河上游流量呈减少趋势，长江源区流量呈增加趋势（图 6.29）。黄河上游流量减少将造成断流现象频繁发生，对青海省乃至整个黄河流域社会经济的可持续发展产生较大影响。长江源区流量增加，将使长江源区的植被得到明显恢复，有效抑制了沙漠化的发展，但其流量的增加量可能主要来自冰川融水的增加，如果未来趋势果真如此，这种以冰川消融为代价的流量增加趋势未必真正值得乐观，而气候变暖趋势下冰川消融可能会带来的一系列不利影响更应得到及早关注。

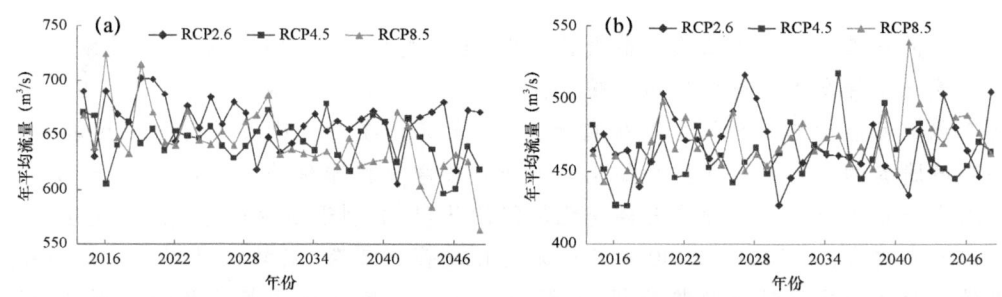

图 6.29　RCPs 情景下未来 35 年黄河上游和长江源区流量变化趋势预估

案例2：未来青海湖水位可能回升，抓住机遇，恢复周地生态

产品背景：近 50 年，受气候变暖影响，青海湖水位在波动中呈持续下降趋势，湖周地区出现了草地退化、土地沙化及河流干涸等严重的生态退化问题，一度引起社会的普遍关注。

产品内容：近 50 年，受气候暖干化和人类活动加剧的共同影响，青海湖水位在波动中呈持续下降趋势，湖周地区出现了草地退化、土地沙化及河流干涸等严重的生态退化问题，一度引起社会的普遍关注。而近 6 年持续上升为近 50 年来首次出现,使水位持续下降趋势趋缓,水资源短缺问题得到初步缓解。在全球持续变暖的背景下,未来几十年湖泊水量收支将可能会出现盈余,水位仍可能以上升为主(图6.30)。为此,提出了抓住有利时机,恢复湖周地区生态环境的一些对策措施,供省委、省政府和有关部门决策参考。

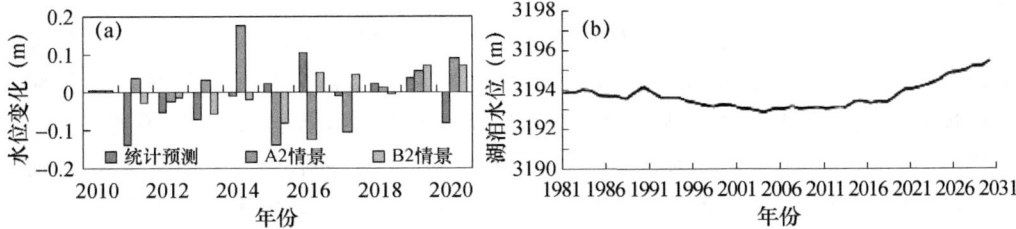

图 6.30　未来不同时期 PRECIS 模式(a)及 ECHAM5 模式(b)模拟青海湖水位变化

案例3:未来青海湖流域冻土可能变化趋势及影响

产品背景:冻土环境是青海湖流域草甸生长和发育至关重要的条件,也是影响建筑工程的关键因素。在气候变暖的背景下,青海湖流域冻土出现温度上升、冻结时间缩短、深度变浅等退化问题。因此,研究冻土退化可能带来的影响和风险,是政府及公众普遍关心的问题。

产品内容:冻土是土壤状况的一个重要部分,冻土环境对农牧事活动、建筑行业等有着举足轻重的影响。在气候变暖的背景下,近30年青海湖流域由于气温显著升高,致使流域冻土层温度升高明显,冻土冻结深度变浅,厚度变薄,其中,年最大冻土深度以每10年22.8 cm的速度减小,冻土冻结时间缩短。预计未来20年,受地表温度上升影响,流域冻土退化将趋于加重(图6.31),因此,提出加强生态监测,规范人为活动等措施,为冻土环境保护等生态建设提供参考。

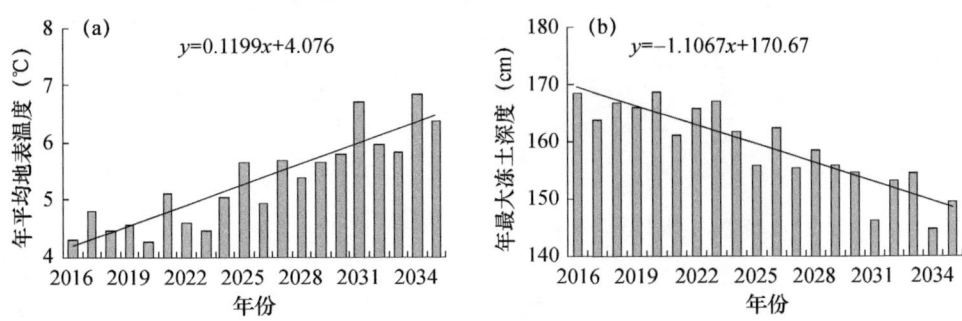

图 6.31　2016—2035 年青海湖流域年平均地表温度及最大冻土深度变化趋势

案例4:未来气候变化情景下三江源生态风险预估

产品背景:气候是影响自然生态系统的活跃因素,是自然生态系统状况的综合反映。因此,研究未来气候变化对生态环境可能带来的影响和风险,也是政府及公众普遍关心的问题。

产品内容:到2050年,在未来温室气体中等排放情景下,三江源各地气温将升高1.4~1.8 ℃,降水量增加0.5%~7.8%,极端高温和暴雨事件可能增多。受气候暖湿化趋势影响,预计三江源地区植被朝良性态势发展,覆盖面积将不断增加(图6.32);湖泊面积扩大,长江源区河流径流量增多;但气温升高产生的负面效应也将凸显,黄河上游河流径流量可能减少,冻土退化明显,长江源区冰川面积萎缩。为更好地适应未来气候变化,建议加强三江源生态环境保护,发展现代化畜牧业,确保生态、经济和社会的和谐发展。

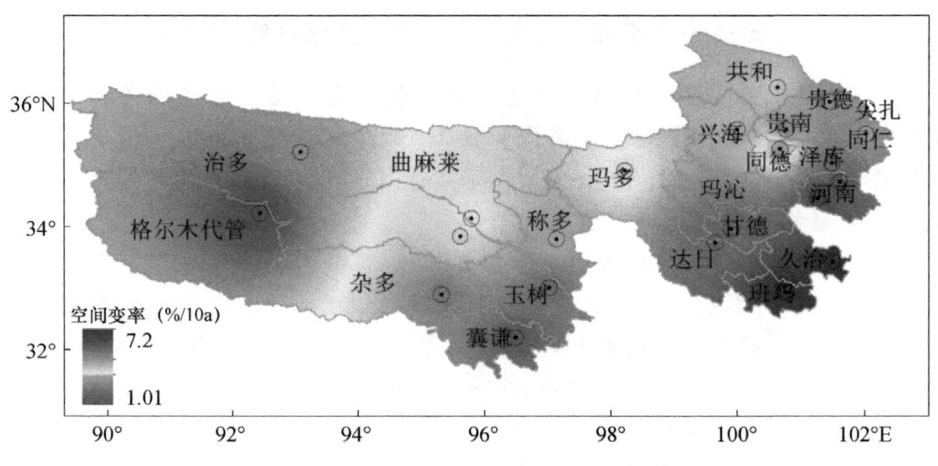

图6.32 2018—2050年三江源植被覆盖度空间变率分布

第7章 生态修复型人工影响天气业务服务

7.1 服务意义、发展、特征

自2006年开始,随着三江源自然保护区人工增雨工程的全面实施,青海省已连续开展了以开发空中水资源、改善生态环境、增加区域内降水量为目的的青海省飞机人工增雨和地面人工增雨作业,取得了显著效益,实现了由单一的抗旱增雨型向生态修复型的转变,并开创了我国开展生态环境保护型人工增雨的先河。

人工影响天气作为大气水资源利用、气象防灾减灾的重要手段,在新的形势和需求下,越来越显示出其重要性。2016年,习近平总书记视察青海时明确指出"要坚持生态保护第一的原则",青海一定要把生态放在首位,并提出"以生态保护优先的理念来协调推进经济社会发展,统筹落实'四个全面',把青海建设得更加和谐美丽"。青海省省委十二届十三次全会明确提出当前和今后一个时期的目标任务,"努力实现从经济小省向生态大省、生态强省的转变,从人口小省向民族团结进步大省的转变,从研究地方发展战略向融入国家战略的转变,从农牧民单一的种植、养殖、生态看护向生态、生产、生活良性循环的转变"的目标任务等对人工影响天气工作提出了新的更高的要求,同时也为做大做强人工影响天气工作带来了契机。

青海省人工影响天气工作自1958年开展以来,经历了起步、发展进步、壮大拓展和做大做强的发展历程,青海人工影响天气(以下简称人影)在作业装备体系、观测研究体系、指挥作业体系和人才建设方面取得了长足的进步。初步建立了以双偏振雷达、微波辐射计、GNSS/MET等设备为主的人影特种观测体系,建成了过程预报与计划制订、潜力预报和预案制订、监测预警和方案设计、跟踪指挥和作业实施以及效果检验和效益评估5个现代人影业务,开展了冷云增雨作业条件判识及催化技术、冰雹云识别与催化技术、人工消减雪试验等人影关键技术开发和试验研究,实施了抗旱增雨、人工防雹、水库蓄水、生态增雨和重大活动消减雨应急保障等作业服务,在青海省生态文明建设和农牧业防灾减灾中发挥了积极的保障作用,产生了良好的经济、社会和生态效益,得到了省委、省政府的充分肯定。为此,2018年1月2日,青海省省委常委、副省长严金海同志对人影工作做出重要批示:"人影工作无可替代,日显重要,望继续试验攻关,提高效率。"

今后,青海省人工影响天气工作将以习近平新时代中国特色社会主义思想为指导,深入贯彻省气象局党组将人影工作"做大做强、再铸辉煌"的具体要求,牢固树立"安全人影、科学人影、生态人影"的发展理念,以解决生态文明建设日益增长的人影保障服务需求与薄弱的作业能力这一主要矛盾问题为导向,理清新时代人影工作"立足高原、面向生态、转变方式、提质增效"的基本发展思路,依靠科技创新和人才培养,夯实监测基础,突破关键技术,发展现代业务,扩大作业规模,努力实现人影作业服务由应急减灾向常态化防灾转变,由增雨防雹减灾向全方位服务于生态文明建设转变,由面向地方发展向融入国家战略转变,为青海生态文明建设人影保障服务做出新的、更大贡献。

7.2 技术原理及方法

7.2.1 云水资源评估

7.2.1.1 理论方法

以大气水物质变化方程为基础,对于一定时段、一定区域,综合考虑大气水物质的变化,包括水汽和水凝物的瞬时变化和平流输送,水汽垂直方向的抬升、凝结成云,降水粒子落出及地面蒸发等过程,提出包括大气水物质收支平衡方程,云水资源总量及其各种特征量的物理概念和计算方法。在此基础上建立云水资源监测评估方法(cloud water resource-monitoring and evaluation method,CWR-MEM)。

水物质变化过程如图7.1所示,对于任意时段和区域,水物质的变化包括水汽和水凝物的瞬时变化和平流输送、水汽垂直方向的抬升凝结/凝华成云、云内粒子蒸发/升华为水汽、降水粒子的下落和地表蒸发等物理过程。

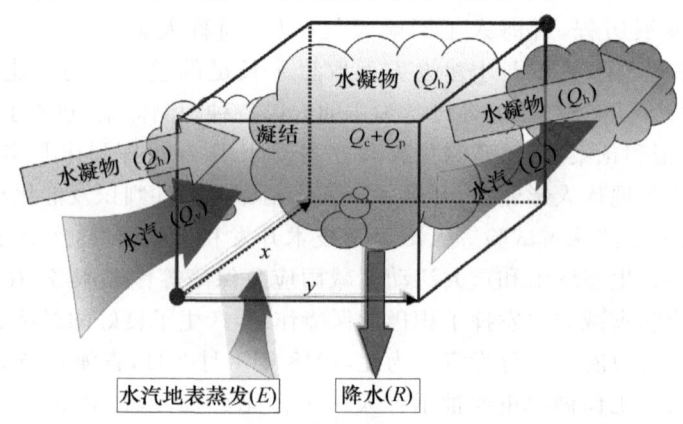

图 7.1 一定时段和区域的云水资源评估示意图

第7章 生态修复型人工影响天气业务服务

根据大气水平衡理论,归纳得到 $0\sim T$ 时段内,任意区域内的水汽和水凝物的平衡方程:

水汽终值－水汽初值＝水汽输入－水汽输出＋蒸发－凝结＋地面蒸发 (7.1)
水凝物终值－水凝物初值＝水凝物输入－水凝物输出＋凝结－蒸发－降水
$$(7.2)$$

式中,各物理量的单位和计算方法如下:

水汽初值和水汽终值:瞬时量,单位为 kg,分别为 $T=0$ 和 T' 时刻的格点柱垂直积分水汽量。

水凝物初值和水凝物终值:瞬时量,单位为 kg,分别为 $T=0$ 和 T' 时刻的格点柱垂直积分水凝物量。

水汽输入和水汽输出:时间积分量,单位为 kg,分别为单位时段 T 内,通过格点各边界垂直各层流入和流出的水汽量,需要结合风场计算得到。在任一边界视 u,v 的正负,水汽的平流均可有正、负两种符号,即输入或输出。

水凝物输入和水凝物输出:时间积分量,单位为 kg,分别为单位时段 T 内,通过格点各边界垂直各层流入和流出的水凝物量,格点柱 Q_c 的输入和输出可分别由云水含量结合风场求得。

地面蒸发:时间积分量,单位为 kg,单位时段 T 内从地面蒸发进入格点柱的水汽量。

地面降水:时间积分量,单位为 kg,单位时段 T 内降落到地表的液态和固态水量。

凝结和蒸发:时间积分量,单位为 kg,单位时段 T 内格点柱内空中水汽凝结为云水或云水蒸发为水汽的那部分。

由于云内蒸发和凝结难以监测和计算,因此,"凝结－蒸发"作为整体,由水凝物平衡方程(7.2)求得。计算方法为:

凝结－蒸发＝水凝物终值＋水凝物输出＋降水－水凝物初值－水凝物输出

当凝结－蒸发＞0 时,凝结量大于蒸发量,定义该数值为该格点柱单位时间内的凝结量,反之为蒸发量。(注:这种估算方法会导致凝结和蒸发量在数值上低估。)

7.2.1.2 技术流程

大气水分收支平衡和云水资源计算评估的总体思路如图 7.2 所示。其中,四维时变水凝物场 Q_h 的监测诊断是空中云水资源监测评估方案的重点和难点。水凝物场由小云粒子 Q_c 和大降水粒子 Q_p 两部分组成,其中云粒子 Q_c 可通过卫星监测和相对湿度诊断出来,大降水粒子 Q_p 可通过天气雷达监测得到。由于我国雷达站点分布不均匀,不能达到无缝隙全部覆盖,因此,对于大范围水凝物的评估优先考虑卫星监测的 Q_c 部分,对于主要由雷达监测获得的 Q_p 部分的考虑待进一步完善。

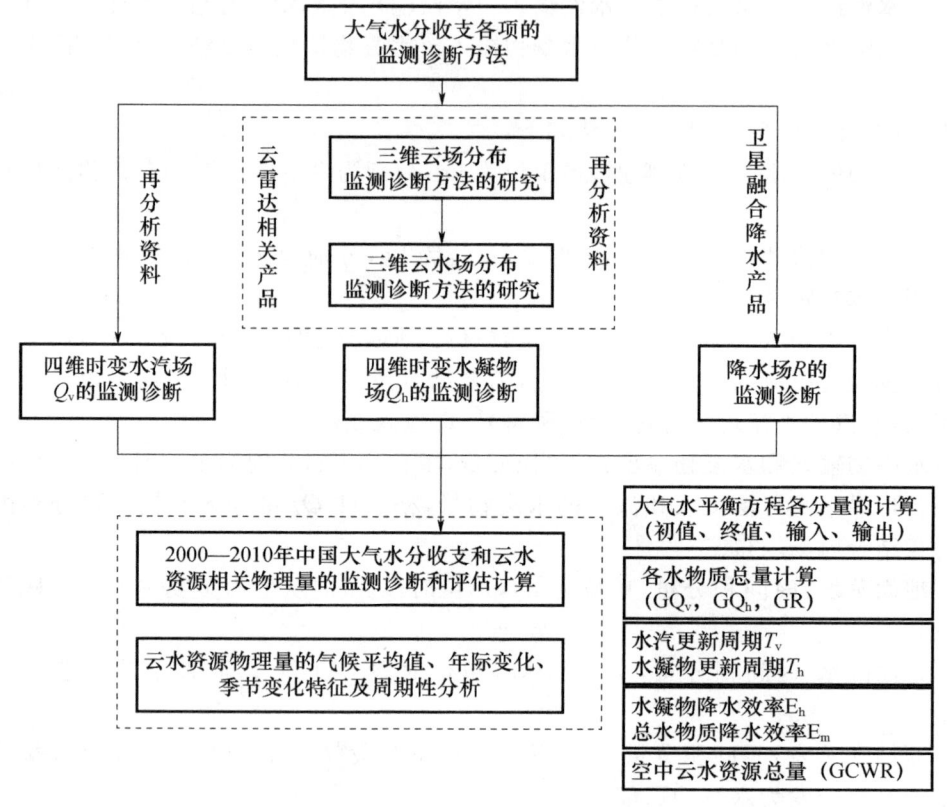

图 7.2 云水资源计算评估流程

在进行云水资源评估时,首先要确定评估的时空尺度,即评估的区域和评估的时段。

7.2.1.3 计算方法

7.2.1.3.1 区域边界处理方法

为了提高云水资源评估精度,首先将区域划分为由若干个 1°×1° 的格点组成的不规则多边形,确定多边形的每个边界,以便进行每个格点的处理和边界上输入和输出的计算。任意区域边界和格点处理方法如(彩)图 7.3 所示。

对于一定时段、一定区域的云水资源评估,基本物理量对空间和时间的积分方法和规定如下两节所述。

第7章 生态修复型人工影响天气业务服务

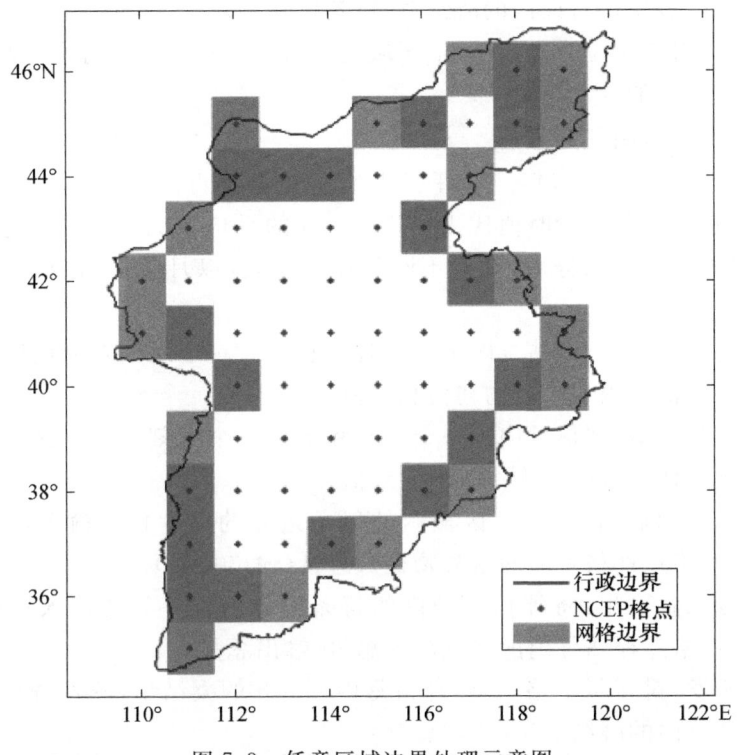

图 7.3 任意区域边界处理示意图
(绿色、蓝色和红色分别表示经该格点的1条、2条或3条边界有水凝物的平流输送)

7.2.1.3.2 空间积分方法

适宜的评估区域可以是中国、任意中尺度区域或省域等。

对于指定的评估区域,各物理量的空间积分方法为:

水凝物初值和终值:初始和最终时刻,评估区域内所有格点的柱云水量累加,即可得到该评估区域的水凝物初值和终值。

水汽初值和终值:初始和最终时刻,评估区域内所有格点的柱水汽量累加,即可得到该评估区域的水凝物初值和终值。

水凝物输入和输出:对于单位时段,按图 7.3 的边界处理方法,将评估区域内边界上每个格点对应的输入(输出)量累加,即可得到单位时段内该评估区域的水凝物输入总量(输出总量)。

水汽输入和输出:对于单位时段,按图 7.3 的边界处理方法,将评估区域内边界上每个格点对应的输入(输出)量累加,即可得到单位时段内该评估区域的水汽输入总量(输出总量)。

凝结和蒸发:对于单位时段,将评估区域内所有格点的凝结量(蒸发量)累加,即可得到该评估区域单位时段内的凝结总量（蒸发总量）。

地面降水：对于单位时段，将评估区域内所有格点的降水量累加，即可得到该评估区域单位时段内的降水总量。

7.2.1.3.3 时间积分方法

评估时段包括月、季和年。本评估中所用的大气再分析资料为逐6 h的瞬时值，这里定义每个时刻的瞬时值代表前后各3 h的平均状况。对于上述任意评估区域，在对各物理量空间积分后，针对不同的评估时段，以月为例，各物理量时间积分方法为：

水凝物初值和终值：评估月内第一个时刻和最后一个时刻对应的区域水凝物量即为该区域在评估月内的水凝物初值和终值。

水汽初值和终值：评估月内第一个时刻和最后一个时刻对应的区域水汽总量即为该评估区域在评估月内的水汽初值和终值。

水凝物输入和输出：将评估区域内的每条边界的逐6 h的输入量（输出量）累加，即可得到该格点评估月内的水凝物输入总量（输出总量）。

水凝物输入和输出：将评估区域内的每条边界的逐6 h的输入量（输出量）累加，即可得到该格点评估月内的水汽输入总量（输出总量）。

凝结和蒸发：对于每个格点，将评估月内逐6 h的凝结量（蒸发量）累加，即可得到该格点评估月内的凝结总量（蒸发总量）。

地面降水：对于每个格点，将评估月内逐小时的降水量累加，即可得到该格点评估月内的降水总量。

7.2.2 作业效果检验技术

人工影响天气活动的健康持续发展取决于其实际人工播云作业的效果。实践证明，人们对云降水物理过程的有意识影响可能出现正效应，也可能出现负效应或无效应。在旱区实施人工播云是否可以增加降水、缓解旱情？在库区开展人工降水是否可以增加水库蓄水量？这些是人们极为关注的问题。很显然，人为影响效果的准确评估是社会和公众对这项活动支持和投入的依据。同时，人工影响天气理论和方法是否正确，只有通过评估的效果来检验，所以，作业效果的科学检验又可以促进人工影响天气理论和方法的发展。综上所述，科学、客观的效果检验对于推动人工影响天气事业的发展和进步具有极其重要的意义。

一般来说，人工增雨作业效果检验方法主要有统计检验、物理检验和数值模拟检验。其中，统计检验关注的是可被检测和定量分析的降水增量（间接效果），运用概率论与数理统计理论定量地检验出作业效果并指明其显著性水平；物理检验主要分析作业前后云的宏观、微观物理特征的变化，根据云降水形成及其催化作业的物理机制,找出相应的物理响应(微物理响应或宏观动力响应等),定性或定量分析作业效果;数值模拟检验是根据云和降水形成的热力过程、动力过程和微物理过程等,以及人工增雨催化作业原理,建立一套描写云和降水过程以及人工催化增雨过程的数值模式,定量预报催化与不催化情况下,云的发展和降水量,并与实测结果比较,从而判断作业效果。

7.2.2.1 统计检验方法

统计检验的主要评估对象是地面降水量,比较未进行作业的自然降水量和作业后的降水量的差值,并分析差值的显著性。设作业后的降水量为 R,自然降水量为 R',它们的差值 $E=R-R'$,即为增雨作业效果。作业后的 R 是可以测量的,R' 通常可以通过统计方法来估计。如果两者之间存在差异,则还要对这个差值进行显著性检验,指出由于降水的自然起伏和估计值的随机误差引起这种差异的可能性有多大。这种方法能在一定显著性水平上得出定量的增雨效果,便于评价作业的有效性,估算开支和效益比,所以统计检验是人工增雨效果检验的基本方法。常用的统计检验方案主要有序列分析、区域对比分析、双比分析和区域历史回归分析等,统计变量选择区域降水量,除了序列分析,利用其余 3 种方案进行作业效果统计检验时,均需事先确定作业影响区(即目标区)和对比区。

对增雨作业效果(E)进行显著性检验,是指在降水量指标满足正态分布的前提下,增雨效果的显著性检验通常采用参量性检验,如 u-检验法和 t-检验法。当正态总体标准差已知,样本平均值与总体平均值的比较,以及两样本所在总体平均值的比较,这类问题可用 u-检验法;当样本容量足够大(如>30),即使总体不服从正态分布,仍可近似用 u-检验法;当正态总体标准差未知,对于大样本,以样本标准差近似代替总体标准差,仍可近似用 u-检验法;但对小样本,在总体是正态分布的前提下,可用 t-检验法,根据样本平均值和标准差对总体平均值进行统计检验,分为单样本的 t-检验法和成对样本的 t-检验法。

当降水量指标分布形式未知或没有特定分布形式时,增雨效果的显著性检验常用非参量性检验,该类方法的比较是在分布之间,而不是在参数之间,如柯尔莫哥洛夫分布函数拟合度检验法(主要用来检验总体是否为正态分布)、符号检验法(用于检验两个成对样本之间差异的显著性)、秩和检验法(分为成对、非成对样本的秩和检验法)。对于正态总体,t-检验法比秩和检验法的精度要高,即要达到相同的效率,秩和检验法比 t-检验法需要更多的观测资料,因此,符合正态分布条件时还是用 t-检验法较好。

7.2.2.2 物理检验方法

物理检验为人工增雨作业效果提供物理证据,所以国际上许多人工影响天气试验将其作为效果检验的重要组成部分。物理检验是根据云和降水形成原理和人工影响的机制,利用直接探测、遥感探测和示踪技术等各种探测技术,测量催化导致的宏观动力效应和微观物理效应等播云的直接效果,制定相应的指标,检验人工影响是否显著地改变这些指标。

物理检验通常有以下几个方面:

7.2.2.2.1 云微物理参数的观测分析

云微物理参数观测的目的是检验增雨作业的微物理基础是否合理,以及所采取的催化方法是否有效地、最直观地响应参数。根据这类参数的观测分析结果判断人工影响是否产生了预期的物理变化,如作业前后云中的过冷水含量、冰晶数浓度、云滴谱或雨滴谱的变化,以此判断催化作业直接的物理响应效果。

机载云物理探测仪器可以随作业飞机直接进入云中探测云的微物理参量,通过分析云滴谱、雨滴谱、云水含量、冰晶数浓度等微物理参量的变化,得到人工增雨作业的直接效果。例如,通过分析2005年3月21日河南省层状云飞机播云试验的探测资料,小云粒子数浓度和云液态水含量在催化后均减小,播撒层下方变化较之播撒层变化更加显著,通过对比分析作业前后微观物理量的变化得到人工催化层状云的物理响应。

各地布设的X波段雷达和双偏振雷达,同常规天气雷达相比,还可获得云中粒子相态、谱宽等微观物理量,应用于作业效果的物理检验中。此外,也可以利用雨滴谱仪等对地面降水特征进行连续观测,包括地面降水粒子谱、降水粒子形态的变化等。

7.2.2.2.2 云宏观动力学特征的观测分析

动力学响应参数是催化作业后反映云体宏观物理特征变化的参数,如层状云的云顶特征或对流云体的回波顶高、回波体积、云的色调变化、回波持续时间等。

天气雷达作为一种全天候的探测设备,时间分辨率较高,探测范围较广,雷达回波产品丰富,而且新一代多普勒天气雷达在我国已经业务布网,现已成为人影作业条件判别及作业后分析作业效果的强有力工具。

气象卫星探测可以实现对大范围天气状况的连续观测,提供天气形势分析、水汽分布等产品,可以提供较大范围人工增雨物理响应的证据。例如,利用极轨气象卫星遥感探测资料对2000年3月14日陕西省飞机人工增雨作业进行监测分析,发现飞机作业在云迹上有明显反应,卫星探测云迹图像提供了人工增雨物理响应的证据。

7.2.2.2.3 数值模拟检验方法

根据云和降水的宏观动力学和微物理学过程,以及人工增雨原理,针对人工增雨催化作业问题,建立一套描述云和降水,以及人工增雨过程的数值模式,然后求其数值解。用同一数值模式,在同样的初始、边界条件下,对比催化和不催化的计算结果,就可以定量地了解实施催化的效果。

云数值模式不仅能够模拟云和降水的主要过程,而且能够描述云的多种宏观、微观物理过程相互作用的整体演变过程,为人工增雨催化试验提供预期的效果。国内外建立和发展的一维、二维和三维云降水数值模式,尽管尚不十分完善,但通过人工催化模拟试验,不但可以了解云和降水过程是否因催化而改变,而且可以了解在这一过程中哪个环节(链)的变化。这对提高人工增雨效果检验的科学性和客观性都是非常重要的,并在人工增雨科学研究和效果检验中已发挥出越来越重要的作用。

7.3 服务重点工作

青海省人工影响天气服务工作,主要包括东部农业区抗旱增雨雪、夏季农业区防雹、三江源生态蓄水型增雨、黄河流域水库增水、森林防火、城市防霾等服务工作。2017年以来,青海省人影工作主要以农牧业发展、生态环境保护和促进经济建设为主线,以"需求牵引、服务引领"为理念,以"生态人影、科学人影、安全人影"为宗旨,以防灾减灾为目标,通过重大工程建设促进人工影响天气工作全面发展,为缓解水资源短缺、改善生态环境、保障农业生产安全做出了积极的贡献,取得了良好的社会效益和生态效益。

7.3.1 人工增雨

青海从1992年开始连续实施东部农业区飞机抗旱人工增雨工作,从1997年开始实施黄河上游地区人工增雨工作,从2006年开始实施三江源地区人工增雨工作,这3项工作的开展为青海省的农业增产增收、黄河流域社会和经济发展、三江源生态环境改善与恢复做出了明显成效。尤其是1997年以后青海省人工影响天气工作发展迅速,实现了从单纯抗旱、服务农业向增加水资源、生态保护、草原森林防火、重大社会活动保障以及全面为经济社会服务的转变,作业手段、区域、规模、时间大幅扩增,作业时段由春季向多季节、全年度方向发展,作业面积由最初的 5 万 km^2 扩大至近 50 万 km^2。形成了以空中飞机人工增雨为主,火箭、地面燃烧炉为辅的多种作业方式的人影作业体系,作业规模处于全国前列。

7.3.1.1 三江源地区生态蓄水

三江源自然保护区是长江、黄河、澜沧江的发源地,是中国面积最大、海拔最高的天然湿地和生物多样性分布区之一,是我国最主要的水源地和全国生态安全的重要屏障，同时也是我国乃至全球气候变化的敏感区和生态脆弱区。在三江源地区科学、合理地解决水资源短缺问题是改善该地区生态环境的重大科学问题和现实问题。针对这一情况，青海省气象部门从1997年开始，一直持续实施三江源地区人工增雨工作，作业区主要包括果洛州、玉树州、黄南州、海南州等地区，面积达32.25万 km^2。

7.3.1.2 黄河上游水库蓄水

为增加黄河上游径流量，缓解水资源短缺的状况，自1997年开始，青海省人工影响天气办公室先后与青海省电力局、黄河上游水电开发有限责任公司（下文简称黄河水电公司）合作，在黄河上游河曲地区连续开展了以开发空中水资源、增加黄河径流量为目的的人工增雨工作，作业区域包括青海省海南州、黄南州和果洛州，甘肃省甘南州和四川省阿坝州部分地区，面积约13万 km^2。1997年以来，特别是在黄河水电公司的大力支持下，青海省人工影响天气办公室以需求为牵引，创新发展思路，积极探索发展方式，实现了向大型水库增蓄型人工增雨的拓展。通过几十年的不断努力和探索，黄河上游河曲地区人工增雨能力和水平取得了长足发展，为缓解黄河上游来水量不足、增加水库库容，以及改善该地区生态环境，发挥了积极作用。

7.3.1.3 东部农业区抗旱防灾

青海省东部农业区主要包括西宁和海东地区，以及海北、黄南和海南的部分地区。该地区是青海省主要的粮食、蔬菜等农作物产区。青海省东部地区是春季干旱易发区。依据春季干旱分级指标分析，青海省东部地区春季平均每8年发生一次干旱。春季东部抗旱人工增雨始于1992年，作业范围集中在青海省东部农业区和环青海湖地区的超过5万 km^2 区域，以飞机增雨为主，辅以地面烟炉和火箭等作业设备。

缓解旱情，抓住有利时机，科学开展地面和飞机的协同人工增雨作业，积极使用和探讨新的人影理论，提高播云作业水平、验证和改进催化作业理论与方法，客观、定量地评估人工增雨作业实际效果，减轻该地区旱情，为社会经济的发展提供保障是此项工作的目标。

7.3.2 人工防雹

青海省地处青藏高原东北部，是夏季副热带急流徘徊的纬区，海拔高，近地层大气层结递减率大，0 ℃层距地表面近，冰化条件有利，下垫面状况复杂，动力、热力差异大，强迫对流和热对流频繁，故而造成冰雹频繁，使青海省成为国内降雹日数最多、雹灾面积最广的地区之一。据气象资料统计，青海省东部农业区为雹灾高发区,每年的 6—9 月是冰雹的多发时期,冰雹天气是农业生产的主要灾害性天气。

青海省防雹工作早在 20 世纪 50 年代就已开始,并在短期内迅速扩大,从最初的土火炮、土火箭发展至"37"高炮和火箭,从零散的、盲目的、低层次的作业发展到成规模、全方位、系统性地利用现代高科技手段的防雹作业,人工防雹工作步入了新的发展时期。青海省东部农业区共布设防雹"37"高炮 136 门,作业范围包括:大通、湟中、湟源、平安、乐都、互助、民和、循化、化隆、尖扎、同仁和门源共 12 个县(区),使用"37"高炮开展防雹作业业务。2018 年,炮控区面积共计 417.5 万亩,约占全省耕地面积的 1/3。

7.3.3　森林防火

为了防止火灾发生和减少火灾损失,保护有限的天然森林资源,气象部门根据气象条件随季节变化特点,规定了重点防火期,一般分春季防火期和秋季防火期,但还需通过其他有效途径增大林区的含水量才是行之有效的防火减灾有效方式。根据人工增雨技术,恰当的时间、有效的作业方式和合理的播撒手段能使经过林区的空中云水资源中 10%~35%的水汽转化为降水,降落到地面,这些通过人工方式增加降水量的科学作业可有效增加可燃物的含水量,降低森林火险等级,并有效降低森林火灾的发生和减少火灾损失,同时改善林区地表水及地下水含量,养护各种林木和保护动植物资源。

果洛藏族自治州的玛柯河林区和洋玉林区因冬春季防火压力较大,且自然条件下的降水无法有效降低森林火险等级,因而,在气象条件适合的云层中通过播撒增雨(雪)催化剂,有效提高大气中水汽转化为降水的概率,从而增加地面降水量,提高林区湿度,缩小温差,降低林区各种可燃物的着火点,可有效降低防火等级,保护有限的森林资源,提高木材资源的数量和质量,维持和保养动植物资源大自然原有的生态平衡,维护好森林小气候,减少林区次生危害的发生。

7.3.4　城市防霾

随着青海省经济社会的高速发展,环境污染问题也一度成为人们关注的焦点,东部城市群的建设、工矿企业和汽车数量的持续增多,霾天气成为城市冬春季经常出现的现象,给青海省东部城市环境保护带来了严峻的考验。虽然很多专家学者对造成城市霾的原因众说纷纭,但是在某种程度上也达成了一定的共识,直接原因是不利气象条件,根本原因主要是汽车尾气、能源利用、工业污染物等有害气体的排放。当前的经济水平、交通状况、能源结构等因素决定了霾污染的程度和范围。

西宁市霾天气的频发态势,特别是2016年以来的冬季,对交通运输及人民群众生活造成一定的影响。地方政府对此也非常关注,每年投入大量的经费进行大气霾污染防治;而人工增雨(雪)作为一种高效清除空气中污染物的方法,也被地方政府列入大气污染防治的重要手段之一。为此,针对西宁市日益严重的霾污染,地方政府和气象部门联合开展了人工增雨(雪)清除大气霾污染治理,取得了一定的效果,为城市发展和人民群众的健康提供了保障。

第8章 大气环境气象预警

8.1 大气污染防治含义和空气质量指数计算

8.1.1 含义发展

大气污染是指由于人为或自然的因素,使大气组成的成分、结构和状态发生变化,与原本情况相比,增加了有害物质(空气污染物),使环境的正常空气质量恶化,扰乱并破坏了人类的正常生活环境和生态系统,从而构成了大气污染。大气污染的3个基本要素是污染源、污染物排放并达到一定浓度以及构成对人类的危害和影响。

自然状况下的洁净大气是由氧、氮、氩、CO_2 等正常成分的混合体和水汽以及一些悬浮的固态或液态气溶胶粒子组成的,其主要成分在离地面几十千米以下的大气层里,组成比例基本不变。自然界大气中也有微量的其他气体成分,如氦、氖等惰性气体及臭氧、NO_2、SO_2、CO 等,但它们的含量极少,不到空气总容积的 0.01%。由于人为原因使自然大气成分与结构改变,一旦一些杂质气体的量达到并超过一定限度,就构成了空气污染的危害。另一方面,大气圈通常具有一定的自净能力,即大气环境具有一定的容量。它是指在自然净化能力之内所容许的污染物排放量,也就是不至于破坏自然界物质循环的极限量,只有当污染物排放量超过大气的自净能力,即超过环境容量时才构成大气污染。可见,并不是一有污染物质存在,就会构成大气污染。可见,生态气象服务的任务在于:一方面要较少乃至消除空气污染物,另一方面则要摸清其变化规律,充分利用大气环境的自净能力,做到既发展生产,又保护环境。

大气污染物浓度通常有两种表示法:一是质量浓度,单位体积大气中污染物质量,单位为 mg/m^3;一是体积浓度,污染物体积与整个空气容积之比,以 ppm 为单位,即污染物占空气容积的百万分之一,也可用 ppb 或 ppt 等表示。两种浓度单位可相互换算:

$$X = Y \times A / 22.4$$

$$Y = X \times 22.4/A$$

式中，X 表示质量浓度单位（mg/m³），Y 表示体积浓度单位（ppm），A 表示污染物的摩尔质量或克分子量。

排放大气污染物进入大气的源（大气污染物的排放源）分为自然源和人工源两大类，按照不同情况和研究目的，从不同角度对大气污染源进行分类。

按人类活动的内容分类：工业污染源、农业污染源和城市生活污染源。

按污染物排放方式分类：连续源、间歇源、瞬时源。

按污染源排放位置分类：固定源、移动源、无组织排放源。

按污染物排放高度分类：高架源、地面源。

按污染物排放口的形式分类：点源、面源、线源和体源。

污染源、污染物（达到一定浓度）以及对人类及其对环境造成危害与影响，这是构成空气污染问题的基本要素。大气污染的各方面的危害和影响主要表现在：①对人体健康的危害。②对生物体的危害，包括对动植物的危害。③对各类物品的危害，如建筑物、金属物、纸制品以及各类文物的危害。④对全球气候变化的危害，包括如温室气体效应、气溶胶颗粒物作用和臭氧层破坏等方面的作用和危害。⑤对酸雨威胁的作用，如降水酸化和其他酸性沉淀物的生产都是大气污染物的直接后果。

影响大气污染散布的主要因子：大气边界层结构及其特征、风和湍流、气温和大气稳定度、辐射和云、天气形势和下垫面条件。空气污染物排放进入大气层，其活动决定于各种尺度大气过程，首先是受大气边界层湍流活动支配。而大气边界层是直接受地表影响最强烈的垂直气层，其厚度随天气条件和地表特征而变，气流受地面摩擦力和下垫面地形地物的影响，并受动量、热量、水汽和其他物质的输送及其通量的支配。大气边界层与人类活动的关系最密切、最直接，空气污染问题主要发生在这一层中。边界层中气象要素具有特征性的日平均垂直梯度，并在日平均值上再叠加以昼夜为周期的波动，波动愈接近地面愈强烈。

排放到大气中的污染物在风的作用下，会被输送到其他地区，风速越大，单位时间内污染物被输送的距离越远，混入的空气量越多，污染物浓度越低，所以风不但对污染物进行水平输送，而且有稀释冲淡的作用。大气总是处于不停息的湍流运动中，排放到大气中的污染物，在湍流涡旋的作用下散布开来，大气湍流运动的方向和速度是不规则的，具有随机性的，并会造成流场中各部分之间的混合和交换。

气温的垂直分布表征大气层结的稳定度，直接影响湍流活动的强弱，支配空气污染的散布。气温日变化可以影响到离地 500（冬季）～1000 m（夏季）的范围。低层的气温分布经常是夜间逆温，日间递减，午后出现超绝热递减率，日出后和日落前，近地层气层会出现等温过程。

太阳辐射是地区大气的主要能量来源，地面及大气的热状况，温度的分布和变化，制约着大气运动状态，影响着云和降水的形成，对空气污染起着一定的作用，在晴朗的白天,太阳辐射首先加热地面,近地层的空气稳定升高,使大气处于不稳定状态,夜间地面辐射失去能量,使近地层气温下降,形成逆温,大气稳定。云对太阳辐射有反射作用,云的存在会减少到达地面的太阳辐射,同时云层又加强大气逆辐射,减少地面的有效辐射,因此,云层的存在可以减少气温对高度的变化。

天气现象与气象状况都是在天气形势背景下产生的,一般情况下,在低气压控制时,空气有上升运动,云量较多,大气多为中性或不稳定状态,有利于污染物的扩散。相反,在高气压控制下,一般天气晴朗,风速较小,并伴有空气的下沉运动,往往在低层形成下沉逆温,抑制湍流的向上发展。夜间容易出现辐射逆温,阻止污染物的扩散,造成地面污染。降水、雾等天气现象对空气污染也有影响,降水对清除大气中的污染物质起着重要的作用,由于有些污染气体能溶解在水中或与水汽化学反应产生其他的物质,颗粒物与雨滴碰撞可附着在雨滴上并随降水落到地面。雾是悬浮在大气近地层的小水滴或小冰晶,可清洗空气中的粒子污染物或气体污染物,但由于雾是在近地面气层非常稳定条件下产生的,这种条件下,空气污染物不易扩散,会造成不利的地面空气污染状况。

地形和下垫面的非均匀性,对气流运动和气象条件会产生动力和热力的影响,从而改变空气污染物的扩散条件。例如,城市的热岛效应和粗糙度效应,有利于空气污染物的扩散,但在一些高大建筑物背后使污染物积聚。由于地形、地表性质不均匀而形成的山谷风、海陆风和湖陆风等,都会改变大气流场和温度场的分布,从而影响空气污染物的散布。

大气污染生态气象学主要应用于:厂址选择、大气环境质量评价、城市与区域环境规划、环境容量与大气污染控制、大气污染预报、全球性大气污染气象学问题。

生态气象服务主要涉及大气环境质量评价、大气污染预报、全球性大气污染气象学问题,这里主要介绍大气环境质量指数(air quality index,AQI)的计算和质量分级。

随着我国经济高速发展,环境空气污染特征已由煤烟型向复合型转变,区域性大气细颗粒物和臭氧污染不断加重,一些城市经常出现长时间灰霾天气,空气污染对公众健康产生了严重威胁。《环境空气质量标准》(GB 3095—1996)的评价结果与公众实际感受存在较大差异,空气质量指标(SO_2、NO_2 和 PM_{10})已不足以全面反映复杂的大气污染状况,为适应我国经济发展水平和人民群众对空气质量要求,为此,环保部再次修订《环境空气质量标准》。在 2008—2011 年数次征求意见后,于 2012 年 2 月 29 日颁布了《环境空气质量标准》(GB 3095—2012)。修订的主要内容:①新标准调整了环境空气功能区分类方案,将三类区(特定工业区)并入二类区(城镇规划中确定的居住区、商业交通居民混合区、文化区、一般工业区和农村地区),调整了污染物项目及限值,增设了 $PM_{2.5}$ 平均浓度限值和 O_3(8 h)平均浓度限值,收紧了可吸入颗粒物(PM_{10})、NO_2、铅和苯并[a]芘等污染物的浓度限值,收严了监测数据统计的有效性规定,将有效数据要求由 50%~75% 提高至 75%~90%,同时更新

SO_2、NO_2、O_3 与颗粒物等的分析方法标准,增加自动监测分析方法。②与空气质量日预报基于 SO_2、NO_2 和 PM_{10} 这3项污染物的日平均浓度发布空气污染指数(air pollution index,API)相比,与新标准对应的 AQI 涉及 SO_2、NO_2、O_3、CO、PM_{10} 和 $PM_{2.5}$ 6项污染物的7种平均浓度,其中,O_3 以最大 1 h 平均浓度和最大 8 h 平均浓度两种角色参与空气质量指数(AQI)的计算。③收紧 NO_2 的各项超标限值和 PM_{10} 年平均标准限值与增加 O_3(8 h)平均浓度标准限值和 $PM_{2.5}$ 相关标准限值,并采用 AQI 对每日空气质量进行评价,将对空气质量评价结果造成较大影响。根据已有监测数据,参照现行和新标准对空气质量进行评价,将有利于准确掌握新标准下空气质量水平,有利于识别重点污染物并开展有效的污染控制。

空气质量分指数分级方案见表 8.1。

表 8.1 空气质量分指数及对应的污染物项目浓度限值

空气质量分指数	污染物项目浓度限值									
	二氧化硫(SO_2) 24 h 平均 ($\mu g/m^3$)	二氧化硫(SO_2) 1 h 平均 ($\mu g/m^3$)	二氧化氮(NO_2) 24 h 平均 ($\mu g/m^3$)	二氧化氮(NO_2) 1 h 平均 ($\mu g/m^3$)	PM_{10} 颗粒物 24 h 平均 ($\mu g/m^3$)	一氧化碳(CO) 24 h 平均 (mg/m^3)	一氧化碳(CO) 1 h 平均 (mg/m^3)	臭氧(O_3) 1 h 平均 ($\mu g/m^3$)	臭氧(O_3) 8 h 平均 ($\mu g/m^3$)	$PM_{2.5}$ 颗粒物 24 h 平均 ($\mu g/m^3$)
0	0	0	0	0	0	0	0	0	0	0
50	50	150	40	100	50	2	5	160	100	35
10	150	500	80	200	150	4	10	200	160	75
150	475	650	180	700	250	14	35	300	215	115
200	800	800	280	1200	350	24	60	400	265	150
300	1600	(2)	565	2340	420	36	90	800	800	250
400	2100	(2)	750	3090	500	48	120	1000	(3)	350
500	2620	(2)	940	3840	600	60	150	1200	(3)	500

注:(1)二氧化硫(SO_2)、二氧化氮(NO_2)和一氧化碳(CO)的 1 h 平均浓度限值仅用于实时预报,在日预报中需使用相应污染物的 24 h 平均浓度限值。

(2)二氧化硫(SO_2)1 h 平均浓度值高于 80 $\mu g/m^3$ 的,不再进行其空气质量分指数计算,二氧化硫(SO_2)空气质量分指数按 24 h 平均浓度计算的分指数报告。

(3)臭氧(O_3)8 h 平均浓度值高于 800 $\mu g/m^3$ 的,不再进行其空气质量分指数的计算,臭氧(O_3)空气质量分指数按 1 h 平均浓度计算的分指数报告。

空气质量分指数计算方法:

污染物项目 P 的空气质量分指数按式(8.1)计算:

$$IAQI_p = (IAQI_{hi} - IAQI_{lo})/(BP_{hi} - BP_{lo}) \times (C_p - BP_{lo}) + IAQI_{lo} \quad (8.1)$$

式中,$IAQI_p$ 为污染物项目 P 的空气质量分指数,C_p 为污染物项目 P 的质量浓度值,BP_{hi} 为表 8.1 中与 C_p 相近的污染物浓度值限值的高位值,BP_{lo} 为表 8.1 中与 C_p 相近的污染物浓度值限值的低位值,$IAQI_{hi}$ 为表 8.1 中与 BP_{hi} 对应的空气质量分指数,$IAQI_{lo}$ 为表 8.1 中与 BP_{lo} 对应的空气质量分指数。

空气质量指数级别按表 8.2 进行划分。

表 8.2 空气质量指数及相关信息

空气质量指数	空气质量指数级别	空气质量指数类别及表示颜色		对健康影响情况	建议采取的措施
0～50	一级	优	绿色	空气质量令人满意,基本无空气污染	各类人群可正常活动
51～100	二级	良	黄色	空气质量可接受,但某些污染物可能对极少数异常敏感人群健康有较弱影响	极少数异常敏感人群应减少户外活动
101～150	三级	轻度污染	橙色	易感人群症状有轻度加剧,健康人群出现刺激症状	儿童、老年人及心脏病、呼吸系统疾病患者应减少长时间、高强度的户外锻炼
151～200	四级	中度污染	红色	进一步加剧易感人群症状,可能对健康人群心脏、呼吸系统有影响	儿童、老年人及心脏病、呼吸系统疾病患者避免长时间、高强度的户外锻炼,一般人群适当减少户外运动
201～300	五级	重度污染	紫色	心脏病和肺病患者症状显著加剧,运动耐受力降低,健康人群普遍出现症状	儿童、老年人和心脏病、肺病患者应停留室内,停止户外运动,一般人群减少户外运动
>300	六级	严重污染	褐红色	健康人群运动耐受力降低,有明显强烈症状,提前出现某些疾病	儿童、老年人和心脏病、肺病患者应停留室内,避免体力消耗,一般人群应避免户外活动

空气质量指数及首要污染物的确定方法:

空气质量指数计算:$AQI = MAX(IAQI_1, IAQI_2, IAQI_3, \cdots, IAQI_n)$ (8.2)

式中,$IAQI_1, IAQI_2, IAQI_3, \cdots, IAQI_n$ 为空气质量分指数,n 为污染物项目。

首要污染物及超标污染物的确定方法:

AQI>50 时,IAQI 最大的污染物为首要污染物,若 IAQI 最大的污染物为两项或以上时并列为首要污染物。IAQI>100 的污染物为超标污染物。

8.1.2 技术原理和方法

大气污染防治的生态气象基本任务是运用气象学原理与方法研究大气污染问

题,模拟大气污染物的浓度分布。为此,可以采用理论研究和实验研究两种基本途径。但就其实验性和应用性强的特点看,仍以实验研究为主。开展实验研究采用3种基本手段:现场观测试验、数学模式和室内流体物理模拟。

现场观测试验是最为重要的研究手段,它可以提供实际变化的观测数据,包括环境污染状况或者是空气质量的监测结果和同时的气象条件及其变化的资料,可以直接了解并认识研究对象,而且可以为理论研究和数学模式的研究结果作出分析验证并对理论模型和数学模式予以检验。

数学模式手段包括经验统计模式、高斯扩散模式和先进的数值模式等,它是建立在一定的物理模型和基本假定的基础上的,具有一定的局限性,而且必须经过实验验证才是有效的,随着计算机技术的迅速发展而日益发挥良好的作用。

室内流体物理模拟手段是借助一定的实验模拟装置,运用相似原理把大气实际原型搬到室内实施模拟研究,可以不受天气条件状况等试验条件的限制,并易于再现或设置一定试验条件,试验周期短,花费代价小,适宜于作机理性探索,并为理论研究和观测试验提出线索或试验具体布置依据。

现代发展趋势表明,应在有条件的情况下联合运用3种基本手段,发挥各自所长,弥补各自不足。

8.1.3　污染物种类特征

以各种方式排放进入大气层并有可能对人和生物、建筑材料以及整个大气环境构成危害或带来不利影响的物质,在与空气成分的混合过程中,还会发生各种物理变化与化学变化。把原始排放的直接污染大气的污染物称为一次污染物,而把经过化学反应生成的新的污染物质称为二次污染物。根据大气污染物的物理形态和化学成分,将其分为以下几类:

总悬浮颗粒物(total suspended particle,TSP):指以固态或液态微粒形式存在于空气介质中的空气动力学当量直径$\leqslant 100~\mu m$的颗粒物。

可吸入颗粒物(PM_{10}):空气动力学当量直径$\leqslant 10~\mu m$的颗粒物。

细颗粒物($PM_{2.5}$):空气动力学当量直径$\leqslant 2.5~\mu m$的颗粒物。

碳氧化物:主要指CO_2、CO等气体污染物。

氮氧化物:主要指NO和NO_2等气体污染物以及由此可能产生的二次污染物。

硫化物:主要指SO_2,被认为是最主要的空气污染物,还有如硫化氢等气体污染物以及由SO_2化学转化生成的硫酸盐等酸性污染物。

卤化物:主要有氟化氢、氯气等气体污染物。

碳氢化合物:主要包括烷烃、烯烃和芳烃类复杂多样的含碳和氢的有机化合物。

氧化剂:主要指空气中具有高度氧化性质的化合物,如臭氧等。

8.2 大气环境气象预报

8.2.1 主要内容

依据《中华人民共和国气象法释义》环境气象预报的定义,环境气象预报主要内容包括:空气污染气象条件预报、空气清洁度预报、紫外线强度预报、人体舒适度预报、医疗健康气象预报、花粉浓度预报等。综合考虑气象部门已形成的现代气象业务体系,现阶段环境气象业务定位是关注与人民健康直接相关、与人类活动密切联系的大气环境质量问题。主要有:

① 大气环境和大气成分监测预报预警

与大气环境和大气成分关系密切的气溶胶质量浓度、气溶胶特性和化学成分、反应性气体、酸雨、温室气体观测以及霾、沙尘、空气污染气象条件、空气质量、光化学烟雾等预报预警。

② 健康环境气象预报服务

与人体健康和医疗关系密切的紫外线强度、花粉浓度、空气负氧离子、人体舒适度、疾病的发生和流行等的监测和气象指数预报服务。

③ 突发环境气象应急预警

核泄漏及有毒有害气体扩散等应急预警。

8.2.2 技术方法

8.2.2.1 大气环境气象监测分析

利用现代化大气科学和信息处理技术,针对霾、沙尘、空气质量、温室气体等不同特征,通过地面气象观测、大气成分观测、卫星遥感观测等多元观测融合技术建立大气环境气象监测分析业务。

8.2.2.1.1 霾、沙尘监测和传输路径分析

常规及加密气象观测资料(要素包括湿度、风向、风速、降水、云、能见度、天气现象等)和空气质量观测资料(气溶胶(PM_{10}、$PM_{2.5}$、$PM_{1.0}$等)、反应性气体(O_3、SO_2、CO、$NO/NO_2/NO_x$等))卫星遥感产品等对霾、反应性气体、沙尘等进行综合分析,包括影响范围、主要成分含量和质量浓度、持续时间、变化及传输路径等。

针对我国几大城市群,采用气象条件分析方法、污染源对象扩散模型、污染区域受体模型相结合的方法解析空气污染物来源;在各地区污染排放清单的基础上利用

大气扩散轨迹统计分析、敏感性数值试验等方法来考察污染物的传输途径。利用污染区域受体模型对不同地区污染物的化学组分进行解析,分析不同地区的污染源对本地区的贡献。

8.2.2.1.2 卫星遥感监测分析

利用全球卫星遥感监测分析霾、沙尘暴等。监测与大气环境污染关系密切的主要大气成分,包括气溶胶(可见光气溶胶光学厚度与紫外吸收性气溶胶指数)、反应性气体(O_3、NO_x、SO_2、CO),温室气体(CO_2、CH_4)等,开展相关大气成分时空分布特征以及变化及传输路径等研究。

国家级对霾、沙尘暴监测;分析霾、沙尘暴传输路径、过程及重点区域的沙尘暴降尘量和霾的成分含量,并编制《霾天气过程纪要表》和《沙尘天气过程纪要表》。省(区、市)级根据本地的观测资料细化霾、沙尘暴监测,发布实时监测产品。

8.2.3 预报预警

8.2.3.1 霾预报预警

建立霾、能见度数值预报技术和解释应用方法,综合应用多种观测资料、卫星遥感产品和客观预报产品,结合天气形势、静稳条件、能见度、相对湿度、大气成分以及空气质量等监测和预报信息,制作霾预报预警产品。给出霾的发生时间、持续时间、强度等级和分布区域,建立霾预报预警业务,实现霾分等级预报,提高霾预报精细化程度和准确率,预报时效达到72 h。

省级业务单位负责根据国家级和区域提供的霾客观预报指导产品,综合分析气象和污染条件,发布能见度、霾等级预报和预警产品,预报时效达到72 h;并负责制作全省地、县(市)霾、能见度等级预报指导产品。

地、县(市)气象部门根据省级指导产品,结合本地观测资料,制作本地霾、能见度等级预报产品,预报时效为48 h;根据需要,发布预警产品。

8.2.3.2 沙尘预报预警

改进和完善沙尘数值预报业务系统,综合分析天气形势和沙尘暴形成条件,结合沙尘数值模式预报产品、卫星遥感监测产品、能见度、气溶胶浓度、PM_{10}监测实况和预报,给出沙尘天气发生时间、持续时间、强度等级、分布区域和站点预报,制作沙尘天气预报产品,预报时效为72 h。必要时根据范围和强度制作发布沙尘暴预警。

国家级负责运行沙尘暴数值预报模式,制作全国沙尘暴预报指导产品,提供沙尘暴、扬沙、浮尘潜势预报产品和沙尘浓度、降尘量等数值预报指导产品,给出未来3 d可能出现沙尘天气落区预报产品。

省级业务单位负责制作全省地(市)沙尘天气预报和预警指导产品;预报时效为72 h,预警时效提前 24 h。

地、县(市)气象部门负责根据省级指导产品,结合本地观测资料和地理环境,制作本地沙尘天气预报产品;根据预警指导产品,制作预报时效为 3～6 h 的预警产品。

8.2.3.3 空气污染气象条件预报预警

基于 MICAPS 平台,分析高低空天气形势配置、天气过程变化、边界层结构等大气扩散条件对空气污染的影响。分析容易触发高污染天气的典型形势场和特征物理量,分析静稳天气(逆温、小风或静风、高湿等)出现时间和持续时间,制作 72 h 内的空气污染气象条件预报。

国家级负责制作全国静稳天气(逆温、小风或静风等)等不利气象条件分析预报产品,制作未来 3 d 可能出现静稳天气的落区预报产品。

省级业务单位负责制作全省空气污染气象条件预报指导产品,预报时效为 72 h。

地、县(市)气象部门负责根据上级指导产品,制作本地区空气污染气象条件预报预警产品,预报时效为 48 h。

8.2.3.4 空气质量预报预警

建立能够满足预报时效的国家级和区域空气质量(大气化学)数值预报业务系统,根据空气质量数值预报产品、统计释用预报结果,综合天气形势分析和污染气象条件分析预报,做出 $PM_{2.5}$、PM_{10}、O_3、NO_2、SO_2、CO 等浓度预报产品,依据《环境空气质量指数(AQI)技术规定》(HJ 633—2012)生成各环境要素空气质量分指数(IAQI)以及空气质量指数(AQI)预报,预报时效为 72 h,时间分辨率 24 h 内为 6 h,24～72 h 为 12 h。

国家级负责运行驱动污染源模式与化学模式的全国空气质量数值预报模式,制作空气质量分指数和空气质量指数预报指导产品,实现与环保部门联合对全国 $PM_{2.5}$、PM_{10}、O_3、NO_2、SO_2、CO 这 6 类基本环境观测要素浓度预报服务产品的制作和发布。

区域级负责运行驱动污染源模式与化学模式的区域空气质量数值预报模式,制作区域内空气质量浓度和 AQI 预报指导产品,包括 $PM_{2.5}$、PM_{10}、O_3、NO_2、SO_2、CO 6 个要素的浓度和指数,预报时效为 72 h,时间分辨率 24 h 内为 3 h,24～72 h 为 6 h。

省级业务单位负责根据国家和区域指导产品,结合本地气象条件和空气质量监测综合分析结果,制作全省地(市)城市空气质量指数(AQI)指导预报产品,预报时效为 72 h;制作全省空气污染预警指导产品,预警时效提前 24 h。视条件和需求对旅游区、生态区和敏感社区等特定环境以及重大活动保障提供空气质量预报产品。地

(市)气象部门根据省级指导产品,结合本地观测资料,制作本地空气质量指数(AQI)预报产品,预报时效为 48 h;根据空气质量预警指导产品,制作本地预警产品。

8.2.3.5 光化学烟雾预报预警

综合分析天气形势和光化学污染形成的气象、环境条件,结合大气化学数值模式预报和统计释用预报结果,订正制作光化学污染气象条件预报和光化学烟雾(O_3、$PM_{2.5}$、NO_2、SO_2 等浓度)潜势预报指导产品,给出未来 3 d 可能出现光化学烟雾的落区预报和相应产品。根据光化学污染气象条件预报和污染等级预报,制作光化学烟雾预报预警产品。

国家级负责根据大气化学数值模式客观预报结果,负责制作有关光化学烟雾预报产品。

区域级负责制作区域内光化学烟雾污染数值预报指导产品,包括 O_3、$PM_{2.5}$、NO_2、SO_2 等要素浓度预报,预报时效为 72 h。开展区域光化学烟雾形成和输送及污染调控气象条件分析预报,为区域光化学烟雾污染事件的联动和预报预警提供技术支持和依据。

省级(副省级)业务单位负责根据国家(区域)级指导产品,结合本地环境气象综合观测资料,制作省内重点城市光化学烟雾预报和预警产品,预报时效为 24~48 h。

8.2.3.6 突发环境气象应急预报预警

(1)核泄漏应急气象预报预警

发展国家级核应急气象保障信息处理系统,实现对核放射性污染源排放评估数据、核事故现场固定和移动气象监测数据、现场地理和人文环境等信息的快速收集、质量控制、分析处理以及检索显示功能,为模式运行和评估分析提供资料。完善核应急固定源和移动源专用气象数据库。完善核应急气象预警预报业务,完善精细化气象分析预报系统,建立核应急气象要素(如风场、温度场、降水等)多时空尺度分析处理与精细化预报评估技术;升级核应急气象预警预报业务平台系统。

(2)有毒(害)气体扩散应急预报预警

建立国家和省级基于快速更新模式气象场数据的环境应急响应系统,完善城市多尺度数值模式系统,包括大气边界层模式和城市小区模式,模拟不同性态有毒(害)气体泄漏扩散后的毒害剂量,根据毒害效应为决策部门提供危害范围、等级、时间和可能的伤亡的决策依据。发展基于地理信息系统(GIS)的污染物扩散三维可视化技术,开发 GIS 辅助决策系统。

第9章 青海省生态气象服务典型案例

9.1 生态气象服务案例

三江源人工增雨工程是青海省重要的生态保护建设工程,工程的建设实施有效地增加了三江源地区的河流径流量和湖泊的水体面积,提高了三江源地区植被覆盖程度,有效地保护了三江源地区的生态环境,推动青海省生态建设的步伐,促进了三江源地区生态环境的良性发展。

9.1.1 背景介绍

9.1.1.1 三江源自然保护区基本情况

青海三江源自然保护区位于我国西部、青藏高原腹地、青海省南部,为长江、黄河和澜沧江的源头汇水区。地理位置为 $31°39'\sim36°12'N,89°45'\sim102°23'E$。行政区域涉及玉树、果洛、海南、黄南 4 个藏族自治州的 16 个县和格尔木市的唐古拉乡,总面积为 36.3 万 km^2,约占青海省总面积的 50.4%。长江总水量的 25%、黄河总水量的 49%、澜沧江总水量的 15%来自青海三江源区。历史上三江源曾是水草丰美、湖泊星罗棋布、野生动物种群繁多的高原草原草甸区,被称为生态"处女地"。

三江源的气候属青藏高原气候系统,为典型的高原大陆性气候,表现为冷热两季交替、干湿两季分明,年温差小、日温差大、辐射强烈,无四季区分的气候特征。由于海拔高,绝大部分地区空气稀薄,植物生长期短,无绝对无霜期。

9.1.1.2 三江源面临的主要问题

随着全球气候变暖,冰川、雪山逐年萎缩,干旱缺水状况直接影响高原湖泊和湿地的水源补给,众多的湖泊、湿地面积不断缩小甚至干涸,沼泽消失,泥炭地干燥并裸露,沼泽低湿草甸植被逐渐向中旱生高原植被演变,生态环境已十分脆弱。随着人口的增加和人类无限度的生产经营活动,又大大加速了这一地区生态环境恶化的程度。特别是草地大面积退化与沙化,野生动物栖息环境质量衰退和栖息地破碎化,使生物多样性降低。源区植被与湿地生态系统破坏,水源涵养能力急剧下降,这不仅严重制约了当地经济的可持续发展和人民群众生活水平的提高,而且也直接威胁到了我国三江流域乃至东南亚诸国的生态安全。

9.1.1.3　三江源地区生态问题对全国经济和生态的影响

黄河、长江和澜沧江三条江河每年向下游供水 600 亿 m^3,是我国淡水资源的主要补给线,是一笔巨大而不可替代的宝贵财富,也是中国社会经济可持续发展的命脉。长江、黄河两河流域是我国社会经济发达地区,虽然面积仅占全国总面积的 24%,而人口却占到了全国的 50%,国内生产总值占到了全国的 65%。因此,三江源生态环境的优劣对我国环境、经济社会的发展和和谐社会的建设产生着巨大的影响,三江源生态环境的变化,影响到长江、黄河和澜沧江中下游乃至全国的生态安全,同时由于三江源地区是多民族人民的聚居地,因此,三江源生态问题也关系到民族地区社会经济的发展和政治的稳定。

9.1.1.4　人工增雨工程对三江源地区生态保护的作用

(1)人工增雨是缓解三江源地区水资源短缺的有效途径之一

截至 2005 年,全省已约有 1/4 的小型湖泊陆续干涸,黄河源头 4000 多个无名湖泊中有 2000 多个已经干涸。黄河流域侵蚀程度最为严重,水土流失面积达 7.5 万 km^2,分别占全省和黄河流域水土流失面积的 22.5% 和 17.5%。长江上游及源头地区水土流失面积为 10.6 万 km^2,占全省水土流失面积的 31.7%,占长江流域水土流失面积的 14.3%。通过人工增雨作业,可以将大气中丰富的云水资源在适宜条件下转化为降水,为人类利用,是可持续利用水资源的重要措施之一。

(2)人工增雨可促进流域内社会经济的发展

江河水量增加不仅可以保证工业的投入产出比增加,这在水力发电方面表现得尤为突出,还可以增加农业灌溉面积,为农业增产增收做贡献,并保障流域内人民的生产生活用水。

(3)人工增雨可促使三江源地区生态环境的改善

通过对牧草资料的分析表明,在光、热条件相同的年份,由于开展人工增雨使牧草产量增加 2 成以上,平均每亩增加牧草产量 35 kg,可以有效遏止沙尘暴等恶劣天气的发生,有利于大气环境的保护。

9.1.2　任务目标

青海三江源自然保护区人工增雨工程建设对三江源地区的生态保护具有重要的意义,同时也是建立青海省人工影响天气生态服务业务体系的重要机遇。主要目标为两方面：一是通过项目的建设实施，使三江源作业区内的降水量和河流径流量逐年得到稳定的增加，使当地水库和湖泊的蓄水量得到增加，改善三江源地区水资源短缺，保护三江源地区生态环境，确保"中华水塔"生态资源的持续性发展，推动三江源流域的经济社会发展及生态安全建设。二是通过总结人工增雨科学理论和国内外多年的作业实践经验总结，建设覆盖青海三江源地区的建设人工增雨综合监测、催化作业、信息传输、作业指挥和效果评估系统，建立科学的现代化人工影响天气生态服务业务体系，提升青海省人影生态服务能力。

9.1.3 技术思路

1933 年，瑞典科学家贝吉龙等提出，在大部分形成降水的混合云中，降水的形成主要取决于云中是否有足够数量的冰晶，能否通过冰水转化过程形成大水滴。1946 年，美国科学家雪佛尔和冯纳格相继提出可以在冷云中通过播撒干冰或碘化银的方法，适当增加云中的冰晶数量，促使降水的形成，并通过观测得到证实。这些研究奠定了人工影响天气的基本科学原理，开创了人工增雨作业的历史。

此后，世界上许多国家开展了人工增雨的研究工作，世界气象组织《关于人工影响天气现状的声明》指出：试验室试验表明确实可以改变云的微结构，这一点在数值模式中得到了模拟，并且通过在雾、层状云和积云等自然系统中的物理观测得到了验证。美国、俄罗斯、以色列、乌克兰、中国等国家在一些地区通过长期深入的科学试验研究，多方面证实了人工增雨的效果。青海省气象部门从 1997 开始，在黄河上游河曲地区约 3.5 万 km^2 的区域内实施人工增雨作业，据专家测算，至 2006 年共增加当地降水 80 亿 m^3，对当地及黄河流域地区的社会经济发展和生态建设发挥了重要作用。

通过建设三江源地区人工增雨综合监测、作业指挥、催化作业、信息传输和效果评估 5 大系统，提升青海省人工影响天气作业能力，切实提高青海省人工影响天气生态服务能力。

9.1.3.1 人工增雨综合监测分系统

人工增雨综合监测分系统是综合飞机监测、地面气象监测、生态监测、土壤和大气化学监测及卫星遥感监测等技术的监测体系，通过利用飞机机载探测设备和地面综合观测网对作业区内云和降水系统进行多要素、连续跟踪监测，从而掌握作业区内云降水系统的宏观、微观特征和降水的形成机制，以及降水云系的动力和微物理时空变化特征，为空中水汽和云水资源的分析预测、开发利用和作业效果的评估提供科学的基础数据。

9.1.3.1.1 飞机机载监测

对人工增雨监测作业飞机进行改装，并且加装机载 PMS、DMT 等粒子测量仪、机载温湿气象要素测量仪、机载含水量仪和机载云凝结核仪,探测云降水系统中水成物粒子谱、云中过冷水含量、气溶胶粒子含量、云凝结核、气温、气压、湿度、风向、风速、高度及飞行轨迹参数等。

9.1.3.1.2 地面气象监测网

建设多普勒天气雷达、地基 GPS/MET 水汽遥感探测仪、地基微波辐射计、静止卫星资料接收站、GPS 探空仪、自动单雨量监测系统和地面雨滴谱仪等设备,构成监测网,通过 X 波段多普勒天气雷达组网观测,实现对人工增雨降水云系结构有更精细的了解,得到作业区内云降水系统内部的宏观动力结构、云水资源分布和风场结构等特征,更好地掌握人工增雨的作业时机和部位;通过地基 GPS/MET 水汽遥感探测仪、地基微波辐射计的建设,获取三江源地区大气可降水汽、液态水含量等增雨条件判识的关键要素;利用地基 GPS 数字化大气探测站网,实现对作业区内水汽资源的连续、实时观测;通过静止气象卫星资料的实时业务系统,取得高分辨率卫星云图以及相关监测产品,用于人工增雨催化作业条件决策;通过单要素自动雨量站网,可以提供高密度的实时降水资料,提高人工增雨的效果检验精度;根据地面所观测到的雨滴谱变化特征资料,说明实施催化作业后云系降水的变化情况,用于分析人工增雨作业的效果。

9.1.3.1.3 生态监测网

在三江源地区建设土壤水分监测站网,主要对土壤含水率、土壤干土层厚度、土壤冻结和解冻时间、田间持水量、地下水位、土壤表层成分、土壤风蚀及风蚀流结构、土壤水蚀、土壤质地、土壤粒度等要素进行定位监测。

9.1.3.1.4 土壤和大气化学监测网

在三江源地区建设土壤和大气化学成分监测站网,主要开展土壤微量元素、银离子含量、pH、大气总悬浮颗粒物、大气气溶胶、酸雨、甲烷、氮氧化物、二氧化碳、主要温室气体、黑碳气溶胶、大气浑浊度、太阳辐射、太阳紫外线等要素的监测评估。

9.1.3.1.5 卫星遥感监测

利用遥感手段,对三江源地区的各种地物类型、植被长势、湖泊湿地、冰川、积雪等进行动态监测,提供相应评估,为三江源生态环境保护与治理提供科学依据。

9.1.3.2 作业指挥分系统

作业指挥分系统主要是结合实际需求建设作业指挥系统,实现增雨作业天气预警、作业决策、增雨决策产品分发等功能,省级作业指挥系统负责整个三江源地区人工增雨的作业决策和指挥。

9.1.3.2.1 资料汇集和需求分析

采集全省作业区域内的各种气象资料,并根据实际的旱情、土壤墒情、江河流量信息和牧草覆盖等信息进行作业分析和处理。

9.1.3.2.2 作业天气预警

研究和开发中尺度动力延伸预报、云降水数值预报和强对流数值预报；人工增雨作业指挥系统，利用各类收集到的气象资料和数值预报产品进行短期、中期的作业天气预警。

9.1.3.2.3 作业方案设计与指令下达

通过实际作业需求和作业天气预警的相关分析，综合诊断、识别、判断地面和飞机作业条件，进行作业方案设计，输出详细的作业指令和方案。

9.1.3.2.4 实时监控

利用GPS和无线电传输技术，实时记录飞机作业路线及航线上的各种气象资料，实现飞机人工增雨作业的科学指挥。

9.1.3.3 催化作业分系统

催化作业分系统包括飞机催化作业和地面催化作业两部分内容，通过对飞机改装，使其挂载焰弹发生器和烟剂燃烧播撒装置两种催化工具，可针对不同云系有选择地开展作业；地面催化作业系统设计为高炮、火箭发射装置和地面碘化银发生器，通过科学的布点提升地面作业能力。

9.1.3.4 信息传输分系统

信息传输分系统连接人工增雨监测分系统、作业指挥分系统、催化作业分系统之间的通信桥梁，通过网络的建设，实现地面监测资料的实时传输、飞机作业信息和观测资料的空地数据传输，连接省、州（市）、县级的可视化天气会商系统及信息共享平台。

9.1.3.5 效果评估分系统

效果评估分系统主要利用统计数理模型对三江源地区目标作业区内实施人工增雨催化作业增加的降水量进行科学客观的定量评价。效果检验软件主要通过雷达、卫星遥感和飞机机载等观测手段和在作业区及作业区下风方建立的土壤水分收支、生态、大气和降水化学监测网提供的资料，为三江源人工增雨播云催化效果提供物理佐证。

通过人工增雨综合监测、作业指挥、催化作业、信息传输和效果评估5大系统的建立，使青海省人工增雨业务在作业条件研判、决策指挥、实施作业等重要环节取得了明显的进步，能够推动青海省人影生态服务能力的长足发展，也为三江源人工增雨生态建设打好了基础。

9.1.4 服务产品

通过三江源地面监测网的建设,各部门获取到了三江源地区的土壤、植被及各种气象要素等重要资料,根据业务范畴不同,三江源生态服务产品共有气候、遥感、人影3大类:

气候类为气候变化监测专题评估报告,主要是利用温度、干旱、降水等要素的阶段性变化结合实际业务需要输出专题评估报告。

遥感类为生态气象服务信息,主要是通过水体、植被等卫星遥感信息对三江源的生态气象进行阶段性的描述。

人影类则主要为4类服务产品,分别是人工增雨指导产品、飞机作业方案、人工影响天气作业简报和三江源地区作业效果评估报告。

人工增雨指导产品主要服务对象为各级人影作业人员,主要内容为三江源地区作业期每天的天气形势、预报、降水落区、作业建议等内容,为人影地面增雨作业提供业务指导。

飞机作业方案主要是根据天气过程制定作业时间、区域、航线等内容的作业方案,作为飞机作业的主要依据。

人工影响天气作业简报主要是一次降水过程人影飞机和地面作业的详细情况以及针对此次过程作业取得的效益,主要服务对象为各级决策部门和管理部门。

三江源地区作业效果评估报告,该产品是结合人影作业情况和降水分布等信息,使用区域历史线性回归分析或区域对比评估方法,将年度三江源地区人影增雨作业取得的阶段性效果进行评估,此评估报告为气象部门向地方政府汇报人影作业工作的主要材料。

9.1.5 服务效益

经过多年持续实施人工增雨作业,三江源地区降水量明显增加,湖泊、河流、草地等生态环境趋于良性发展,主要表现在:湖泊湿地面积扩大,水源涵养功能逐步恢复。黄河源区的扎陵湖和鄂陵湖面积分别扩大29 km^{2}和59 km^2,增幅分别为5.7%和10.7%,水源涵养功能逐步恢复,湿地面积跃居全国首位,三江源头重现千湖美景;江河源径流量增加,水资源短缺状况有所改善。2006—2017年,三江源地区人工增雨共增加降水量577.19亿 m^3,黄河上游唐乃亥和长江源区直门达水文站来水量分别增加19.5%和37.0%;有效增加了黄河上游水库库容,水电经济效益明显。2006—2017年共增加黄河径流量88.86亿 m^3。

持续开展以合理开发空中水资源、有效改善生态环境和科学应对气候变化为目标的人工增雨作业服务,切实地推动了青海省的生态文明建设步伐,也为青海省生态资源的良性发展奠定了重要的基础。

9.2 生态环境遥感监测服务案例

9.2.1 背景介绍

"生态立省"是青海省长期战略和核心建设内容。青海省委、省政府提出了"生态立省"战略和"生态文明先行区"建设规划,构想了"大美青海"生态文明建设的美好蓝图。2016年8月,习近平总书记视察青海时明确指出,"要坚持生态保护第一的原则",并提出"以生态保护优先的理念来协调推进经济社会发展,统筹落实'四个全面',把青海建设得更加和谐美丽"以及"四个扎扎实实"等重大要求。因此,围绕青海生态文明建设工作开展生态气象科技服务,不仅顺应全省战略发展核心方向,顺应国家把青海建成我国重要的生态屏障区的规划,也顺应了当前和今后省政府工作的重点及一系列的规划、目标和任务与措施。

生态环境受开发开采等人为干扰和气候变化影响,造成冰川退缩、雪线上升、"固体水库"作用减弱、水源涵养功能下降,生态多样性面临严重威胁;草场严重退化、生产力和生态服务功能下降;水土流失严重、河水断流、地下水位下降以及湖泊萎缩等一系列生态环境问题。天气气候作为影响生态系统和大气环境最活跃、最直接的因子,其气候变化与高寒生态演变之间存在着十分复杂而又极其密切的相互作用和反馈机制,一直以来是科学界普遍关注和着力探究的重大科学问题。重大气象灾害、极端气候事件给生态环境造成巨大的破坏,给生态保护和建设带来巨大压力,成为当前青海省生态文明建设和国家公园建设的重点关注问题之一。

青海湖是维系青藏高原东北部生态安全的重要水体,其整个流域是生物多样性保护和生态环境建设的重点地区。青海湖流域作为青藏高原的重要组成部分,属于全球气候变化的敏感区和生态系统典型脆弱区,因其独特的地理位置及自然环境,一直为世人所瞩目。青海湖流域地处高寒半干旱地区,对于维持整个流域的生态安全具有重要作用。作为青海省生态旅游业、草地畜牧业等社会经济发展的集中区域。近年来,青海湖流域气候特征呈暖湿化趋势,出现径流量增加、水位抬升、水体面积扩张、沙化面积下降、环湖周边草地覆盖度略有下降等生态环境趋好的现象,整个流域生态和环境状况有所好转,这样的变化不仅引起科学家的关心和重视,也引起各级政府和国际社会的广泛关注。

9.2.2 任务目标

作为青海省生态环境保护和建设的重点区域之一,青海湖流域的草地、水体、土壤以及生态环境本底特征的调查与研究是支撑青海湖流域生态环境保护和综合治理的重要保障和科学依据。因此,为了综合反映和总结青海湖流域草地、水体、土壤以及生态环境本底特征,在研究成果基础上,结合青海省卫星遥感中心长期动态监测的部分研究结果,编写了《青海湖流域生态本底遥感调查报告》。报告通过遥感反演技术的应用,在客观评价青海湖流域气候特征的基础上,揭示了主要生态要素——草地、水体和土壤特征,详细阐述了青海湖流域气温升高、降水增多、草地退化趋缓、沙漠化面积减少以及径流增加、水体面积趋于扩大、水位明显抬升的科学事实。该报告的编制,为科学认识青海湖流域生态环境变化的态势提供了科技支撑,对加快青海湖流域生态保护和综合治理具有十分重要的现实意义,为省委、省政府推进青海省生态文明建设提供参考。

针对青海湖流域生态环境受气候变化和人类活动影响,可能导致生态演变的趋势,应以青海省生态文明制度建设为契机,继续大力开展青海湖流域生态保护与综合治理工程,开展和完善生态保护和建设工程的综合效果评估;依靠科学技术加快生态环境治理和保护,合理开发流域内生态旅游气候资源,加大投资力度,搞好青海湖流域生态保护规划,在切实确保生态和水资源安全的基础上,提高流域内农牧民收入,实现生态保护和经济社会和谐发展的良好局面和可持续发展。

9.2.3 技术思路

9.2.3.1 数 据

9.2.3.1.1 地面资料

地面牧草产量监测站点(20 个):刚察、海晏、祁连、托勒等。

9.2.3.1.2 遥感资料

(1)牧草发育期监测:MOD09A1(V06),8 d 合成数据,500 m。

(2)牧草产量监测:MOD13Q1(V06),16 d 合成数据,250 m。

(3)水体面积监测:评估分析使用 MOD09GQ,250 m,NIR3 月合成数据,250 m;日监测使用 EOS\MODIS 数据,250 m。

(4)积雪监测:评估分析使用 MOD10A1 日数据,500 m;日监测使用 EOS\MODIS 数据,500 m。

(5)荒漠化监测:MOD13Q1(V06),16 d 合成数据,250 m。

(6)灾害监测:各极轨气象卫星日数据(FY3\VIRR、EOS\MODIS、NPP\VIIRS、

NOAA\AVHRR)、高分辨率陆地资源卫星日数据(GF1、GF2)。

9.2.3.2 监测标准

9.2.3.2.1 牧草返青、黄枯期遥感监测模型

使用青海省地方标准《高寒草地遥感监测评估方法》(DB 63/T 1564—2017)所提供的牧草返青/黄枯遥感监测模型。

9.2.3.2.2 牧草返青、黄枯期距平分级

距平值在 2 d 以内为正常返青;距平值为 3~5 d 为略偏早或略偏晚;距平值为 6~8 d 为偏早或偏晚;距平值>8 d 为特早或特晚。

9.2.3.2.3 牲畜日食草量

依据农业部"天然草地合理载畜量的计算"标准,结合《2008 年青海省草地监测实施方案》,每只羊单位日食鲜草 4 kg,天然草原利用率 46% 的标准计算。

9.2.3.2.4 牧草长势年景评价标准

根据当年牧草产量与近 5 年平均牧草产量的距平百分率来确定:歉年为距平百分率<-10%,平年为-10%~10%,丰年为>10%。

9.2.3.2.5 青海湖初始封冻标准

青海湖主体湖面结冰面积占青海湖主体面积≥10% 时,认为青海湖开始封冻。

9.2.3.2.6 青海湖初始解冻标准

青海湖主体湖面解冻面积占青海湖主体面积≥10% 时,认为青海湖开始解冻。

9.2.3.2.7 水体面积提取标准

青海湖流域湖泊水体面积监测模型采用 NIR≤0.1。

9.2.3.2.8 荒漠化监测标准

针对柴达木盆地特有的生态特征,根据 NDVI 将该区域荒漠化程度划分为 3 个等级,各级指标及地理景观特征表现见表 9.1。

表 9.1 NDVI 及地理景观特征表现

分级	荒漠化程度	NDVI	地理景观特征表现
Ⅰ	轻度	0.13~0.3	沙丘迎风坡出现风蚀坑,背风坡有流沙堆积,流沙呈斑点状分布,草地生态功能退化
Ⅱ	中度	0.08~0.12	沙丘呈现明显的风蚀坡和落沙坡的分异;灌丛有叶期仍不能覆盖整个沙堆,灌丛沙迎风坡出现流沙
Ⅲ	重度	<0.08	荒漠化地区整个呈现流动、半流动状态;砾质化地区呈现为戈壁

9.2.4 服务产品

9.2.4.1 青海湖流域生态环境总体变化特征

青海湖流域地处青藏高原东北部,位于 36°15′~38°20′N 和 97°50′~101°20′E,流域总面积为 29661 km²。青海湖流域在行政区划上分别属于海北藏族自治州的刚察县和海晏县,海西蒙古藏族自治州的天峻县,海南藏族自治州的共和县,其范围涉及 3 个州、4 个县、25 个乡(镇)。青海湖是我国最大的湖泊之一,青海省也因此而得名,其水面面积达 4380.23 km²(2014 年),是我国内陆最大的咸水湖。青海湖流域整体轮廓呈椭圆形,自西北向东南倾斜,是一个封闭的内陆盆地,湖盆四周群山环绕,北依大通山,南临青海南山,东界日月山,西靠阿木尼尼库山((彩)图 9.1)。

青海湖流域地处我国东部季风区、西北部干旱区和西南部高寒区的交汇地带,自然地理环境具有明显的过渡性。它既是维系青藏高原东北部生态安全的重要屏障,又属于脆弱生态系统典型地区,对全球气候变化的响应十分敏感,同时也是生物多样性保护和生态环境建设的重点区域。

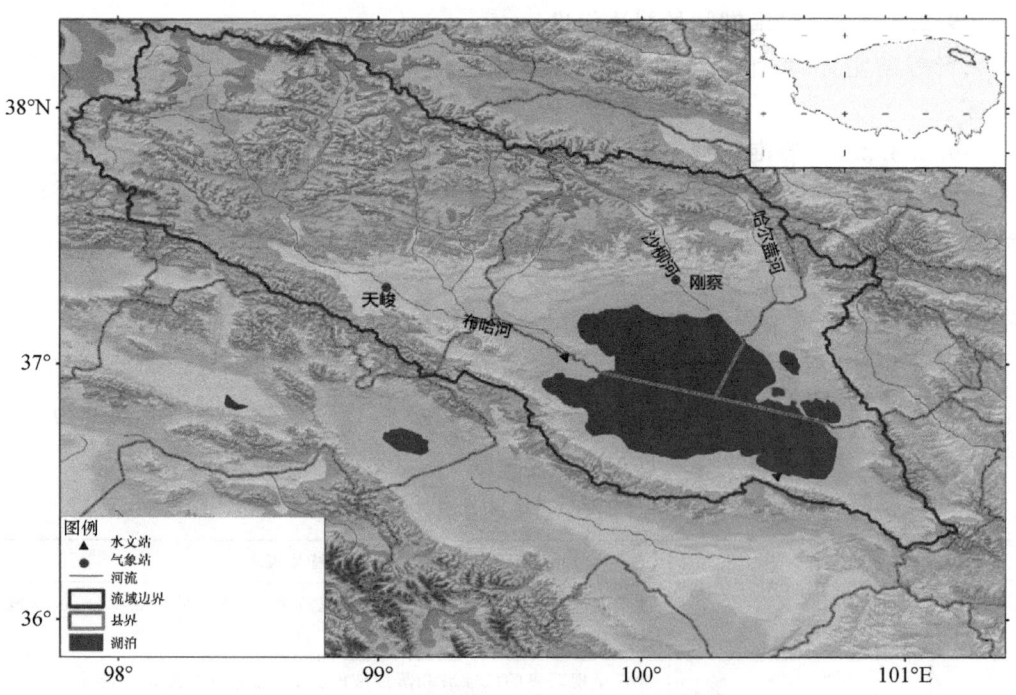

图 9.1 青海湖流域

9.2.4.1.1 气候变化特征

青海湖流域地处东亚季风区、西北部干旱区和青藏高原高寒区的交汇地带,其气候类型为半干旱的大陆性气候。深居内陆,海拔较高,气温偏低,寒冷期长,没有明显的四季之分,具体表现为冬季寒冷漫长、夏季温凉短促,降水较少且集中于夏季,气温日较差大是其气候综合特征。流域年平均气温在−1.1～4.0 ℃,年平均降水量在 291～579 mm,受地形和湖区的影响,降水分布极不均匀。近年来,气温和降水量呈现增加态势,整体趋于暖湿化。从近 54 年(1961—2014 年)青海湖流域的气候要素年际变化看出,青海湖流域年平均气温升高,降水增加,气候出现了明显暖湿化的特征。青海湖流域年平均气温从 1961 年开始逐年增加,但从 2000—2014 年增加的幅度明显。2014 年青海湖流域年平均气温在 2.0 ℃,较气候平均值偏高(图 9.2),位列 1961 年以来历史第 3 位。近 10 年的年平均气温增加的幅度显著高于 20 世纪 60 年代、70 年代、80 年代以及 90 年代。年降水量虽然有所波动,但总体趋势也呈现显著上升的趋势。1961—2014 年,年降水量在 1967 年和 1989 年均超过了 490 mm(图 9.2)。年降水量在 2000—2014 年的近 15 年增加显著,近 15 年的年降水量比 50 年平均增加了 19.4 mm,增加的幅度显著高于 20 世纪 60 年代、70 年代和 90 年代。2014 年 1—12 月青海湖流域降水量达 446.8 mm,较气候平均值偏多。因此,可以看出,青海湖流域气候特征表现出气温显著增加,降水趋于增多的趋势,流域整体呈暖湿化特征。

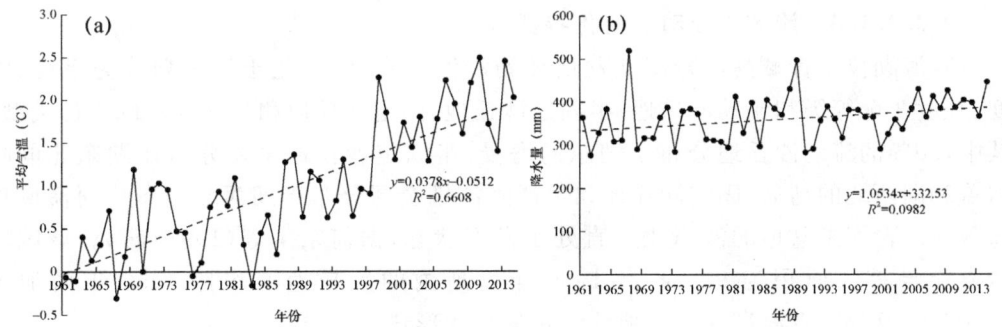

图 9.2　1961—2014 年青海湖流域平均气温和降水量变化

9.2.4.1.2 径流量及水位动态特征

青海湖流域有大小河流 40 余条,积水面积大于 300 km² 的干支流有 16 条。主要河流有布哈河、沙柳河、哈尔盖河、泉吉河、黑马河、倒淌河、甘子河等。其中,流域西部的布哈河最大,其次为湖北岸的沙柳河和哈尔盖河,该 3 大河流的径流量占入湖总径流量的 75% 以上。径流量年分配不均匀,径流量的年际变化比年降水量的年际变化大得多,且多为季节性河流。从入湖河流径流量和湖水位多年变化可以看出,入湖河流径流量总体呈弱增加态势,其中,1989 年最大达 943.8 m³/s,径流量从 2001 年起入湖河流径流量连续增加,2012 年径流量接近历史最高水平,达 861.5 m³/s,且入湖河流径流量近 10 年的变化和降水量变化一致;湖水位从 1961 年开始表现出明显的下降趋势,且从 1980 年起低于多年平均值;湖水位从 1961 年的 3196.08 m 下降到 2012 年的 3194.08 m,水位下降趋势达 2 m。但从 2004 年开始持续增加,增加幅度较大,已接近历史平均水平。伴随着湖水位的抬升,湖水面积也开始有所增加,2001 年青海湖湖水面积为 4248.5 km²,到 2012 年湖水面积达 4377.0 km²,湖水面积扩张了 128.5 km²。2015 年湖水面积为 4432.32 km²,比 2014 年同期增加了 49.84 km²,达到了 2001 年以来最大(图 9.3)。

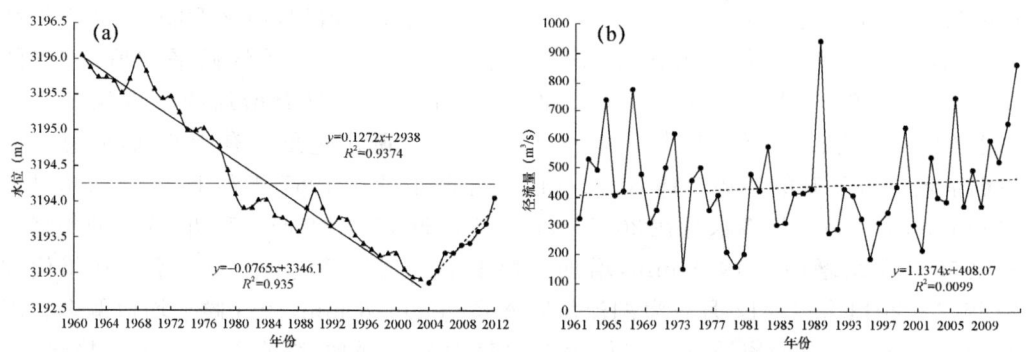

图 9.3　1961—2012 年青海湖入湖流量及水位变化特征

9.2.4.1.3　流域沙丘动态变化特征

青海湖位于青藏高原青海湖盆地环湖沙漠区中,沙漠化土地可划分为重度、中度、轻度 3 个等级和流动沙丘地、半固定沙丘地、固定沙丘地和半裸露沙砾 4 种类型。其中,80% 的流动沙丘地分布于湖东的海晏,半固定沙丘地主要分布在湖东北的哈尔盖和湖西北的鸟岛,固定沙丘地和半裸露沙砾全部分布于湖西北的布哈河流域鸟岛等地。青海湖盆地的沙漠化一直处于发展状态,据何东宁等(1993)研究,该区域沙漠化年扩大面积为 9.2 km²,1986 年盆地内的沙丘地面积比 1955 年增加了 63.05%,反映了青海湖盆地土地沙漠化的严峻形势。

然而,从 1975 年、2000 年、2009 年、2012 年遥感图像监测结果可以看出,环青海湖东、北、西岸,分布着流动、固定、半固定梁窝状沙丘,东北、西北边缘夹杂有高大的沙山。根据卫星遥感监测(图略),1975—1980 年沙地面积呈增加趋势,2000—2008 年沙地面积变化较小,呈现稳定态势;2009—2012 年沙地面积大幅减小,减少面积达 56.90 km²。因此,随着青海湖流域暖湿化气候趋势的影响,以及流域内实施的保护措施与各类治理工程等的作用,青海湖水体扩张、沙化面积减少以及草地退化趋缓,都标志着青海湖流域生态环境通过保护和治理效果显著,生态环境趋好。

9.2.4.2 青海湖流域水体生态环境遥感监测

青海湖是内陆水体,其水质良好,湖水呈碱性。湖周边有诸多河流入湖,湖东有沙岛,湖中岛屿有两处:一处为海心山,另一处为三块石;蛋岛、鸟岛与陆地相连。

利用遥感方法对青海湖水体水质参数(主要为叶绿素 a 浓度、悬浮物浓度和水体透明度指标)进行反演,可看出,青海湖湖体水质受周边湖岸环境的影响较大;根据卫星遥感数据动态监测青海湖的封冻和解冻过程,可看出,青海湖的封冻期、解冻期自 2003 年以来均有所延长;同时,根据卫星遥感数据监测结果,发现自 2005 年以来青海湖水体面积增加明显。

9.2.4.2.1 青海湖水质特征

青海湖是高原内陆水体,水质良好且为咸水湖。反映青海湖水体水质的生态环境敏感参数,如叶绿素 a 浓度、悬浮物浓度、水体透明度等指标,可在实测数据检验基础上,利用卫星遥感数据经大气辐射传输参数、离水辐射计算等过程,通过遥感反射率计算公式获得,并可依照这些水体参数来表征青海湖水体的生态遥感监测结果。

(1)青海湖水体叶绿素、藻类分布特征。利用卫星遥感影像数据反演青海湖水质情况,首先通过遥感反射率计算公式得到青海湖水体叶绿素 a 反演结果((彩)图 9.4)。叶绿素 a 是藻类中叶绿素的主要成分,其含量的高低与水体藻类的种类、数量等密切相关,其浓度影响水色、水质及水中初级生产力,是水体营养状态的表征参数,因此叶绿素 a 浓度是水质状况评价的一个重要指标。

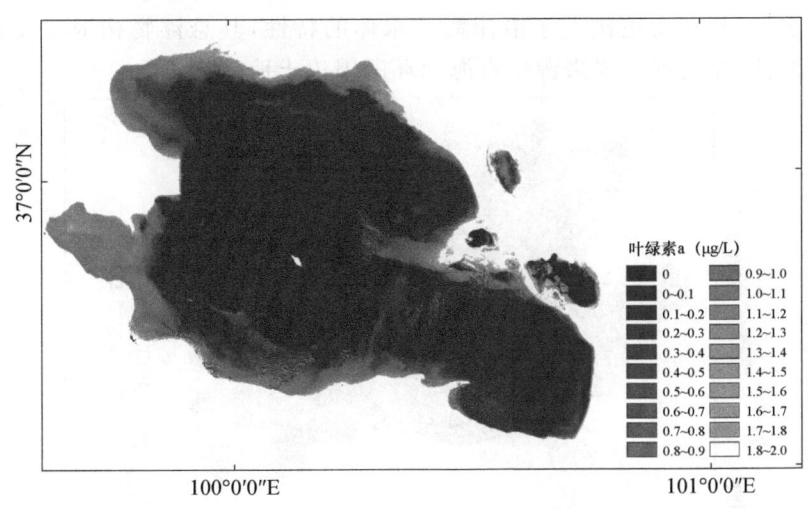

图 9.4 青海湖水体叶绿素 a 浓度遥感反演结果

根据同步采集青海湖水样进行光谱检测,并分析检测结果表明,青海湖水体的叶绿素 a 是由水体藻类色素所引起的;青海湖水体叶绿素 a 浓度含量分布在

0.0412～1.8788 mg/m³ 范围内,浓度较低,与青海湖水体为较洁净的二类水体、藻类含量有限、水体清澈等诸多水体特征吻合。而根据 2005 年 6—10 月太湖水质采样检测结果,其叶绿素 a 含量高达 4～91 mg/m³,平均值为 27 mg/m³,其叶绿素 a 含量相对青海湖高出很多倍,这也符合太湖水体是一个悬浮物和叶绿素浓度都较高的富营养化浑浊水体的特征。

分析青海湖水体叶绿素的反演结果表明,青海湖水体的藻类基本上分布于青海湖湖岸周边范围,其中尤以青海湖西岸、北岸分布面积最广,而在沙岛周边区域有大量的藻类分布,湖南岸一直到二郎剑区域都有藻类分布,二郎剑至湖东岸以及整个湖东岸藻类分布稀少。青海湖水体藻类分布,跟青海湖周边布哈河、黑马河、哈尔盖河、沙柳河、泉吉河等河流注入有关,而湖东的沙岛也有一定的影响。这些诸多径流入湖的区域,以及土壤沙化处,对青海湖水质影响较大。

(2)青海湖水体悬浮物。利用卫星遥感影像数据反演青海湖水质情况,水体的悬浮物浓度也是内陆水体中最重要的水质参数之一,其含量的多少直接影响水体透明度、水色等光学性质,进而影响水体的生态条件和水体的初级生产力;同时悬浮物是磷、杀虫剂和金属的载体,其构成与内陆水体的流动、底部特征、生物量及水体自身的循环有关。

根据青海湖水体悬浮物浓度反演结果((彩)图 9.5),青海湖水体悬浮物浓度分布,绝大部分地区都在 2 mg/L 以下,但在主要河流入湖处悬浮物浓度比较高,在 6～10 mg/L 的高值范围内。青海湖水体悬浮物浓度分布特征,符合青海湖属于清洁的内陆二类水体、其水质更接近于沿岸海域水体的特性,其悬浮物构成主要是入湖河流带来的泥沙,而泥沙主要来源于青海湖环湖周边土地沙化。

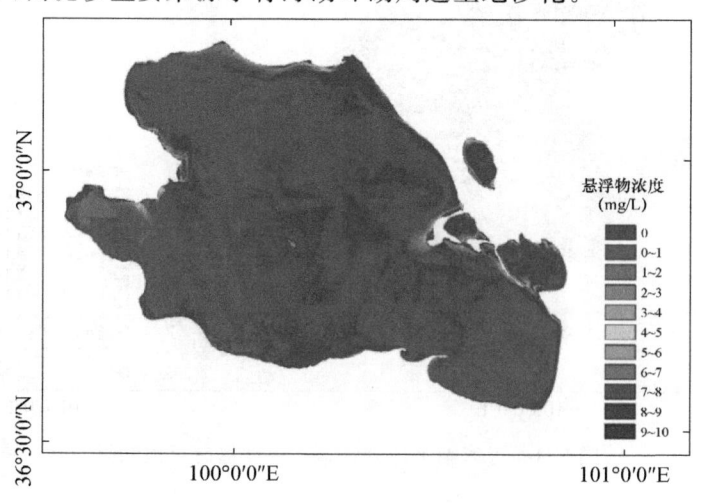

图 9.5 青海湖水体悬浮物浓度遥感反演结果

分析青海湖水体悬浮物泥沙浓度反演结果,可以看到,青海湖水体悬浮物的主要构成是泥沙,而悬浮物浓度高值区分别处于布哈河和沙柳河的入湖口以及沙岛区域,这表明青海湖入湖的布哈河、沙柳等河径流周边地区及土壤沙化较为严重的沙岛地区,由于受人为活动的影响,水体中可能携带较多上游杂质以及环湖周边土地沙化的泥沙,造成水体悬浮物浓度高值区,对青海湖水体的水质影响较大。

(3)青海湖水体透明度。利用卫星遥感影像数据反演青海湖水质情况,水体透明度也是水质调查中的一个重要指标,它可以评估水体的富营养化程度,水体透明度的变化会严重影响沉水植被的生长以及依靠可见光捕食的鱼类和水鸟等水生动物的生存,此外,水体透明度可估算水体固有光学参数、叶绿素a浓度甚至是初级生产力,因此,青海湖水体透明度的研究对水环境变化、水体光学参数、水生生态系统以及初级生产力的深入研究具有重要意义。

根据青海湖水体透明度反演结果((彩)图9.6),青海湖水体透明度在整个湖体较为平均,大部分地区透明度分布在2.2~2.6 m的范围内,整个青海湖水体透明度总体平均值为2.4 m。

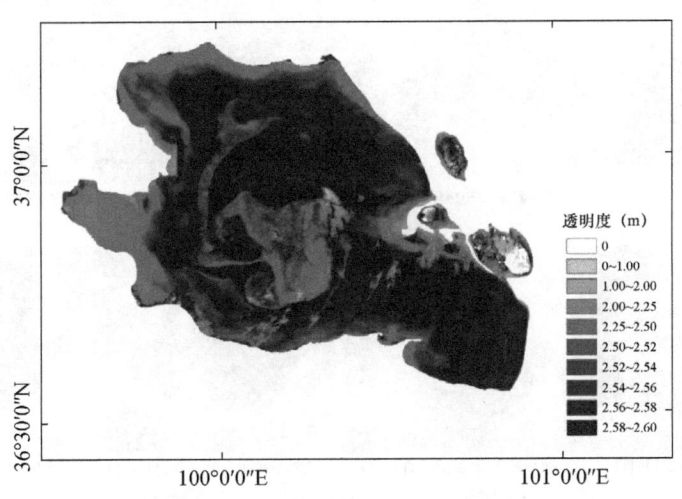

图9.6 青海湖水体透明度遥感反演结果

9.2.4.2.2 青海湖封冻期、解冻期特征

(1)青海湖封冻期。根据长时间序列的卫星遥感动态监测,2003—2015年青海湖封冻期虽然呈现年度波动性的变化,但整体是增加的趋势,从2003年以来青海湖封冻期逐年在延长(图9.7)。

根据2015年最新的卫星遥感监测((彩)图9.8),青海湖于2014年12月7日从湖的西部和东部边缘开始结冰,12月23日部分湖面结冰,2015年1月1日大部分湖面结冰,2015年1月13日湖面完全封冻。整个封冻过程历时36 d,较2003—

2014年平均延长了 3 d。与 2013—2014 年平均相比,开始封冻期推迟 12 d,完全封冻期提前 4 d,封冻历时缩短 16 d;与 2003—2014 年平均相比,开始封冻期提前 3 d,完全封冻期持平,封冻历时延长 3 d(表 9.2)。

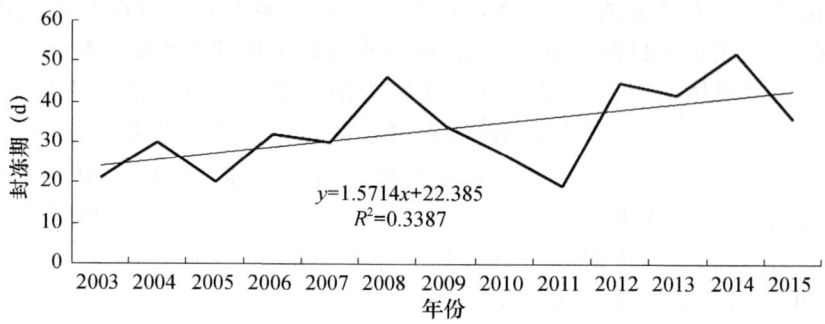

图 9.7　2003—2015 年青海湖封冻期变化趋势

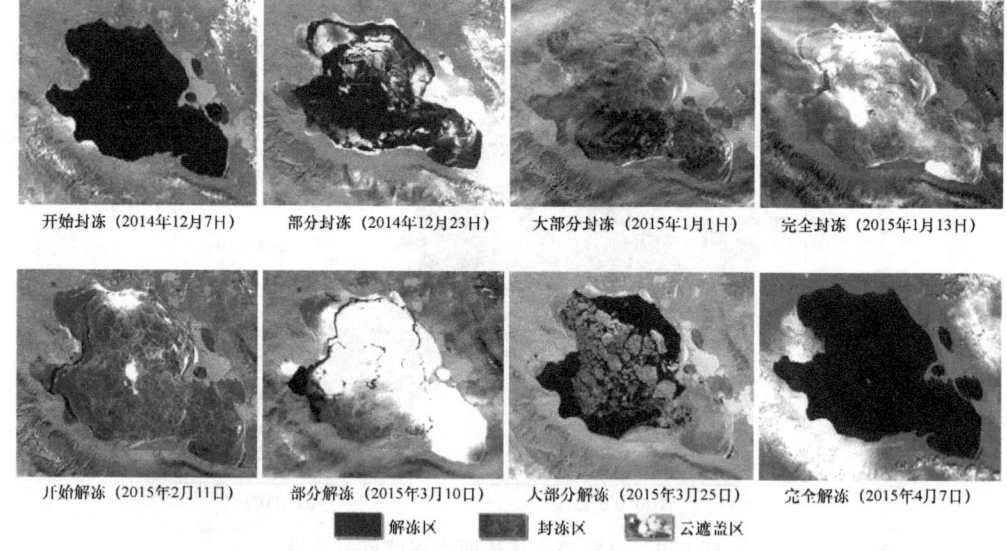

图 9.8　2014—2015 年青海湖封冻及解冻过程遥感动态监测

表 9.2　2015 年青海湖封冻日期监测及与 2014 年、2003—2014 年平均对比

年份	开始封冻期	完全封冻期	封冻时长(d)
2014 年	2013 年 11 月 25 日	2014 年 1 月 17 日	52
2003—2014 年平均	12 月 10 日	1 月 13 日	33
2015 年	2014 年 12 月 7 日	2015 年 1 月 13 日	36

(2)青海湖解冻期。根据长时间序列的卫星遥感动态监测,2003—2013 年青海湖解冻期呈现逐年缩短的趋势,但 2014 年、2015 年趋势突变,封冻期增加明显,以至于影响到青海湖解冻期整体的变化趋势,整体呈现微弱的增加趋势,根据这个整体趋势分析,从 2003 年以来青海湖解冻期也是逐年在延长(图 9.9)。

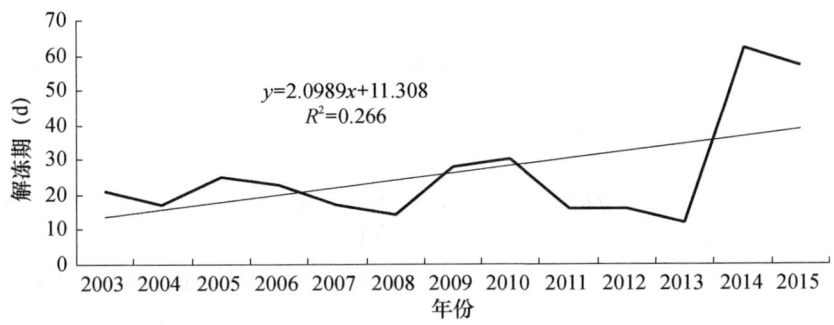

图 9.9　2003—2015 年青海湖解冻期变化趋势

根据 2015 年最新的卫星遥感监测(图 9.9),青海湖于 2015 年 2 月 11 日从湖的西部冰面出现一条横贯南北的大裂缝,3 月 10 日北部和中部湖冰出现多条裂缝,消融明显,3 月 25 日湖冰大范围融化解冻,只剩东南部及东部边缘湖冰尚未融化,至 2015 年 4 月 7 日青海湖完全解冻。整个解冻过程历时 57 d,较 2003—2014 年平均延长 35 d。开始解冻期较 2014 年推迟 4 d,较 2003—2014 年平均提前 38 d;完全解冻期较 2014 年提前 1 d,较 2003—2014 年平均提前 4 d(表 9.3)。

表 9.3　2015 度青海湖解冻日期监测及与 2014 年、2003—2014 年平均对比

年份	开始解冻期	完全解冻期	解冻时长(d)
2014 年	2014 年 2 月 7 日	2014 年 4 月 8 日	62
2003—2014 年平均	3 月 20 日	4 月 11 日	22
2015 年	2015 年 2 月 11 日	2015 年 4 月 7 日	57

9.2.4.2.3　青海湖水体面积变化特征

根据长时间序列的卫星遥感动态监测结果(图 9.10)分析,青海湖水体面积呈现逐年增加趋势,且增加的趋势非常明显。其中,2005 年青海湖水体面积最小,为 4260.56 km^2,而 2015 年水体面积最大,为 4432.32 km^2。

根据 2015 年卫星遥感监测,对青海湖水体面积变化进行了分析,结果表明:青海湖 2015 年湖体面积为 4432.32 km^2,比 2014 年同期的湖体面积增加了 49.84 km^2,比 2005—2014 年平均同期面积增加了 112.13 km^2,达到自 2001 年以来近 15 年青海湖面积遥感监测的最大值。

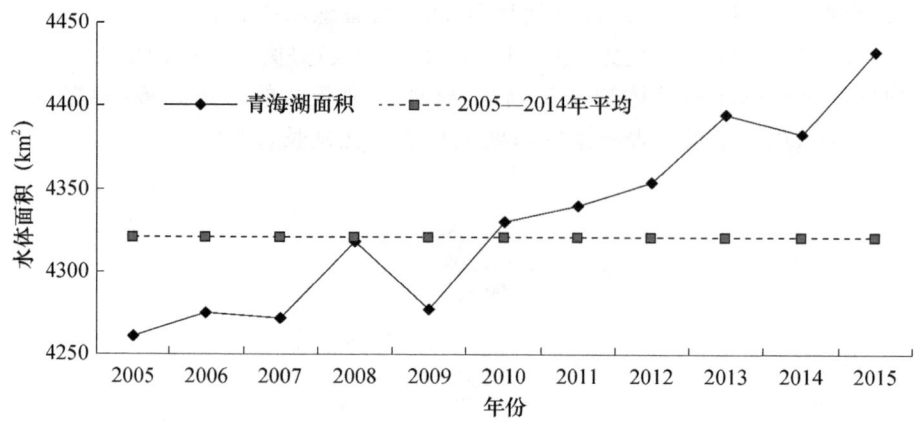

图 9.10　2005—2015 年青海湖水体面积 EOS/MODIS 卫星遥感动态监测

9.2.4.3　青海湖流域草地生态环境遥感监测

青海湖流域有天然草地 $213.65×10^4$ hm^2,占流域总面积的 72%,其中,可利用草地面积占天然草地面积的 90.6%,是流域畜牧业发展的重要物质基础。青海湖流域的畜牧业仍停留在自然放牧、靠天养畜的状态,牧民追求经济效益,盲目增加存栏头数,超载放牧,导致草场不断退化。近 50 年来,由于超载放牧、垦殖和管理不当等造成草场退化面积高达 $93.3×10^4$ hm^2,占可利用草地面积的 48.2%,其中,中度以上退化草场占可利用草地面积的 33.9%。

利用遥感技术,可分析青海湖流域草地类型及其分布,建立草地资源遥感动态监测模型,模拟计算草地资源产草量、草地覆盖度、理论载畜量、季节牧场载畜量和草地生长动态,分析草地资源退化数量和空间分布,从而为草地资源持续监测及退化草地的治理提供科学依据,提高草地资源规划精度和管理水平。

9.2.4.3.1　青海湖流域草地类型

(1)青海湖流域主要分布的典型草场类型。根据青海湖环湖区域进行的草场类型调查结果,确定青海湖流域主要分布有 11 种典型草场类型,分别属于高寒草甸、荒漠化草甸、沼泽草甸、温性草原、高寒草原以及河谷灌丛、高寒灌丛等草地分类(表 9.4)。

表 9.4　青海湖流域分布的典型草场类型及其草地分类

序号	典型草场类型	草地分类
1	紫花针茅+苔草	高寒草原
2	嵩草(伴生黄花+狼毒)	高寒草甸

续表

序号	典型草场类型	草地分类
3	西北针茅(伴生黄花+狼毒)	高寒草原
4	狼毒(伴生苔草+紫花针茅)	荒漠化草甸
5	嵩草+马蔺(湿地)	沼泽草甸
6	芨芨草	温性草原
7	固沙草	温性草原
8	沙棘	河谷灌丛
9	针茅+赖草+洽草+嵩草	高寒草原
10	嵩草(伴生蕨草+洽草+早熟禾+狼毒)	高寒草甸
11	金露梅(伴生锦鸡儿+红柳+嵩草)	高寒灌丛

(2)青海湖流域高寒草甸面积特征。在《青海省草地类型的划分》基础上,根据青海湖流域草地的多时相光谱特征及其在遥感图像的多维特征,制定了青海湖流域草地遥感分类体系(表9.5)。利用该遥感分类系统,完成青海湖流域草地的二级与三级遥感分类,并生成青海湖流域草地二级类的遥感分类((彩)图9.11)。

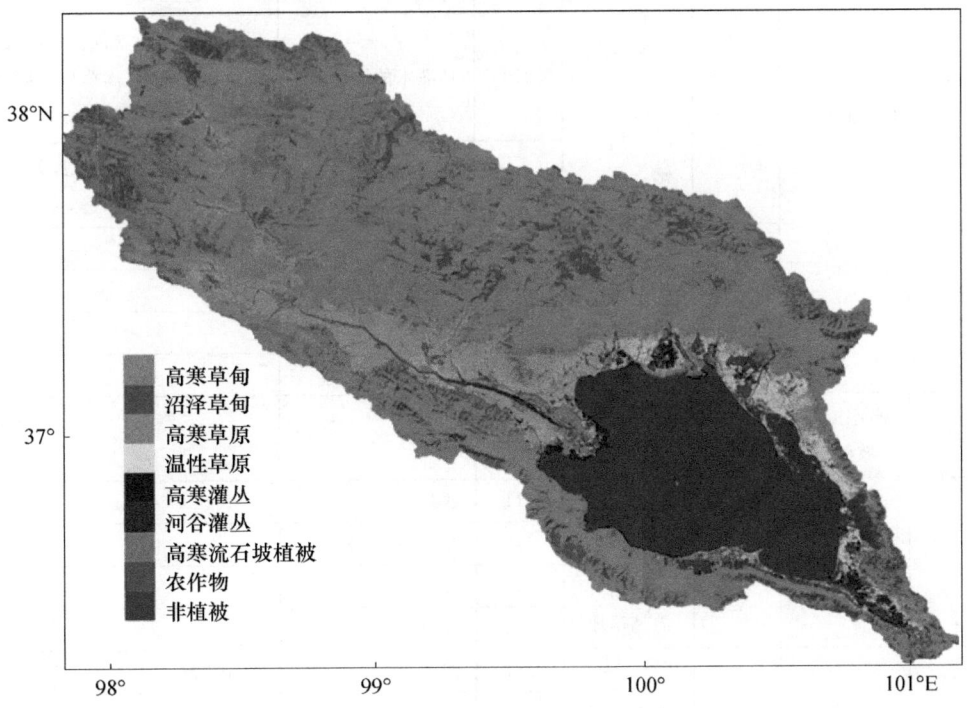

图9.11 青海湖流域草地二级类遥感分类

表 9.5 青海湖流域典型植被类型遥感分类体系

一级编码	一级分类	二级编码	二级分类	三级编码	三级分类	说明
1	草原	11	温性草原亚类	111	芨芨草草地型	含芨芨草、针茅。以芨芨草为主的草地类型
				112	西北针茅型	含克氏针茅、细叶苔草型,克氏针茅、矮生嵩草型。以克氏针茅为主的草地
				113	青海固沙草、细叶苔草型	
		12	高寒草原亚类	121	紫花针茅型	含紫花针茅、早熟禾型,紫花针茅、杂类草型
2	草甸	21	高寒草甸亚类	211	嵩草型	含高山嵩草、矮生嵩草型;高山嵩草、异针茅型;线叶嵩草、早熟禾型;线叶嵩草、杂类草型;高山嵩草、圆穗蓼型
				212	具灌木的嵩草型	含具金露梅的嵩草、苔草型;具高山柳的苔草、嵩草型;具鬼箭锦鸡儿的嵩草型
				213	荒漠化草甸	具鼠害的嵩草草地型,具狼毒的嵩草草地型
		22	低地沼泽草甸亚类	221	赖草型	
				222	马蔺型	
				223	藏嵩草、苔草型	
				224	华扁穗草型	
3	高寒流石坡植被	31	高寒流石坡植被	311	红景天	
4	灌丛草地	41	河谷灌丛草地	411	沙棘	
				412	金露梅/银露梅	
		42	高寒灌丛草地	421	红柳	
				422	锦鸡儿	
5	人工草地	51	人工草地	511	油菜	景观植被
				512	人工草	各种人工种植牧草;垂穗披碱、星星草等

根据青海湖流域植被二级类遥感分类结果进行分析,青海湖流域的植被类型,主要有高寒草甸、沼泽草甸、高寒草原、温性草原、高寒灌丛、河谷灌丛、高寒流石坡植被以及农作物8类;青海湖流域的植被总面积为234.28万 hm^2,共占流域总面积的78%,而其余的22%,则被非植被类型所占据。

青海湖流域8种植被类型中,高寒草甸面积为131.20万 hm^2,占总植被面积比重最大,达到56%;沼泽草甸、高寒草甸分别占14%、13%;其余植被类型所占比重都在7%以下,其中,农作物面积所占比重最小,仅占1%(表9.6)。

表9.6 青海湖流域8种植被类型面积及所占比重

序号	植被类型	面积(万 hm^2)	占植被总面积比重(%)
1	高寒草甸	131.20	56
2	沼泽草甸	32.80	14
3	高寒草原	30.46	13
4	温性草原	9.37	4
5	高寒灌丛	7.03	3
6	河谷灌丛	4.69	2
7	高寒流石坡植被	16.40	7
8	农作物	2.34	1

9.2.4.3.2 青海湖流域草地覆盖度

(1)青海湖流域草地覆盖度季节变化特征。根据卫星遥感监测数据,对5—9月青海湖流域草地覆盖度进行提取分析,可以看出:青海湖流域草地覆盖度月际变化十分明显,牧草地上生物量从返青开始,高覆盖度的草地首先呈现逐渐增加的趋势,在7月达到最高值,然后开始有所下降;低覆盖度的草地与高覆盖度的草地变化趋势相反,在5月刚返青时达到最高值,而在7月达到最低值;中覆盖度草地的变化趋势不明显,但也在7月达到最低值(图9.12)。综合高、中、低覆盖度的草地总体趋势分析,青海湖流域草地各种覆盖度年内月际变化明显,草地覆盖度7月达到最高值。

(2)青海湖流域草地覆盖度多年特征。利用1989年、2009年的青海湖流域卫星遥感影像数据,分别提取8月牧草的草地覆盖度进行分析,得出1989年和2009年不同时相的青海湖流域草地覆盖度分布(图略)。

基于20年不同的青海湖流域草地覆盖度提取结果,并叠加流域草地分类结果进行分析,可以看出:2009年高覆盖度草地比例比1989年高覆盖度草地比例有所减少,低覆盖度草地比例有所增加,而20年中覆盖度草地比例没有很明显的变化。同时,分析流域几种主要草地类型高覆盖度部分所占面积比重的变化情况,高寒草甸

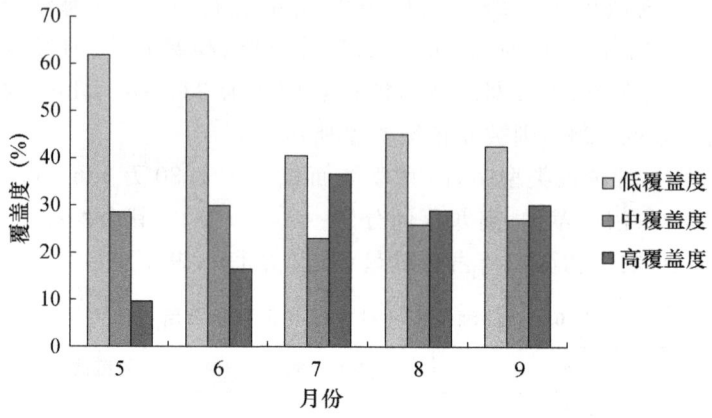

图 9.12　5—9 月青海湖流域草地覆盖度变化情况

的高覆盖度所占比重 20 年未发生明显变化,沼泽草甸的高覆盖度所占比重有所增加,高寒草原高覆盖度所占比重有明显的下降,而温性草原高覆盖度所占的比例比较小,至 2009 年温性草原草地类型中已无高覆盖度部分。

9.2.4.3.3　青海湖流域牧草产量

(1)青海湖流域牧草产量。根据 2002—2014 年长时间序列卫星遥感监测结果(图 9.13),主要涵盖青海湖流域的 4 个县,年平均牧草产量在 135.1～362.7 kg/亩,其中年平均牧草产量最高值出现在 2012 年的刚察县,最低值出现在 2003 年的天峻县。同时,由于各地牧草长势分布不均,造成青海湖流域 4 个县的平均牧草产量差异较大;其中,天峻县、共和县牧草长势较差,两地年平均牧草产量在 135～200 kg/亩的范围内;而海晏县、刚察县牧草长势较好,两地年平均牧草产量在 260～360 kg/亩的高值范围内。但在实际分析青海湖流域地区的牧草产量时,该区域仅仅包含海晏县小部分牧草产量低值的地区,而其余大部分牧草产量高值区不在青海湖流域的范围之内,故海晏县的牧草产量不在分析之列。

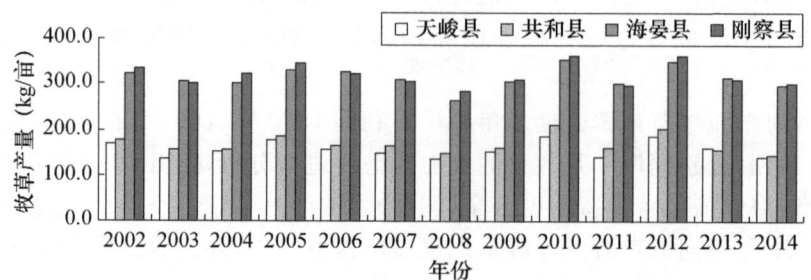

图 9.13　2002—2014 年青海湖流域 4 个县年平均牧草产量分布

(2)青海湖流域牧草产量空间分布特征。利用2014年卫星遥感植被指数最大值合成遥感监测分析得知,青海湖流域的平均牧草产量值大部分在100~400 kg/亩,这部分牧草主要分布在天峻县东部、共和县北部及刚察县大部地区;100 kg/亩以下的牧草,主要分布在天峻县西部;而400 kg/亩以上的牧草产量高值区,主要分布在刚察县中部和北部地区,共和县北部也有分布((彩)图9.14)。整体上,青海湖流域牧草产量的高值区,主要分布在青海湖流域的北部地区及南部的小部分地区。

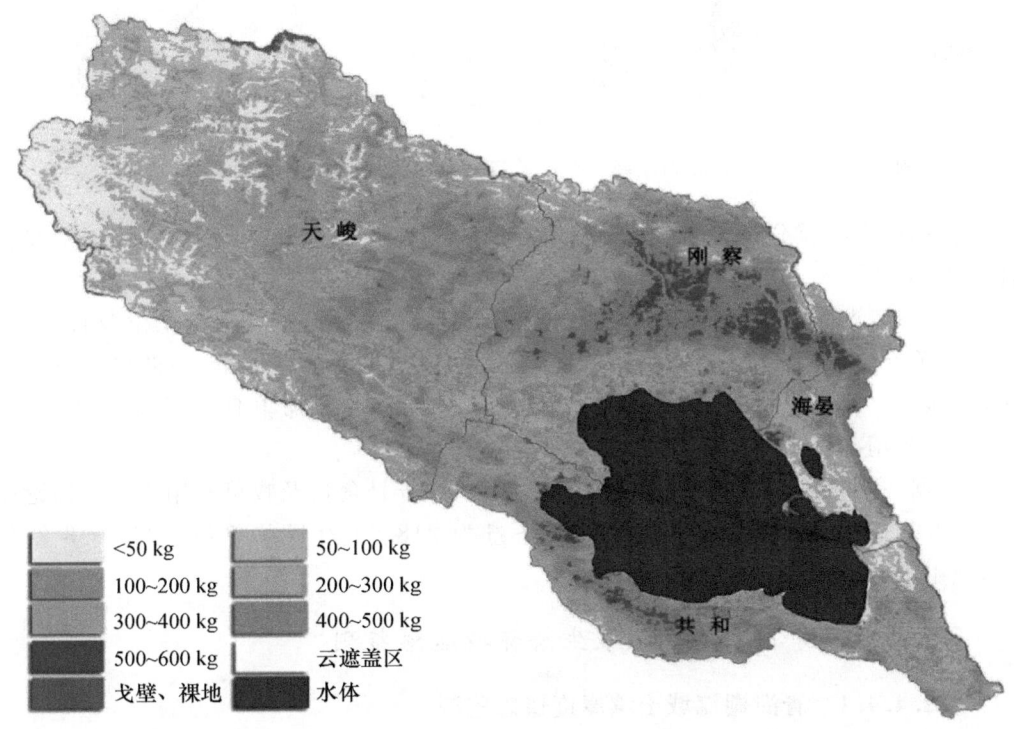

图9.14 2014年青海湖流域牧草产量卫星遥感合成产品反演空间分布
(注:按照业务产品规范,采用上包下不包原则,50~100 kg代表大于50 kg且小于等于100 kg,其他同理)

(3)青海湖流域2014年牧草产量特征。根据青海湖流域2013年、2014年以及近5年的夏季卫星遥感植被指数最大值合成遥感监测图分析得知,2014年青海湖流域牧草产量比2013年同期大部分地区减少。其中,刚察县大部分地区及青海湖西南边地区属于主要增产区域,牧草增产幅度>10%;持平区域主要位于天峻县西部及刚察县中部,牧草产量增减幅度在-10%~10%;青海湖流域其余大部分地区减产,减产幅度在10%以上。2014年青海湖流域牧草产量与该地区近5年同期平均牧草产量相比,除刚察县中北部、天峻县东北部和青海湖西南边地区外增产外,其余大部分地区牧草产量减产幅度>10%((彩)图9.15)。

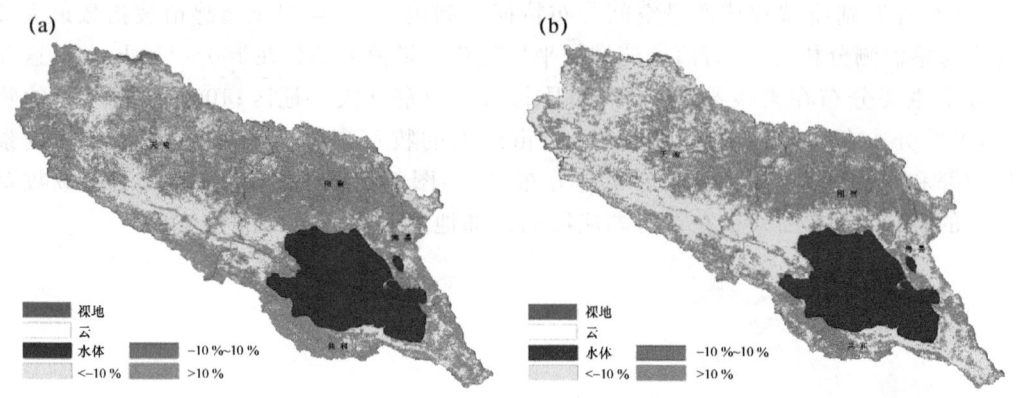

图 9.15 2014 年青海湖流域牧草产量与 2013 年(a)、近 5 年(b)牧草产量对比

根据以上综合分析,2014 年青海湖流域牧草长势普遍较差,牧草长势年景综合评价为"歉年"。

(4)青海湖流域 2014 年理论载畜量。青海省各类牲畜折合绵羊单位及日食量:一只山羊=0.8 只绵羊,一头驴=3 只绵羊,一头牦牛=4 只绵羊,一匹骡=5 只绵羊,一匹马=6 只绵羊,一峰骆驼=7 只绵羊。青海省的绵羊日食量均按 4 kg 鲜草,牧草利用率以 46% 计算。

根据 2014 年青海湖流域夏季牧草总产量、绵羊日食量及牧草利用率计算理论载畜量,2014 年青海湖流域牲畜理论载畜量为 218.69 万只羊单位。与 2013 年相比,减小了 2.70 万只羊单位。

9.2.4.4 青海湖流域土壤生态环境遥感监测

9.2.4.4.1 青海湖流域土壤厚度遥感监测

(1)青海湖流域土壤厚度总体特征。青海湖流域土壤厚度的分布特征直接影响生长在土壤上的植被,特别是随着草地退化和土地沙化,以及人类活动的加剧,流域整体生态环境受到压力较大的情况下,土壤厚度的变化有可能对流域环境带来重要影响。利用青海湖流域的海拔、叶面积指数等,并结合实测土壤厚度数据,确定各因素与土壤类型和厚度的相关性,在此基础上进行了青海湖流域环湖范围的土壤厚度的预测,并按照 5 级土壤厚度进行了分级。

青海湖流域环湖周边离散单元法(discrete element method,DEM)分布特征主要受周边山峦分布影响((彩)图 9.16a),在青海湖南边临靠青海南山、东界日月山,环湖周边南岸以及东边高程较高;而临近湖水的湖滨地带由于地处湖盆区域,高度较低。从环青海湖地区的叶面积指数分布来看((彩)图 9.16b),环青海湖地区只有湖区南部的共和县境内和东部地区的海晏县境内叶面积指数较高,其他地区均分布着大面积的旱地和沙地,因此叶面积指数较低。

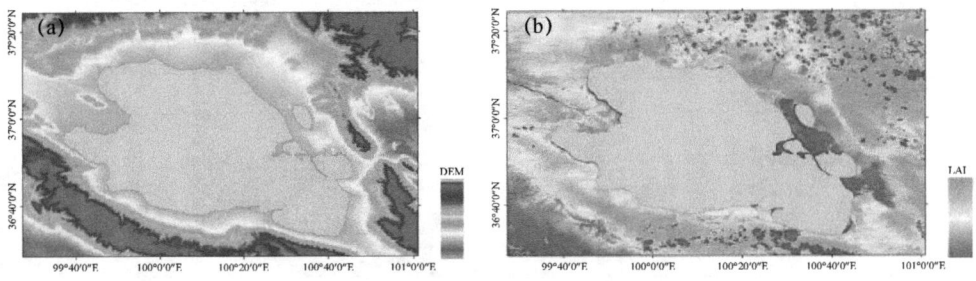

图 9.16 青海湖流域 DEM 分布和青海湖流域叶面积指数分布

从土壤厚度结果可以看出,环青海湖地区土壤厚度总体来看较薄,并且在水平和垂直方向上均分布不均匀((彩)图 9.17)。山地在青海湖周边地区分布较广,由于水土流失相对严重,其土壤厚度更薄,陡坡区域尤为明显,因此土壤厚度薄的地区面积广,但河谷地区相对来说土壤较厚,而湖滨周围小块的湖滨平原地区由于海拔较低,坡度平缓,土壤含水量也较高,植被生长茂盛,水土保持较好,因此其土壤层较厚。环湖周边土壤厚度最厚的地区也分布在湖滨地区或者河谷地区。总体来看,环青海湖地区土壤厚度分布在水平方向是从青海湖体向周围逐渐由厚变薄。而在垂直方向上,山地区域海拔较高的地带土壤层较薄,尤其是坡度较大的地区尤为明显,土壤层最薄的点也出现在山地峰顶附近,另外山地地表植被覆盖较少也是原因之一。但在山地河谷地区,坡度较缓,并且植被覆盖度较高,其土壤层较厚。

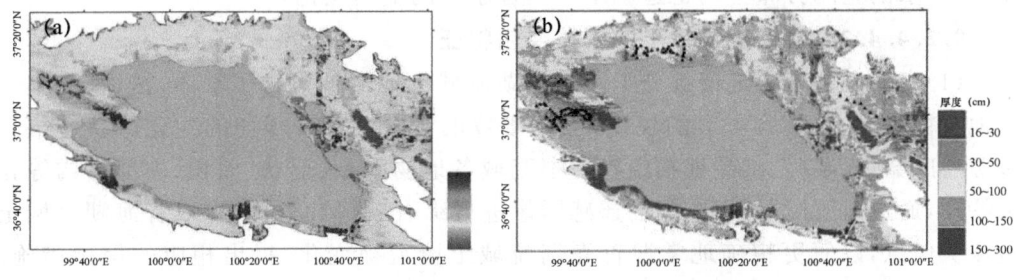

图 9.17 青海湖流域土壤厚度分级(a)和土壤厚度分布特征(b)
(图中点为实测验证点)

(2)青海湖流域土壤含水量基本特征。青海湖流域土壤含水量特征主要以青海湖东北部区域为例,利用植被覆盖下土壤水反演模型分别对青海湖东北部地区 2012 年 9 月(图略)、2013 年 5 月、2014 年 5 月((彩)图 9.18)的土壤含水量分布进行反演。

从土壤含水量的反演结果可以看出,2012 年 9 月研究区大部分区域土壤含水量

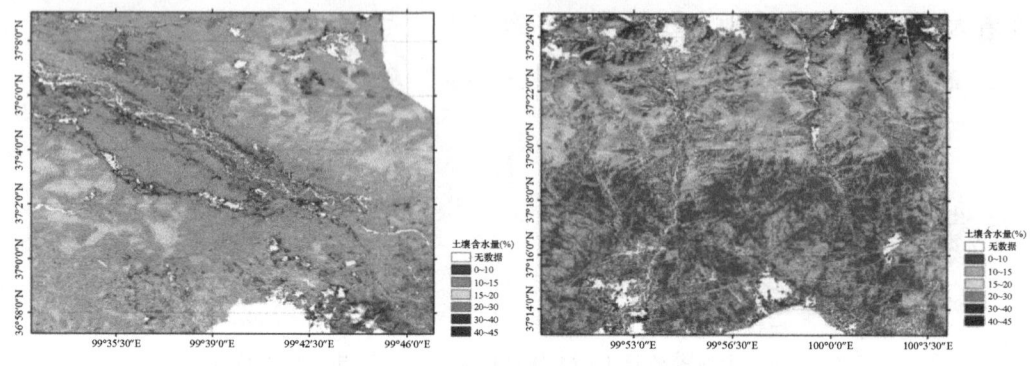

图 9.18　2013 年 5 月和 2014 年 5 月青海湖土壤含水量雷达遥感评价结果

为 20%～35%,土壤含水量的峰值通常出现在 9 月;2013 年 5 月除了部分河流和湖泊周围地区,研究区大部分区域的土壤含水量为 10%～20%,普遍低于 2012 年 9 月研究区的土壤含水量;2014 年 5 月环青海湖草场的北部地区土壤含水量偏小,大部分地区一般都在 10% 以下,相对于环青海湖草场的西部地区土壤含水量较低。

青海湖流域土壤含水量的峰值出现在 9 月,这一土壤含水量状况主要是由于降水和冰雪融水造成。青海湖流域 90% 的降水集中在每年的 5—9 月,而冰雪消融也始于春季,不同草种的持水能力和生长阶段也加剧了这一状况。此外,湖泊和河流的分布也对于土壤含水量的空间变化产生了影响,青海湖流域的补给水系集中于青海湖流域的西部和西北部地区。因此,土壤含水量的变化基本上是某地土壤含水量与其与水系的距离成反比关系。此外,环青海湖草场北部地区相对于南部地区降水较少,降水的空间分布不均也造成了土壤含水量的空间变化。

9.2.4.4.2　青海湖流域土地覆被变化特征

(1)青海湖流域土地覆被分类。青海湖流域土地覆被包含了水体、植被、土壤等土地覆被类型,且随着季节的变化,土地覆被也在发生着有规律的变化。通过结合多源遥感数据,准确、细致地描绘青海湖流域各地物类型、形状、面积、内部结构等相关特征,通过对不同时间、空间的遥感影像进行综合解译和分类,提取青海湖流域土地覆被信息,以便更精确地掌握青海湖流域土壤覆被变化,提出相应的保护措施。从 2000 年(图略)、2008 年(图略)以及 2013 年((彩)图 9.19)夏季的青海湖流域土地覆被分类结果可以看出,青海湖流域分布最多的是草地、灌木林、湖泊以及沼泽地和沙地。其中,西部地区分布有较多的裸岩、灌木林和疏林地,而青海湖周围分布有较多的沼泽地和沙地,尤其在环湖东部地区沙地分布较多,在流域的中西部以及南部分布有较多的草地。2000 年夏季青海湖流域土地覆被主要以草地为主,部分地区分布有平原旱地和山区旱地,在青海湖北面和东部山区分布有较多的疏林地。与 2000 年相比,青海湖流域土地覆被在 2008 年发生了变化,山间旱地和沼泽地增加明显,山区旱地主要增加在流域中部,而沼泽地主要在流域西部有一定面积的增加,由于湖水面积的增加,沙地有所减少,滩地有所增加。与 2000 年相比,2013 年青海湖流域土地覆被变化更加明显,山区旱地和沼泽以及滩地增加最为明显,山区旱地和沼泽以及滩地主要分布在环湖地区以及中西部山区,而部分疏林地被高覆盖度草地所取代,而高覆盖度草地分布的面积也有所增加。此外,由于人类活动的影响,环青海湖周边地区草地略有退化,覆盖度有所降低。

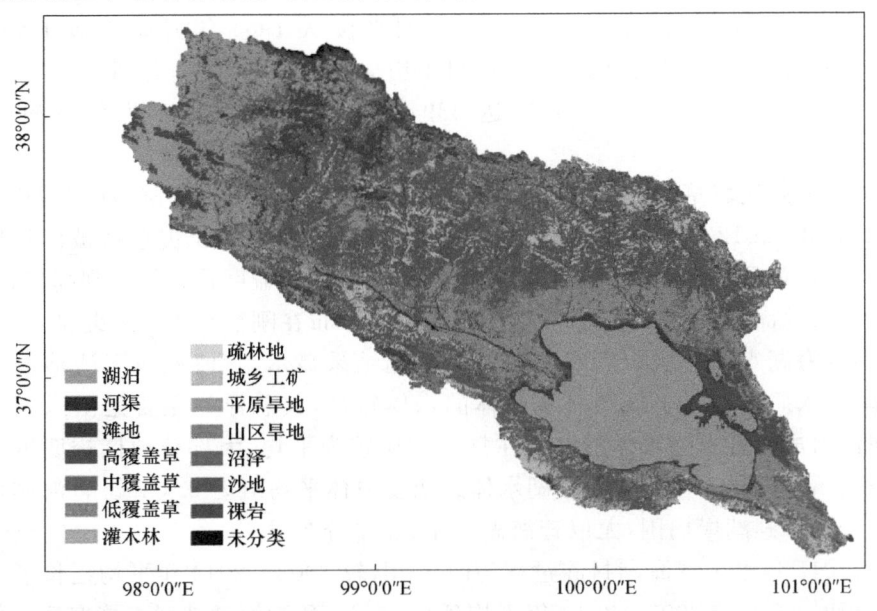

图 9.19　青海湖流域土地覆被分类结果(2013 年夏季,以 Landsat8 OLI 为数据源)

(2)青海湖流域草地分布变化特征。青海湖流域属于地广人稀的内陆区域,人口分布极不均衡,环湖地带和河流下游是人口分布的密集地区。这些地区地形平坦,水源充足,土地肥沃,交通便利,集中了全流域 90% 以上的人口、城镇和交通通信设施。当地经贸、交通和旅游业发展迅速,为当地带来经济繁荣的同时,也加剧了环湖地带的环境污染和生态破坏。

从 2000—2008 年草地与城乡工矿用地和沙地之间的转换变化结果可以看出,整个流域环青海湖西北部、鸟岛地区有较多的草地转变为城乡工矿用地,西部地区也有部分草地变为城乡工矿用地。在青海湖东北部有较小部分草地直接退化为沙地,致使该区域沙地面积有一定的增加。通过比较 2008 年和 2013 年两个时间段转换结果,2013 年相比较 2008 年草地转变为城乡工矿用地的面积很少,仅有零星分布,主要分布在西北角、东北部和南部部分区域。而鸟岛和青海湖东部沙岛地区有较多的草地退化为沙地,沙地面积有所增加,应当采取措施积极防范。

9.2.4.5 结论

通过对青海湖流域气候变化、径流量、湖泊水位和水体面积的监测,以及利用卫星遥感监测草地、土壤厚度、土地覆被变化、水体质量等特征,得到以下结论:

(1)1961—2014年青海湖流域气温显著增加,降水趋于增多,呈暖湿化特征。入湖河流径流量总体呈弱增加态势,并从2001年起连续增加,2012年径流量接近历史最高水平,与近10年降水量变化一致。湖水位从1961年开始连续下降,但从2004年持续增加,湖水位已接近甚至超过了历史平均水平;伴随着湖水位的抬升,湖水面积也开始有所增加,2014年达4394.5 km^2,比2001年湖水面积扩张了146 km^2。

(2)青海湖流域草地2009年以后退化趋缓,退化速度有所下降;环湖周边地区沙地面积2009—2012年大幅度减小。青海湖流域高寒草甸面积占总植被面积比重最大,农作物比重最小;草地覆盖度季节变化十分明显,覆盖度在7月达到高值;高覆盖度草地分布的面积也有所增加,牧草产量高值区分布在刚察县中部和北部。

(3)青海湖水体悬浮物浓度分布特征监测结果显示,青海湖属于清洁的内陆二类水体,其水质更接近于沿岸海域水体的水体特性,其悬浮物主要是由入湖河流带来的泥沙组成。青海湖水体透明度在整个湖体较为平均,大部分地区透明度分布在2.2~2.6 m的范围内,整个青海湖水体透明度总体平均值为2.4 m。青海湖水体藻类分布于青海湖湖岸周围,尤以青海湖西岸、北岸分布最广。

(4)2015年整个青海湖封冻过程历时36 d,较2003—2014年平均延长了3 d;解冻过程历时57 d,较2003—2014年平均延长35 d。环青海湖地区土壤厚度总体来看较薄,并且在水平和垂直方向上分布不均;青海湖流域土壤含水量的峰值出现在9月,土壤含水量的变化与水系的距离成反比关系。

参考文献

曹梅盛,李新,陈贤章,等,2006. 冰冻圈遥感[M]. 北京:科学出版社.
曹明奎,李克让,2000. 陆地生态系统与气候相互作用的研究进展[J]. 地球科学进展,15(4):446-452.
陈波,2001. 陆地植被净第一性生产力对全球气候变化响应研究的进展[J]. 浙江林学院学报,18(4):445-449.
丁德文,付连弟,庞荣庆,1982. 冻土壁变化的数学模型及其计算[J]. 冰川冻土(1):875-879.
丁一汇,任国玉,2008. 中国气候变化科学概论[M]. 北京:气象出版社.
丁永建,张世强,陈仁升,2017. 寒区水文导论[M]. 北京:科学出版社.
丁永建,赵求东,吴锦奎,等,2020. 中国冰冻圈水文未来变化及其对干旱区水安全的影响[J]. 冰川冻土,42(1):23-32.
董超华,章国材,邢福源,等,1990. 气象卫星业务产品释用手册[M]. 北京:气象出版社.
段克勤,姚檀栋,石培宏,等,2017. 青藏高原东部冰川平衡线高度的模拟及预测[J]. 中国科学:地球科学,47(1):104-113.
方潇雨,李忠勤,Bernd Wuennemann,等,2015. 冰川物质平衡模式及其对比研究——以祁连山黑河流域十一冰川研究为例[J]. 冰川冻土,37(2):336-350.
冯婧,2012. 多全球模式对中国区域气候的模拟评估和预估[D]. 南京:南京信息工程大学.
高桥浩一郎,王长根,1980. 根据月平均气温,月降水量推算蒸散量[J]. 气象科技(S4):50-52.
何东宁,赵鸿彬,张登山,等,1993. 青海湖盆地沙地特征及风沙化趋势[J]. 地理科学,13(4):382-388.
侯英雨,毛留喜,李朝生,等,2008. 中国植被净初级生产力变化的时空格局[J]. 生态学杂志,27(9):1455-1460.
赖祖铭,1997. 试论温室效应对我国西部河川径流的影响[J]. 冰川冻土(1):12-18.
蓝永超,王书功,丁永建,等,2004. Local Modeling 模型及其在黄河上游月径流预测中的应用[J]. 冰川冻土,26(3):344-344.
李新,程国栋,2002. 冻土-气候关系模型评述[J]. 冰川冻土(3):315-321.
李忠勤,王飞腾,李慧林,等,2018. 长期冰川学观测引领大陆性和干旱区冰川变化与影响研究[J]. 中国科学院院刊,33(12):1381-1390.
林慧龙,李飞,傅华,2007. 不同践踏强度和模拟降水量下环县典型草原土壤侵蚀产沙特征[J]. 科学通报(14):1471-1473.
刘诚,李亚军,赵长海,等,2004. 气象卫星亚像元火点面积和亮温估算方法[J]. 应用气象学报(3):273-280.
刘时银,沈永平,孙文新,等,2002. 祁连山西部小冰期以来的冰川变化研究[J]. 冰川冻土,24(3)

227-233.

刘时银,姚晓军,郭万钦,等,2015.基于第二次冰川编目的中国冰川现状[J].地理学报,70(1):3-16.

刘文杰,2000.西双版纳近40年气候变化对自然植被净第一性生产力的影响[J].山地学报(4):296-300.

刘宇硕,秦翔,张通,等,2012.祁连山东段冷龙岭地区宁缠河3号冰川变化研究[J].冰川冻土,34(5):1031-1036.

闵骞,2001.利用彭曼公式预测水面蒸发量[J].水利水电科技进展,21(1):37-39.

朴世龙,方精云,郭庆华,2001.利用CASA模型估算我国植被净第一性生产力[J].植物生态学报(5):603-608.

齐冬梅,李跃清,陈永仁,等,2015.气候变化背景下长江源区径流变化特征及其成因分析[J].冰川冻土,37(4):1075-1086.

钱拴,毛留喜,侯英雨,等,2007a.青藏高原载畜能力及草畜平衡状况研究[J].自然资源学报(3):389-397,498.

钱拴,毛留喜,张艳红,2007b.中国天然草地植被生长气象条件评价模型[J].生态学杂志,26(9):1499-1504.

钱拴,毛留喜,侯英雨,等,2008.北方草地生态气象综合监测预测技术及其应用[J].气象,34(11):35-42.

沈永平,王根绪,吴青柏,等,2002.长江—黄河源区未来气候情景下的生态环境变化[J].冰川冻土(3):308-314.

施雅风,2001.2050年前气候变暖冰川萎缩对水资源影响情景预估[J].冰川冻土(4):333-341.

施雅风,2002.对青藏高原末次冰盛期降温值、平衡线下降值与模拟结果的讨论[J].第四纪研究(4):312-322.

苏珍,施雅风,2000.小冰期以来中国季风温冰川对全球变暖的响应[J].冰川冻土,22(3):223-229.

孙美平,刘时银,姚晓军,等,2015.近50年来祁连山冰川变化——基于中国第一、二次冰川编目数据[J].地理学报,70(9):1402-1414.

孙知文,于鹏珊,夏浪,等,2015.被动微波遥感积雪参数反演方法进展[J].国土资源遥感,27(1):9-15.

汪青春,李林,李栋梁,等,2005.青海高原多年冻土对气候增暖的响应[J].高原气象,24(5):708-713.

王纪华,李存军,刘良云,等,2008.作物品质遥感监测预报研究进展[J].中国农业科学,41(9):2633-2640.

王石立,霍治国,郭建平,等,2005.农林重大病虫害和农业气象灾害的预警及控制技术研究[J].中国气象科学研究院年报(1):8-11.

王欣,谢自楚,冯清华,等,2005.长江源区冰川对气候变化的响应[J].冰川冻土(4):498-502.

王圆圆,李京,2004.遥感影像土地利用/覆盖分类方法研究综述[J].遥感信息(1):53-59.

吴青柏,童长江,1995.冻土变化与青藏公路的稳定性问题[J].冰川冻土(4):350-355.

参考文献

吴青柏,李新,李文君,2001.全球气候变化下青藏公路沿线冻土变化响应模型的研究[J].冰川冻土(1):1-6.

谢自楚,王欣,康尔泗,等,2006.中国冰川径流的评估及其未来50a变化趋势预测[J].冰川冻土(4):457-466.

徐斌,杨秀春,金云翔,等,2012.中国草原牧区和半牧区草畜平衡状况监测与评价[J].地理研究,31(11):1998-2006.

杨军,2012.气象卫星及其应用(下)[M].北京:气象出版社.

姚檀栋,1992.祁连山敦德冰芯记录的全新世气候变化[M]//施雅风.中国全新世大暖期气候与环境.北京:科学出版社.

于贵瑞,2003.全球变化与陆地生态系统碳循环和碳蓄积[M].北京:气象出版社.

张宏,樊自立,2000.塔里木盆地北部盐化草甸植被净第一性生产力模型研究[J].植物生态学报,24(1):13-17.

张佳华,符淙斌,等,2002.全球植被叶面积指数对温度和降水的响应研究[J].地球物理学报,45(5):631-637.

张莉,丁一汇,吴统文,等,2013.CMIP5模式对21世纪全球和中国年平均地表气温变化和2℃升温阈值的预估[J].气象学报(6):1047-1060.

张新时,1993.研究全球变化的植被-气候分类系统[J].第四纪研究(2):157-169,193-196.

赵芳芳,徐宗学,2009.黄河源区未来气候变化的水文响应[J].资源科学,31(5):722-730.

赵天保,陈亮,马柱国,2014.CMIP5多模式对全球典型干旱半干旱区气候变化的模拟与预估[J].科学通报,59(12):1148-1163.

中国气象局气候变化中心,2018.中国气候变化蓝皮书(2017)[M].北京:科学出版社.

中国气象局综合观测司,2012.大气成分观测业务规范[M].北京:气象出版社.

周广胜,张新时,1995.自然植被净第一性生产力模型初探[J].植物生态学报,19(3):193-200.

周广胜,郑元润,陈四清,等,1998.自然植被净第一性生产力模型及其应用[J].林业科学,34(5):2-11.

周涛,史培军,孙睿,等,2004.气候变化对净生态系统生产力的影响[J].地理学报(3):357-365.

朱文泉,潘耀忠,张锦水,2007.中国陆地植被净初级生产力遥感估算[J].植物生态学报,31(3):413-424.

ARNELL N,LOWE J A,BERNIE D J,et al,2019. The global and regional impacts of climate change under Representative Concentration Pathway forcings and Shared Socioeconomic Pathway socioeconomic scenarios[J]. Environmental Research Letters,2019,14(8):1-19.

CAO M,WOODWARD F I,1998. Dynamic responses of terrestrial ecosystem carbon cycling to global climate change[J]. Nature,393(6682):249-252.

CHEN C,ZHENG J,LIU Y,et al,2015. The response of glacial lakes in the Altay Mountains of China ti climate change during 1992—2013[J]. Geographical Research,34(2):270-284.

COSTANZA R,DARGE R,DE GROOT R,et al,1997. The value of the world's ecosystem services and natural capital[J]. Nature,387(6630):253-260.

CRAME J A,2001. Taxonomic diversity gradients through geological time[J]. Diversity & Distributions,7(4):175-189.

FANG J Y,PIAO S L,CHRISTOPHER B F,et al,2003. Increasing net primary production in China from 1982 to 1999[J]. Front Ecol Environ,1(6):293-297.

GRINSTED A,2013. An estimate of global glacier volume[J]. The Cryosphere,7:141-151.

IPCC,2007. Climate Change 2007: The Physical Science Basis. Contribution of Working Group I to the Fourth Assessment Report of the Intergovernmental Panel on Climate[J]. Computational Geometry,18(2):95-123.

KOTLYAKOV VM,XIEZ C,KHROMOVA TE,et al,2012. Contemporaryglacier systems of continental Eurasia[J]. Doklady Earth Sciences,446(1):1095-1098.

PENG P,KUMAR A,BARNSTON A G,et al,2000. Simulation skills of the SST-Forced global climate variability of the NCEP-MRF9 and the Scripps-MPI ECHAM3 models[J]. Journal of Climate,13(20):3657-3679.

RADIC V,HOCK R,2010. Regional and global volumes of glaciers derived from statistical upscaling of glacier inventory data[J]. Journal of Geophysical Research,115:F01010.

WANG N L,YAO T D,PU J C,1996. Climate sensitivity of the Xiao Dongke-madi Glacier in the Tanggula Pass[J]. Cryosphere,2:63-66.

彩　插

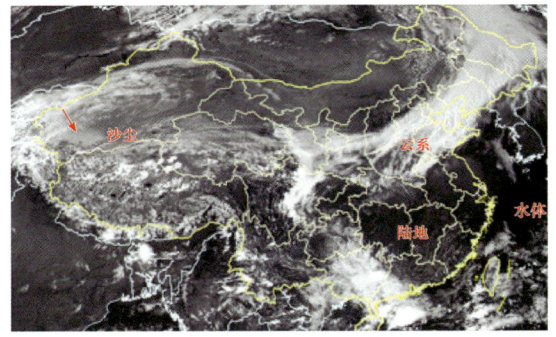

彩图 3.3　可见光通道沙尘监测

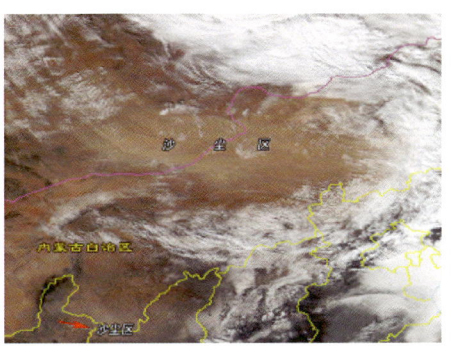

彩图 3.4　真彩色沙尘监测

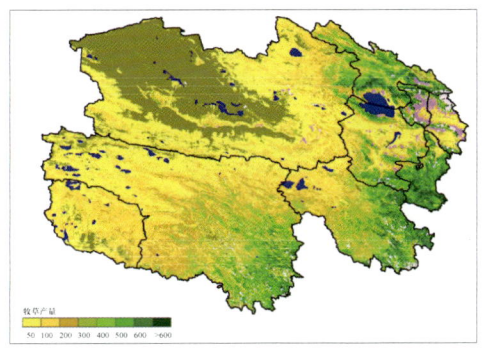

彩图 5.1　2017 年 7 月青海省 EOS/MODIS 牧草产量遥感监测(单位:kg/亩)

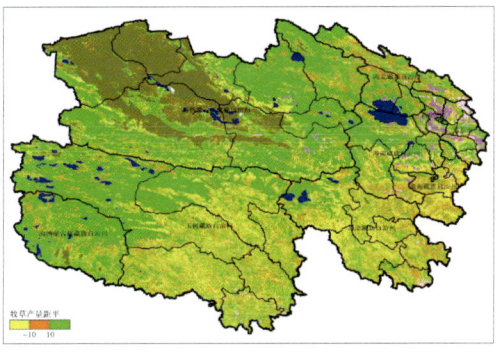

彩图 5.2　2017 年青海省牧草产量与近 10 年距平(单位:%)

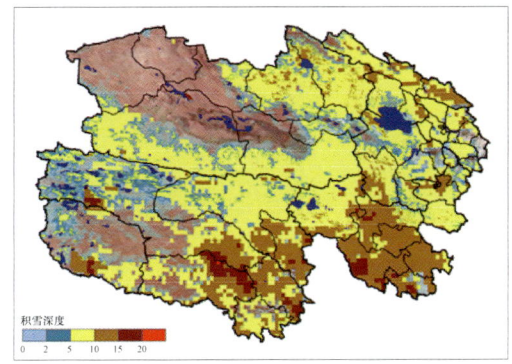

彩图 5.3　2018 年 11 月 7 日青海省积雪遥感监测(单位:cm)

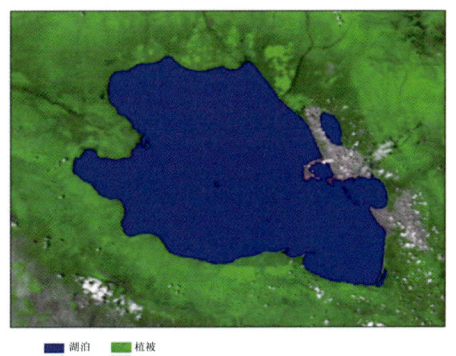

彩图 5.4　2017 年 7 月 28 日青海湖水体遥感监测

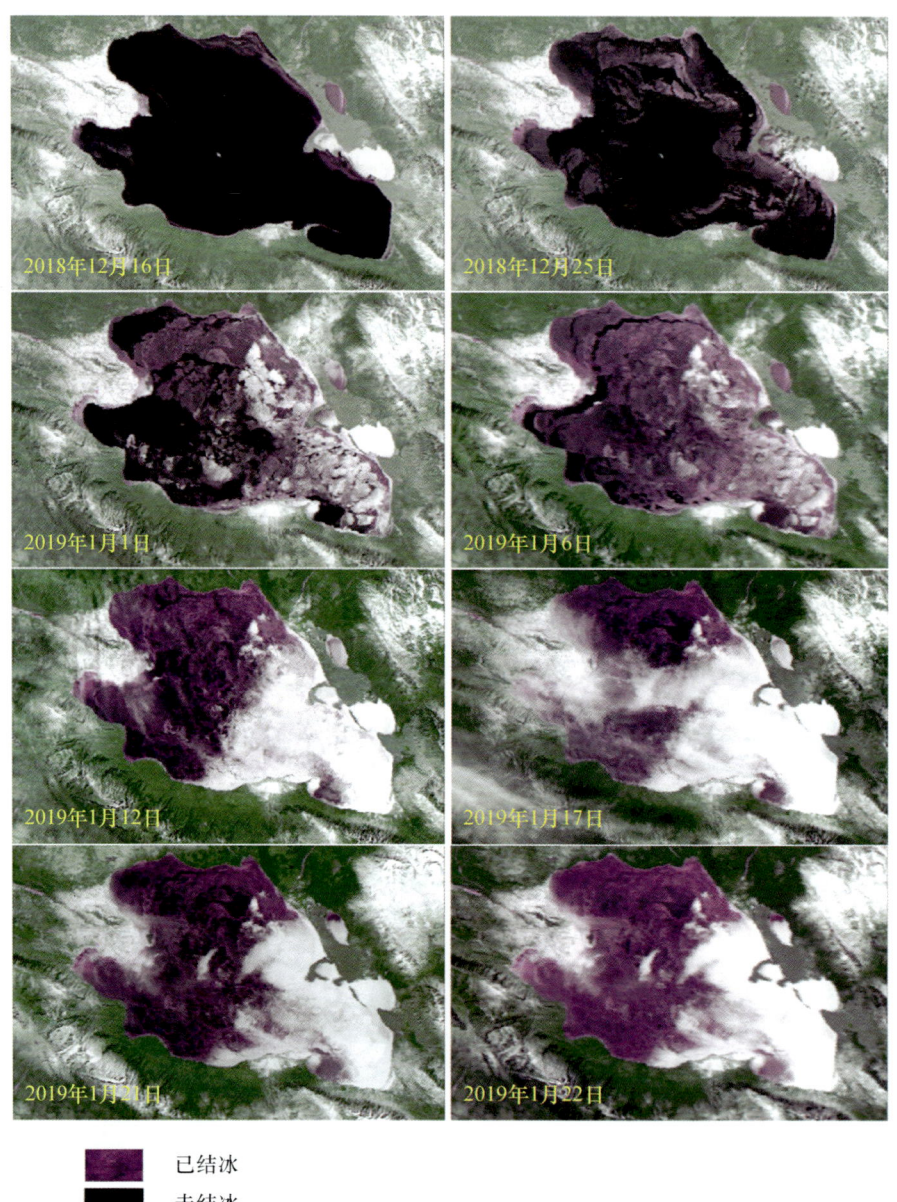

彩图 5.6　2018—2019 年青海湖封冻过程

彩　插

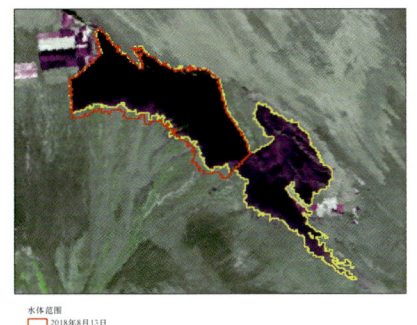

彩图 5.9　东台吉乃尔湖水
体面积遥感监测

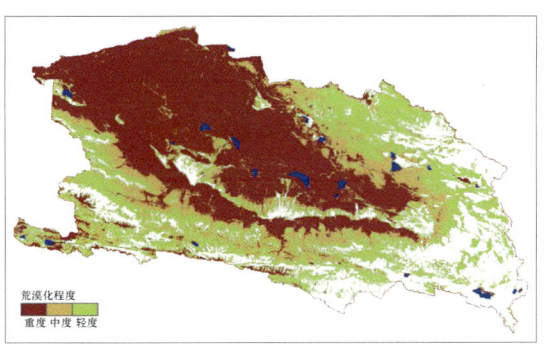

彩图 5.10　2018 年柴达木盆地
荒漠化遥感监测

彩图 5.11　2018 年 4 月 5 日 15 时 47 分(a)、17 时 13 分(b)柴达木盆地沙尘遥感监测

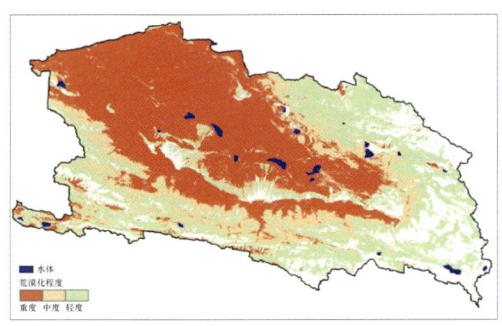

彩图 5.12　2017 年柴达木盆地荒漠化遥感监测　　彩图 5.14　隆宝湖湿地面积变化遥感监测

彩图 5.27 积雪覆盖专题

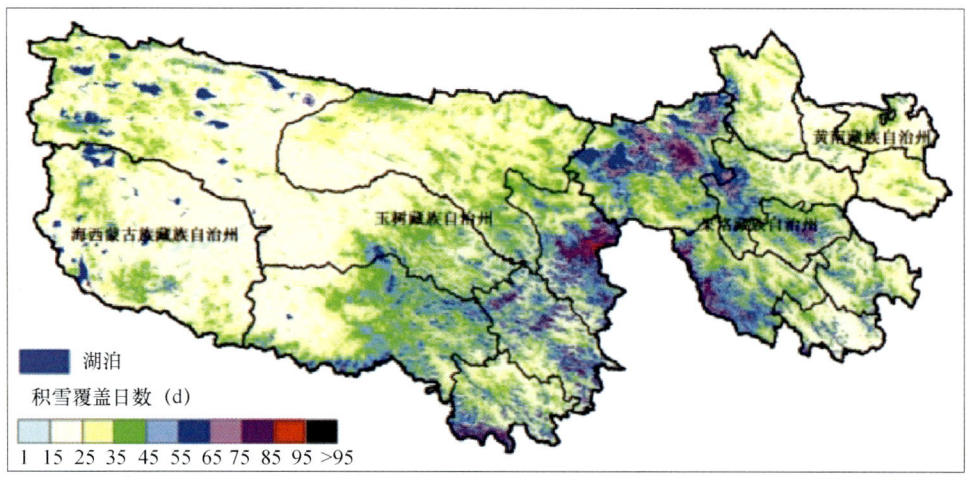

彩图 5.28 积雪日数专题

彩 插

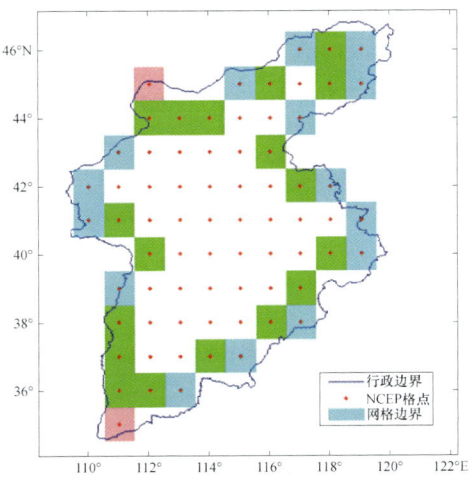

彩图 7.3 任意区域边界处理示意图
(绿色、蓝色和红色分别表示经该格点的 1 条、2 条或 3 条边界有水凝物的平流输送)

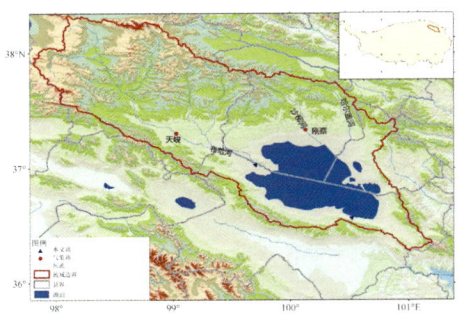

彩图 9.1 青海湖流域

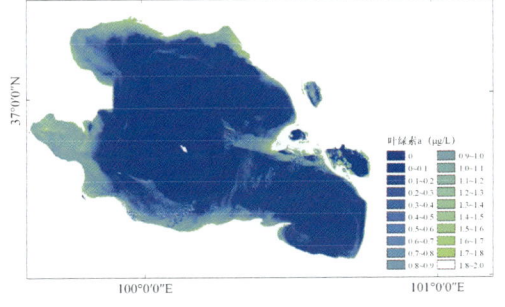

彩图 9.4 青海湖水体叶绿素 a
浓度遥感反演结果

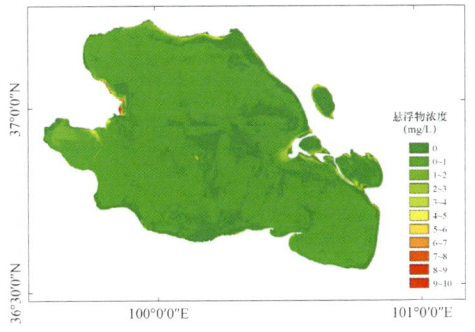

彩图 9.5 青海湖水体悬浮物
浓度遥感反演结果

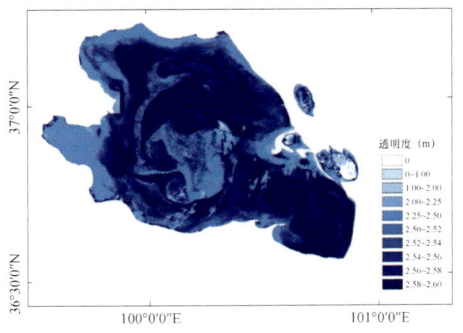

彩图 9.6 青海湖水体透明度
遥感反演结果

· 5 ·

彩 插

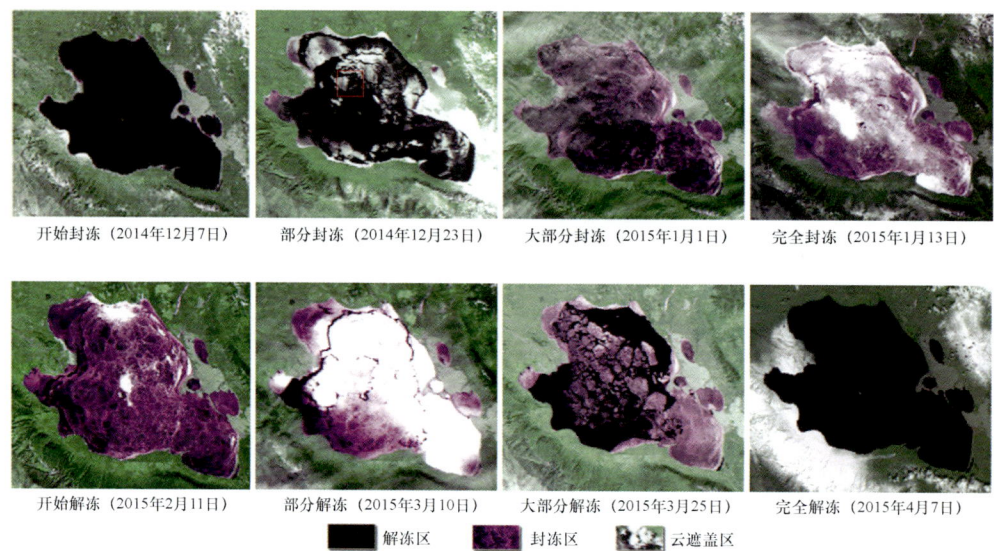

彩图 9.8　2014—2015 年青海湖封冻及解冻过程遥感动态监测

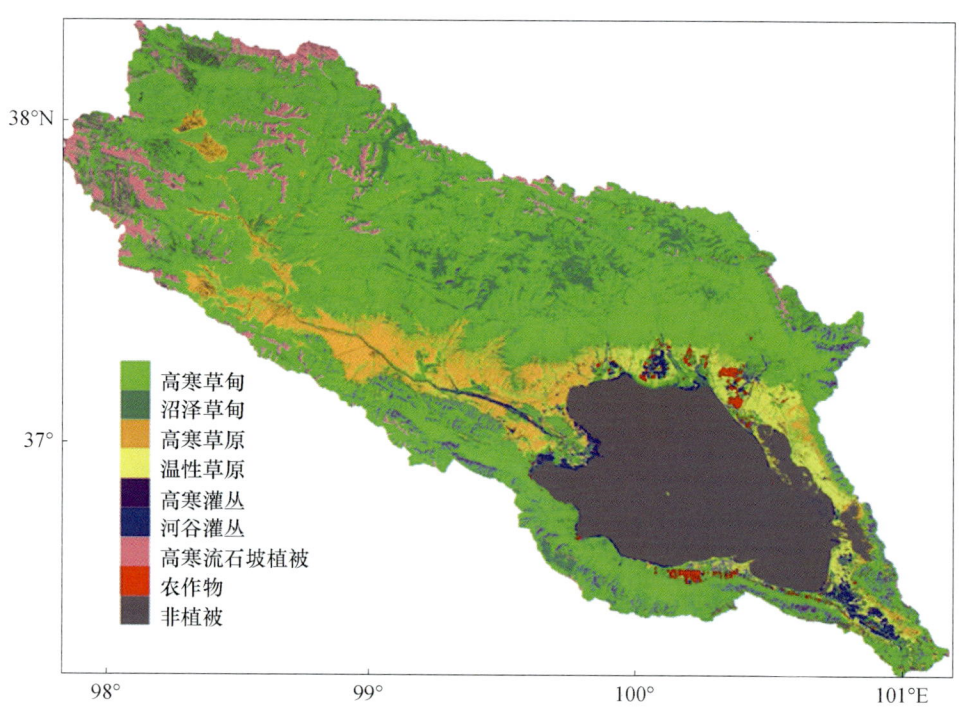

彩图 9.11　青海湖流域草地二级类遥感分类

彩 插

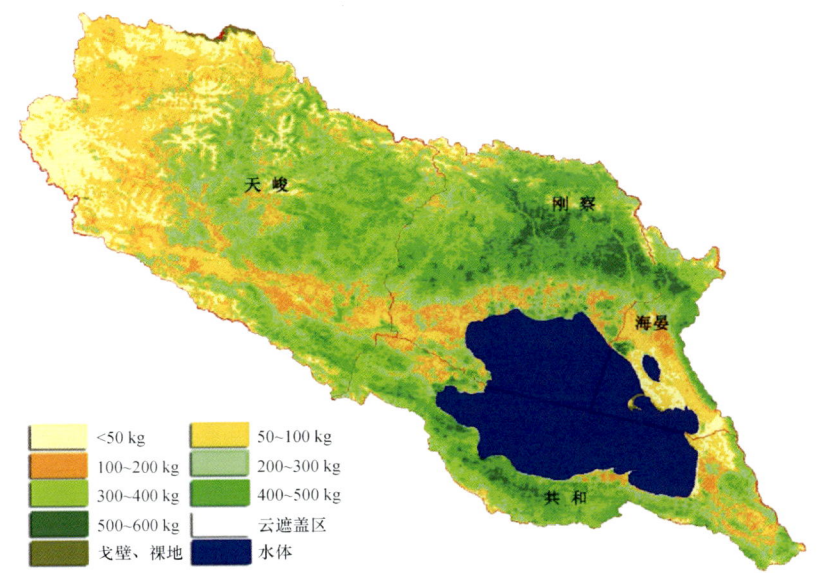

彩图 9.14　2014 年青海湖流域牧草产量卫星遥感合成产品反演空间分布

(注:按照业务产品规范,采用上包下不包原则.50~100 kg 代表大于 50 kg 且小于等于 100 kg,其他同理)

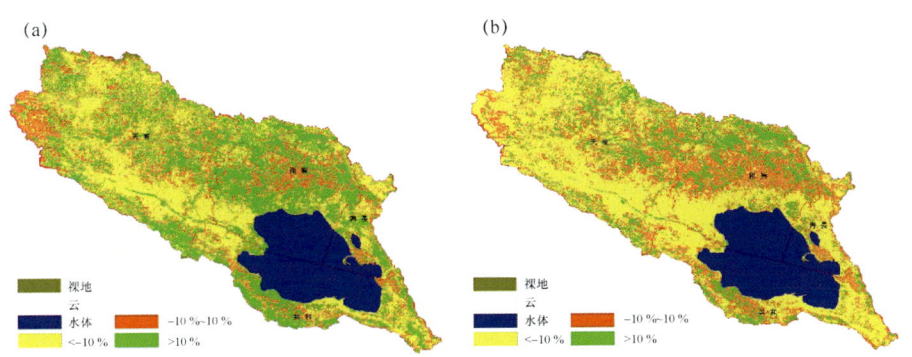

彩图 9.15　2014 年青海湖流域牧草产量与 2013 年(a)、近 5 年(b)牧草产量对比

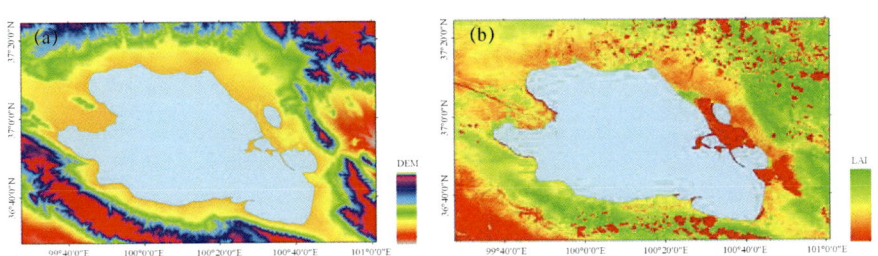

彩图 9.16　青海湖流域 DEM 分布和青海湖流域叶面积指数分布

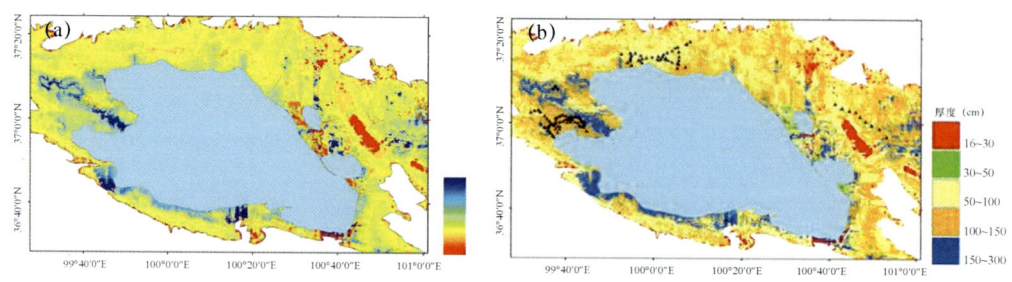

彩图 9.17　青海湖流域土壤厚度分级(a)和土壤厚度分布特征(b)
(图中点为实测验证点)

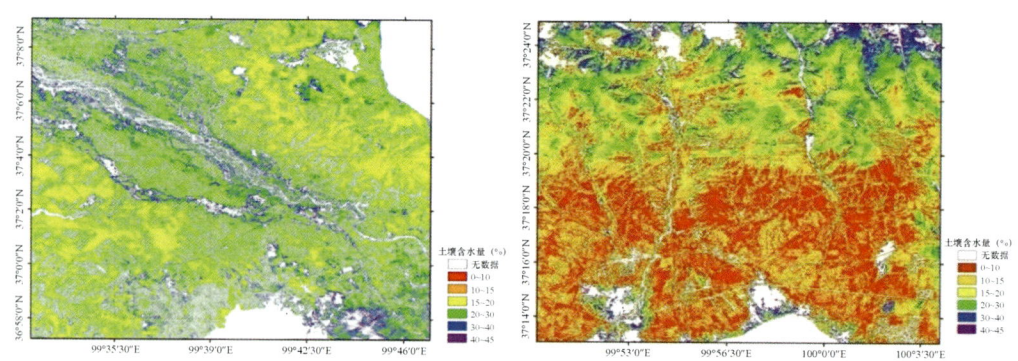

彩图 9.18　2013 年 5 月和 2014 年 5 月青海湖土壤含水量雷达遥感评价结果

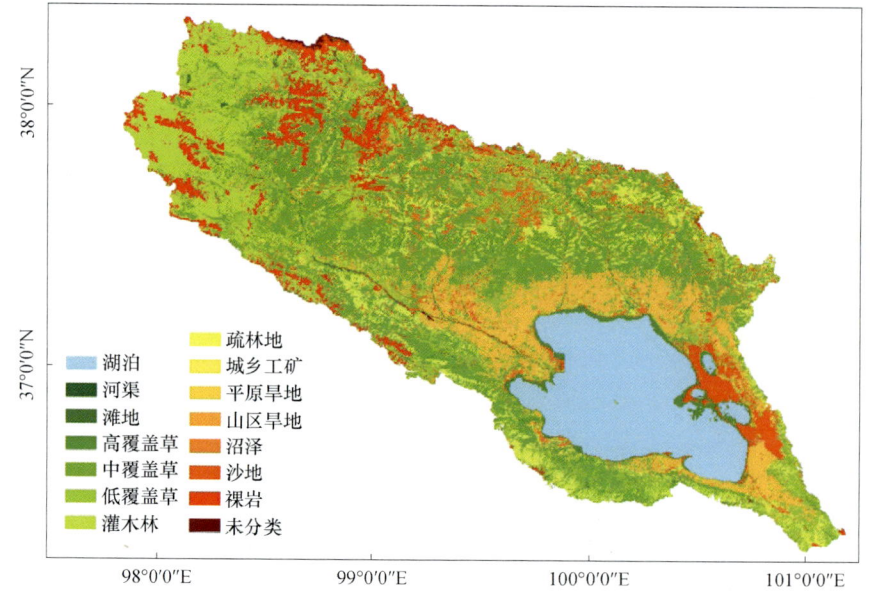

彩图 9.19　青海湖流域土地覆被分类结果(2013 年夏季,以 Landsat8 OLI 为数据源)